多孔材料

性能与设计

刘培生 崔 光 陈靖鹤 著

化学工业出版社

·北京·

多孔材料的主要特点是利用内部的孔隙结构达到预期性能，这是多孔材料设计的根本所在。物理性能、化学性能与力学性能的综合优化，可使该类材料在能源工程、生物工程、航空航天、环境保护、交通运输等诸多领域，都能够拥有其他材料难以或不可替代的应用优势。本书介绍多孔材料设计所需制备工艺、产品结构和性能应用方面的知识，特别是作者近些年来在多孔材料制备工艺、产品结构和性能研究方面开展的一些实践工作。通过对若干多孔材料的实例描述，呈现其结构状态和对应性能指标，可为该类材料的选材设计、孔隙结构设计、制备工艺优化设计以及最终的使用性能设计提供一定的参考。

　　本书可作为多孔材料领域科研人员和工程技术人员在围绕多孔产品性能设计而开展的有关多孔结构设计和工艺方法设计过程中的素材，也可供广大材料工作者以及高等院校材料类及相关专业（如物理、化学化工、生物、医学、机械、冶金、建筑、环保等）师生参考。

图书在版编目（CIP）数据

多孔材料性能与设计/刘培生，崔光，陈靖鹤著. —北京：化学工业出版社，2019.11
ISBN 978-7-122-34952-1

Ⅰ.①多…　Ⅱ.①刘…②崔…③陈…　Ⅲ.①多孔性材料　Ⅳ.①TB383

中国版本图书馆 CIP 数据核字（2019）第 154643 号

责任编辑：朱　彤
文字编辑：陈　雨
责任校对：王　静
装帧设计：刘丽华

出版发行：化学工业出版社
　　　　　（北京市东城区青年湖南街 13 号　邮政编码 100011）
印　　装：北京新华印刷有限公司
787mm×1092mm　1/16　印张 18¼　字数 444 千字
2020 年 1 月北京第 1 版第 1 次印刷

购书咨询：010-64518888　　售后服务：010-64518899
网　　址：http://www.cip.com.cn
凡购买本书，如有缺损质量问题，本社销售中心负责调换。

定　　价：128.00 元

通过改变材料的结构状态可以实现对其使用性能的控制。因此，在实践中经常是调节制备工艺及其参量来调节产品的组织结构形态，以达到预期的材料性能指标；借助于这种对应联系，可以达到选材设计、制备工艺优化设计以及最终使用性能设计的目的。

多孔材料是近些年来得到迅速发展的一种新型功能结构工程材料，其综合性能优异，用途十分广泛，可用于航空航天、能源交通、电子、通信、冶金、机械、化工、医学、环保、建筑等领域，涉及分离过滤、消声降噪、吸能减振、热量交换、电磁屏蔽、电化学过程、催化工程和生物工程等诸多方面。

近年来作者力图在多孔材料实用设计方面进行一些尝试性的实践，特别是在难熔金属泡沫材料、泡沫陶瓷和有关多孔结构的表面改性等方面，现总结出来与广大同仁交流，以便更好地向大家学习。全书共分 10 章，主要内容如下：第 1 章对多孔材料进行了简单的系统性概述，使读者对该类材料有初步认识；第 2 章根据多孔材料的孔隙结构特征，介绍其对应的制备工艺方法，使读者了解所需结构的工艺设计大致方案；第 3 章介绍泡沫金属材料性能与其应用的关系，为读者在了解材料性能基础上进行应用设计提供素材；第 4 章介绍孔隙因素基本参量的表征和检测，为材料结构设计乃至工艺设计奠定基础；第 5 章介绍多孔材料的吸声性能，其中涉及若干吸声结构设计的实例；第 6 章介绍多孔材料的热导性能，含热性能应用、表征和检测等内容；第 7 章介绍不同结构的泡沫钛，主要是网状和胞状两种孔隙结构的制品性能研究；第 8 章介绍几种非铝钛质泡沫金属的研究，包括泡沫不锈钢、泡沫铁及其夹层结构等；第 9 章对泡沫陶瓷方面的相关研究进行了阶段性总结，主要有泡沫陶瓷的吸声性能、泡沫陶瓷表面的不同改性方式等；第 10 章涵盖二氧化钛光活性膜方面的若干研究，其中有多孔结构的 TiO_2 薄膜以及多孔基体负载或生长 TiO_2 纳米结构等。本书是作者多年来相关工作的研究结果，全书采用理论结合实际的方式，以大量的实例来说明分析问题，既有一定的理论深度，又有较强的实用性。

在本书的素材中，以下人员在相应章节的研究工作中提供了重要贡献：第 5 章主要有本人的博士生段翠云和硕士生徐新邦；第 7 章、第 8 章主要有博士后卢淼和硕士生项淮斌；第 9 章主要有博士生崔光、段翠云和硕士生郭宜娇；第 10 章主要有博士生崔光和硕士生夏凤金等。

本书的出版不但要感谢一直以来大力支持和热情鼓励本人的多孔界同仁，还要特别感谢化学工业出版社对本书出版的支持和帮助。由于作者本身学术水平和时间、精力有限，书中难免存在不足之处，恳请读者批评指正。

著者

liu996@263. net

2019 年 7 月

第1章 绪论

第2章 孔隙结构与其工艺

第3章　材料性能与其用途

第4章　孔隙因素基本参量

第5章 多孔材料吸声性能

第6章　多孔材料热导性能

第7章　不同结构的泡沫钛

第8章　非铝钛质泡沫金属

附录　本书作者实验室研制的部分多孔产品示例

第1章

绪论

1.1 引言

在大自然中，有很多的天然多孔固体结构，如树木和骨骼等。其实，多孔材料普遍存在于人们的周围并广泛出现在日常生活中，起着结构、缓冲、减振、隔热、消声、过滤等方方面面的作用。高孔隙率固体刚性高而体密度低，故天然多孔固体往往作为结构体之用。人类对多孔材料的使用，除了结构方面之外，更多的是功能方面，而且开发了许多功能与结构一体化的应用。兼具功能和结构双重属性的多孔材料可应用于诸多领域并发挥重要作用。作为本书的开篇铺垫，本章综合而简单地介绍人造多孔材料的基础知识和基本概况，使读者对该类材料有一个初步的系统认识。

1.2 多孔材料结构

多孔材料的两个要素：一是材料中包含有大量的孔隙；二是所含孔隙被用来满足某种或某些设计要求以达到所期待的使用性能指标。多孔材料中的孔隙往往是设计者和使用者所希望出现的功能相，它们可为材料的性能提供优化作用。不同多孔材料的相对孔隙含量（即孔隙率）是变化的。根据孔隙率的大小可将其分为中低孔隙率多孔材料和高孔隙率多孔材料：前者孔隙多为封闭型（图1.1），其中孔隙的行为类似于材料中的夹杂相；后者则随孔隙形态和连续固相形态而呈现出不同的情况（参见图1.2和图1.3）。

图1.2示出的情况是连续固体呈三维网状结构，这种多孔材料称为"网状泡沫材料"。该类泡沫材料形成的孔隙是相互连通的，属于典型的通孔结构。图1.3示出的情况是连续固体呈球形、椭球形或多面体壁面结构，这种多孔材料称为

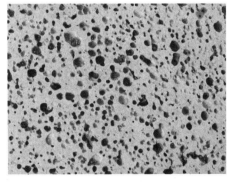

图1.1　低孔隙率多孔材料内部孔隙结构示例：一种多孔复合氧化物陶瓷

"胞状泡沫材料"。在此类泡沫材料中，孔隙壁面可以分隔出一个个封闭的孔隙，构成闭孔胞状泡沫材料 [见图 1.3(a)]；孔隙壁面也可以是打通的，从而构成通孔胞状泡沫材料 [见图 1.3(b)]。

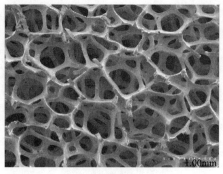

(a) 泡沫金属

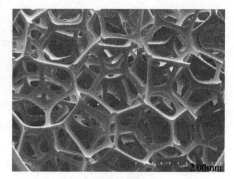

(b) 泡沫塑料

图 1.2　三维网状泡沫材料示例

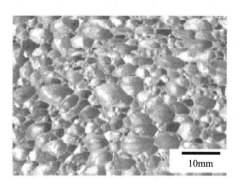

(a) 闭孔胞状泡沫金属

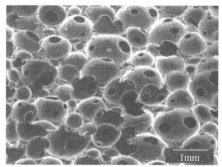

(b) 通孔胞状泡沫陶瓷

图 1.3　胞状泡沫材料示例

图 1.4　二维蜂窝材料示例：孔隙轴向截面形状为四边形（方孔）

此外，还有一些多孔材料（或称为多孔结构）主要用于有流体单向导向方面的要求并且需要尽量减小背压的少数场合，如流体快速流过的界面反应作用过程以及热交换过程等。这些多孔材料即需要具有定向孔隙结构。其中较早出现的这类多孔材料为连续固体呈规则的多边形二维排列，孔隙相应地呈柱状空间分隔地存在，其孔隙的轴向截面形状一般对应为三角形、四边形和六边形（参见图 1.4），类似于蜜蜂的六边形巢穴，因而这种二维多孔材料被形象地称为"蜂窝材料"。藕状材料则有着与蜂窝材料相似的结构，但孔隙截面一般为圆形或椭圆形，且孔隙没有那么均匀、排列没有那么紧密（图 1.5）。由金属材质制备该类多孔材料，产品可以获得良好的传热和换热效果。这种多孔体由溶解在金属熔体中的气体在定向冷却过程中析出气泡所形成，因其制品的构造十分类似于植物藕根［图1.5(b)］，因此被形象地称为"藕状金属"，也称"定向孔隙多孔金属"。

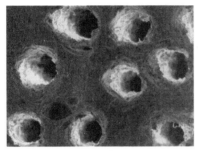

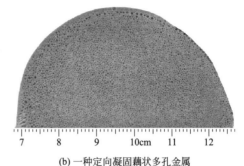

(a) 孔隙类圆柱状定向陶瓷多孔材料　　　　　(b) 一种定向凝固藕状多孔金属

图1.5　孔隙率较低的定向孔隙多孔材料示例

1.3 泡沫金属

泡沫金属是近些年来迅速发展的一种兼具功能和结构双重属性的新型工程材料。这种轻质材料不仅保留了金属的可焊性、导电性及延展性等特性，而且具备体密度低、比表面积大、吸能减振、消声降噪、电磁屏蔽、透气透水、低热导率等自身的特性。下面根据几种主要制备方法获得的泡沫金属材料，对其各种类型的主要特点作一简单介绍。

1.3.1　粉末烧结型

该类多孔材料一般由球状或不规则形状的金属粉末或合金粉末经成型与烧结而制成。由于选用原料和工艺的不同，所得多孔体具有不同的孔隙率、孔径和孔径分布。其特点为透过性能良好、孔径和孔隙率可控、比表面积大、耐高温和低温，以及抗热震等。

粉末烧结型多孔金属材料是发展较早的一种，孔径大都小于0.3mm，孔隙率一般不高于30%，但也可通过特殊的工艺方案而制成孔隙率远远大于30%的产品。在冶金、化工等部门，为强化某些工艺，往往需要高温和高压，相应地要求有耐高温、耐高压的过滤与分离材料；在催化反应中，需要有高比表面积的催化材料以提供尽可能大的反应接触面；为保证航空与液压系统安全可靠地工作，各种油类与工作气体要进行精密过滤；航空与火箭的高温工作部分要求有孔隙结构均匀的耐高温与抗热震多孔材料作为发散冷却的基体等。一般的有机或陶瓷、玻璃等多孔体总是难以同时满足强度、塑性、高温等使用条件，粉末冶金多孔金属材料则在一定程度上弥补了以上各类多孔材料的不足，从而得到迅速发展。

早在1909年，国外专利就提到过粉末冶金多孔制件，20世纪20年代末至30年代初出现了若干制作粉末冶金过滤器的专利。第二次世界大战期间，出于军事上的目的，粉末冶金多孔材料得到迅速发展。飞机、坦克上采用粉末冶金过滤器；多孔镍用于雷达开关；多孔铁代替铜作为炮弹箍；铁过滤器用于灭焰喷射器等。20 世纪 50 年代利用发散冷却的方法将抗氧化多孔材料用于喷气发动机的燃烧室和叶片上，以提高发动机的效率。随着化工、冶金、原子能、航空与火箭技术的发展，还研制出了大批耐腐蚀、耐高温、耐高压、高透气性的粉末冶金多孔材料。20 世纪 60 年代出现了 Hastelloy、Inconel、钛、不锈钢等抗腐蚀、耐高温的粉末烧结多孔产品和特殊用途的多孔钨、钽及难熔金属化合物等多孔材料。到目前为止，大量生产与应用的粉末烧结多孔材料主要是青铜、不锈钢、镍及镍合金、钛、铝等。

1.3.2　纤维烧结型

该类多孔金属材料来自上述应用对已有多孔体的改进。用金属纤维所制多孔材料，其一些性能可以优于金属粉末所制多孔材料。比如用直径与金属粉末粒度相同的金属纤维所制取的过滤材料，其渗透性要比用金属粉末制取的高很多倍。此外，它还具有较高的机械强度、抗腐蚀性能和热稳定性能。该材料孔隙率可达 90% 以上，全部为贯通孔，塑性和冲击韧性好，容尘量大，用于许多过滤条件苛刻的行业，被称为"第二代多孔金属过滤材料"；发展最早的是美国 MEMTEC 公司，随后比利时、日本、中国等相继建立生产线进行规模生产。

1.3.3　熔体铸造型

该类多孔金属材料均是由熔融金属或合金冷却凝固后形成的多孔体，随不同的铸造方式可覆盖很宽的孔隙率范围和形成各种形状的孔隙，其典型代表是发泡法和渗流法所制备的泡沫铝。其中发泡法产品大多为闭孔隙和半通孔的多孔材料，渗流法产品一般为三维网状连通孔隙的高孔隙率产品。

1.3.4　金属沉积型

该类多孔金属材料由原子态金属在有机多孔基体内表面沉积后，除去有机体并烧结而成，其主要特点是孔隙连通，孔隙率高（均在 80% 以上），具有三维网状结构。这类多孔材料是一种性能优异的新型功能结构材料，在多孔金属领域占据非常重要的地位。从某种意义上说，它综合了低密度、高孔隙率、高比表面积、高孔隙连通性和均匀性等指标，这是其他多孔金属产品难以达到的。但是，它的特性也决定了其强度性能会受到一定限制。这类多孔材料在 20 世纪 70 年代就已开始批量制作与应用。而应用范围的拓宽和使用的需要，促进其在 20 世纪 80 年代得到迅速发展。目前在国内外均大规模批量生产，其典型产品是电沉积法制备的泡沫镍和泡沫铜。

1.3.5　复合型

该类多孔材料即多孔金属复合材料。它是将不同金属或是将金属与非金属复合在一起制成同一件多孔体，如在石墨毡上电镀一层镍制成的石墨-镍复合多孔材料，三维网状泡沫镍注入熔融铝合金形成的泡沫镍铝合金复合材料；也可由多孔金属作芯体制成夹合的金属复合多孔体，如用不锈钢纤维毡与丝网复合制作的复网毡，泡沫铝与金属面板复合制作的夹层结构等。通过复合，使产品获得了不同材料的优点，从而产生一种全新的综合性能，更好地满足产品的使用要求。

1.4 泡沫陶瓷

该类材料的发展始于 20 世纪 70 年代，主相为气孔，是一种具有高温特性的多孔材料。其孔径由埃❶的数量级到毫米级不等，孔隙率范围约在 20%～95% 之间，使用温度为常温至 1600℃。

1.4.1 泡沫陶瓷分类

泡沫陶瓷材料主要有两种，即开孔（或网状）泡沫陶瓷材料以及闭孔泡沫陶瓷材料，这取决于各个孔隙是否具有固体壁面。此外，还有半开孔泡沫陶瓷材料。如果形成泡沫体的固体仅包含于孔棱中，孔隙相互连通，则称之为开孔泡沫陶瓷材料；如果存在着孔隙壁面，且各孔隙由连续的陶瓷基体相互分隔，则泡沫体称为闭孔陶瓷材料。这些差别可通过比较两种泡沫体的透过性清楚地看出。显然，还有一些泡沫陶瓷可能既存在部分的开孔隙，也存在部分的闭孔隙。

这些多孔结构具有相对的低质量、低密度及低热导率，并且具有不同的透过性能，其中开孔体的透过率较高。通过陶瓷材料和制备工艺的适当匹配，还可使获得的多孔陶瓷材料具有相对的高强度、高化学腐蚀抵抗力、耐高温性能和高均匀结构。

（1）孔隙尺寸分类方式

根据孔隙尺寸的大小，还可以对多孔陶瓷材料进行以下方式的分类：孔隙直径小于 2nm 的为微孔材料，孔隙尺寸在 2～50nm 之间的为介孔材料，孔隙在 50nm 以上的为宏孔材料。然而这种分类方式并未得到广泛采用，因为使用多孔材料的规则是多种多样的。

（2）具体材质分类方式

按材质的不同，多孔陶瓷主要有以下几类：

① 高硅质硅酸盐材料，它主要以硬质瓷渣、耐酸陶瓷渣及其他耐酸的合成陶瓷颗粒为骨料，具有耐水性、耐酸性，使用温度达 700℃；

② 铝硅酸盐材料，它以耐火黏土熟料、烧矾土、硅线石和合成莫来石质颗粒为骨料，具有耐酸性和耐弱碱性，使用温度达 1000℃；

③ 精陶质材料，它以多种黏土熟料颗粒与黏土等混合烧结，得到微孔陶瓷材料；

④ 硅藻土质材料，它主要以精选硅藻土为原料，加黏土烧结而成，用于精滤水和酸性介质；

⑤ 纯碳质材料，它以低灰分煤或石油沥青焦颗粒为原料，或加入部分石墨，用稀焦油黏结烧制而成，用于耐水、冷热强酸、冷热强碱介质以及空气的消毒和过滤等；

⑥ 刚玉和金刚砂材料，它以不同型号的电熔刚玉和碳化硅颗粒为骨料，具有耐强酸、耐高温特性，使用温度可达 1600℃；

⑦ 董青石、钛酸铝材料，其特点是热膨胀系数小，因而广泛应用于热冲击环境；

---

❶ 埃为非法定单位，符号为 Å，1Å=0.1nm。

⑧ 其他材料，其采用工业废料、尾矿和石英玻璃或普通玻璃为原料制成，视原料组成的不同而具有不同的应用。

（3）网状陶瓷特点

开孔泡沫陶瓷通常具有三维网状陶瓷骨架结构，是一种孔隙相互连通的新型多孔陶瓷制品，其特点有：

① 孔隙率高，容重低；

② 比表面积大，流体接触效率高，流体压力损失小；

③ 耐高温，耐化学腐蚀，抗热震。

材料内部存在大量的连通孔隙和高比表面能的毛细孔，因而在低流体阻力损失下可保持良好的过滤吸附性能，广泛应用于冶金、化工、环保、能源、生物等领域，如用作金属熔体过滤、高温烟气净化、催化剂载体和化工精滤材料等。该材料的孔隙率、容重、阻力损失和透气度均可通过工艺方法进行调整，孔径范围一般在 0.147～4mm 之间，其材质主要有董青石质、氧化铝质、董青石-氧化铝质。采用董青石主要是为了提高制品的热震稳定性，而采用氧化铝则是为了提高其强度和耐热性。随着对制品耐热性要求的提高，还开发了氮化硅质和碳化硅质等多孔产品。

1.4.2　泡沫陶瓷特点

多孔陶瓷材料具有如下一些共同的特性：

① 化学稳定性好：选择合适的材质和工艺，可制成适用于各种腐蚀环境的多孔制品；

② 机械强度和刚度高：在气压、液压或其他应力负载下，孔道形状与尺寸不会发生变化；

③ 耐热性佳：由耐高温陶瓷制成的多孔体可对熔融钢水或高温燃气等进行过滤。

多孔陶瓷的这些优良特性赋予其广阔的应用前景，适用于化工、环保、能源、冶金、电子等领域。其具体的应用场合又由多孔体自身的结构状态来决定。它们初期仅作为细菌过滤材料使用，随着控制材料细孔水平的提高，逐渐形成分离、分散、吸收功能和流体接触功能等方面的用途，而被广泛应用于化工、石油、冶炼、纺织、制药、食品机械、水泥等工业部门。此类材料作为吸声材料、敏感元件和人工骨、齿根等也越来越受到重视。随着它们使用范围的扩大，其材质也由普通黏土质发展到耐高温、耐腐蚀、抗热冲击性的材质，如 SiC、Al_2O_3、董青石等。

1.5 泡沫塑料

泡沫塑料又称多孔塑料，是一种以塑料为基本组分，内部含有大量气泡孔隙的多孔塑料制品。由于泡沫塑料由大量充满气体的气孔组成，因此也可视为以气体为填料的复合塑料。该类多孔体是目前塑料制品中用量较多的品种之一，在塑料工业中占有重要地位。

泡沫塑料的密度取决于气体与固体聚合物的体积比：低密度泡沫塑料的气体与固体聚合物之体积比为 9∶1，高密度泡沫塑料的气体与固体聚合物之体积比约为 1.5∶1，所以泡沫塑料的气体与固体塑料之体积比在 (1.5∶1)～(9∶1) 之间。

1.5.1 泡沫塑料分类

泡沫塑料品种繁多，分类方法也多种多样，较常用的有如下三种：

(1) 按泡体的孔隙结构分类

按照这种方式可将泡沫塑料分为开孔泡沫塑料和闭孔泡沫塑料。开孔泡沫塑料的泡孔相互连通，其气体相与聚合物相各自均呈连续分布。流体在多孔体中通过的难易程度与开孔率和聚合物本身的特性均有关。闭孔泡沫塑料的泡孔相互分隔，其聚合物相呈连续分布，但气体是孤立存在于各个不连通的孔隙之中。实际的泡沫塑料中则同时存在着两种泡孔结构：即开孔泡沫塑料中含有一些闭孔结构，而闭孔泡沫塑料中也含有一些开孔结构。一般地，在被称为开孔结构的泡沫塑料体中，含有的开孔结构约占90%～95%之多。

(2) 按多孔体的密度分类

按照这种方式可将泡沫塑料分为低发泡、中发泡和高发泡三种泡沫塑料。密度在 $0.4g/cm^3$ 以上，气体/固体发泡倍率（注：发泡倍率是致密塑料密度与同种材质的发泡塑料表观密度之比）小于 1.5 的为低发泡泡沫塑料；密度在 $0.1～0.4g/cm^3$ 之间，气体/固体发泡倍率为 1.5～9.0 的为中发泡泡沫塑料；密度在 $0.1g/cm^3$ 以下，气体/固体发泡倍率大于 9 的为高发泡泡沫塑料。也有人将发泡倍率小于 4 或 5 的称为低发泡泡沫塑料，而将发泡倍率大于 4 或 5 的称为高发泡泡沫塑料。还有人将密度 $0.4g/cm^3$ 作为划分低发泡和高发泡两类泡沫塑料的界限。常用泡沫塑料制品，如床垫、坐垫、包装衬块和包装膜等多属高发泡型；而发泡板、管、异型材等以塑代木的泡沫塑料多属低发泡型。

(3) 按泡沫体质地的软硬程度分类

按照这种方式可将泡沫塑料分为硬质、半硬质和软质泡沫材料三类。在常温下，泡沫塑料中的聚合物处于结晶态，或其玻璃化（转变）温度高于常温，这类泡沫塑料的常温质地较硬，称为硬质泡沫塑料；而泡沫塑料中聚合物晶体的熔点低于常温，或无定形聚合物的玻璃化温度低于常温，这类泡沫塑料的常温质地较软，称为软质泡沫塑料；介于这两类之间的则为半硬质泡沫塑料。根据这种分类方式，酚醛泡沫塑料、环氧树脂泡沫塑料、聚苯乙烯泡沫塑料、聚碳酸酯泡沫塑料、硬聚氯乙烯泡沫塑料和多数聚烯烃泡沫塑料等均属于硬质泡沫塑料；而泡沫橡胶、弹性聚氨酯泡沫塑料、软聚氯乙烯和部分聚烯烃的泡沫体等则属于软质泡沫塑料。

从模量的角度来定义，在 23℃ 和 50% 的相对湿度下，弹性模量大于 700MPa 的聚合物多孔体称为硬质泡沫塑料；在相同温度和相对湿度条件下，弹性模量小于 70MPa 的聚合物多孔体称为软质泡沫塑料；而弹性模量介于 70～700MPa 之间的泡沫体则称为半硬质泡沫塑料。

制备泡沫塑料最常用的树脂品种有聚苯乙烯（PS）、聚氨酯（PU）、聚氯乙烯（PVC）、聚乙烯（PE）和脲甲醛（UF），其他常用品种还有酚醛树脂（PF）、环氧树脂（EP）、有机硅、聚乙烯缩甲醛、醋酸纤维素及聚甲基丙烯酸甲酯（PMMA）等。另外，近些年来还不断增加其他品种，聚丙烯（PP）、聚碳酸酯（PC）、聚四氟乙烯（PTFE）、聚酰胺（PA）等也在不断投产。

1.5.2 泡沫塑料特点

尽管泡沫塑料的品种很多，但都含有大量气孔，所以具有一些共同的特点，如密度小、热导率低、隔热性好、可吸收冲击载荷、缓冲性能佳、隔声性能优良以及比强度高等。

（1）相对密度低

这是所有多孔材料的共性。泡沫塑料中含有大量的泡孔，其密度一般仅为对应致密塑料制品的几分之一到几十分之一。加之塑料本身是一种密度较小的材料，故泡沫塑料产品的密度可以很小，是所有多孔材料中密度最小的一类。

（2）隔热性能优良

由于泡沫塑料中存在着许许多多的气泡，泡孔内气体的热导率比固体塑料的热导率低一个数量级，因此泡沫塑料的热导率比对应的致密塑料大大地降低。另外，闭孔泡沫体中气体相互隔离，也减少了气体的对流传热，有利于提高泡沫塑料的隔热性。

（3）吸收冲击载荷性好

泡沫塑料在冲击载荷作用下，泡孔中的气体会受到压缩，从而产生滞流现象。这种压缩、回弹和滞流现象会消耗冲击载荷能量。此外，泡沫体以较小的负加速度，逐渐分步地终止冲击载荷，因而呈现出优良的减振缓冲能力。

（4）隔声效果佳

泡沫塑料的隔声效果是通过以下两种方式来实现的：一是吸收声波能量，从而终止声波的反射传递；二是消除共振，降低噪声。当声波到达泡沫塑料泡孔壁面时，声波冲击泡体，使泡体内气体受到压缩并出现滞流现象，从而将声波冲击能耗散掉。此外，增加泡体刚性，可消除或减少泡体因声波冲击而引起的共振及产生的噪声。

（5）比强度高

比强度是材料强度与相对密度的比值。虽然泡沫塑料的机械强度随孔隙率增大而下降，但是总体上其比强度要远远高于孔隙率相当的多孔金属和多孔陶瓷。

空心球状填料与树脂基体组成的合成泡沫塑料，具有很高的压缩比强度，可用作深海船体的弹性介质材料。填料通常可采用空心（或多孔）玻璃、陶瓷颗粒及热固性（或热塑性）树脂等。微球填料也可应用到纤维增强塑料中，它可提高纤维增强树脂体系的韧性。

泡沫塑料的增强，促进了具有特殊潜力的材料科学之发展。尽管由于开发和应用不足，使其优点尚未得到充分利用，但热塑性增强材料在经济上和技术上均具有一定优势。在不少要求比强度指标的场合，可以考虑其新的用途。也可设想利用增强技术与其他材料共同使用，组合得到性能优异的复合泡沫多孔材料，如低密度、低可燃性、低成本并且具有良好的强度性能等。

1.6 结束语

材料的多孔化设计方式，为原来的致密结构材料赋予了崭新的优异性能。这种广阔的性能延伸，使多孔材料具备了致密材料难以胜任的用途，提供了工程设计和创造的潜力，大大拓宽了其在工程领域的应用范围。不管哪一种多孔材料，相对其致密体都具有相对密度小、比表面积大、比强度高、热导率低、吸能性能好等共同属性。低密度多孔材料可用来设计轻质坚硬部件、大型轻便结构体和各种漂浮物。低热导率制品则可用于简便隔热，其隔热效果仅次于价格昂贵且操作较难的真空方法。低刚性泡沫体可作为减振缓冲方面的理想材料，如弹性体泡沫是机器底座安装的标准材料。大的压缩应变则使其在能量吸收应用方面具有吸引力。在各种保护性场合，多孔材料都存在着一个巨大的市场。

第2章

孔隙结构与其工艺

2.1 引言

多孔材料的性能取决于其材质和孔隙结构，而其孔隙结构（包括孔隙形貌、孔体尺寸以及孔隙率等因素）则是取决于对应的制备工艺，包括工艺方法和工艺条件。因此，制备工艺的方案设计，是多孔产品性能指标的一个关键性环节，甚至是决定性环节。多孔材料优秀的综合性能吸引了国内外相关领域研究人员的兴趣，对多孔材料的制备工艺开展了大量研究，发展了丰富多样的多孔材料制备工艺方法。自20世纪初期开始用粉末冶金方法制备多孔金属材料以来，人类走过了百年的多孔金属制造史。在约一个世纪的时间里，制备技术日益发展，新的方法不断出现，所得产品也从初期仅百分之十几、百分之二十几的低孔隙率到现在可达百分之九十几以上的高孔隙率。目前，已有很多制备多孔金属的工艺方法。其中较早的主要是通过金属粉末烧结工艺制备过滤用多孔金属材料以及利用金属熔体发泡方式制备轻质泡沫铝。多孔陶瓷则以其热导率低、硬度高、耐高温和抗腐蚀等优良性能可以很好地应用到环保、化工等领域，典型的多孔陶瓷组成是氧化铝、氧化锆、氧化硅、氧化镁、氧化钛、碳化硅和堇青石等。泡沫塑料是应用更为常见的多孔材料，其日用品的生产工艺已非常成熟和稳定。

2.2 泡沫金属制备工艺

泡沫金属是一类非常重要的多孔材料，在多孔材料领域占有十分重要的地位。制备不同孔隙结构的多孔泡沫金属，目前已有很多可行的工艺方法，主要包括粉末冶金法、金属沉积法、金属熔体发泡法、熔模铸造法、渗流铸造法等。

2.2.1 粉末冶金法

用粉末形式的固态金属物质制备多孔金属材料是一种较早的工艺方法，工艺过程中金属粉末经烧结处理或其他固态操作，所得制品可以是低孔隙率的孤立性闭孔结构，也可以是高孔隙率的连通性开孔结构。粉末烧结多孔材料通常由球形粉末制作，采用典型的粉末冶金工艺，由此可获得孔隙率高达98%的高孔隙率泡沫金属制品。

粉末冶金制备多孔金属的工艺过程包括金属粉末制备、多孔体成型及多孔体烧结三大步骤。金属粉末的制备方法很多，不外乎使金属、合金或金属化合物从固态、液态或气态转变成粉末状态，其中应用较广泛的包括粉碎法、雾化法、还原法、气相法等。固态工艺方式有固态金属及合金的机械粉碎和电化学腐蚀法，以及固态金属氧化物和盐类的还原法等；液态工艺方式有液态金属及合金的雾化法、金属盐溶液的置换还原法、金属盐溶液和金属熔盐的电解法等；气态工艺方式有金属蒸气冷凝法、气态金属羰基物的热离解法、气态金属卤化物的气相还原法等。

粉末多孔体的成型方法可概括为加压成型、无压成型和特殊成型三类。粉末在一定压力作用下的加压成型可采用模压、挤压和轧制等方式，在此过程中粉末产生一定的变形，压坯强度较高；粉末在没有压力作用下的无压成型包括粉浆浇注和粉末松装烧结等方式。此外，还有喷涂、真空沉积和其他成型工艺等一些特殊的成型方法。不同方法的选择取决于制件的形状、尺寸和原材料的性质等因素。

烧结是多孔制品工艺中的关键步骤，其主要目的是控制产品的组织结构和性能。这种热处理方式是将粉末毛坯加热到低于其中主要组分熔点之下保温一定时间后冷却，粉末聚集体变成晶粒聚结体，从而获得具有一定物理、力学性能的材料或制品。其中烧结温度通常指最高烧结温度，即保温时的温度，烧结时间则为保温时间。

2.2.2　金属沉积法

泡沫金属也可通过气态金属或气态金属化合物以及金属离子溶液来制备，主要有金属蒸发沉积、电沉积和反应沉积三种方式。其中需要固体预制结构以确定待制多孔材料的几何形态，如采用三维网状聚氨酯泡沫塑料作为预制基材，将获得网状孔隙结构的泡沫金属。

真空蒸镀法是用电子束、电弧、电阻加热等方式进行加热，在真空环境下蒸发欲蒸镀的物质而产生蒸气，并使其沉积在冷态多孔基材上，凝固的金属覆盖于聚合物泡沫基材的表面，形成具有一定厚度的金属膜层，其厚度依赖于蒸气密度和沉积时间。蒸镀后在氢气等还原性气氛中热分解除去多孔基材，烧结，制成所需的多孔金属材料。基体可为聚酯、聚丙烯、聚氨基甲酸乙酯等合成树脂以及天然纤维、纤维素等组成的有机材料；制取复合多孔体时也可采用玻璃、陶瓷、炭、矿物质等组成的无机材料。可镀的金属有 Cu、Ni、Zn、Sn、Pd、Pb、Co、Al、Mo、Ti、Fe、SUS304、SUS430、30Cr 等。在真空蒸镀后，还可加镀 Cu-Sn、Cu-Ni、Ni-Cr、Fe-Zn、Mo-Pb、Ti-Pd 等复合镀层。在氢气等还原性气氛中进行脱除有机物基体和烧结处理，同时提高强度和延性。

电沉积技术是将离子态的金属还原，电镀于开孔的聚合物泡沫基体上，然后去除聚合物而得到泡沫金属。目前在国内外普遍采用该法进行高孔隙率金属材料的大规模制备，其产品不但孔隙率高（达 80%～99%），而且孔结构分布均匀，孔隙相互连通。该法以高孔隙率开口结构为基体，一般也采用三维网状的有机泡沫，常用的有聚氨酯（包括聚醚和聚酯两大系列）、聚酯、烯聚合物（如聚丙烯或聚乙烯）、乙烯基和苯乙烯聚合物及聚酰胺等。主要过程分基材预处理、导电化处理、电镀和还原烧结四个步骤。

在实施电沉积之前，首先应将基体材料进行碱（或酸）溶液的预处理，以达到除油、表面粗化和消除闭孔的目的，然后清洗干净。对通常采用的有机泡沫等基体，均需做导电化处理。导电化处理可用金属蒸镀（如电阻加热蒸镀）、离子镀（如电弧离子镀）、溅射（如磁控溅射）、化学镀（如镀 Cu、Ni、Co、Pd、Sn 等）、涂覆导电胶（如石墨胶体、炭黑胶体、涂覆导电树脂（如聚吡咯、聚噻吩等）和涂覆金属粉末（如铜粉、银粉）浆料等。其中常用的方法是化学镀和涂覆导电胶。若采用化学镀，则在其前还应依次进行除油、粗化、敏化、活化和还原（解胶），这在塑料电镀工艺方面的文献中有较详尽的叙述。

反应沉积是将开孔泡沫结构体置于含有金属化合物气体的容器中，加热至金属化合物的分解温度，金属元素则从其化合物中分解出来，沉积到泡沫基体上形成镀金属的泡沫结构，然后烧结成开孔金属网络即得泡沫金属。如制取泡沫镍时的金属化合物可为羰基镍（nickel carbonyl），所得产品由具备均一横截面的中空镍丝构成。

2.2.3 熔体发泡法

利用熔体发泡制备泡沫金属最早是采用熔体内部直接发泡的方式，该工艺一直发展沿用至今，已成为泡沫金属一种比较成熟的常用制备方法。本法获得的多孔产品是具有胞状孔隙结构的泡沫金属，其工艺原理是将释气发泡剂掺入具有一定黏度的熔融金属，发泡剂受热分解放出气体，从而引起熔体发泡，冷却后即形成胞孔泡沫金属。适合通过本工艺制备泡沫体的材料主要有铝和铝合金以及铅、锡、锌等低熔点金属。其工艺流程包括熔化合金锭、熔体增黏、加入发泡剂搅拌、保温发泡、冷却等过程，其中关键技术是发泡剂的选择，应使其与合金熔点温度相匹配。另外，熔体黏度控制以及均匀分散添加剂等方面都很重要。目前使用的发泡剂有 TiH_2、ZrH_2 等金属氢化物以及 $CaCO_3$、$MgCO_3$、$CaMg(CO_3)_2$ 等盐类发泡剂，还有兼具增黏作用的新型发泡剂等；增黏剂则包括金属 Ca 粉、Al 粉以及 SiC、MnO_2、Al_2O_3 颗粒等。

通常使用的金属氢化物发泡剂包括 TiH_2、ZrH_2、CaH_2、MgH_2、ErH_2 等粉状物料，其中制备泡沫铝一般采用 TiH_2、ZrH_2 或 CaH_2，制备泡沫锌和泡沫铅则常用 MgH_2 和 ErH_2。TiH_2 在加热到大约 400℃ 以上时即释放出氢气。发泡剂一旦接触到熔融金属，就会迅速分解，故释气粉末的均匀分布应在瞬间完成。将 MgH_2 一类的金属氢化物粉末掺入铝熔体时可能会产生问题，如形成 Al-Mg 低熔共晶合金。由于此时体系温度低于发泡剂的发泡温度，发泡剂可与之结合而不进行分解。

在熔体发泡法制备泡沫金属时，要获得尺寸和形状都均匀的孔隙结构，就必须控制好熔体的黏度。在实际操作过程中，投放增黏剂是一种更加可行的简便措施。增黏剂可为气体、液体或固体，加入的方法有熔体氧化法、加入合金元素法和非金属粒子分散法等。在金属熔体中加入陶瓷细粉或合金化元素（如向铝熔体中加入金属钙）以形成稳定化粒子，可增加熔体的黏度。铝、镁、锌及其合金等很多金属材料均可通过这种方式进行熔体发泡，甚至铁合金也能采用类似的方法发泡（此时可用钨粉作为泡沫"稳定剂"，与发泡剂混合均匀后加入铁熔体）。选择合适的金属发泡剂是该制备方法的技术难点之一，一般要求发泡剂在金属熔点附近能迅速起泡。

2.2.4 熔体吹气发泡法

另一种通过金属熔体发泡的工艺是熔体外部吹气法，其产品也为具有胞状孔隙结构的泡沫金属。该法原理是在熔融金属底部直接吹入气体使金属熔体产生气泡，吹入的气体可以是空气、水蒸气、二氧化碳和惰性气体等。本法主要用来制备泡沫铝，后来也有研究者通过吹入水蒸气制备了 Pd-Cu-Ni-P 非晶态泡沫合金，通过吹入氩气结合粉末法与等温退火处理工艺成功制备出 Zr-Cu-Al-Ag 非晶态泡沫材料。

相对于熔体发泡法需要严控发泡温度范围和加工时间，熔体吹气法具有较简便且易控的工艺操作过程。其技术关键是熔体应有合适的黏度以及足够宽的发泡温区，所形成的泡沫应有良好的稳定性。本法可制取的孔隙尺寸范围大，制品孔隙率高（可达百分之九十几）。

根据这种方法，可将细分的固态稳定剂粒子与金属基体组成复合物，加热到金属基体的液相线温度以上，再向熔融金属复合物中引入气体，气泡上浮产生闭孔，然后冷却到金属的固相线温度以下即得到含有大量闭孔的泡沫金属。适合作为稳定剂的材料有氧化铝、钛、氧化锆、碳化硅、氮化硅等，可吹泡的金属如铝、钢、锌、铅、镍、镁、铜和它们的合金等。应选择合适的稳定剂颗粒尺寸大小和用量比例，以达到良好的气泡稳定效果，泡沫体的孔隙尺寸则可通过气体流速的调节来控制。

在该工艺过程中，工序的第一步即是制备含有增黏物质颗粒的金属熔体，工序的第二步是利用旋转式推进器或振动式喷嘴等方式向液态金属基复合材料熔体中注入气体（空气、氮气、氩气）使其起泡。

2.2.5 熔模铸造法

在可去除的多孔结构预制型中浇入熔融金属，冷却凝固后除去模材料（如通过压水等方式），即得到与预制型多孔结构相对应的泡沫金属材料。预制型的制备是将耐火材料浆料充入可去除的通孔结构（如三维网状泡沫塑料）中，风干、硬化后去除原通孔结构材料（如通过焙烧使泡沫海绵产生热分解而得以去除），从而形成与原通孔结构一致的预制型。这种方法可获得高孔隙率的泡沫金属制品，原理上采用合适的预制体材料可适合于任何可铸合金。

例如，首先将通孔泡沫塑料（如聚氨酯泡沫）填入具有一定几何形状的容器中，然后充入具有足够耐火性能的材料的浆料（如莫来石、酚醛树脂和碳酸钙的混合物，也可简单地采用石膏或 NaCl 等液态盐类），风干、硬化后焙烧使泡沫海绵产生热分解而得以去除，形成复现原泡沫塑料三维网状结构的预制型。再在这种预制型的开口空隙中浇入熔融金属，冷却凝固后通过压水等方式除去模材料，最后即可获得再现原聚合物海绵结构的泡沫金属材料。如果空隙过于狭窄而不能以简单的重力铸造方式充入液态金属，则需采用加压和模具加热等措施。

可用本法制备多孔体的金属应具有较低的熔点，如铝、铜、镁、铅、锡、锌以及它们的合金等。本法的困难在于难以实现细丝的完整充入，难以控制通常的定向凝固，难以在对细微结构不造成太多损害的前提下去除模材料。

2.2.6 渗流铸造法

在装有可去除的耐高温颗粒的铸模中渗入金属熔体，冷却后除去颗粒即可得到类似三维网状的通孔泡沫金属。在本工艺过程中，金属熔体的表面张力可造成渗流困难，为此发展了压力渗流法和真空渗流法等工艺形式。

根据本法，首先将无机颗粒甚至有机颗粒或低密度的中空球直接堆积置于铸模内，或制成多孔预制块后再放入铸模中，然后在这些堆积体或预制体的空隙中渗入金属熔体进行铸造，除去预制型即得到多孔金属材料。为加快熔体的渗流，还可借助于加压或负压的方式。预制型颗粒的去除方式有利用合适溶剂的溶解滤除法和热处理法。耐热的可溶性无机盐颗粒适合作为这种预制型，如常用的 NaCl 粒子既有一定的耐火度，同时又能被水溶解而得以去除。

由此法可制备多种泡沫金属，包括铝、镁、锌、铅、锡和铸铁等，所得多孔材料均为海绵态。由于液态金属的表面张力作用，阻碍了金属熔体向预制型颗粒间隙的快速流入，并可能会造成颗粒的浸润问题，使得颗粒间的空隙不能被完全充满。为了克服此类现象，可在颗粒之间制造一定的真空状态以产生负压，或采取对熔体施加外部压力的措施。此外，为了避免熔体过早地凝固，可对预制型块料进行预热或采用过热熔体。

渗流铸造法的熔体加压方式有固体压头加压法、气体加压法、差压法和真空吸铸法等。其中差压法和真空法所得泡沫金属的质量较高，因为此时金属液的渗流距离较长，结晶出的金属骨架较致密，故产品的力学性能较高。

2.2.7　纤维烧结法

用金属纤维代替粉末冶金工艺中的部分或全部金属粉末，即可制成金属纤维桥架结构的多孔材料。这也是一种早期的多孔金属制备方法。虽然这种金属纤维烧结法与粉末烧结法类似，但也有自身特点。该工艺制备多孔体的主要工艺过程包括制丝、制毡（或成型）和烧结三个部分。

制备金属纤维可采用拉拔法、纺丝法、切削法、镀覆金属烧结法等方式。其中拉拔法有质量较高的普通单线拉拔和生产效率较高的集束拉拔。纺丝法则有熔体纺丝法（melt-spinning）、悬滴熔体牵引法（pendant-drop melt-extraction）、玻璃包覆熔纺法（glass-coated melt-spinning）、自由飞出熔纺法（free-flight melt-spinning）和熔体抽拉法（melt-drop）等多种形式。切削法以固态金属为原料，用刀具切削成纤维屑或短的金属纤维，有振动切削法（chatter machining）、刮削法（shaving）和撕切法（slitting）等。研磨法是将金属件在装有高硬度磨料的磨床上进行研磨，通过咬入量、送料量的调节以及磨床上磨料粒度的选择就能得到所需粗细的金属纤维。镀覆金属烧结法是通过真空蒸镀、化学镀、浆料浸润等方式在有机纤维上附上金属，或有机纤维表面导电处理后电镀，再在还原性气氛中热解除去有机物并烧结，从而获得中空结构的金属纤维。将金属粉末或金属氧化物加有机黏结剂调制成浆料，从微孔喷丝头挤出成纤维，高温除去黏结剂后，在还原性气氛中烧结，或直接在还原性气氛中热解除去黏结剂，也可得到金属纤维。

按一定长度分布、直径分布和长径比范围的金属纤维混合均匀并分布成纤维毡，在还原性气氛中烧结即制得金属纤维多孔材料。这种工艺可用于 Cu、Ni、Ni-Cr 合金和不锈钢等多孔金属的制备，所得产品呈三维网状，孔隙率可达 98％或更高。其制品特点是柔韧性好、弹性高，耐伸缩循环性好。该法易于制取高孔隙率产品，且孔隙连通，可制备金属纤维式多孔电极材料等。

2.2.8　粉体熔化发泡法

本工艺也类似于固态烧结工艺中的金属粉末烧结法，不同之处在于本法的加热温度高于金属的熔点（即液相烧结），而固态工艺则是在金属熔点以下进行（即固相烧结）。在本法的工艺过程中，首先是将金属粉末（单元金属粉末、合金粉末或金属粉末混合体）与粒状发泡剂混合，并进行密化以形成几乎致密的可发泡半成品，然后将密实体加热到对应合金的熔点以上（接近熔点），同时发泡剂发生分解并释放出气体，使密实体发生膨胀而形成高度多孔的泡沫材料。产品一般为闭孔结构的泡沫体，孔隙率主要取决于发泡剂含量、热处理温度和加热速率等几个关键工艺参数。金属粉末与发泡剂的混合可采用转筒混合器等常规方式，故可实现气体释放物质在粉末混合物中的均匀分布。致密化技术有直接粉末挤压、轴向热压、粉末轧压或热等静压等，可根据所需形状进行选择：挤压方法较经济，薄片通常用轧压。半成品中的发泡剂颗粒必须埋置在气密性金属基体内，否则释出的气体会在膨胀开始之前经由相互连通的孔隙而逃逸，从而对孔隙的产生和长大不再具有作用。还可通过在合适形状的中空模具中填充可发泡材料，将模具和可发泡材料两者均加热到所需温度，从而制造出形状相当复杂的部件。

本法除常用于制备铝和铝合金外，锡、锌、黄铜、铅、金以及其他一些金属和合金也可通过选择合适的发泡剂和工艺参数进行发泡。最常用本法来发泡的还是纯铝或精铸合金，如2×××或6×××系列的合金。因为像 AlSi7Mg（A356）和 AlSi12 等铸造合金的熔点低，故它们也常由此法发泡。

此外，还有专门用以制备特殊孔隙结构的工艺技术，如：获得定向孔隙分布多孔金属结构的金属熔体定向凝固法及后来发展的固-气共晶凝固法，通称 GASAR 法（俄文缩写词）；用来制备多孔金属间化合物和多孔复合材料等产品的自蔓延高温合成（self-propagating high temperature synthesis），又称燃烧合成（combustion synthesis）技术；制取亚微米孔隙结构泡沫金属的气氛蒸发沉积法；获取纳米孔隙结构泡沫金属的模板法和脱合金法（去合金法）等，在此不再赘述。

2.2.9 泡沫金属制备实践举例

本书作者以聚氨酯泡沫塑料为基体，采用电沉积法制备了适于用作多孔电极的泡沫镍。以导电胶进行导电化处理，以普通镀镍工艺进行镀镍处理，电镀后形成结晶细致、层积有规的镀镍层（图 2.1）。

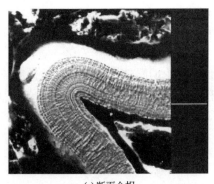
(a) 断面金相

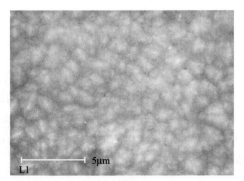
(b) 表面形貌

图 2.1 电镀镍层示例

在去除有机物并烧结热处理的过程中，采用"有机基体烧除＋金属多孔体还原烧结"两步法时，600℃电热空气炉预烧 4min 后镍层表面留下薄层 NiO 氧化膜 [图 2.2(a)]。由于 NiO 是金属不足的负型半导体氧化物，属于 Ni 向外扩散生长机制，故形成比原镀层更粗糙

的表面 [图 2.2(b)]。烧除有机基体后，在 850～980℃氨分解的还原性气氛中进行烧结，镍层表面氧化物（NiO）被还原为金属镍。经 40min 的热处理，晶粒尺寸增大并致密化，形成外表面平整且无氧化物残留的泡沫镍产品（图 2.3）。

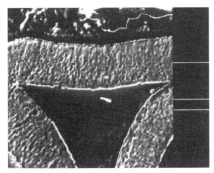
(a) 断面金相

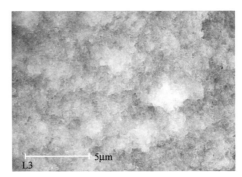
(b) 表面形貌

图 2.2　经 600℃空气预烧 4min 后的镍层示例

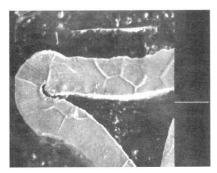
(a) 断面金相

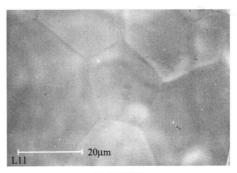
(b) 表面形貌

图 2.3　经空气预烧再还原烧结后形成的镍层示例

采用"电镀后直接烧结热解"一步法时，没有上述两步法中的 NiO 形成和还原过程，但存在有机物的热分解（生成 CH_4、H_2O 等气态产物）和碳层的还原（生成 CH_4、C_2H_6 等气态产物），其余与两步法中的烧结过程相同。最后所得镍层组织结构和形态与上述两步法工艺所得相似（图 2.4）。

经上述两种途径最终所得产品宏观上均为三维网状的泡沫体 [图 2.5(a)]，其截面形态是大量空心三角形组合 [图 2.5(b)]，其中空心是由有机基体分解而形成的。

可见，采用有机多孔体电沉积工艺制备泡沫镍，电镀后的镍层是具有明显缺陷的细晶组织，600℃空气预烧 4min 后表面生成薄层 NiO 氧化膜，内部细晶组织不变。电镀后不管是否经空气预烧的过程，在 980℃的氨分解气氛中烧结 40min，晶粒均显著长大、组织结构趋于稳定，最后得到粗晶粒致密、表面平整的镍层。将烧结温度降至 850℃时，其产品组织结构亦然，说明850℃经历 40min 烧结也已充分。最后所得产品是空心镍丝体组成的三维网状泡沫镍。

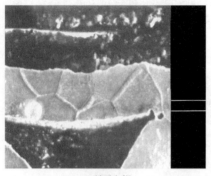
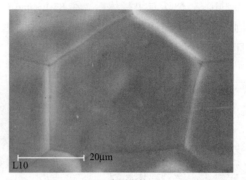

(a) 断面金相

(b) 表面形貌

图 2.4　电镀后直接还原烧结形成的镍层示例

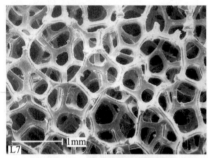
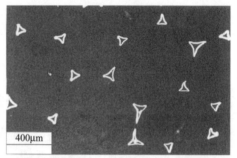

(a) 显示三维网络结构的整体形貌

(b) 显示中空棱杆形态的样品截面金相

图 2.5　由电沉积法制得的泡沫镍示例

2.3 泡沫陶瓷制备工艺

　　泡沫陶瓷的突出优点是热导率低、硬度高、耐磨损、耐高温、抗腐蚀等，其应用主要涉及环保、能源、化工、生物等多个领域。制备泡沫陶瓷的方法包括颗粒堆积烧结法、添加造孔剂法、发泡法、有机泡沫浸渍法等应用较早、工艺较成熟、使用较多且比较成功的主要制备技术，后来又发展了冷冻干燥、木质陶瓷化、自蔓延高温合成等新的工艺方法。多孔制品的结构和性能受其制备工艺所控制，如发泡工艺制得的多为闭孔结构，其隔热性能良好；有机泡沫浸浆工艺制得的则是完全连通的开孔结构，其孔隙率高、孔径大，最适合于熔融金属的过滤。

2.3.1　颗粒堆积烧结法

　　本工艺是利用骨料颗粒的堆积烧结而连接形成泡沫陶瓷。骨料颗粒间的连接可以通过添加与其组分相同的细微颗粒，利用其易于烧结的特点而在一定温度下将大颗粒连接起来；也可以使用一些高温下能与骨料间发生固相反应而将颗粒连接起来的添加剂，或是一些在烧结过程中可形成膨胀系数和化学组分都与骨料相匹配、且能在高温下形成与骨料相浸润的液相的添加剂。如用粗氧化铝颗粒和超细氧化硅颗粒混合，烧成过程中 Al_2O_3 与 SiO_2 部分反应生成莫来石而将氧化铝颗粒连接起来，从而制得多孔氧化铝泡沫陶瓷。

本法利用陶瓷颗粒自身具有的烧结性能，将陶瓷颗粒堆积体烧结在一起而形成泡沫陶瓷。每一个骨料颗粒仅在几个点上与其他颗粒发生连接，因而可形成大量的三维贯通孔道结构。一般地，形成的泡沫陶瓷平均孔径随骨料颗粒增大而增大，孔隙分布的均匀度则随骨料颗粒尺寸范围的减小而提高。低密度的细磨陶瓷粉末素烧坯体通过低温短时间的焙烧或反应烧结，也可获得均匀分布的固态烧结孔隙。此工艺可以通过调整颗粒级配而控制孔隙结构，制品孔隙率约为 20%～30%，如果同时加入炭粉、木屑、淀粉等成孔剂使其高温下燃烧、挥发，可将产品孔隙率提高到 75%左右。

2.3.2 添加造孔剂法

（1）粉末添加造孔剂

本工艺在泡沫陶瓷制备中具有广泛的应用，它是通过在陶瓷配料中添加挥发性或可燃性造孔剂，利用这些造孔剂在高温下挥发或燃尽而在陶瓷体中留下孔隙。由此法可制得形状复杂、孔隙结构各异的多孔制品。其工艺类似于普通陶瓷工艺，关键是选择造孔剂的种类和用量。陶瓷粉料与备选的有机粉料（如萘粉、石蜡、面粉、淀粉等）、炭粉、木屑、纤维等混合、压制，然后烧结制得泡沫陶瓷，其孔隙体积的含量、尺寸和分布等取决于这些易消失相的数量和尺寸，且开口气孔率随造孔剂用量的增大而提高。当造孔剂达到一定含量时，开孔率即与总孔隙率十分接近。其中的淀粉还可同时作为黏结剂和造孔剂。另外，也可由陶瓷粉料与难熔而易溶的无机盐混合成型，烧结后通过溶剂浸蚀而得到泡沫陶瓷制品。一般地，提高烧结温度和延长保温时间会降低孔隙率，从而使密度增大，由此提高了孔壁强度和整体强度。

（2）浆料添加造孔剂

本法是在陶瓷浆料（又称"料浆"，系一种悬浮液）的制备过程中加入可燃性或挥发性造孔剂，如混入某些有机物或炭粉等（组成分散系），这些造孔剂在浆料固化后的烧结过程中被烧除或挥发掉，从而在陶瓷体中留下大量孔隙，得到孔隙结构与造孔剂形状和尺寸对应（但有所变化）的泡沫陶瓷材料。如以莫来石、铁粉为原料，硅酸乙酯水解为黏结剂，同时作为造孔剂，通过注浆成型，在氧化气氛中烧结，可制得莫来石基透气性多孔材料。

后来又开展了以淀粉为造孔剂的环境友好型制备工艺研究。首先配制出陶瓷粉末和淀粉的分散性水质浆料，然后倒入无渗透的模具中，加热至 50～70℃。在该温度下淀粉颗粒与水之间发生反应，从而造成颗粒的膨胀，并从浆料中吸收水分。这两种作用都可使液态浆料无逆转变成可复制模具形状的刚硬体。卸模、干燥后，通过焙烧除去淀粉并使坯体得到烧结。淀粉烧去后留下的孔隙结构保持了原来淀粉颗粒的尺寸及其分布，因此加入初始浆料的淀粉颗粒尺寸和数量可控制产品最后的孔径和孔隙率。淀粉固结工艺具有易操作、孔隙率可控、原料成本低廉等优点，因此成为制造泡沫陶瓷的诱人方法。稻米粉、玉米粉、土豆粉以及它们的混合物，均可用作这种固结剂和造孔剂。获得的泡沫陶瓷孔隙尺寸与淀粉颗粒尺寸的关系十分明显。孔隙率与淀粉的体积分数有关，也与固结过程中的膨胀量有关。另外，还受到孔隙在烧结时消除的细微淀粉颗粒浓度的影响。

2.3.3　有机泡沫浸浆法

有机泡沫浸浆工艺（泡沫塑料浸浆工艺）目前已成为制备泡沫陶瓷应用较广泛的技术。这种工艺方法在制备开孔三维网状结构的泡沫陶瓷制品时最为常用，是制备高孔隙率（70%～95%）泡沫陶瓷的有效工艺。它首先由配制好的陶瓷浆料浸渍有机泡沫，然后烧除有机物并烧结陶瓷体即得泡沫陶瓷产品。也可利用溶胶-凝胶或胶体溶液代替陶瓷浆料来浸涂有机泡沫。

本工艺的独特之处在于其借助有机泡沫体的开孔三维网状骨架结构，所得多孔制品的孔隙结构与所用有机泡沫前驱体近乎相同，制品孔隙尺寸也主要取决于有机泡沫体的孔隙尺寸，还与浆料在有机多孔基体上的涂覆厚度以及浆料的干燥、烧结收缩有关。一般而言，制得的泡沫陶瓷孔隙尺寸会略小于原有机泡沫体的孔隙尺寸。

在有机泡沫浸浆法中，还可采用反复喷涂浆料再干燥、纤维增强浆料等方式，来改善制品的结构和性能。本工艺是制备泡沫陶瓷的理想方法。增加挂浆量、渗硅和改进烧结工艺都可以提高泡沫陶瓷制品的强度。目前提高挂浆量的常用手段是在陶瓷料浆中加入黏结剂、流变剂、分散剂等添加剂以及浆料表面活性剂等，从而增大有机泡沫对料浆的黏附作用；也可由表面活化剂来活化有机泡沫表面，以降低其表面能，从而增加有机泡沫对料浆的黏附量；还可通过在泡沫陶瓷中渗入其他物质来填补有机泡沫孔棱（孔筋）在高温烧结挥发后留下的孔洞。改进泡沫陶瓷性能的方法包括二次挂浆、渗硅处理、第二相增韧以及烧结工艺改进等。

2.3.4　发泡法

（1）粉末坯体发泡法

发泡工艺是采用碳酸钙、氢氧化钙、硫酸铝和双氧水等作为发泡剂的一种泡沫陶瓷制备技术：首先将经过预处理的原料颗粒置于模具内，在氧化气氛和压力作用条件下加热（约为900～1000℃）使颗粒相互黏结，里面的发泡剂则释出气发泡使材料充满模腔，冷却后即得泡沫陶瓷。传统上通过碳酸钙与陶瓷粉末的混合并形成合适形状的预制块，在烧制过程中碳酸盐煅烧放出一氧化碳/二氧化碳气体，并在陶瓷体中留下对应发泡剂颗粒的孔隙结构。这类多孔产品已有多年的工业应用，较经济的制造方法是将陶瓷粉末与樟脑和增塑剂等混合后挤压成管、棒、块等各种形状，最后烧成泡沫陶瓷制品。

泡沫玻璃材料的发泡机理是由于发泡剂在加热到基础原料烧结温度时可分解或与基料成分反应而产生大量气体，这些气体被软化的基料包裹，冷却后即形成稳定的泡沫体。其中碳元素发泡剂是由其还原基料中某一组分（如 SO_3）而产生气体，碳酸盐（$CaCO_3$、$MgCO_3$）发泡剂则是在高温下分解放出 CO_2 气体而使材料发泡。

（2）浆料发泡法

利用陶瓷浆料进行发泡来制备泡沫陶瓷是一种最经济的方法，由此得出的产品一般为胞状的闭合孔隙结构，通常都有较高的强度。本法的原理是在陶瓷浆料中产生分散的气相而发泡，其中浆料一般由陶瓷粉料、水、聚合物黏结剂、表面活性剂和凝胶剂等组成。浆料中泡沫的产生方式包括机械发泡、注射气流发泡、放热反应释放气体发泡、低熔点溶剂蒸发发泡、发泡剂分解发泡等。其中用于发泡剂的化学物质主要有碳化钙、氢氧化钙、硫酸铝、双氧水、铝粉等，也可用硫化物和硫酸盐混合发泡剂等，还可由亲水性聚氨酯塑料和陶瓷浆料同时发泡制作泡沫陶瓷。在发泡过程中，有些气泡可能收缩和消失，有些则可以长大。包围气泡的浆料膜可保持完整直至稳定，形成闭孔泡沫；也可发生破裂，形成部分或全部开孔的泡沫。

浆料发泡工艺的特点是通过陶瓷浆料中的气相来形成多孔结构，其孔隙形成也包括气泡核的形成、气泡的膨胀和泡体的固化定型这三个阶段。孔隙大多为闭孔，而当膨胀速率过快或材料收缩速率过快时就易得到开孔泡体。在原材料配方确定后，温度和压力是控制泡沫陶瓷制备过程中气泡膨胀的主要参数。其发泡剂体系有物理发泡剂和化学发泡剂两大类。

通常气体在液相中可分散成很细的泡体，但由于表面能以及气液两相密度差，液相中的气体会自动逸出，所以发泡体是一个热力学不稳定体系。加入表面活性剂（起泡剂）有助于形成较稳定的泡体。研究还表明，阴离子型表面活性剂的起泡能力及获得的泡沫稳定性较好。除常见的化学表面活性物质外，可用的天然表面活性物质有皂角苷、骨胶、蛋白素、干酪、胶质松脂皂和水胶等。

对不溶于酸或碱的原料，可通过有机表面活性物质的吸附使其悬浮来制取浆料；而对溶于酸或碱的粉料，则可通过其与酸或碱起作用进行悬浮来制取浆料。有研究者在研究浆料pH值对氧化铝泡沫陶瓷孔结构的影响后发现：在碱性范围内调节pH值可制得孔径分布较均匀的泡沫陶瓷产品。

2.3.5 其他制备工艺

（1）凝胶注模法

凝胶注模（Gel-casting）工艺可用来制造近网状结构的多孔陶瓷材料。该方法是利用陶瓷料浆内部或少量添加剂的化学反应使料浆原位凝固，形成微观均匀性良好和密度较高的坯体。其可使浆料泡沫化以及浆料泡沫原位聚合固化，固化后形成的素坯为强度较高的网状结构。这种凝胶注模成型烧结的工艺方式，主要包括预混液（由单体、交联剂和溶剂组成）配制、注模、干燥和烧结这几道工序。此法开始是为制备致密体而发展起来的，后来通过对陶瓷浆料发泡工艺的改进来生产泡沫陶瓷。发泡后包含在浆料内的单体进行快速原位聚合，可形成能阻止发泡体坍塌的凝胶结构。干燥并烧结后，即可获得具有高致密孔壁和球形孔隙的多孔材料。所得制品的强度-孔隙率比远高于由其他工艺制得的泡沫陶瓷。将凝胶和发泡工艺结合起来，不难让泡沫结构生坯保持一个较高的强度。与以前使用的凝胶剂和增塑剂不同，泡沫体中的单体原位聚合使生坯强度足以维持孔隙率高于90%的结构，其中宏观结构和微观结构均得以保留。进一步烧制需要小心进行，这有助于保持多孔体的孔隙。

工艺过程首先是制备陶瓷粉末、水、分散剂和单体溶液等混合物的均质浆料，在避免氧气接触的容器内加入表面活性剂并产生泡沫；然后加入引发剂和催化剂等化学物质以促进聚合作用；将具有橡胶态织构的凝胶体进行干燥，烧制除去聚合物，陶瓷基体得以致密化。已证实该工艺能成功地用于大多数陶瓷粉末，如氧化铝、氧化锆、煅烧黏土和羟基磷灰石等。本工艺所得泡沫体的力学性能优势来自孔棱的较高强度，这是特定微结构和缺陷最小化的结果。有机泡沫浸浆法所得网状陶瓷则存在沿中空孔棱的大裂缝，故强度较低。

本工艺已成为一种近网状复杂型先进材料的新型陶瓷发泡方法，并可进一步发展用来制备多孔的单组分和多组分陶瓷。此法通过原位聚合而生成大分子网络以将陶瓷颗粒支撑在一起。在有机单体存在的情况下，用于此工艺的浆料可于低黏度下获得高的固含量。单体聚合化产物作为黏结剂在干燥固体中所占含量低于4%（质量分数），存在于交联聚合物网络之中的干燥体强度相当高，并能通过机械加工以获得形状更为复杂的产品。因此，本工艺已用于生产电子、汽车、国防等工业所需的近网状复杂型先进材料。

（2）木质陶瓷化法

木质陶瓷化是对木材原料进行适当的物理、化学处理而得到多孔碳材料、多孔碳化物、多孔氧化物或多孔陶瓷基复合材料等产物的工艺过程。这种最终产物被称为木质陶瓷或木材陶瓷，它们传承了所用木材原料的结构。木质陶瓷的原料可以是木材、竹材、木屑、废纸张、甘蔗渣等，因而来源十分广泛。木质陶瓷主要分为碳木材陶瓷和 SiC 木材陶瓷，其中碳木材陶瓷是以木材或木质材料为基体（如木粉），浸渍热固性树脂（如酚醛树脂），干燥、固化后在保护气氛下高温碳化而得到的碳质多孔材料。具有多孔结构的木质材料碳化得到无定形碳，这种玻璃态的碳具有较高的强度而保证了木质陶瓷的力学性能，而高温碳化过程中木材的多孔结构得到保存，最终获得泡沫陶瓷制品。SiC 木材陶瓷的制备是将天然木材在惰性气体环境中进行高温裂解，得到与木材多孔结构相同的碳预制体，然后以此为模板在 1600℃下通过液态硅的渗透反应而得到多孔碳化硅陶瓷。

天然木材预制体可制备微米级水平的定向孔隙结构的泡沫陶瓷，孔隙直径从几微米到几百微米。而用传统的陶瓷制备工艺，则不能获得这种结构的泡沫陶瓷。这种不能由人工措施而复制的各向高度异性多孔形态，赋予了从木材转化而得到的陶瓷材料在过滤、催化等方面的吸引力。为了使木质结构转变为陶瓷，首先需将木材转变为碳质构架，然后再进行陶瓷化。

（3）冷冻干燥法

该工艺是利用水基浆料的冰冻作用，同时控制冰生长方向，并通过减压干燥使冰升华，所得生坯经烧结，即获得具有复杂孔隙结构的多孔陶瓷：作宏观排列的是尺寸超过 $10\mu m$ 的开口孔隙，其孔壁含有 $0.1\mu m$ 左右的微孔。改变初始浆料的浓度，可得到较大范围的孔隙率（可达 90% 以上）。孔隙尺寸分布以及微观结构实质上受结冰温度和烧结温度的影响。

与化学溶液的冷冻过程比较，本法具有如下几个优点：烧结收缩小；烧结控制简单；孔隙率可控制范围宽；力学性能佳；对环境友好。浆料浓度强烈地影响着孔隙率，但对收缩的作用很小。这表明孔隙率来自浆料的含水量，故其可通过浆料浓度的调节在较大范围内加以控制。另一方面，坯体的收缩几乎全部由氧化铝本身的收缩所决定，而与浆料浓度的关系较小。冷冻干燥后可观察到宏观开口孔隙在整个坯体中得以均匀地形成，这些孔隙由冰的升华而产生，并沿其生长方向排列。压汞法所测制品孔隙率几乎等于由相对密度计算出的结果，这也从另一个角度证明了绝大多数孔隙为开口孔隙。实验结果显示，在 -80℃ 时冷冻所获得的宏孔尺寸大约是 -20℃ 时冷冻所获得的一半，并发现在孔隙率无改变的情况下可通过控制冷冻温度来控制孔隙尺寸。本技术还可用来制备氮化硅和碳化硅等多孔陶瓷，而且无有机结合剂的水基浆料是出于环境考虑的优选方案。

（4）自蔓延高温合成

自蔓延高温合成（SHS）工艺制备泡沫陶瓷的本质是一种高放热的无机化学反应，其基本过程是首先向体系提供"点火"的能量而诱发体系局部产生化学反应，然后这一反应过程在自身放热的支持下继续进行，最后燃烧（反应）波蔓延到整个体系而得到所需制品。该技术效率高、能耗小、成本低，产物的孔隙率可以很高，能够用来制备具有网状结构的多孔泡沫陶瓷，添加造孔剂可进一步提高产物的开孔率。由于自蔓延反应速率很快，这种短暂的高温过程难以完全烧结，因此所得产物可附加一个烧结进程以进一步提高制品强度。

（5）有机泡沫颗粒堆积

堆积树脂颗粒，使陶瓷浆料流入堆积体所形成的空隙，然后干燥成型、烧结。所得制品孔隙率可达95％左右，孔径可由树脂颗粒的粒径来调节。根据球体紧密堆积原理，选用等大的球粒子使其尽可能形成立方密积或六方密积，避免注浆时两球粒分离而在其间形成薄膜，造成开口气孔率下降。例如，选用聚苯乙烯泡沫颗粒，对其温度制度而言，由于聚苯乙烯泡沫基体在80～90℃会逐渐软化，内部物质挥发，故在此阶段升温速率一定要慢，否则发泡剂急剧膨胀导致坯体破裂。实验发现，在此阶段的升温速率最好控制在0.5℃/min以下。

根据上面介绍的各种方法，通过选用其中适当的工艺方式，可以将各种各样的陶瓷材料制备成不同孔隙结构的多孔制品。根据骨料材质的不同，可制造的制品主要有铝硅酸盐质泡沫陶瓷材料、硅藻土质泡沫陶瓷材料、刚玉和金刚砂质泡沫陶瓷材料等。目前广泛应用的泡沫陶瓷大多仍由传统方法制备，因为这些方法的工艺比较成熟。

对于上述这些工艺方法，典型的泡沫陶瓷组成是氧化铝、氧化锆、氧化硅、氧化镁、氧化钛、碳化硅、堇青石和硅的氧碳化物等，不同制备工艺结果的主要差异在于所得多孔体的结构形态。这些不同的形态特点会不同程度地影响到泡沫陶瓷的性能。另外，产品的孔径及其分布范围也依赖于所采用的制备工艺技术。而所有这些依赖于制备工艺的因素（包括孔隙率、孔隙形态、连通水平、孔径及其分布、孔壁或孔棱的致密度等）以及陶瓷材料本身的属性，都会深深地影响或决定着多孔制品的各项性能。一般来说，目前可得泡沫陶瓷的体密度约为0.1～1g/cm³（相对密度0.5～0.95），杨氏模量约为0.1～8GPa，抗弯强度约为0.5～30MPa，抗压强度约为0.5～80MPa，最高使用温度约为1000～2000℃，热导率在0.1～1W/(m·K)。

2.4 泡沫塑料制备工艺

泡沫塑料的制备工艺一般均可归结为混料和成型两大步骤，在成型过程中同时形成气孔而得到多孔的泡沫产品，产品通常具有高孔隙率的网状或胞状孔隙结构。其中常用的成型方式有注射发泡、挤出发泡、模压发泡、浇注发泡、反应注射、旋转发泡和低发泡中空吹塑等，所用设备与普通塑料制品的加工设备基本相同。相对于泡沫金属和泡沫陶瓷来说，泡沫塑料的制备显得较为简单和快捷。

2.4.1 泡沫塑料发泡

（1）原材料

泡沫塑料的原材料包括多类高分子聚合物和各种添加剂（含填料和助剂），按配方配制后进入成型工艺。其中高聚物（聚合物）是泡沫塑料的主要组分，其性能决定了泡沫塑料的基本特性，泡沫塑料的加工和使用性能主要取决于高聚物的化学及物理性能。加入添加剂的目的是改善高聚物的成型性能与制品的使用性能，其中填料主要是降低成本和改进性能，助剂则主要是改善或增加性能。因此，泡沫塑料的成型工艺主要是根据所选高聚物的种类和含量而确定的，同时也考虑到填料和助剂的作用。

原材料配方中几种常用的高聚物包括聚苯乙烯（PS）、聚乙烯（PE）、聚丙烯（PP）、聚氯乙烯（PVC）、丙烯腈-丁二烯-苯乙烯共聚物（ABS）、聚氨酯（PU）、酚醛树脂（热固性聚合物）和脲甲醛树脂（热固性聚合物）等，不同高聚物有其各自的性质，可对应泡沫塑料制品设计性能来选用；常用填料有玻璃纤维（长度 6～12mm）、玻璃球（直径 6～50μm）、空心玻璃球（球径 10～100μm）、碳酸钙粉末、炭黑、硫酸钡、硅酸盐、石棉（纤维状天然硅酸盐）、木粉、金属粉等，不同种类的填料可以为泡沫塑料制品改善不同的物理、力学性能；常用助剂有发泡剂、增塑剂、润滑剂、稳定剂、阻燃剂、交联剂、着色剂和起泡成核剂。其中发泡剂包括物理发泡剂和化学发泡剂，物理发泡剂主要有惰性气体、低沸点液体和固态空心球等，化学发泡剂有偶氮类、亚硝基类和磺酰肼类等有机类主发泡剂与碳酸氢钠、碳酸铵以及草酸脲和硼氢化钠等无机类助发泡剂。加入发泡剂的活化剂可降低发泡剂的分解温度，能作为这种活化剂的物质包括有机酸及其盐类，如硬脂酸、硬脂酸铅、硬脂酸锌、脲类、联二脲、硼砂、氧化锌、氧化镉、碱式铅盐等。

（2）发泡方法

泡沫塑料的成型过程一般均要经历气泡的成核、气泡核的膨胀和泡沫体的固化定型三个阶段，其中第一个阶段即为发泡过程。发泡方法各有所异，而常用的是物理发泡法、化学发泡法及机械发泡法。其中物理发泡法包括：① 惰性气体发泡法，它是在压力下将惰性气体溶于聚合物熔体或糊状物料中，然后升温或减压使已溶解的气体逸出、膨胀而发泡；② 可发性珠粒法，它是将低沸点液体发泡剂（常用的如丙烷、丁烷、戊烷、己烷、一氯甲烷、二氯甲烷、二氯四氟乙烷、三氯氟甲烷、三氯二氟乙烷、二氯二氟甲烷等，它们的沸点在 $-42.5～70℃$ 之间）与聚合物充分混合，或在一定压力下加热使其溶渗到聚合物颗粒内，然后加热软化使液体气化发泡；③ 中空球法，它是将玻璃或塑料的中空微球加入树脂后模塑成型，固化后即得泡沫塑料。化学发泡法包括发泡剂法和原料反应法：前者是将发泡剂加入树脂后加热加压分解出气体而发泡，这是最常用的发泡方法，其常用发泡剂有偶氮二甲酰胺（ADCA）、偶氮二异丁腈（ABIN）、1,3-苯二磺酰肼（BSH）、苯磺酰肼（BSH）、N,N'-二甲基-N,N'-二亚硝基对苯二甲酰胺、N,N'-二亚硝基五亚甲基四胺（DPT，DNPT）等，其分解温度大致在 90～200℃ 之间，分解气体一般为氮气；后者是通过原料配制使其不同组分之间发生反应而放出对塑料呈惰性的气体（如氮气和二氧化碳），形成气泡。机械发泡法则是利用机械搅拌使空气卷入树脂体系而发泡。该法与上述物理发泡法和化学发泡法有一个共同的特点，即待发泡的树脂须处于液态或黏度较低的塑性状态才能发泡。

（3）气泡核的形成

由气体或化学发泡剂加入树脂熔体而形成的溶液，当温度、压力、气体含量发生变化而成为气体的过饱和溶液时，气体就会从溶液中逸出而形成原始微泡继而长大。气泡核就是指这种最初形成的微泡，即气相气体分子最初在聚合物熔体或液体中聚集之处。气泡核的形成阶段对泡孔密度和分布以及固化所得泡沫产品的质量均具有决定性作用，成核机理可归纳为以下三类。

① 高聚物分子中的自由空间作为成核点　高聚物的体积由大分子占据的体积和未被占据的"自由体积"两部分组成，后者由大分子链的堆砌而形成。当高聚物从高于玻璃化温度（T_g）开始冷却时，自由体积逐渐缩小，到 T_g 时自由体积达到最低值。该机制主要采用的是物理发泡剂（惰性气体或低沸点液体）在聚合物分子中的自由体积空间形成气泡核，在低于 T_g 时加压渗入，然后在常压下加热使树脂软化和低沸点液体气化并膨胀发泡。

② 高聚物熔体中的低势能点作为成核点　在熔体中形成低势能点的方式很多，用得较

多的是加入成核剂，使其与聚合物熔体分子间形成势能较低的界面，熔体中的过饱和气体（由升温或降压而得）即易于从此处析出而形成气泡核。金属粒子、SiO_2、Fe_2O_3、硅酸铝钠、滑石粉等均可作为这种成核剂。

③ 气液相混合直接形成气泡核　通过物理发泡剂（惰性气体或低沸点液体）和聚合物液体直接混合形成气泡核，成核气体直接来自发泡剂，不用先溶入熔体、液体或集于聚合物的自由空间。热固性泡沫塑料多用此法发泡（如脲甲醛泡沫塑料的发泡成型）。

以上三种成核机理具有各自的适用范围：第一种适于高分子中的自由体积较大的聚合物，如聚乙烯（PE）、聚丙烯（PP）、聚苯乙烯（PS）、聚氯乙烯（PVC）、聚碳酸酯（PC）、聚对苯二甲酸乙二醇酯（PET）等；第二种适用范围广，因为得到熔体中低势能点的方法很多；第三种主要用于热固性塑料以及可反应成型的塑料。

（4）气泡的长大

气泡长大可通过气体膨胀和气泡合并等方式来实现。气泡膨胀的动力来自气泡内气体的压力，该内压与泡径成反比，气泡愈小则内压愈高。两泡相遇，气体可从小泡扩散到大泡中而引起气泡合并。当然，气泡内压还与气体分子量和所处温度有关。气泡膨胀的阻力来自聚合物熔体或液体的黏弹性和表面张力，太大则会过分阻碍气泡胀大，太小则会造成气体冲破泡壁，甚至发生泡沫塌陷。因此，由升高温度来增加气泡内压的同时，也应注意不要升温太高而过分地降低熔体黏度和表面张力。

泡沫体的孔隙结构主要取决于膨胀阶段的工艺条件：膨胀过快或材料收缩率过大时易形成开孔结构，而膨胀过程有外力（拉伸力或剪切力）作用则泡孔将沿外力方向延伸而得到各向异性结构。影响气泡膨胀的因素有原材料的性能和用量、成型工艺条件、设备的结构和性能等，其中一些主要参数包括熔体的黏性、气体的扩散系数、气液界面张力、发泡剂、温度、压力等。为了获得泡孔均匀、细密的泡沫塑料产品，在发泡成型过程中首先要在熔体中同时形成大量分布均匀的气泡核与过饱和气体。在上述几个主要参数中，作为基本流变性能的熔体黏度是影响气泡成核和长大的关键性因素，故它成为制定发泡成型工艺和原料配方的重要依据。气体在熔体中可呈溶解状态和悬浮气泡两种形式存在，它们对熔体流变性能的影响具有很大的差别。

（5）泡体的稳定和固化

气泡长大时表面积增大且泡壁减薄而变得不稳定，稳定泡沫的方法一是用表面活性剂（如硅油）降低表面张力以生成细泡，从而减少气体扩散以使泡沫稳定；方法二是提高熔体黏度以防止泡壁的进一步减薄而使泡沫稳定，实践中的物料冷却或固化交联均有助于黏度的提高。应视熔体的具体状态而采用其中之一的稳定方法。

气液相共存体系大多不稳定，已成气泡可继续膨胀，也可能合并、塌陷或破裂，这些可能性的实现主要取决于气泡所处条件。造成气泡塌陷和破裂的原因很多，解决的办法一是提高熔体黏弹性以赋予泡壁足够的强度，二是控制膨胀速率并兼顾泡壁应力松弛所需时间。

尽管热塑性塑料和热固性塑料所经历的固化过程均为液相黏弹性逐渐增加，最后失去流动性而固化定型，但其机理完全不同。热塑性泡沫塑料的固化是纯物理过程，一般由冷却而引起熔体黏度提高，逐步失去流动性而固化定型。其固化速率主要受熔体冷却、熔体中的气体析出、发泡剂的分解和气化等条件的影响。热固性泡沫塑料的发泡成型与缩聚反应同时进行。随着缩聚反应的进行，增长的分子链逐渐网状化，熔体的黏弹性则相应提高，紧跟着流动性逐渐丧失，最后反应完成，达到固化定型。加快热固性塑料泡体的固化速率，一般是通过提高加热温度和加入催化剂等方式，以加速分子结构的网状化。

2.4.2 泡沫塑料成型

实践中常用的泡沫塑料成型工艺是挤出、注射、浇注、模压、反应注射、旋转、吹塑等，所用设备基本上与非发泡塑料制品的加工设备相同。下面主要对这些常用工艺进行简单介绍，相应的系统性论述可查阅化学工业出版社出版的《泡沫塑料成型》等专著或文献。

（1）挤出发泡成型

挤出发泡成型技术是加工泡沫塑料制品的主要方法之一，可进行连续性生产，适用品种多、范围广，能制备板材、管材、棒材、异型材、膜片、电缆绝缘层等泡沫产品。其使用的主要设备是挤出机，辅助设备一般由机头、冷却定型、牵引、切断、收卷或堆放等部分组成。工艺过程主要有混练、挤出发泡成型和冷却定型三大工序。

挤出发泡成型的基本原理相似于普通的挤出成型，在挤出过程中塑料与发泡剂等各种助剂在挤出料筒内完成塑化、混合、发泡剂分解（化学发泡法）或发泡剂气化（物理发泡法）以及惰性气体加压注入（机械发泡法），且挤出机头压力应足够大以抑制发泡料在挤出口模附近提前发泡，发泡料进入口模即释压发泡成型，已成型的发泡制品继续冷却定型以完成制品的冷却和最后变形。其主要工艺参数包括挤出压力、挤出温度、滞留时间等。

（2）注射发泡成型

注射发泡成型技术为一次性成型法，主要设备是注塑机，由塑化注射装置、锁模装置和传动装置等部分组成。该工艺生产效率高，产品质量好，适用于形状复杂、尺寸要求较严格的泡沫塑料制品，同时也是生产结构泡体的主要方法。本法主要用于聚苯乙烯、ABS、聚乙烯、聚丙烯、聚氯乙烯、苯乙烯-丙烯酸共聚物、尼龙（聚酰胺）等品种，制品主要有轻质结构材料、工业制品，如冷藏箱、集装箱、线轴、容器、绝缘材料、隔声材料、隔热制品、家具、建材和仿木制品等。

注射发泡工艺主要是根据原料性能、成型设备结构和制品的使用要求来确定工艺条件，工艺过程包括原料配制、喂料、加热塑化、计量、闭模、注射、发泡、冷却定型、开模顶出制品及后处理等步骤。其工艺原理是聚合物及各种助剂（含化学发泡剂）混合均匀后加入注射机的塑化料筒，加热塑化并进一步混合均匀。若用物理发泡剂，则发泡剂直接注入塑化段末端混合均匀，然后高压高速注入模腔。塑料熔体进入模腔后因突然降压，熔体中形成大量过饱和气体而离析出来，形成大量气泡。泡体在模腔中膨胀并冷却定型，最后打开模腔即可取出泡沫制品。其主要工艺参数有注射压力、背压、模腔压力、料筒温度、模具温度和注射速率等。

（3）浇注发泡成型

浇注发泡成型技术也是生产泡沫塑料的主要工艺方法之一。该工艺对物料和模具的施加压力小，设备和模具的强度要求低，制品内压力小，适用于生产大型制品，且可现场浇注。但产品强度低，尺寸精度差，故不能制备结构件。

本工艺主要用于高发泡热固性塑料的发泡成型。在浇注过程中高聚物的缩聚反应与发泡成型同时进行，故在浇注前应对原料充分混合，浇注时使流体和模具处于自由状态或只施加很小的压力。主要应用品种有聚氨酯泡沫塑料和脲甲醛泡沫塑料，另外还有酚醛泡沫塑料、聚乙烯醇缩甲醛泡沫塑料、环氧泡沫塑料和有机硅泡沫塑料等。

（4）模压发泡成型

模压发泡成型就是将可发性物料直接放入模腔内，然后加热、加压进行发泡成型。本工艺操作简单，生产效率高，产品质量好，适合中小企业。其工艺设备包括混合和成型两部分，其中混合设备可采用捏和机（如Z形桨式捏和机及高速捏和机等）、塑炼机、密炼机和挤出机等，成型设备则有液压机、蒸缸和模具（模具材料可用铸铝等且应注意设计好出气孔）。

根据发泡过程的不同，本工艺又可分为一步法和二步法两类：前者是将含有发泡剂的塑料直接放入模腔内加热、加压进行发泡成型，一次性得出发泡制品；后者则是将含有发泡剂的塑料先做预发泡处理，然后将得到的预发泡塑料放入模腔进行加热、加压发泡成型。其中二步法主要用于塑料的高发泡成型。

本工艺主要用于热塑性塑料（如PS、PE、PVC等），可生产高发泡、厚壁、多层黏合等类模制品，在该方面模压法独占优势，从而广泛应用于建筑、包装及日用品等领域。

（5）反应注射成型

反应注射成型（RIM）技术是一种生产结构泡沫塑料的新工艺：首先将多种组分的高反应性液状可塑原料在高压下进行高速混合，然后注入模腔内进行反应聚合并发泡，从而形成泡沫塑料。本工艺可用于聚氨酯、脲醛、尼龙、苯乙烯类树脂及环氧树脂等品种的泡沫塑料加工，制品用途涉及汽车零部件、办公用品、音响和计算机壳体以及家具等。

本工艺实际上是化工过程与注塑过程的组合，但与注塑相比有两个主要区别：一是反应注射所用模具压力很低，使系统能耗和设备费用均低于常规注塑成型；二是反应注射所用原料不是配制好的化合物，而是各种化学组分，它们在注塑成型为制件后才形成化合物。

还可进行泡沫塑料的增强反应成型，即在反应注射成型的基础上，在物料中添加增强剂（如玻璃纤维、玻璃球、矿物填料等）来提高制件的物理、力学性能。其中增强剂用偶联剂进行表面处理，以增强与树脂的界面黏结强度。

（6）旋转发泡成型

旋转模塑发泡成型技术适用于成型厚度均匀、无飞边、批量小的大型泡塑产品，其设备简单、投资少，但生产周期长，目前还在逐步发展。本工艺成型过程为：将预先配制好的定量原料加入模具并紧固，再将紧固的模具置于加热炉内不断加热旋转，直至塑料熔融并流延到模具的型腔表面，模具进一步加热到发泡剂分解，制件发泡胀满型腔而成型为最终形状，然后移出模具冷却（如风冷、水冷等），待制件冷却固化后即可取出。

与其他泡沫塑料成型工艺相比，本技术具有三个主要特点：① 使用原料大多为粉末状，或是细小颗粒状甚至是液状，这样便于加热熔化，且熔融均匀而形成光滑表皮；② 原料必须在模腔内熔融、流延，并充满模腔，而不能在压力下以熔融状态注入模具；③ 模具需绕单轴或双轴（大多数模具）旋转，且模具压力很低。

（7）低发泡中空吹塑成型

低发泡中空成型技术是由德国人发明的，近些年来仍在发展之中。本工艺可加工聚苯乙烯、聚乙烯和聚丙烯等低发泡中空制品，成型设备一般采用双头式中空成型机。其产品具有珠光光泽，白度高，气泡独立，绝缘性、缓冲性、柔软性好。

本工艺的基本过程类似于普通塑料的中空吹塑成型，其主要步骤为：①用挤出法或注射法制出预成型坯件，其中挤出法所得坯件为未发泡或少量发泡，而注射法所得坯件为已发泡；②将预制的坯件放入中空成型模，进一步加热使坯件变软并完成发泡；③通入压缩空气吹胀成型；④冷却定型后开模取出。

(8) 微波烧结成型

传统加热烧结制备多孔塑料的方法是：先将高聚物粉末和樟脑粉、萘粉等分解性造孔剂或氯化钠、硫酸钠等水溶性造孔剂混合均匀，然后将混合粉料倒入金属模具内，在炉子里烧结几个小时。这种为保证颗粒均匀熔化的长时间烧结，需要大量的模具并造成生产的高成本，而且不能进行如棒材和板材等多孔体的连续性制备。利用微波能量取代传统加热方式的微波技术，可大大减少烧结时间（只需几分钟），且均匀性也得到改善。烧结法适合于那些熔融黏度太高而缺乏流动性的聚合物，如聚四氟乙烯。纯净的聚乙烯不能吸收微波，可在其塑料颗粒上涂覆一层炭黑。然后将具有涂覆层的聚乙烯粉末压入由可透微波材料（如玻璃或某些聚合物）制造的模具内，即可进行微波加热烧结。涂层可确保在微波辐射下仅处于颗粒表面熔化在一起，从而形成尺寸和形状均与模具型腔相同的多孔制品。孔隙率可通过原始的聚乙烯颗粒尺寸改变而加以控制。

2.4.3　阻燃型泡沫塑料

泡沫塑料广泛应用于国民经济的各个部门，但其易燃性导致其在使用过程中易引起火灾。高聚物的燃烧过程大体可分为固体降解、析出可燃性气体、火焰燃烧和生成燃烧产物四个连续的作用阶段。高聚物中一般加入 $Al(OH)_3$，在火焰的作用下，填充到高聚物中的 $Al(OH)_3$ 会发生分解同时吸收燃烧过程中放出的部分热量，从而降低高聚物温度，减慢其降解速率，这是 $Al(OH)_3$ 阻燃的主要作用。其次，$Al(OH)_3$ 填充到高聚物中有助于燃烧时形成炭化物，该炭化物既可阻挡热量和氧气进入，又可阻挡小分子可燃气体的逸出。再有，$Al(OH)_3$ 在固相中促进炭化过程，取代了烟灰形成过程，从而可限制或制止可燃性气体的产生。

提高泡沫塑料阻燃性能的主要途径是加入阻燃剂，分为添加型和反应型两种。添加型阻燃剂又分为无机阻燃剂和有机阻燃剂，其以物理分散方式分散于基体网络中，与基体无化学反应。无机阻燃剂阻燃机理一般有"冷却效应"和"隔断效应"两种形式。前者是当 PU 燃烧时受热分解吸收大量热量、降低表面温度而减缓燃烧速率，后者（如可膨胀石墨）是泡沫塑料燃烧时在高温下形成隔离膜而阻断挥发性可燃气体和热量的传递。添加阻燃剂是使用最早的阻燃方法，其中无机阻燃剂用得最多的是氧化锑、氢氧化铝、磷酸铵、硼酸盐等含锑、铝、磷、硼元素的化合物，而有机阻燃剂主要是含磷、卤素等的有机化合物，如卤化石蜡、三氯乙基磷酸酯、磷酸三-(2,3-二氯丙基）酯、磷酸三-(2,3-二溴丙基）酯以及甲基磷酸二甲酯等。有机阻燃剂是硬质泡沫塑料制备中广泛应用的一种阻燃剂，其随阻燃剂成分的变化而呈现出不同的阻燃机理。其中有机磷系阻燃剂可以消耗泡沫塑料燃烧释放的可燃性气体，并减少可燃物质的释放；有机硅阻燃剂的阻燃机理是硅氧烷在燃烧时生成硅-碳阻隔层，隔断氧气与树脂的接触而达到阻燃的目的。

反应型阻燃剂发挥作用的因素分为：① 通过与原料反应使 PU 泡沫塑料具有阻燃性能；② 通过与原料反应而提高基体的热稳定性。该阻燃剂具有与原料相容性好、对材料性能影响小、阻燃性能稳定、添加量少、阻燃效率高等优点。目前，硬质 PU 泡沫塑料所用反应型阻燃剂研究较多的是含阻燃元素的醇和胺。

阻燃剂之间具有协同作用：不同种类的阻燃剂配合使用时，阻燃效果远好于其单独使用。由聚氨酯分子结构的改性来提高硬质聚氨酯泡沫阻燃性的研究也很多，如在聚醚或聚酯多元醇中引入磷、卤素等具有阻燃作用的基团，即可大幅度提高聚氨酯泡沫的阻燃性。另外，还有聚异氰脲酸酯改性、引入有机硅改性（如将有机硅氧烷单体接枝到聚醚多元醇结构中）、酚醛改性以及引入卤素基团等。

常用阻燃泡沫塑料一般通过硬质聚氨酯泡沫塑料、聚乙烯泡沫塑料、聚苯乙烯泡沫塑料以及一些复合型泡沫塑料进行阻燃改性得到。

2.4.4　生物降解泡沫塑料

泡沫塑料在包装、建筑和运输等部门具有十分重要的应用地位，但经使用丢弃后成为无法被环境所消纳的废品，会形成严重的"白色污染"，而解决这一问题的重要途径之一即是降解，特别是生物降解。淀粉产量丰富，价格低廉，具有天然的生物降解性。它可通过物理方法填充至普通泡沫体系中，也可通过化学反应参与泡沫基体的合成，还能够以自身为主体进行发泡成为泡沫制品。由此出发，制得了生物降解性的淀粉填充聚苯乙烯泡沫塑料和淀粉基聚氨酯泡沫塑料等。

有研究者以淀粉-聚乙烯（St-PE）复合降解树脂为基料，进行了有关发泡工艺的研究，所得泡沫塑料可用于制作泡沫餐具（如饭盒、碗、碟等）、果品蔬菜的包装网和包装箱、微泡环保袋、玻璃仪器和其他有关用品的装垫材料等。另有研究者以生物降解聚合物——聚乳酸为原料，制备了单片方形或圆形聚乳酸多孔生物降解膜，并采用层压技术，将23层聚乳酸多孔性膜状物加工成三维立体聚合物泡沫体，得到均匀多孔、可用于细胞移植的支架材料。

2.4.5　增强泡沫塑料

有文献综合介绍了热塑性和热固性两类纤维增强泡沫塑料的制备方法，其中可采用的增强纤维有玻璃纤维、石墨纤维、石英纤维、合成纤维（如尼龙、聚丙烯等）、短切纤维毡和纺织毛毡等。另有研究者使用非反应性的无机填料（氢氧化铝粉末）对甲阶酚醛树脂泡沫进行物理填充改性，在降低成本的同时改善了泡沫体的力学性能，提高了其抗压强度，增大了其耐燃烧能力，而且又不损害其绝热保温性能。此外，还有研究者利用纸质蜂窝材料对聚氨酯进行增强，制备了蜂窝增强聚氨酯硬泡复合材料，产品的压缩强度与弯曲强度均得到大大提高。

2.5 结束语

① 随着多孔金属应用领域的发展，其制备工艺不断推陈出新，其孔隙结构不断改进。获得结构均匀的高孔隙率多孔产品是其生产技术发展的总体方向。除作夹层板芯等结构材料的少数用途需要闭孔隙外，绝大多数应用均是在保证基本强度使用要求的基础上追求高孔隙率、高通孔率和高比表面积，以使产品的使用性能达到最佳状态。这就促成了三维网状结构的高孔隙率多孔金属材料之大规模生产。除金属沉积法（如电沉积法）、特殊的粉末冶金工艺和渗流铸造法等技术外，通过改进各种制备多孔金属的方法也都可以制备出高孔隙率的多孔金属材料。

② 多孔陶瓷的生产方法很多，但不同制备工艺中均可能存在不尽人意之处。例如，加入可燃物造孔剂的方法在燃烧后可能会留下灰分而影响制品性能，利用晶相结构的差异则可能在制品内部产生微裂纹，而加入可蒸发溶剂则形成的气孔率较低，低温煅烧时制品的强度又难以保证，溶胶-凝胶工艺较复杂、成本较高、产量较低且一般只能制膜等。这些问题都有赖于研究者们的不断探索而逐步得到解决，特别是在多孔陶瓷强化韧化以及多孔陶瓷用于生物材料等方面。

③ 科技和社会的快速发展对泡沫塑料的制备和性能均提出了越来越高的要求，特别是人类生存环境要求最终实现全面的零 ODP（臭氧消耗潜值）发泡制备工艺以及最佳的废料回收利用途径。目前，泡沫塑料的制备工艺不断得到改进，其生产过程的环境友好性和投入使用的环境友好性不断提高。此外，在整个多孔材料体系内，泡沫塑料不仅是其中应用广泛的一种，同时还可作为多孔金属和多孔陶瓷的预制体。可见，泡沫塑料制备工艺的改善和优化，包括原材料的选择和加工过程的控制等，不仅密切关系到人们的日常生活，而且在多孔材料的整体领域内也会产生相应的作用。

第3章

材料性能与其用途

3.1 引言

不同制备工艺结果的主要差异在于所得多孔结构的形态，这些不同的形态特点会不同程度地影响到多孔产品的性能。另外，产品的孔径及其分布范围也依赖于所采用的制备技术，而所有这些依赖于制备工艺的因素（包括孔隙率、孔隙形态、连通水平、孔径及其分布、孔壁或孔筋的致密度等）以及材料本身的属性，都会深深地影响或决定着多孔制品的各项性能，从而也为其应用设计提供了铺垫。

多孔材料本身固有的功能属性和结构属性是同时存在的。其作为功能应用的场合是指以利用其物理性能为主，但也需要兼顾其一定力学性能的结构作用；作为结构应用的场合是指以利用其力学性能为主，但往往也考虑其物理性能的功能作用；多孔材料作为功能结构双重应用的场合是指同时利用其物理性能和力学性能且两者并重，此时功能作用和结构作用同样重要。

3.2 泡沫金属性能应用

不同参量和指标的泡沫金属具有不同的结构和性能，可以分别适应于不同的功能用途和结构用途，更多的则是同时担负着结构和功能的双重应用。其材质选择丰富，孔隙结构形态各异，孔径分布范围宽广，在物理、力学方面的综合性能优异，兼具功能和结构双重属性。因此，泡沫金属可广泛应用到航空航天、电子与通信、交通运输、原子能、医学、环保、冶金、机械、建筑、电化学、石油化工和生物工程等领域，涉及流体分离过滤、流体分布、消声降噪、吸能减振、电磁屏蔽、隔热阻火、热交换、催化反应、电化学过程和医学整形修复等诸多方面。相应地，可制作过滤器、流体分离器、换热器、散热器、阻燃器、消声器、缓冲器、多孔电极、催化剂及其载体、人工植入材料、电磁屏蔽器件以及轻质结构材料等，在科学技术和国民经济建设中发挥出重要的作用。本部分主要对其力学、导电、吸能、电磁屏蔽、孔隙表面等性能的用途进行综合介绍，而其吸声性能和导热性能两大重要性能的应用则分别放到本书的第5章和第6章单独陈述。

3.2.1 力学性能应用

多孔材料的力学性能强烈地依赖于其孔隙率，此外孔隙形貌和孔径及其分布等也有一定的作用。在所有的孔隙因素中，孔隙率是除材质外对多孔制品力学性能影响最重要的指标。泡沫金属以其比强度高和安装性好的特点而在结构用途中具有独特的优势，因而在很多领域都可以得到很好的应用。

3.2.1.1 工业领域应用

泡沫金属的力学性能应用即是其作为结构用途。泡沫金属是一种优秀的工程材料，除了利用其物理性能为主的功能应用外，其结构用途也相当多。由于其比强度高，刚性好，具有一定的强度、延展性和可加工性，因此泡沫金属可作为诸多场合的轻质结构材料。在作为结构用途时，泡沫金属不但可以实现承载结构的轻量化，而且可以兼顾吸能降噪、耐热阻火等功能，因而在航空业、汽车业、造船业、铁道业和建筑业等领域都有良好的应用。例如，汽车工业中应用泡沫铝来减轻车辆的重量；航空工业中将泡沫金属用于机翼金属外壳的支撑体等飞机夹紧件的芯材；航空航天和导弹工业中将泡沫金属用作轻质、传热的支撑结构以及卫星中承载结构的增强件、导弹鼻锥的防外壳高温倒塌支持体（因其良好的导热性）和宇宙飞船的起落架等；造船业中将泡沫铝芯材大型镶板用于现代化客轮结构中的某些重要元件，军舰的升降机平台、结构性舱壁、天线平台和信号舱等也都用到了泡沫金属；建筑上可用泡沫金属材料制作轻、硬、耐火的元件、栏杆或这些东西的支撑体；机械构造中使用惯性减小而缓冲性增加的刚性多孔体部件来替代目前常规金属材料制成的轴件、滚筒和平台；生物医学工程中根据孔径为 $150\sim250\mu m$ 且孔隙率较大的要求逐渐发展了泡沫金属多孔体的人工骨，此时要求泡沫金属多孔体在满足人骨所需较大孔隙率的同时保持较高的力学性能；能源行业中将泡沫金属用作电池电极基体，此时抗拉强度极大地影响着整个电极的强度和卷成品率，是关系到电池能否大批量工业化生产的关键。作为 20 世纪 80 年代后期国际上迅速发展起来的一种物理功能与结构一体化的新型工程材料，其他方面的结构应用还在不断发展。

在用作结构材料时，承载结构件一定要轻。因此，可以选用泡沫铝、泡沫镁、泡沫钛等轻质泡沫金属来适应这种用途。此外，在只需承受载荷的结构应用中大多要求闭合孔隙，而在以承受载荷为主要目标但同时还有其他功能需求时则要使用开孔泡沫金属。

3.2.1.2 医学领域应用

人们对于可以实现患者组织再生或重建的特定植入是非常感兴趣的，尤其是在承载植入方面。这种植入若要成功，须兼顾其力学和医学功能两个使用属性。泡沫金属作为人工骨植入体等医学用途时，既有承受载荷方面的结构作用，即要利用其轻质结构强度和刚度等力学性能；又有生物组织长入、结合和内部体液输运等方面的功能作用，即要利用其孔隙内表面以及多孔体渗透性等物理性能。因此，以下将泡沫金属的生物医学用途专门列出来进行介绍。

（1）材料的适用性

临床上修复骨骼损伤的主要方法有自体移植、同种异体移植和人工骨替换。前两种方法因受骨材来源、并发症、疾病传染、功能恢复和修复形式等因素限制而不能成为理想的治疗方法。采用人工骨替换法就可以避免这些不利因素，并能进行质量可控的标准化批量生产。

理想的骨替换材料不仅要对宿主无毒、无害、无致畸变作用，还要能够诱导骨生成和传导骨生长，使植入体与宿主的自然骨很好地结合在一起。钛和钛合金具有良好的生物相容性，在其医用方面可用于矫形、嵌牙和人工关节等，但其致密体存在力学性能与自然骨骼不够匹配的问题，且缺乏生物组织进行内生长的生物环境，因此给这些钛合金等承载植入体带来了两大不足：一是杨氏模量与自然骨骼不匹配；二是与人体自然骨界面结合不牢固，这些问题都会缩减其体内有效使用期限。钛合金等作为人体植入材料广泛应用于骨骼、关节、牙齿的修复等，但其高于自然骨的杨氏模量致使钛合金骨架支撑体与骨架本体在受力条件下变形不协调，两者容易脱离。一般作为骨骼替换植入体使用的致密金属的杨氏模量为100～200GPa，这个数值大大高于人体网状骨质的模量（小于3GPa），也大大高于人体密实骨质的模量（12～17GPa）。在植入材料与周边人体自然骨骼之间如此大的刚性差异会导致应力屏蔽，从而会引起植入体松动。另外，致密钛合金不利于水分和养料在植入体的传输，减缓了组织的再生与重建，从而导致植入体与人体自然骨的界面结合不牢。泡沫钛合金可以很好地解决这个问题。对于为患者服务的泡沫钛合金，通过在制备过程中对其孔隙率的控制来调整其杨氏模量，使其接近自然骨的杨氏模量，且多孔体丰富的孔隙有利于骨细胞的黏附、分化和生长。泡沫金属可以通过孔隙率来调整模量和刚性，从而可通过控制孔隙率来适应活体骨骼的力学性能、减少应力屏蔽的危险，因此对于结构均匀、便于调节的开孔泡沫金属引起了制作骨骼植入体的研究者的极大兴趣。通过孔隙率调整的泡沫金属可与周围自然骨骼的弹性模量相匹配，从而减少骨骼的应力屏蔽及其相关问题，缓和了应力屏蔽所引起的植入体松动和骨质再吸收现象。此外，还可以有大量体液通过开口的多孔基体来传输，这样能够促成骨质的内生长。新骨细胞的生长需要足够的水分和养料，这些养分可通过泡沫钛中相互连通的孔隙进行传输。骨细胞在孔隙中长大，骨长入孔隙加强了植入体与自然骨的连接，从而实现了良好的生物固定。

植入的稳定性不仅取决于植入体的强度，而且取决于植入体与周围组织的结合固定，这是早已被认知的。过去植入体与自然骨的连接主要是通过母骨打孔插入固定、螺钉连接机械固定和骨质接合剂黏结固定，这些方法都存在着弊端。近些年来则改善为通过骨组织长入多孔态泡沫金属基体来实现固定，这样可将植入体与患者自然骨较好地连接在一起。合适的孔隙尺寸（100～500μm）和孔隙相互连通性可保障骨骼组织细胞在多孔体上的内生长和血管分布，从而改善植入体与骨骼之间的结合强度。

综上所述，金属材料具有强度、硬度、韧性和抗冲击方面的综合优势，可适用于承载部位的应用（如全关节替换等），因而在临床医学领域广泛使用。但假体松动和磨蚀引发的不良细胞反应使人工髋关节等植入体只有10～15年的寿命，不能满足长期使用要求。生物医用泡沫金属材料由于其独特的多孔结构极大地提高了植入体与患者活体之间的相容性：①多孔结构有利于成骨细胞的黏附、分化和生长，骨长入孔隙可加强与植入体的连接，实现生物固定；②多孔金属材料的密度、强度和弹性模量可通过改变孔隙率来调整，从而达到与被替换组织相匹配的力学性能（力学相容性），避免植入体周围的骨坏死、新骨畸变及其承载能力降低；③开放的连通孔结构利于水分和养料在植入体内的传输，促进组织再生与重建，加快痊愈过程。此外，多孔金属还具有强度和塑性的优良组合，因而作为骨骼、关节和牙根等人体硬组织修复和替换材料能够获得广泛应用。为保证生物医用泡沫金属的力学相容性和生物相容性，需要合适的孔径、孔隙率和孔隙结构形貌，并保持材料的洁净度，因此制备工艺要求十分严格。

泡沫金属及其覆盖层的发展赋予了医学界整形手术的崭新内容，特别是在关节整体重建或再生等方面。但目前大多数生物植入领域还在使用传统材料，如烧结材料、金属纤维扩散结合网材、等离子喷涂涂层等，这些材料都有其内在的局限性。最近引入了几种新型高孔隙率泡沫金属，其孔隙因素、表面因素和弹性模量等指标都优于传统的生物材料。这些新型生物材料的微观结构特征与网状骨质相似，其开孔结构的孔隙体积大（孔隙率为60%～

80%）、弹性模量低、表面摩擦性高，其自钝化属性和复杂的纳米结构可使骨质快速地进行内生长，这对外科整形手术的多重引用都是非常有利的。

（2）力学要求

对多孔质代骨材料的研究结果表明，骨组织向里生长有一个最小的临界孔径，骨组织长入的线速度和深度随材料孔径的增大而增加；孔径一定时，骨组织的长入量与孔隙率成正比。为保证骨组织长入所需的血液循环，孔隙应相互贯通，且孔径应在 $100\mu m$ 以上。例如，孔径在 $150\sim250\mu m$ 之间且孔隙率较高的多孔材料较适合于骨组织的长入，并具有较高的人工骨与母骨结合强度。在这种要求下，无机材料的强度不能满足指标，于是逐渐发展出多孔金属人工骨以及对人工骨材进行多孔质表面改性处理。临床上可使用的金属多孔质人工骨材料主要有不锈钢、钴铬合金、钛以及钛合金，后来还发展了泡沫钽等。在保持较高力学性能的同时实现人骨所需的较高孔隙率，即在满足人骨所需较高孔隙率的同时保证较高的力学性能，这对绝大多数不具备自恢复效应的人工骨材料是极为重要的。

植入材料的强度须足够高，才能在若干年内持续承受施加在其上的生理载荷。同时，应在强度与刚度之间建立合适的平衡，使之与骨骼行为达成最佳匹配。陶瓷的耐腐蚀性优异，但由于其固有的脆性而普遍认为多孔陶瓷结构不能用于承载植入体。多孔聚合物则不能承受关节替换手术中的作用力，另外使用强度也不够，因此也不适用于承载植入体。所以，研究的热点集中到基于整形外科所用金属材料的泡沫体（图 3.1）上，这是由于其具有承载应用所需要的良好的断裂和疲劳特性。

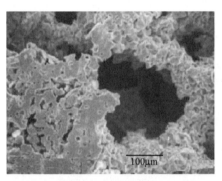

(a) 占位法所得泡沫钛

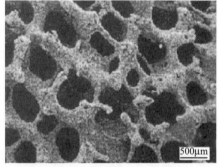

(b) 沉积粉末烧结法所得泡沫Ti-6Al-4V合金

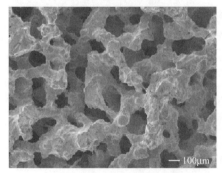

(c) 自蔓延高温合成所得泡沫钛镍合金

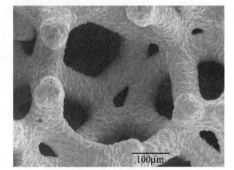

(d) 化学气相沉积法所得泡沫钽

图 3.1　不同工艺所得泡沫金属植入材料形貌（SEM 显微图像）

在高载场合使用多孔植入体的一个主要关注问题即是多孔基体对疲劳强度的影响。有研究表明，Co-Cr 合金和 Ti-6Al-4V 合金用于制作致密芯体结构的多孔覆盖层时都发生了疲劳强度的剧烈降低。泡沫钛合金植入体的设计需要避免在活体中受到较大拉伸应力的表面多孔覆盖层。多孔材料的力学性能可以通过控制孔隙率、孔隙尺寸、孔隙形状以及孔隙分布而得以改变或优化。

（3）泡沫钛

钛的质量轻、密度小，比强度高，生物相容性好，并且在地壳中具有丰富的含量。多孔钛相对于致密钛材料的显著特征是其拥有大量的内部孔隙和更小的表观密度，可用于航空航天、石油化工、冶金机械、生物工程、原子能、电化学、医药、环保等行业。近些年来，生物材料是材料领域研究的一个热点。理想的骨替换材料应同时具备生物相容性、生物活性、生物力学相容性和三维多孔结构，在实际使用过程中可将载荷由种植体很好地传递到相邻骨组织，从而不会造成植入体周围出现骨应力吸收现象。开孔泡沫钛可很好地适应这种要求。

传统的金属多孔层作为生物材料的应用已有较长时期的临床实践，如在股骨植入修复或矫形、臼体植入修复或矫形、膝关节植入修复或矫形等实例中都有成功的使用（参见图3.2），其中结构类似于网状骨质的网状多孔金属钛的效果较好。但其都存在孔隙率低、弹性模量高、表面摩擦小等不足，较低的孔隙率限制了骨质的内生长且植入体和骨骼需要有最大的接触面，高的弹性模量与自然骨骼较低的弹性模量不相匹配，表面摩擦小则会影响植入体与生物组织的结合。此外，传统的金属多孔层的自身强度低，不能作为独立的结构体，需要以覆盖层的形式附着在致密体上，这在制作胫骨骨体等结构时就会大大增加植入体的重量。而且，由于这些传统的材料不能制作大块的结构材料，因此其本身也就不能独自用到增大骨骼以及制作骨骼植入体的场合。

(a) 复合膝关节

(b) 泡沫钛层的微观结构

图 3.2 利用网状结构金属钛覆盖层的人造膝关节

为了克服上述传统生物材料的缺点，研究者采用金属沉积法制备了网状结构的泡沫钛。该材料具有类似于网状骨质的特性，如高的孔隙率、低的弹性模量、大的表面摩擦系数等，可以提供一个适合骨质内生长的环境，从而使植入体能够获得良好的持久性结合。

泡沫金属不但可以制成薄片贴合到致密体上获得复合植入体［参见图3.3(a) 和 (b)］，也可制成独立结构的生物植入体［参见图3.3(c)］。

近等原子的 NiTi 金属间化合物具有形状记忆和准弹性以及刚度低、耐蚀性佳和生物相容等性质，富 Ni 的 NiTi 合金与人体骨骼有很好的力学性能匹配，所以该类材料有望作为多

(a) 开孔泡沫钛复合膝关节件

(b) 泡沫金属复合肩臼替换体

(c) 开孔泡沫钛所制整体膝臼替换体

图 3.3　利用泡沫金属制造的生物植入体

孔植入材料。有文献报道了一种制备高孔隙率泡沫 NiTi 合金植入材料的方法，采用占位体间隙金属熔体注模成型技术获得了具有复杂几何形貌的样品，其孔径、孔形和孔隙率等孔隙因素易于调节。粉末冶金 NiTi 材料表面性能对人体间叶干细胞（human mesenchymal stem cells，HMSCs）的生物相容性检测结果发现，采用平均颗粒尺寸小于 $45\mu m$ 的 NiTi 合金粉末原料可获得非常适合于间叶干细胞附着和繁殖的表面属性。在制备高孔隙率泡沫 NiTi 合金所用的占位体中，氯化钠（NaCl）的效果要好于聚甲基丙烯酸甲酯（PMMA）和蔗糖。研究表明，富 Ni 的 NiTi 粉末加上含量为 50%（体积分数）、粒径为 $355\sim500\mu m$ 的占位体，所得泡沫体植入材料可达到类似于骨骼的力学性能，间叶干细胞可在其上以及其孔隙内较好地繁殖生长。

　　作为多孔整形植入体的备选材料，泡沫 NiTi 金属间化合物因其良好的耐蚀性和独特的力学性能而受到关注。与 316L 不锈钢比较，NiTi 合金也可形成表面 TiO_2 氧化物黏附层，从而阻止 Ni 在活体中的溶解和释放。近等原子比的 NiTi 合金具有一般金属材料所不具备的特点，即热形状记忆、超弹性和高阻尼性能。可将 NiTi 合金拉紧到普通合金的几倍而不发生塑性变形。这为制造自展开移植体和自锁移植体提供了可能。

（4）泡沫钽

钽是一种无毒、具有生物惰性并且耐蚀的元素。泡沫钽（图 3.4）是继泡沫钛/钛合金之后的又一大多孔金属生物材料，现可用于股骨颈、膝关节、膝盖骨、髋臼增大、膝盖骨增大、骨坏死植入等方面。小梁骨金属材料是一种类似于网状骨质结构的开孔泡沫钽，其制备系由泡沫聚合物热解形成玻璃碳骨架，然后由 CVD/渗透工艺的专利技术将商业纯钽沉积到孔隙连通的泡沫碳骨架上。

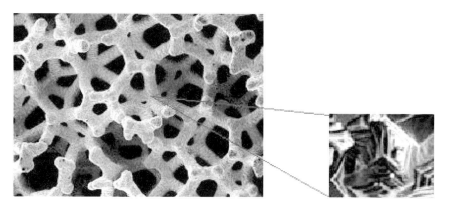

图 3.4　一种开孔泡沫钽的微观结构示例

髋臼重构在修复或矫形中受到频频挑战，特别是对于髋臼骨质严重缺失的情况。患者自然骨需要与髋臼植入体密切结合，才能在整个臀关节修复或矫形手术中获得成功。高孔隙率泡沫金属髋臼植入体已开始用于臀关节的修复或矫形，并在临床上得到了普遍接受。这是因为外科医生看到了越来越多的短期临床成功病例，由此也增加了对泡沫金属植入体力学稳定性的认识。研究结果表明，泡沫钽在整个臀关节手术后表现了长期的力学稳定性，非常适合此类手术的植入，特别是对于骨质缺失的复杂性髋臼重构。

复杂的髋臼缺陷是难以修复的。随着臀关节修复需要的不断增长，成功的髋臼缺陷修复手术对整形外科提出了持续挑战。植入体与患者骨骼的生物固定取决于骨质的内生长，高孔隙率泡沫钽植入体的表面非常有利于骨质的内生长，该植入体对修复或矫正主要缺陷有很大改进。泡沫钽植入体为生物组织提供的多孔性内生长环境可在臀部修复中获得效果很好的生物固定，无需异体移植所需的外围组织旋压固定件。因此，具有孔隙率高、弹性模量低且生物相容等特性的泡沫钽对于整个臀关节的修复或矫正是诱人的备选材料，并可能解决骨质严重损失的问题。对于严重的盆骨缺陷，泡沫钽髋臼植入体可以提供可行的解决方案，效果优于传统的植入体。一个短期跟踪的研究表明，泡沫钽髋臼植入的总体成功率达到 98%。

目前对股骨头坏死尚缺乏有效的治疗方法。对其采用多孔钽棒植入和髓芯减压治疗，既可提供软骨下骨结构性支撑，延缓股骨头塌陷，推迟髋关节置换手术的时间，又可避免带血管腓骨移植和无血管植骨技术所带来的病损。多孔钽棒的生物相容性良好，同时具有可靠和快速的骨生长及降低应力屏蔽的特点，对于将要塌陷的股骨头具有很好的支撑作用。制作多孔钽棒可先对聚亚安酯前体进行热降解，得到低密度的玻璃态碳骨架，施加金属钽覆盖层后即形成独特的金属多孔结构。多孔钽具有足够的机械强度，同时其弹性模量（3GPa）介于皮质骨与松质骨之间，有利于骨骼的重塑形。另外，多孔钽的摩擦系数远高于其他材料，这有利于植入宿主骨后的早期稳定。

（5）泡沫不锈钢

在生物医学领域，泡沫金属以其足够的力学性能而被认为是有望采用的骨骼植入体。多孔植入体可通过新骨组织长入孔隙空间而较好地固定在病体自然骨上，多孔态的泡沫不锈钢植入体与周围自然骨的弹性模量也有较好的匹配，从而也可改善其固定状态。有研究者以机械合金化 18Cr-8Mn-0.9N 不锈钢粉末为原料，通过 1100℃烧结 20h 后水淬火的热处理，采用粉末冶金工艺制备了 Cr-Mn-N 奥氏体不锈钢泡沫。所得泡沫金属微观结构及其滑动干摩擦特性研究显示，具有生物相容性的多孔不锈钢表现了远好于 316L 不锈钢样品的耐摩擦性能，这归因于其材质的高硬度及其孔隙的特有构造。

总之，泡沫金属的植入是一个多因素的设计过程，需要考虑耐蚀性、钝化水平和骨质黏附的可能性等材料性能，需要考虑泡沫金属的应力-应变行为和各种载荷条件下的匹配性等力学特性，还需要考虑孔隙尺寸、孔隙形状和孔隙分布等疲劳强度优化参量以及开孔泡沫金属中骨质内生长等参量。只有这样，才能获得成功的植入，更好地为患者解除疾苦。

3.2.2 导电性能应用

具有网状通孔结构的泡沫金属在电导性能方面的应用主要是作为高效能的多孔电极。此类多孔材料具有良好的导电性能和一定的自支撑能力，内部存在大量孔隙，可提供的有效表面积大，因而成为一种优秀的电极材料，适用于各种蓄电池、燃料电池、空气电池和太阳能电池以及各类电化学过程电极。

泡沫金属基体为孔隙率极高（可达 98% 以上）的三维网状结构，能容纳的活性物质多，电极容量大，比能量高；其比表面积和充填性两者之间有很好的组合，且电极可快速充电。泡沫金属基体的孔隙相互连通，分布均匀，便于电解液的扩散和传质。

3.2.2.1 电极基体设计基本参量考量

（1）孔隙因素

为减轻电极的重量和提高活性物质的比容量，不仅要求多孔金属基体具有较高的孔隙率，而且还要有合适的孔体尺寸和优良的孔隙结构。在保证机械强度的前提下为了提高孔隙率，既要兼顾孔径及其结构，还应考虑导电性和可利用比表面积的要求。在实践中，提高基体的孔隙率，不仅会使其强度降低，同时也要减小其孔径。太小的孔不但难以浸灌活性物质，而且也不利于传质，电极易产生浓差极化。扩大孔径，则由于活性物质本身不导电会出现较低的利用率。另外，孔隙太大还导致基体的比表面积低，这样也不利于活性物质的良好接触。

（2）比表面积

比表面积也是集流体的一个重要参数，对电导率有一定影响。微孔内难以进入电解质，对有效的电极表面没有贡献。只有主孔的表面积部分能用于电化学过程。所以，主孔较高的比表面积，才是充放电过程中减小极化损失、降低阻值的关键。高比表面积的电极，活性物质利用率较高，但这两者之间并不一定存在着某种直接的关系。大孔的存在使得可利用的有效比表面积较小，减小了有效作用界面，从而造成较高孔隙率电极的活性物质利用率反而比较低孔隙率电极的活性物质利用率还低。其实，由于有效比表面积的作用，活性物质利用率随电极孔隙率的变化有一个最大值。

（3）力学性能

基体应具有足够的强度和延伸率，理由是十分充分的。电极充放电态的活性物质具有不同的体密度，因此充放电过程会出现体积变化，产生极板膨胀以及活性物质与基体之间距离增大的趋势，这可导致内阻增大，电池容量衰减加快；而且，制作电极有辊轧过程，将使极板延伸，故基体应具有一定的抗拉强度和延伸率，否则易造成基板结构破坏。泡沫镍基板的延伸率应大于7%。制作电极的活性物质连续填充到多孔体中，还要求多孔基板有一定的抗张强度。另外，基板的疲劳性能也会直接影响到电极性能，疲劳引起基体网眼结点产生机械破坏。疲劳的主要原因是电极充放电所引起的温度变化，产生热胀冷缩效应。另外，还有充放电态活性物质的体积变化。

3.2.2.2　常用泡沫金属电极基体材料

（1）泡沫镍［参见图3.5(a)］

泡沫镍既可用于各种高效二次电池的电极材料，如作为镉镍电池、镍氢电池等电池电极材料，又可用于电化学工业的多孔电极材料，具有良好的电解质扩散、迁移和物质交换性能。镍氢电池、镍镉电池等二次电池在高技术和普通民用技术中不断提出高能量密度、长寿命和低成本要求，传统的烧结镍基板已不能满足要求。高孔隙率泡沫镍可大幅降低电池中镍的消耗量，大幅减轻基板的重量，并大幅提高能量密度。例如，采用泡沫镍作为Ni-Cd电池的电极材料时，能效可提高90%，容量可提高40%，并可快速充电；轻质高孔隙率的泡沫金属基板与传统烧结基板材料相比，可降低约一半的镍材消耗，在能量密度大幅提高的同时减轻12%左右的极板重量。泡沫镍用于电化学反应器，由于增加了电极表面积，从而提高了电化学单元的性能。泡沫镍适合于作为有机化合物电氧化的多孔三维阳极，如苯甲基乙醇的多相电催化氧化促进了乙醛的生成，泡沫镍电极可以大幅提高电解电流和乙醇转换率。电解水制氢气的电极材料可用泡沫镍合金代替贵金属电极材料（Pt、Pd等），泡沫镍对析氢反应可产生非常明显的催化协同效应，是很有前途的电极材料。另外，泡沫镍还用于宇宙飞船上高压型Ni-H$_2$电池电极和燃料电池的扩散电极等。

（2）泡沫铅［参见图3.5(b)］

随着汽车、火车、轮船用电设备的日益增多和功率变大，要求电源有更高的比能量和比功率，同时由于环境污染等问题而使电动车、混合动力车和电动自行车也得到快速发展。这对动力电源提出了更高要求，而原来普遍使用的一般铅酸蓄电池的能量、功率不能满足这种现代运载设备的要求，因此可采用泡沫铅板栅代替铸造铅板栅以提高电池的比能量和比功率。

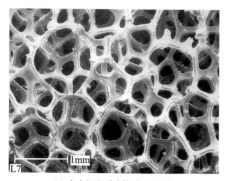

(a) 由电沉积法制得的泡沫镍

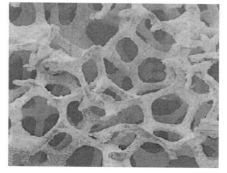

(b) 由铸造法制备的泡沫铅

图3.5　常用泡沫金属电极基体材料形貌示例

泡沫铅作为电极材料用于铅酸电池,可以填充更多的活性物质,从而增加了电池的容量。而泡沫铅作为铅酸电池的活性物质支撑体时,也使电极结构大幅减轻。具有三维网络结构的泡沫铅代替普通板栅作为电池的集流体可大幅减轻其质量,同时有利于活性物质的填充,提高活性物质的利用率。而且,三维结构使得电流和电势在泡沫铅电极上的分布更加均匀,电池的比能量得到提高。研究还发现,泡沫铅板栅的铅酸电池在不同放电速率下的比容量也都明显提高。

制备泡沫铅的方法有铸造法、电沉积法、粉末冶金法等,作为铅酸蓄电池的板栅材料可直接加工成所需形状,因此采用较多的是铸造法和电沉积法。由于 Pb 的熔点低(327℃),因此泡沫铅电极的制备不能直接使用 TiH_2 和 ZrH_2 作为发泡剂,可使用二价的 $(PbCO_3)_2 \cdot Pb(OH)_2$ 作为发泡剂,发泡剂在 275℃ 以上分解,产生 CO_2 和水蒸气作为发泡气体。利用有机泡沫电沉积法制备的泡沫铜则可作为电解铜还原的阴极以及有机合成电极等。

科学技术的发展对电源的要求不断提高,而电池性能又在很大程度上受到电极基体的影响。这意味着电极基体材料应不断走向高孔隙率、高比表面积、大容量、高比强度和良导电性等方面的优化组合。基材性能之间是相互影响和相互制约的,比如其孔隙率和强度的矛盾,即是限制电池容量和使用寿命的主要因素之一,电池往往是因电极破坏而失效。所以,在基材设计时应考虑综合进行优化。孔隙率、孔径分布和孔体结构的优化组合,决定着多孔基体的其他力学、物理性能。应全面考虑到基体的机械强度、可填充容量、填充活性物质的可利用含量及整个电极的导电性等各方面的综合要求。在保证强度和导电性的前提下可提高多孔基体的孔隙率。在基体孔隙率一定的情况下,确定其孔径大小应权衡整个电极的欧姆阻抗和浓差极化阻抗两者对电极性能的关系,还有对可伸缩性的影响。例如,减小基体孔径,基体孔数增多,整个电极的欧姆阻抗降低,但其浓差极化会增大,活性物质利用率下降。总之,应努力使基体的孔隙分布均匀、孔径大小合适、结构规整、机械强度佳、韧弹性好,这样才能使高孔隙率、大容量的基体具有良好的使用性能。

3.2.3 能量吸收性能应用

泡沫金属的比刚度、冲击能吸收能力和吸声能力也是特别令人感兴趣的。能量吸收是泡沫金属的重要用途之一,特别是在动能吸收系统中,其中缓冲器与吸振器是典型的能量吸收装置。通过泡沫金属密度(可由其孔隙率控制)的选择可得到很大范围的弹性模量,因此能够匹配出所需要的响应频率。通过这种途径,可将有害的不利振动加以抑制和消除。

利用多孔材料的弹性变形可吸收部分冲击能,泡沫金属强大的能量吸收能力可使其能够用于汽车的保险杠、航天器的起落架、航天飞机的保护外壳、升降运输系统的缓冲器、矿山机械的能量吸收装置等,优异的减振性能也使泡沫金属有可能用作火箭和喷气发动机的支护材料等。此外,其应用还包括机械的紧固装置、高速磨床防护罩和高速球磨机的吸能内衬等。

随着对运载工具安全性要求的不断提高,尤其是在汽车工业中,需要其重量也相应增加,这与降低燃料消耗等要求是相矛盾的。因此,具备低密度同时,还应具备高能量吸收能力的高性能材料成为解决问题的关键,泡沫金属可以实现这一目标。有研究者运用粉末冶金技术制备了孔隙率达 90% 且结构均匀的泡沫铝产品,通过充模加热法可制造成具有复杂形状的部件,从而可满足上述要求。泡沫金属用于汽车的减振轻质部件,作为冲击能的吸收结构,提高了车辆减振性,增加了车辆碰坠时的安全性。

泡沫金属还可用于气体、液体管道，当其一侧的流体压力或流速发生强烈波动时，吸收流体的部分动能和阻缓流体的透过会大大减小泡沫金属体另一侧的波动，此效应可用于保护流体管道上的精密仪表。金属多孔元件作为缓冲器安装在测量仪表系统中，使仪表内形成均匀的线性压力，既可使脉冲压力得到缓冲，又保护了仪表。

除材质种类外，孔隙率、孔隙形貌、孔径及其分布等孔隙因素，都是可以影响多孔材料能量吸收性能的重要指标。

3.2.4 电磁屏蔽性能应用

泡沫金属中含有大量不导电的孔隙，因此其表观导电能力低于其对应的基体材料，但相比陶瓷或聚合物泡沫仍有良好的电性能。因为交变磁场在相互连接的金属骨架中会产生足够大的涡流，而涡流产生的交变磁场正好与之相反，所以泡沫金属，尤其是有表面层的胞状泡沫金属具有良好的电磁屏蔽性能。

泡沫金属的电磁波吸收性能可用于电磁屏蔽、电磁兼容器件，制作电子仪器的防护罩等。现代电子工业的高速发展和电子电器的普遍使用，使电磁波辐射日益严重。这不仅会对其他电子仪器设备产生干扰，而且还会造成信息的泄露甚至是人体的损害，因此屏蔽措施十分重要。多孔金属在这方面的应用主要是孔隙相互之间全部连通的三维网状泡沫铜或泡沫镍。这种结构透气散热性好，体密度低，其屏蔽性能远高于金属丝网，可达到波导窗的屏蔽效果，但体积更小、更轻便，更适合移动的仪器设备使用。

研究表明，多孔材料对电磁屏蔽影响很大，其吸收性质的改善主要来源于电磁波在多孔介质的反射和散射，而孔隙率和孔径是影响吸波性能的两个重要参数。泡沫金属对电磁波具有优良的屏蔽作用，特别是对于高频的电磁波，这使其适用于电子装备室和电子设备等。

3.2.5 孔隙表面应用

网状通孔结构的泡沫金属具有丰富的内部表面积，可负载活性物质而为界面反应提供广阔的作用空间。在催化反应过程中，催化剂与反应物（待反应的气体或液体）之间的接触界面面积是决定催化效率的关键因素。固体催化剂一般为小球或粉末，其存在压降大、流动分布不均匀、反应物与催化剂接触不佳等问题。因此，将催化剂直接做成多孔体或利用另一种多孔系统作为载体，即采用多孔结构的大比表面积物质作为催化剂或其载体，可以提高流体的传输性能，增大催化剂的有效比表面积，扩充催化剂与反应物的接触空间，从而提高催化效率。泡沫塑料存在自支撑能力小、耐热性差、化学稳定性低等问题，多孔陶瓷则有抗热震性差、导热性不良、加工和安装不便等不足。为了提高多相过程的催化活性，化学工业中需要采用综合性能更好的新型催化剂载体材料。高孔隙率网状通孔泡沫金属具有摩擦压降低、导热性能好、延展性佳等对反应系统有利的性能，以其为载体可克服上述弱点，因此更能提高反应效率，从而在作为催化剂的多孔载体方面具有自身优势。

在化学工业中，可利用泡沫金属的比表面积大并具有支撑强度等特点，制作各种高效催化剂或催化剂载体。不同于常用的非金属和氧化物的催化剂和催化剂载体，泡沫金属不但具有多孔和比表面积大等特点，同时具有延展性和导热性等优势。特别是良好的机械加工性，易于将泡沫金属加工成各种形状。三维网状泡沫金属的开孔结构赋予了泡沫金属良好的介质流通性能，因此非常适合于气体和液体的催化反应。

有些泡沫金属本身即可作为某些反应的催化剂，如泡沫铜和泡沫镍等。化工生产中多直接使用泡沫金属作为催化剂，如低分子的碳链加氢催化反应，利用银和铜的泡沫体作为催化剂部分氧化甲醇、乙醇和乙二醇。以泡沫金属为催化剂的反应系统，可用于烃的深度氧化、石油化工中的己烷重组等反应过程。将泡沫金属制作成汽车排放净化器，可使 CO 排放减少 2～3 倍，毒性减小 90%。环保方面还用泡沫镍对水溶液中的 6 价 Cr 离子（剧毒）进行氧化还原反应，用材质均匀的多孔钛作为工业废水处理装置。如此利用泡沫金属作为催化剂的情况还有很多，本章不再一一列举。这种泡沫金属催化剂具有较高的通透性、机械强度以及耐热性，催化效果远胜于传统的颗粒状金属催化剂。

化工生产中也常常将泡沫金属用作催化剂载体。可作为催化剂载体的泡沫金属有更多，用得较多的有泡沫镍、泡沫镍合金、泡沫铁合金、泡沫不锈钢等。例如，在三维网状泡沫铁系多孔体上复合铁系金属微细粉末和有机酸配合物而形成的多孔系统，应用于自动空气净化器和建材去臭等方面。利用镍-铬或镍-铬-铝泡沫金属作为热交换反应器以及催化剂载体进行甲烷的催化氧化，利用泡沫金属负载铂催化剂进行 CO 的选择性氧化等，都取得了良好效果，显示了较高的催化活性。

泡沫金属作为催化剂载体，在催化和光催化降解污染物方面的应用较为广泛。如利用泡沫金属负载锆进行催化加氢去除水中的硝酸盐，利用热沉积和化学沉积的方法将铂、钯以及其他过渡金属氧化物负载在泡沫金属上用于催化降解废气和汽车尾气等。

尽管泡沫金属因其比表面积大、机械强度高、传热性好、易加工成型等特点而非常适合用作催化剂载体，但催化剂有时并不能很好地直接负载上去。例如，以较高孔隙率的泡沫金属或蜂窝金属为载体负载活性物质，可用于汽车尾气处理。由于载体本身的比表面积以及金属载体与活性组分之间的结合力有时还是不能满足催化反应的需要，这时可先在载体上涂覆一层氧化物对泡沫金属进行改性后再负载催化剂活性组分。改性的目的首先是改善金属表面结构，使其能够与催化活性组分（多为贵重金属）牢固结合；再者就是进一步增加泡沫金属载体的比表面积以满足反应要求。改性层多为氧化物，与金属载体之间物理性质相差较大，因此改性层与载体的结合牢固度是改性的关键。有研究者采用双层过渡的方式，成功解决了最里层泡沫金属载体与最外层活性组分（氧化物）之间由于膨胀系数的差异而引起的改性层龟裂现象。

由于泡沫金属材料的强度、抗热震性、导热性、透过性等综合性能良好，故其作为催化剂或催化剂载体的使用效能远高于工业中采用的一般催化剂。泡沫金属除具有多孔和比表面积大等特点外，与非金属多孔材料相比还有更高的延展性、热导率和机械加工特性，因此应用于气体和液体的催化反应中有着显著的优势。

3.2.6 高熔点泡沫金属

在一些高温工作环境等情况下，需要用到由高熔点金属材质制备的泡沫金属，即高熔点泡沫金属。这里的高熔点一般是相对于泡沫铝而言的，于是可以将泡沫钨、泡沫钽、泡沫钼、泡沫钛、泡沫铁、泡沫不锈钢等泡沫金属都包括进去。从更一般的高熔点金属的意义上来说，难熔泡沫金属通常指泡沫钨、泡沫钽、泡沫钼、泡沫钛等高熔点金属制得的泡沫金属。

（1）泡沫钨

钨是一种高熔点的难熔金属，其熔点为 3410℃ 左右，是元素周期表的所有金属中熔点最高的一种。此外，金属钨还不被液汞（或液态铯）等所浸润，而且耐其腐蚀。因此，金属钨材料非常适合应用于多孔陶瓷因脆性而不能胜任的高温场合以及其他一些特殊要求的场合，其多孔体作为多孔基体制作的各种元器件在航空航天、电力电子及冶金工业等领域均有较好的应用，如用于高电流密度的多孔阴极，离子发动机中充入电子发射材料的发射体，汞离子火箭发动机中汞蒸气气液分离的气化器，火箭喷管的高温发汗体，射线束靶材，高温流体过滤器等。在上述用途中，多孔钨的孔隙率大小对其本身的使用性能及其制作元器件的性能均具有重大影响，甚至起到至关重要的作用。对于上述这些利用材料孔隙的用途，一般均希望拥有较高的孔隙率。然而，从所阅公开发表的文献来看，多孔钨产品的孔隙率一般在40％以下，制备方法一般为传统性粉末冶金烧结法和改进的反应烧结法。本书作者采用改进的真空烧结工艺制得了一种闭孔少、浸灌性好、孔隙率比较高、孔隙连通性佳的泡沫状多孔钨材料。该泡沫钨材料 [参见图3.6(a)] 的孔隙尺寸为0.2～1.0mm，呈通孔和半通孔结构，孔隙相互连通，体积称重法测得其孔隙率为58％左右。图3.6(b) 为本工作所得泡沫钨结构中的晶粒结合形态，显示了多孔体中的晶粒结合状态良好，说明产品已有充分的烧结。

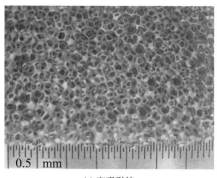

(a) 宏观形貌

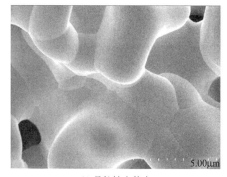

(b) 晶粒结合状态

图3.6 泡沫钨

随后还通过自行提出的方法制备了一种高孔隙率微孔网状结构多孔钨。孔隙之间相互连通，孔隙率高于70％。其结构中的孔隙主要是由尺度在几微米量级的微孔所组成 [图3.7(a)]；其微孔之间相互连通，整体呈现网状构造 [图3.7(b)]。

(a) 多孔结构低倍放大

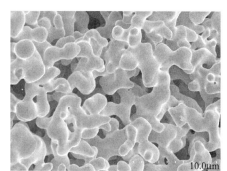

(b) 多孔结构微孔形态

图3.7 微孔网状多孔钨形貌示例

（2）泡沫钽

钽为第ⅤB族第6周期元素，原子序数为73，相对原子质量为180.95，体积密度为16.6g/cm³，熔点接近3000℃[(2980±20)℃]，仅次于钨和铼，属于稀有难熔金属。钽质地坚硬，硬度可达HV120，同时具有良好的延展性。其热膨胀系数很小，每升高1℃只膨胀6.6×10⁻⁶左右。另外，钽还具有极高的抗腐蚀性、耐磨性以及良好的生物相容性等特点。以上这些特点使得金属钽在化工、冶金、电子、电气、医学等领域获得广泛应用，可用于化学反应装置、真空炉、电容器、核反应堆、航空航天器、导弹以及外科植入材料等方面。例如，以多孔钽作为阳极的电容器具有封装小、电容值大、寿命长、性能稳定等优点，而合适的机械强度、弹性模量、耐蚀性以及良好的生物相容性等特点，又使得多孔钽适用于人体关节的替代植入。本书作者实验室制备了一种宏观类网状结构的泡沫态多孔钽材料（图3.8），其主孔孔隙尺寸为0.5～2.0mm，孔隙相互连通，孔隙率为80%左右。其中图3.8(a)是所得多孔钽宏观形貌的低倍光学照片，图3.8(b)的扫描电子显微图像则显示了所得多孔钽结构中的晶粒结合状态。

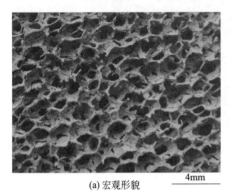

(a) 宏观形貌   4mm   (b) 晶粒结合状态   5.00μm

图3.8 泡沫钽制品示例

与泡沫钨相对照，由于金属钨的生物相容性较差，所以多孔态泡沫钨不适合用作生物材料。而金属钽的熔点接近3000℃[(2980±20)℃]，仅次于钨和铼，因此多孔钽也可用于较低熔点的金属熔体过滤，从而在一些场合可以代替泡沫钨。此外，金属钽的体积密度（16.6g/cm³）小于金属钨的体积密度（19.3g/cm³），可见多孔钽在使用过程中较泡沫钨轻便。

（3）泡沫钼

金属钼的晶体为体心立方结构。由于原子间的结合力强，因此其力学性能佳，熔点高达（2620±10）℃。在1000℃以下还具有良好的抗腐蚀能力，而且不吸氢。所以，金属钼与金属钨一样，也非常适合应用于具有传导要求的高温场合、陶瓷材料因脆性而不能胜任的高温场合以及其他一些特殊要求的场合，但所适用的温度要低于金属钨。钼和钨是同族元素，具有一些相似的性质，但其性质也仍然存在差异，从而构成自身的性能特点和应用。泡沫钼和泡沫钨的应用在某些场合虽有类似，但也各有优势。泡沫钨在航空航天、电力电子及冶金工业等领域均有应用，如用于已提及的高电流密度的多孔阴极，离子发动机中充入电子发射材料的发射体，汞离子火箭发动机中汞蒸气气液分离的气化器，火箭喷管的高温发汗体，射线束靶材等；而金属钼的多孔体或作为多孔基体制作的各种元器件主要应用于现代光技术、电子真空、热控系统、能源行业以及医学等领域。本书作者实验室制备的泡沫态多孔钼材料（图3.9），孔隙组成主要是尺度在毫米量级的宏孔（肉眼可视的宏观孔隙）。主孔呈宏观上的通孔和半通孔结构，孔隙之间相互连通，孔隙率为75%左右。

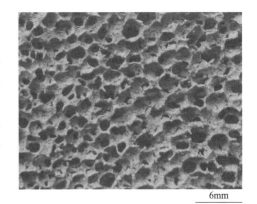

6mm

图 3.9　宏观类网状泡沫钼示例

随后还制备了微孔网状泡沫钼结构（图3.10），孔隙之间相互连通，孔隙率高于60%。图3.10(a)的低倍扫描电子显微照片显示了该结构中的孔隙主要是由尺度在 $10\mu m$ 以下的微孔所组成；图3.10(b)中高倍放大的微孔形态显示了孔隙之间的相互连通和整体的网状构造，图中所示的晶粒结合状态显示了上述微孔是由结构中的晶粒桥架而成，同时也显示了多孔体中晶粒的烧结和结合状况良好。

(a) 低倍放大

200μm

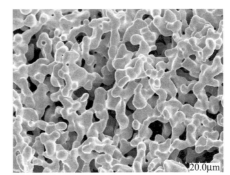

(b) 微孔形态

20.0μm

图 3.10　微孔泡沫钼结构的扫描电子显微照片

3.3 泡沫陶瓷性能应用

多孔陶瓷初期仅作为细菌过滤材料和铀提纯材料使用。作为一种利用孔隙结构和孔隙物理表面的新型材料，随着制备工艺技术的不断提高以及各种高性能产品的不断出现，泡沫陶瓷的应用领域和应用范围不断扩大。因其透过性好、密度低、硬度高、比表面积大、热导率小，以及耐高温、耐腐蚀等优良特性，从而广泛地应用于冶金、化工、环保、能源、生物、食品、医药等领域，作为过滤、分离、扩散、隔热、吸声、生物陶瓷、化学传感器、催化剂和催化剂载体等元件材料。下面对此类材料的几项主要用途进行简单介绍。

3.3.1 孔隙尺寸因素应用

泡沫陶瓷利用孔径及其分布等孔隙因素的用途主要有各种场合的过滤与分离以及实现流体分布。另外，还有阻火器也要利用孔隙结构和孔隙尺寸因素。

3.3.1.1 过滤与分离

由多孔陶瓷的板状或管状制品组成的过滤装置，具有过滤面积大和过滤效率高等特点，广泛应用于水的净化处理、油类的分离过滤以及有机溶液、酸碱溶液、黏性液体、压缩空气、焦炉煤气、甲烷、乙炔等的分离过滤。特别是多孔陶瓷具有耐高温、耐磨损、耐化学腐蚀等优点，因而在高温流体、熔融金属、腐蚀性流体、放射性流体等过滤分离方面，显示出其独特的优势。

（1）熔融金属过滤

随着科学技术尤其是航空航天、导弹和电子技术的迅速发展，对铸件等金属制品的要求也不断提高，故使用过滤方法获得洁净金属的技术受到国内外的普遍重视。在铸造业中，经常使用泡沫陶瓷过滤器以除去熔融金属中的非金属杂质。作为熔融金属过滤器，其服役条件相当苛刻，要求多孔陶瓷不但要有足够的强度和较好的抗热震性，而且要有抗金属冲刷能力并不与过滤金属起高温反应。因此，过滤器材质的选取首先要考虑所过滤金属的性质，通常为多组分金属氧化物，含有硅酸盐、莫来石、堇青石、碳化硅、氧化锆等，与这些原料复合制成两层或三层过滤系统。

开孔的多孔陶瓷最普遍的应用就是熔融金属过滤器、柴油发动机排气过滤器、工业热气过滤器等。相对于聚合物和金属的多孔体，多孔陶瓷在流体过滤用途中有着自身明显的优势，即其更耐高温、更耐苛刻的化学环境和更耐磨损。抗热震性也很重要，其强烈地依赖于孔隙尺寸（随孔隙尺寸增大而提高），而对密度的依赖程度较小（略随密度增大而提高）。

适合于流体中粒子过滤的是孔隙尺寸较大的宏孔陶瓷材料，情况往往是对过滤流体的经过具有最低限度的阻力。因此，过滤器的渗透性高，流体传输方式为流动而非扩散。许多场合下使用挤压成型的蜂窝陶瓷，但也可采用大尺寸孔隙和孔道曲折的网状泡沫陶瓷。对于在铸造之前从熔融金属中过滤出固体粒子的过程，网状泡沫陶瓷（图 3.11）被证明是十分有效的。它们可以除去熔渣、浮渣和其他非金属杂质的粒子，从而减少铸造时的湍流。过滤熔融金属采用的过滤装置示意于图 3.12。

图 3.11 用于熔融金属过滤的泡沫陶瓷元件示例

20 世纪 70 年代末美国的研究人员首先研制泡沫陶瓷，成功用于铝合金浇注系统的熔融金属铸造过滤，显著提高了铸件的质量，降低了废品率。我国则从 20 世纪 80 年代初也开始了对该方面泡沫陶瓷的研制。目前，国际上工业较发达国家的铸造行业，已普遍采用对各种金属熔体的过滤工艺，获得良好效果。例如，俄罗斯在生产生铁铸件时采用泡沫陶瓷过滤器，将铸件的产品合格率提高到 80%；灰口铁和可锻铸铁采用泡沫陶瓷过滤器进行净化生产汽车用曲柄轴，仅机加工废品率就从 35% 降低到 0.3%；连续铸钢过程中采用泡沫陶瓷过滤，不锈钢中非金属夹杂物的含量大约减少20%。

各种液态铸造合金在熔炼和浇注过程中产生的绝大多数夹杂物，均会降低合金产品的使用性能和加工性能，以及铸造成品率。这种影响对铝合金等有色合金和铸钢等尤为严重。铸铁中的夹杂物大都不仅降低产品的力学性能，还显著减小铁水的流动性。分布在晶界上的易熔夹杂物（如FeS）往往会导致铸件的热裂。另外，夹杂物（如MnS）的冷却收缩率大于金属而引起缩气孔，并造成局部残余应力。铸件中的非金属硬质点夹杂物还会加大切削刀具的磨损，夹杂物的剥离以及化学和黏附作用则又会影响表面质量。所以，在铸造过程中采用有效的过滤工艺，即可很好地解决这些问题。

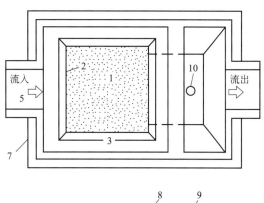

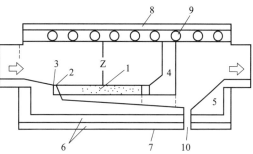

图3.12 熔融金属过滤装置示意图

1—过滤器；2—垫片；3—滤框；4—隔板；5—滤箱；
6—隔热材料；7—外壳；8—盖；9—发热体；10—排气孔

① 铝合金铸造 铝合金在熔化和形成铸件时，易吸入气体和混入非金属杂质，从而降低铸件的使用性能和加工性能。目前研制成功的泡沫陶瓷片，可为铝合金铸件的生产提供高效率的过滤。与通常的单层钻孔筛板和玻璃纤维筛网不同，这种泡沫陶瓷过滤器具有多层网络和弯曲的通孔，可充分滤除铝合金熔体中的细小非金属夹杂物，从而提高铸件的质量。泡沫陶瓷过滤片通常选用堇青石质用于铝合金熔体的过滤，网眼尺寸为0.8～1.0mm。西安飞机制造公司采用泡沫陶瓷滤片（原参考尺寸：90mm×80mm×20mm），使油泵弯管头、离合器壳、变扭器壳体等铸件的合格率大幅提高。

② 铜合金铸造 在铸造过程中，有色金属熔体（如黄铜、青铜、锌、锡）同样也会产生氧化和非金属杂物，从而造成大量的废品。如果采用泡沫陶瓷滤片，则可大大降低废品率。用于铜合金熔体过滤的泡沫陶瓷滤片，通常也是选用堇青石质，网眼尺寸为1.0～1.2mm。西安高压开关厂选用泡沫陶瓷滤片（原参考尺寸：80mm×60mm×15mm）过滤090、097高压触头铸件，使废品率由原来的30%～40%降低到3%～4%以下。

③ 钢铁铸造 泡沫陶瓷同样适用于球磨铸铁、合金钢、不锈钢等高温合金的铸造过滤。钢铁合金的相对密度较大，熔点较高，要求泡沫陶瓷的高温强度、软化温度以及抗热冲击性都要比过滤铝、铜的高。通常选用氧化铝和碳化硅质的泡沫陶瓷过滤片，滤片的网眼尺寸为2～3mm。

泡沫陶瓷过滤片的三维网状结构使其具有以下三种过滤净化机制：一是机械拦截；二是整流浮渣，即过滤片的整流作用使过滤片前的横浇道处于充满状态，使过滤后的铁水呈平稳的层流状态，铁水的氧化和冲刷反应减弱，从而使夹杂物易于上浮和捕获，减少了过滤片后的二次夹杂物；三是深层吸附，即进入过滤片内部的细小夹杂物由于与流径复杂的陶瓷网络充分接触而被吸附于骨架上或被滞留于网络死角中。而耐火纤维过滤网和蜂窝状直孔型陶瓷过滤片的结构则使其只有前两种作用，因此对铁水的净化效果普遍不够明显。

已研制出能够满足有色金属、合金铸件以及铸造、炼钢生产中所需各种性能的泡沫陶瓷过滤器。在进行铝、铜、锌、锡等有色金属及低熔点温度合金的过滤时，其过滤器通常选用相对密度为 0.35～0.55 的堇青石/氧化铝混合材料或磷酸盐结合的氧化铝和 $Cr_2O_3\text{-}Al_2O_3$ 系材料。在冶炼黑色金属及其合金时，则因化学活性和浇注温度较高，而通常使用氧化铝和碳化硅质等具有较高化学稳定性的高温泡沫陶瓷过滤器。因为碳化硅质过滤器在生产黑色金属铸件时不能重复使用，故日本、美国、英国、德国等国家大多采用氧化铝、二氧化锆以及莫来石制成的泡沫陶瓷过滤器。巴西研制了用无机材料制造的带 $50nm～1\mu m$ 厚涂层的陶瓷过滤器，其表面易于被熔融金属所浸润，因此无需金属过剩压头或者大量加热，主要应用于流动性差的熔融金属（如钢）过滤。美国研制了一种由氧化铝制成并带有厚度为 $0.1～1\mu m$ 氧化硅涂层的过滤器，几乎可清除金属中含有的全部熔渣夹杂物。

④ 汽车工业　近十多年来，随着汽车产业的发展，汽车铸件需求量占整个铸件产品的比例不断增大，同时对汽车铸件的质量也有了越来越高的要求。夹渣缺陷是汽车铸件中非常重要的一种常见铸造缺陷，降低夹渣比例是汽车铸件生产中遇到的一个重要问题，过滤技术已经成为解决这一问题的有力措施。

过滤技术的日益进步，从简单的多孔过滤片慢慢过渡到过滤效果更好的纤维过滤网，然后再到二维结构的直孔陶瓷过滤片，最终发展到现在的三维结构泡沫陶瓷过滤器，其具有通孔率高、过滤精度高等优点。由于泡沫陶瓷强度适中，过滤效果好，目前在铸造行业特别是汽车铸件中的应用越来越广泛。

合理选用和正确使用泡沫陶瓷作为过滤器，能够有效去除或大大减少熔铸金属液中的夹杂物，使金属液体的纯净度得到显著改善，金属铸件结构均匀、表面光滑，制品强度提高，废品率降低，而且机加工损耗进一步减少，劳动生产率进一步提高。

低压铸造 A356.2 铝合金车轮的应用试验表明，泡沫陶瓷过滤器的过滤效果和整流效应都十分明显，可有效解决铸面裂纹、除去熔体中的夹杂，使工件的抗拉强度、屈服强度和延伸率整体趋于稳定，个别粗大夹杂引起力学性能急剧降低的现象得以避免。

（2）热气体过滤

在热气过滤方面，滤除高温粒子的高性能多孔陶瓷过滤器，不但可应用于先进的矿物燃料加工工艺，而且还可用于高温工业过程、废物焚化以及柴油机的烟灰过滤。作为一种可行的颗粒清除先进方法，多孔过滤器的成功使用要求两个条件：一是陶瓷材料的热稳定性、化学稳定性和力学稳定性；二是整个过滤器的长期结构持久力（$>$ 10000h）和整体加工设计特性的高度可靠性。这样的过滤器必须经受住气流的化学侵蚀、气流温度和压力的振荡以及夹带微粒的性质和冲击变化，同时保持颗粒清除的高效率、流体的高流量和相对低的流体压力降。在使用过程中，过滤器还必须承受各种机械振动和热应力。这些应用的主要材料有氧化铝、莫来石、堇青石、氮化硅、碳化硅等，而氧化铝/莫来石体系以及堇青石则显示出较非氧化物材料的某些优点。氧化物已包含了不再进一步发生相变的稳定的氧化物相，它们遇到气相强碱时仍能保持其物理完整性；事实上，长期的蜕变机制可能来自化学反应，特别是与强碱类或蒸气的反应。它们将影响到系统的长期持久力。

在许多场合，清除气体中的颗粒都非常重要：如电厂排出的热气、烃类制备的排出物、催化剂再生的排出物、汽车尾气、柴油机排气以及其他工业过程排放的热气等。在煤气化、流化床燃烧和废物焚化过程产生的热气中，普遍在颗粒上存在着碱性沾染物，所以此时通常选用莫来石-氧化铝或黏土-碳化硅作为多孔陶瓷材料。黏土-碳化硅体系还经常被制作成内部孔径为 $40\mu m$ 的多孔管道，较小的粒子仍可穿透整个厚度，因此发展了包括表面施加更小孔隙涂层在内的分层技术。内芯孔隙尺寸为 $125\mu m$，而表层孔隙尺寸在 $10\sim30\mu m$ 之间；压力降并无太大的增加，仅当表层孔径小至 $10\mu m$ 时才会出现较高的压力降。

柴油机因其能量利用率高、生产能力大、经济效益好等优点，从而得到广泛的发展。但其排出的有害气体，尤其是气体中黑烟颗粒物对大气环境的污染和对人体健康的危害，也因之加重。许多国家耗费大量资金研究各种控制柴油机排气污染的防治措施，其中最好的办法还是在排气管路中安装再生型颗粒过滤器。用泡沫陶瓷制备的过滤器排气阻力小、再生方便、过滤效率高，其三维网状结构的孔隙相互连通，孔隙率达 $80\%\sim90\%$，容重仅 $0.3\sim0.6g/m^3$，气体通过压力损失低，颗粒过滤性和吸附性强，是一种理想的颗粒收集器。

（3）微过滤

与柴油机排气过滤器不同，微过滤器工作的流体流速不是很高。用于微过滤的多孔陶瓷孔隙尺寸在 100nm 以上，属于宏孔材料。该孔隙尺寸范围介于细粒子过滤尺寸与大分子筛孔隙尺寸之间。在该尺寸区域，已制出了多种陶瓷材料，有的是用传统方法制备的，有的则是通过溶胶-凝胶法所制备的，使用的材料有氧化铝、氧化锆、堇青石、莫来石等。在食品和饮料工业以及生物技术和药物学应用领域，已生产出用于大分子和生物细胞过滤或捕捉的微过滤器。陶瓷过滤器的功能是通过浓缩往往以低浓度存在的反应物，从而提高化学反应中的物质迁移。所以，这些过滤材料一般称为生物反应器。一个重要的例子即是发酵过程中的酵素（酵母菌细胞）固定。其重要特性为流体通过陶瓷传输到捕捉的酵素处并将酵素吸附到陶瓷表面。孔隙尺寸从 $5\sim100\mu m$ 以上，可以比酵素细胞大得多。这就使得酵母可扩散至生物反应过滤器的中央位置。通过陶瓷微过滤生物反应器的使用，发酵时间可减少一个数量级的大小。另外，陶瓷生物反应器还具有易于杀菌消毒和再生的优点，只要加热到 900℃历时 1h 即可。

3.3.1.2　气体分布

宏孔陶瓷材料的另一个用途是为液体充气和进行压力冲洗等。充气往往是用于气体在液体中的溶解和获得洁净的水。气体在液体中的溶解效率取决于气泡的尺寸，而气泡尺寸又取决于气体进入液体所通过的多孔材料孔隙尺寸。液体和固体之间的润湿行为也很重要。例如，孔隙尺寸为 $150\mu m$ 的酚醛树脂黏合氧化铝产生的气泡尺寸就远大于孔隙尺寸相同的玻璃黏合氧化铝。这归因于酚醛树脂黏合氧化铝的高接触角。

孔隙尺寸为 $10\sim600\mu m$ 的多孔陶瓷可用于化工和冶金等过程，可增大气-液反应接触面积而加速反应。在城市废水处理的活性淤泥法中，也使用大量多孔陶瓷管（或板）进行布气。此外，通过多孔陶瓷材料将气体吹入固体粉料中，使粉料处于疏松和流化状态，达到迅速传热、均匀受热的目的，从而加大反应速率，防止粉料团聚，且便于粉料的输送、加热、干燥和冷却。因此，该材料特别适合于水泥、石灰和氧化铝等粉料的生产和输送。

3.3.1.3　阻火器

在工厂的爆炸喷涂过程中，可能出现工作腔内微爆火焰沿意外方向传播的情况，即火焰沿气体导向传播。为了阻止燃烧和防止突发事故，应安装火焰阻止器即阻火器，其主要为安装在运动气流通道上的多孔隔板，其孔隙必须是开口和相互连通的。其孔隙尺寸应按照确保进入工作腔的气体规定量来做选择，并可熄灭反向传播的火焰。多孔陶瓷即可用来制造应用于这种场合的阻火器。合理的设计还可避免如同多孔金属阻火器一样在使用过程中出现局部熔化而造成较快破坏的情况。

3.3.2 孔隙表面因素应用

在作为环境材料、催化剂载体以及传感器件等主要利用界面作用的情况下，泡沫陶瓷的孔隙表面结构、表面形貌以及比表面积等因素都是影响其使用性能的重要指标。当然，此时孔隙结构也有很大作用。

（1）环境材料

随着现代工业的高速发展，各行各业在生产中排放的有毒气体和废水也越来越多，如果处理不当，就会严重影响到人类的生存环境。所以，人们对于工业废气、废水的净化排放问题日趋重视，环境保护已成为当今社会的一大主题。

早在 20 世纪 70 年代，多孔陶瓷就已作为细菌过滤元件得到使用。经过 30 多年的发展，该材料目前在环保领域已用于工业废气废水处理、汽车尾气排放处理等诸多方面，大大促进了全球性的环保事业。除臭用多孔陶瓷催化器能使废气中的有机溶剂、恶臭气体得以催化燃烧，达到除臭净化功能。在工业废水中，多孔陶瓷可对溶液中的有毒性重金属离子（如六价铬离子等）进行吸附分离，并能对污水进行脱色处理。

除臭用陶瓷催化器中的多孔陶瓷作为催化剂载体，其作用主要有：① 提供表面积和合适的孔结构；② 增加催化剂的强度和提高催化剂的热稳定性；③ 提供活性中心和减少活性组分用量。该催化器的工作方式是接触燃烧：臭气和空气的混合气体送入催化剂层后，借助于催化剂的氧化促进作用，在催化剂表面进行无焰燃烧，生成无毒、无味的二氧化碳和水。其原理是由于催化剂（主要为 Pt 和 Pd）具有吸附氧分子的功能，当臭气和空气的混合气体通过时，铂分子吸附大量的氧分子，从而减弱可燃气体分子中原子键的结合力，降低有机溶剂和恶臭气体的起燃温度，并实现无焰燃烧。

在众多的工业部门中，高温含尘气体的处理始终是一个重大课题。高温烟气除尘大致可分为重力惯性除尘、电除尘和过滤除尘三种方式。其中的重力惯性除尘法，设备复杂而庞大，除尘效果也不够理想；电除尘法的一次投资和费用较高，对含尘煤气还存在电火花引起爆炸的危险；过滤除尘则是一种较为理想的除尘方法，其优点为除尘效率高、安全可靠、维修保养方便，且一次投资少。以往我国对高温烟气（或煤气）的过滤除尘大多采用玻璃纤维或改性玻璃纤维作为过滤材料，但由于这些过滤材料耐温不能高于 400℃，故对 400℃以上的高温烟气（或煤气）须先经掺冷空气降温处理后再过滤，这样就需消耗大量的动力。另外，采用玻璃纤维袋时往往因操作不当而使该纤维袋被高温气体击穿，从而降低除尘效果。如果采用耐高温而且有足够强度和抗热震性能的高渗透性多孔陶瓷材料，则可较好地满足上述使用要求。

多孔陶瓷还可用于污水处理，此时的应用主要有两个方面：一是利用其吸附性和离子交换性对水中的有机质、细菌等污染物进行物理截留过滤；二是用于固定化生物滤池中的生物载体材料。与有机材料相比，多孔陶瓷有着更好的吸附性和对生物的亲和性，作为滤料有处理效率高等优势，但也有难以加工等不足。

对于城市下水和工业废水，其处理方法之一即是活性污泥的生物学处理。该法是在上述废水中通入好气性微生物——细菌作为曝气处理，使废水中的有机物得以分解和净化。其中曝气处理所用材料即可为多孔陶瓷。提高曝气效果，重要的是使废水中的微小气泡能够均匀分布并发泡。若多孔材料的渗透速率增加，则其气泡直径增大。一般而言，多孔体的孔径越小，气泡就越小，所有气泡的总表面积也就越大。这有利于提高对氧的吸收效率。但孔径太小又影响其渗透量，所以应将气孔孔径控制在一定范围。

（2）催化剂载体

多相催化剂普遍使用以细分状态存在的金属，这些细微的金属粒子通常可由多孔陶瓷作为催化剂载体来支撑。其必须具备连通的孔隙，且孔隙直径可在 $6nm\sim500\mu m$ 之间变化。氧化铝是催化剂载体最为流行的选择，但氧化钛、氧化锆、氧化硅和碳化硅等也在另外一些选用对象之列。可将陶瓷粉末挤压成各种形状，如圆筒形、苜蓿叶形或制成中空小球，然后烧结到其最终密度。催化剂载体在促进反应方面承担了主要的作用。在使用同一 Ag/α-Al_2O_3 的系统中，乙烯氧化产物的选择率一度从 65％ 上升到 80％，其大部分原因是氧化铝载体的改善。

泡沫陶瓷还可用于蒸气再生、甲烷重组、氨氧化、多水有机化合物的光催化分解以及焚化过程中的挥发性有机化合物（VOC）破坏等场合的催化剂载体。因为通过这些结构体的曲折路径可引起湍流，从而确保了反应物的良好混合以及径向分散。由于具有大孔和相互连通的孔隙，灰尘的积聚不会造成孔隙的阻塞。与填充堆积粒子的反应器做比较，填充泡沫陶瓷芯座的反应器减少了压力降。若泡沫陶瓷用泡沸石进行涂覆，则比表面积可大大增加。

保持催化剂载体中催化剂与反应物质流的良好接触，就需要有大的比表面积，石油的热裂解就需满足这样的要求。

多孔陶瓷具有良好的吸附能力和活性，反应流体通过涂覆催化剂的多孔陶瓷孔道，将大大提高转换效率和反应速率。同时由于多孔陶瓷的抗热震性和耐化学腐蚀性，可在极其苛刻的条件下使用，因而大量用于汽车尾气处理和化学工程的反应器中。而结合多孔陶瓷分离和催化特性的无机分离催化膜，其推广与应用可为化学工业带来突破。

随着我国汽车行业的不断发展，汽车尾气排放已成为环境污染的主要来源。由于泡沫陶瓷具有比表面积高、热稳定性好、耐磨、不易中毒、密度低等特点，故广泛用于汽车尾气催化净化器载体。将这种净化器安装在汽油排气管中，可使排出的 CO、HC、NO_x 等有害气体转化成无毒的 CO_2、H_2O、N_2，转化率可达 90％ 以上。将其用于柴油车，可使炭粒净化率超过 50％。当泡沫陶瓷芯积满炭粒时，可采用催化氧化法或电控燃烧法来消除这些沉积的炭粒，以达到再生和长期使用的目的。

另外，泡沫陶瓷还可制作光催化剂载体。在泡沫陶瓷载体上涂覆纳米级的二氧化钛微粒，其受紫外线激发后具有强烈的光催化氧化降解特性，可催化、降解有机物和微生物，从而使空气得到净化。

（3）传感器件

各种气敏化学传感器的敏感机制，都依赖于气体物质在电极反应区或敏感材料体内达到平衡。为能快速地达到平衡，往往将电极或敏感材料制成具有发达的比表面积和气体通道的多孔结构。孔隙结构决定了气体物质在多孔材料中的传输速率，因而也决定了这些传感器的性能。

ZrO_2 气体氧传感器是一种广泛用于燃烧过程控制、气氛控制和气体排放控制的化学传感器，所以其电极常采用多孔结构。电极反应电荷交换场所处于电极/ZrO_2 界面附近，阳极反应产出氧气，阴极反应消耗氧气。与周边气氛达到平衡的要求，导致气体反应物或生成物的扩散。这些物质将通过多孔电极层到达或离开电极/ ZrO_2 界面。当气体扩散跟不上电极反应速率时，传感器的信号变化将会很大。

陶瓷传感器的湿敏和气敏元件的工作原理，是将微孔陶瓷置于气体或液体介质中时，介质中的某些成分被多孔体吸附或与之反应，这时微孔陶瓷的电位或电流会发生变化，从而测知气体或液体的成分。

因陶瓷传感器耐高温、耐腐蚀，可适用于许多特殊场合，且制造工艺简单，测试灵敏、准确，故具有广阔的开发前景。

3.3.3　生物相容性应用

利用陶瓷材料的生物相容性，可将泡沫陶瓷用于生物材料。生物材料是人体器官的替换性或修补性材料，自 20 世纪 60 年代以来日益受到人们的重视，其相关研究也日益广泛和不断深入。由于损伤或病变和癌变组织切除而造成组织的重大损失时，只有借助于移植才能痊愈。利用取自患者的不同部位（自移植）或他人捐献者（异体移植）以及其他动物活体或非活体（异体移植）的移植材料进行治疗，不但材料来源有限，还受到割取位置损害处需做复杂的多步外科手术的限制，并有疾病传染的危险。这些因素促成了对人工合成替代材料的巨大需求。该类材料是以满足生物组织工程的功能性和生物相容性准则为条件而特殊设计和制造出来的。

生物活性材料的组织恢复潜力已通过活体研究和临床实践而得以证实，如牙床修复、牙槽骨长大和中耳炎植入体等。将某些含有 SiO_2-CaO-P_2O_5 的生物活性玻璃合成物在没有插入纤维层的情况下结合到软组织和硬组织上，活性种植结果显示，这些复合物无任何局部毒性或系统毒性，也无任何发炎现象和异体反应。生物活性与结晶态羟基磷灰石表面层的形成有关，这层物质结构类似于与体液接触的骨骼无机区域。为了修复大的缺陷，需要三维网架来提供支持组织生长的场所，而不是通常商业生产的生物活性玻璃粉末或颗粒形式。理想的模板必须包括：①具有大孔隙（大于 $100\mu m$）的相互连通网络使组织能够向里生长，营养物质能够传输到再生组织的中央；②具有微孔（小于 2nm）或介孔（2～50nm）范围的孔隙以促进细胞的黏附和生物代谢物的吸收，以及在与组织修复相匹配的控制速率下的再吸收。

孔隙尺寸大于 $100\mu m$ 的多孔陶瓷生物种植已表现出促进骨骼内生长方面的良好性能。这些骨骼替代品具有超越自移植和异体移植（尸骨）的许多优点。在自移植的情况下，并发症出现率较高，骨骼来源不充分，而且手术时间较长。而在异体移植时，又会发生免疫反应、艾滋病的传播或其他传染疾病，还有施体和受体在法律利益与本土风俗之间的问题。

在生物医学应用中作为骨骼替代物的多孔陶瓷，其物理特性取决于生物材料的孔隙体积容量以及平均孔隙尺寸和相互连接通道尺寸。所以，制造具有优选性能的骨骼替代材料，需要对这些参数实行完美的控制。

在传统生物陶瓷基础上发展起来的多孔生物陶瓷，其同样具备生物相容性好、理化性能稳定以及无毒副作用等特点，用其制作的牙齿及其他植入体均已用于临床。例如，羟基磷灰石陶瓷与人体骨骼及牙齿的无机质成分极为相似，对人体无毒，具有极好的生物相容性和生物活性。将其制成多孔羟基磷灰石生物陶瓷，内含相互连通的孔隙有利于组织液的微循环，促进细胞渗入和生长。近两年研制出来的泡沫陶瓷羟基磷灰石人工骨和义眼已用于临床，受到医学界和材料工程界的极大关注。

近 30 多年来，一系列生物试验已证明骨可在多孔羟基磷灰石植入材料中生长。研究还表明：孔径为 $15\sim40\mu m$ 时可长入纤维组织，孔径为 $40\sim100\mu m$ 时可长入非矿物类骨组织，孔径大于 $100\mu m$ 时可长入血管组织。而要保持组织的健康生存能力，孔径应大于 $100\sim150\mu m$。大孔径不仅能增加可实现的接触面积以及抗移动能力，还可提供长入生物植入材料相连组织的血液供应。可根据植入需要的不同，制备不同孔径的植入体，在满足生物性能要求的前提下，尽量提高其机械强度。有研究显示，整形植入体的植入可改变周围生物组织在生理机能上的机械应力状态，而这种力学环境与植入体的弹性性能有关。制备多孔植入体可以有效地减小植入材料与周围生物组织之间的弹性不匹配，采用不同的孔隙率还可对植入体的弹性性能作适当调节。

尽管陶瓷材料加工复杂且兼固有脆性，但主要由于它们具有高度的生物相容性，故而在骨架修复应用方面仍然得到了广泛研究。一些陶瓷材料因其与体液接触时的高耐磨性和良好的化学稳定性而引起人们的兴趣，另一些陶瓷材料已具吸引力则是因为其反应活性更高，以及能够按控制速率进行再吸收而由新形成的组织所取代，这些均取决于材料的组成。在骨骼修复方面受到很大关注的陶瓷包括广泛用于假体固定结合性材料和骨骼缺损填充材料等含有钙和磷的生物材料。Ca-P 组成的成功可归于钙和磷在骨骼再生和增长的自然过程中的本质作用。钙磷基复合物能够在骨骼再生过程中建立起骨骼的理化结合。它们与活性组织的反应程度，关系到生物机体的痊愈能力。而这又依赖于材料的化学性质以及物理结构特性，如矿物学组成、结晶度和孔隙率等。

用于骨骼修复的材料孔隙率为骨组织的穿入以及修复位置血管分布的恢复提供了可能，从而提高了固定和痊愈率。尽管陶瓷材料中孔隙的引入导致了力学性能的损失，但利用多孔体移植的活体研究和快速痊愈的临床证据均促进了多孔材料生产技术的继续发展。

利用制备陶瓷的加工技术来进行调控，造出的孔隙尺寸可以在纳米级范围（溶胶-凝胶法、干凝胶法），亚毫米范围或大约 $50\sim500\mu m$ 的范围（利用挥发相法、有机泡沫体复制法、发泡法）。众所周知，需要大的连通孔隙来适应骨移植用途的组织内生长和血管分布，最小的孔隙尺寸为 $100\mu m$ 左右。另一方面，亚微米和纳米范围的较小孔隙，能够促进植入场所的细胞黏附和增殖，并可吸收再生过程中的工作物质，如蛋白质和生长素等。将亚毫米范围的孔隙和宏孔网架结合起来，可理想地提供类似于骨骼的梯度结构。

3.3.4　热性能应用

由于泡沫陶瓷的热稳定性好、热导率低、密度小、气体吸收少、比热容低以及抗热震等特性（相对于其对应的致密体），可制成各种尺寸和结构形态，所以其主要用途之一就是制造隔热元件。泡沫氧化锆的初步测试表明，等价于太空飞船保护性热瓦的隔热可达到 550℃ 的较高操作温度。另外，许多不同的难熔性泡沫材料（如碳、氧化物和非氧化物材料等）也得到了研究。

轻质耐火材料与纤维材料一样广泛用于隔热层。在热工设备中采用表观密度为 $0.30\sim0.65g/cm^3$ 的优质产品可使燃料消耗降低 20%～70%，其制品导热性取决于气孔尺寸、结晶玻璃物组分的导热性和温度等。

泡沫玻璃是将玻璃粉质材料、发泡剂和外掺剂经高温烧结而成的多孔玻璃材料，其孔隙率为 80%～90%，是一种性能优越的新型隔热隔声材料。与其他无机隔热材料相比，具有强度高、热导率小、阻燃、不吸水、抗腐蚀、耐磨损、可锯、可钉、可黏结加工成各种所需形状等优点，从而广泛用于轻工、石油、化工、建筑等部门。

此外，高温下泡沫陶瓷具有优良的热辐射特性，可用于强化传热和多孔介质的燃烧技术。孔隙率较高的泡沫陶瓷拥有相当大的热交换面积，将其置于钢坯加热炉的烟道口，炉内高温气体通过泡沫陶瓷进入烟道，并将陶瓷体加热到炉内相近的温度，泡沫陶瓷反过来向炉内辐射热能，从而部分地补偿了炉内向烟道口散失的热量。据日本有关资料介绍，可节约热能达30%之多。

3.3.5　能量吸收性能应用

在机械工程中，尤其是在承受各种动载荷的结构中，都会不可避免地产生一定程度的危害性振动。要解决这类问题，除在结构设计中采取措施外，还应尽可能选择高阻尼的材料。以机床为例，近年来随着机械加工技术的迅速发展，各种机床都向高精度化、高性能化及高速度化方向发展，对机床的振动限制也越来越严格。过去机床支撑构件（如床身、导轨等）常用的减振性灰口铸铁已不能满足现代化机床的要求，而采用阻尼系数更高的材料如花岗岩和 AG 材料（人造花岗岩）等则因其冲击韧性低且与机床的其他金属结构不易配合，故也难以解决问题。20 世纪 80 年代末，日本发明了一种金属基-网状陶瓷复合材料（metal-network ceramics composite，MNCC），它是由铸造方法在预制三维网状多孔陶瓷网络中浇入金属制成的。这种复合体可由多种陶瓷材料与金属基组合而成，多孔体的密度也可有多种选择。因这类材料内部含有大量的金属-陶瓷相界面，故可能有较大的阻尼系数。如果将其用于机床支承构件或轴承等，可获得良好的应用效果。

3.3.6　性能应用总体评述

一般来说，目前可得多孔陶瓷的表观体密度约为 $0.1\sim1g/cm^3$（相对密度 $0.5\sim0.95$），杨氏模量约为 $0.1\sim8GPa$，抗弯强度约为 $0.5\sim30MPa$，抗压强度约为 $0.5\sim80MPa$，最高使用温度约为 $1000\sim2000℃$，热导率在 $0.1\sim1W/(m \cdot K)$ 左右。孔隙尺寸则具有较大的变化范围，从溶胶-凝胶法的几纳米，一直到有机泡沫浸浆法可达到的数毫米。

不同多孔材料由于其孔隙结构形态的差异和各种材质的互补以及宽广的孔隙率范围和一定的孔径分布，已得到广泛应用。此外，它还可制作多种复合材料，从而进一步拓展其应用范围。在金属、陶瓷、聚合物这三大类的多孔材料中，多孔陶瓷具有最高的耐热性、耐磨性和化学稳定性，尤其适合于温度特别高、磨损大、介质腐蚀性严重的场合，但其存在质脆、不易加工和密封以及安装困难等不足。因此，多孔陶瓷增韧、多孔陶瓷件成型和多孔陶瓷件安装等方面都值得加强研究。

多孔陶瓷的各种用途与其孔隙的表面化学特性和尺寸特性密切相关。孔隙的表面化学特性取决于陶瓷的组成、状态（结晶质、非晶质的区别及结晶构造）和孔隙表面处理等因素。孔隙的尺寸特性中最突出的是孔径。小于孔径的物质可通过孔隙，而大于孔径的物质则不能通过孔隙，因此可对微粒子、微生物和病毒进行分离和过滤。当然，孔隙的分布、形式、比表面积对分离、过滤性能也会产生影响。

当多孔材料用于传输用途时，其孔隙的连通性十分重要。从生物反应器中的多相催化剂和细菌隔离膜，一直到热燃气和柴油发动机排出物的环境过滤器这一应用范围，孔隙连通性都是关键的因素。气体分离、隔热、化学传感器、催化剂和催化剂载体、细菌固定、颗粒过滤器等用途，全都涉及多孔体的传输性能。

3.4 泡沫塑料性能应用

泡沫塑料具有质轻、比强度高、隔声、隔热和吸收冲击能等优点，非常适合作为包装材料、吸声材料、隔热保温材料等，从而广泛应用于工业、农业、建筑、医疗、军事、交通运输及日用品等领域。在日常生活中，泡沫塑料是使用极为普遍的一种多孔材料。泡沫塑料在力学、热学和声学等方面具有良好的综合性能，可用于航空航天、风力发电、体育器材、包装、建筑、冷藏、船舶制造等领域。泡沫塑料的性能及应用主要取决于其基体的物理、化学性质和多孔体的孔隙结构，其孔隙结构特性主要通过孔隙密度、孔隙形状、孔隙尺寸、各向异性率和开孔/闭孔率等参量来表征，这些结构参量对泡沫体的宏观性能有很大影响。

3.4.1 能量吸收性能应用

泡沫塑料在能量吸收性能方面的应用，主要是作为包装材料和吸声材料。

3.4.1.1 包装材料

包装是泡沫塑料的又一个重大用途。随着运输工业现代化的不断提高，包装越来越受到重视。特别是对于精密仪器、易碎品和工艺品等。为了便于运输且在运输搬动过程中不受损坏，更要选择合适的包装材料。有效的包装必须能够吸收冲击能或由于减速力而产生的能量，而不让里面的物品受到损害应力的作用。

保护性包装的本质是将作用于物品的动能转换成某些其他种类的能量，通常是由塑性、黏滞性、黏弹性或摩擦而产生热量。这样便可将作用于包装对象的峰值力控制在造成损害的阈值以下。当泡沫材料承载时，施加于其上的作用力就会做功而消耗动能。在使泡沫体变形至应变 ε 过程中的单位体积功，即是应力-应变曲线之下一直到应变 ε 时的面积（图 3.13）。

在短暂的线弹性区，几乎没有吸收什么能量。如图 3.13 中所示，正是应力-应变曲线上长的平台，使得在近乎恒定的载荷下出现大的能量吸收，该平台来自孔隙由屈曲、屈服或压损而产生的坍塌。图 3.13 中吸收同样的能量 W，在三种密度（ρ_1^*、ρ_2^* 和 ρ_3^*）的泡沫材料内产生的峰应力分别为 σ_{p_1}、σ_{p_2} 和 σ_{p_3}，密度最低的泡沫体在吸收完能量 W 之前即产生高的峰应力，密度最高的泡沫体也在吸收完能量 W 之前产生了高的峰应力。在这两者之间有一个优选密度，它在最低的峰应力 σ_{p_2} 时就将能量 W 吸收掉。

能量吸收有许多作用机制，其中有的与孔壁的弹性或塑性变形有关，有的还与孔隙内部

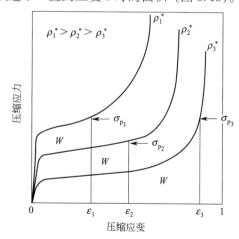

图 3.13 不同密度泡沫材料吸收同样能量 W 的应力-应变曲线

的流体压缩或流动有关。具体泡沫材料作用机制取决于孔壁材料的性能以及孔隙是开口的还是闭合的。弹性体泡沫材料（用于衬垫和软垫）的坪应力由孔隙的弹性屈曲来决定，在加载过程中贮存下来的许多外部功就会在泡沫体卸载时重新释放。但因弹性体材料会表现出阻尼或滞后现象，故不是所有的外部功都能恢复，一部分以热的形式耗散掉。塑性泡沫体和脆性泡沫体则不同，其平台区域所做的功完全以塑性功或断裂功、孔壁断裂碎片之间的摩擦等形式而耗散掉。这些材料在高性能包装应用中特别有效，可产生大的可控性能量吸收，而不会出现像初始冲击本身类似的损坏性回弹。

能量的吸收和耗散还有与孔隙内部流体变形相关的其他机制。在开孔泡沫材料受到压缩时，孔隙中的流体即会排出而产生黏滞耗散，它强烈地依赖于应变速率。如果孔隙不小且孔隙流体不是十分黏滞，它仅在高应变速率（$10^3/s$ 或更高）下才成为重要的因素。当闭孔泡沫材料发生变形时，孔隙流体受到压缩，贮存的能量大都能在泡沫体卸载时即得以恢复。不像黏滞耗散，这种贮存机制几乎与应变速率无关。

如前所述，包装的目的是吸收被包装物体的动能，使作用于其上的力保持在某一极限之下。图 3.13 表明，对于给定的包装，存在一个优选的泡沫材料密度，密度太低和太高都会使泡沫材料在足够的能量得到吸收和耗散之前就产生超过临界值的作用力。一般而言，"理想"的泡沫材料即应该具有恰好低于临界损坏水平的坪应力，且具有的在应力-应变曲线之下直至密实化开始时应变 ε_D 的面积，恰好等于包装材料每单位体积吸收的动能。

总之，开孔弹性体泡沫材料受到压缩时，能量在孔壁的弯曲和屈曲过程中，以及孔隙流体的挤出过程中得以吸收。而闭孔弹性体泡沫材料受到压缩时，能量则是通过孔壁的弯曲、屈曲和延展以及包含在孔隙之内的流体（通常是气体）的压缩来吸收的。气体压缩产生的应力-应变曲线随应变而上升。当泡沫体的密度低时，气体的相对作用则大，且可以完全控制泡沫体的性能行为（如聚乙烯包装材料中的气泡所起的作用）。当密度高，或泡沫体由刚性材料制备时，气体压缩的相对作用就要小得多。所以，对于给定的泡沫材料，存在一个在特性密度下从气体控制性能到孔壁控制性能的转变。

塑性泡沫材料受到压缩时，孔壁因弯曲和延展而做功。孔隙内流体所起作用不如在弹性体泡沫材料中那么重要，因为塑性泡沫体的刚度和强度都要大得多。

如微型计算机等精密电子设备的输运，一般都用模制的聚苯乙烯泡沫塑料来包装（图3.14，其中肋条可使物品得到均匀而到位的包装），这样可以保护计算机的元件或元件之间的连接免受加速度或负加速度可能造成的损害，包装效果可通过系统在坚硬地板之上的无损落地高度来衡量。

3.4.1.2 吸声材料

控制噪声的方法和途径很多，其中最根本的方法即是利用吸声材料来达到吸声降噪的目的。目前的吸声材料主要有以下几种：天然有机物类，如棉、麻和兽皮等；无机纤维类，如岩棉、玻璃棉和矿棉等；金属类，如泡沫铝、金属吸声尖劈等。棉、麻、兽皮等天然有机材料是最早的吸声材料，由于其不防火、易腐烂等原因而使其应用受到很大限制，因此逐渐被玻璃棉、矿棉等无机材料所取代。无机材料虽有耐火、耐蚀和优良的中高频吸声性能，但其质脆、不易施工且会刺激皮肤，所以其应用也有一定的局限性。泡沫金属和吸声尖劈等金属材料的强度高，韧性好，吸声性能优秀，但成本较高。此外，这些吸声材料有一个共同的不足之处，即其低频吸声性能不够理想。

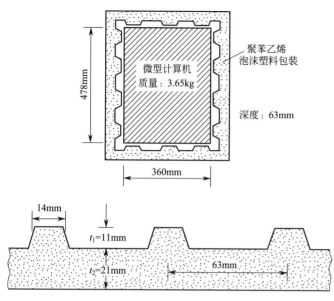

图 3.14 微型计算机的聚苯乙烯泡沫塑料包装示意图

近些年来研制的以聚合物为基体的泡沫塑料吸声材料,如聚苯乙烯泡沫、聚氨酯泡沫和聚丙烯泡沫等,具有优异的中低频吸声性能,并且成本较低,成型工艺简单方便。这些吸声泡沫塑料的吸声机理综合了多孔结构和柔性材料的特征,具有质量轻、加工方便、防水防潮的优点,还可作为贴面材料。

(1) 吸声原理

根据惠更斯原理,声波入射到多孔体表面,通过声波振动引起孔隙内的空气与孔壁发生相对运动而产生摩擦和黏滞作用,部分声能转化为热能而衰减。孔隙内空气与孔壁的热交换引起的热损失促进了声能的衰减。此外,泡沫塑料属于高分子材料,其较长的分子链段易产生卷曲和相互缠结,受声波振动作用时链段通过主链中单键的内旋转不断改变构象,导致运动滑移、解缠而发生内摩擦,由此将外加能量转变为热能而散逸,这种附加的能量损耗使其具有更好的吸声性能。

因为即使是十分强烈的噪声其声功率也是很小的,所以多孔材料吸收声波而将其转换成热量的热值很低,因此泡沫塑料吸声过程中的温度提高可以忽略不计。多孔或者非常柔软的材料如泡沫塑料,其吸声性能都不错;以地毯和垫子的形式编织的聚合物也是这样的。这里发生作用的吸声机制主要有两种:①当空气压入或抽出开口多孔结构时,会产生黏滞损耗,而闭孔则会大大减小吸收;②材料内存在着内在的阻尼耗散,即波在材料内部传播时每个周期波的部分能量损耗。大多数金属和陶瓷的内在阻尼能力都较低,而聚合物及其泡沫体的内在阻尼则要高得多。表面的声音吸收比率称为吸声系数。吸声系数为 0.8 的材料吸收掉传入其上 80% 的声音;而吸声系数为 0.03 的材料仅仅吸收掉 3% 的声音,反射掉 97% 的声音。

在用于建筑物的声控以及音乐设施(乐器)的声屏和反射器等场合时,多孔固体的声性能显示出重要性。降低给定的封闭空间(如房间)内声强的途径,取决于它来自何处。若它产生于室内,则可用吸声的方法;若出自空运和来自室外,则可用隔声的方法。如果声强是通过结构本身的框架进行传输的,则可寻求将振动源分隔开来的途径。泡沫材料具有良好的吸声性能,若与其他材料结合,能有助于隔声。但泡沫材料本身的隔声效果很差,即泡沫材料主要用于吸声而不是隔声。

泡沫材料可制备良好的吸声器，但其隔声效果却不佳。因为隔声程度与声音通过的墙壁、地板或屋顶的质量成比例，此即质量定律：材料越重，其隔声效果越好。现代建筑物的轻质墙壁设计是为产生好的隔热效果，它们的隔声性能一般都不好。而利用超层的砖头、混凝土或铅镶面来增加墙壁或地板的质量可获得很好的隔声效果。

冲击性噪声可直接地传入建筑物的结构内。这种噪声能够穿过弹性材料（尤其是钢材构架的建筑物）而传输其声振动。与飞机在空中飞行的声音不一样，这类噪声不为附加质量所降低。因为它是由结构的连续固体部分传送，将其减小的途径可通过分离地板以打断声音路径，或将地基建于有回弹力材料之上等，此时即可采用多孔材料。在较大规模上，建筑物可通过将整个结构建立于有回弹力的衬垫填料之上而达到隔声的目的。

汽车上的热塑性硬质泡沫复合顶内饰，具有吸声性好、重量轻、尺寸稳定、有自增强作用等特性，应用不断扩大。例如，国产热塑性硬泡组合料制成的顶内饰已成功用于上海大众汽车有限公司。

(2) 聚氨酯泡沫塑料

聚氨酯泡沫塑料作为吸声、隔声和隔热材料等广泛应用于运输、建筑、包装和冷藏等行业：硬质制品以闭孔为主，其隔声和隔热性能优良；半硬质制品为半开孔、半闭孔结构，具有一定的隔声和吸声性能；软质制品以开孔为主，其隔声性能较差，但吸声性能优异。

3.4.2 热性能应用

泡沫塑料在热性能方面的应用，主要是作为隔热和保温材料。隔热是闭孔泡沫塑料的最大用途之一。因为除真空隔热外，在所有传统的隔热体中，闭孔泡沫材料的热导率最低。限制泡沫材料的热流有如下因素：① 低的固相体积分数，其实质是固体的热导率大于组成泡沫塑料的另一相，即气体；② 小的孔隙尺寸，其实质是对应有较大的比表面积，通过孔壁的反复吸收和反射而抑制热对流和减少热辐射；③ 封闭的气相孔隙，其实质是封闭气相的对流小且气体的热导率低。现代建筑、交通系统（冷藏车和有轨电车等），甚至是船只都在应用泡沫塑料的隔热性能，小的方面还有日常的冰箱、冰柜等。

(1) 隔热性能的影响因素

采用热导率低于空气的气体（如三氯氟甲烷 CCl_3F 等）取代孔隙中的空气，可提高泡沫塑料的隔热性能。一般地，泡沫体的热导率随孔隙率增大而减小，但孔隙率超过某一限度后又会使热导率上升（图 3.15）。前一个变化规律当然是由于孔隙率越大，含热导率高于气相的固体成分减少所致，后一个变化规律则是由两个原因造成：一是孔隙率过大则孔壁太薄而使辐射的穿透性增强；二是孔隙率过大时，孔壁可能破裂而使孔隙中气相的对流加剧。

热传输还会随孔隙尺寸的增加而增大（图 3.16）。其原因一是在具有大孔隙的泡沫塑料中孔壁总表面积减小而使对辐射的反射较少，二是直径大于 10mm 左右的孔隙中会发生对流作用。

泡沫塑料的时效也会影响其热导率。因为泡沫塑料的热导率大大依赖于其孔隙内气体的传导率，而许多泡沫体都采用低热导率的气体发泡，封闭气体随着时间的推移慢慢从孔隙中扩散出来，空气则扩散进去。这样就会造成较高热导率的空气逐渐取代原孔隙中的低热导率气体，所以整个泡沫材料的热导率会增加。环境温度的提高可加速上述扩散过程，从而使泡沫塑料的热导率增加较快。

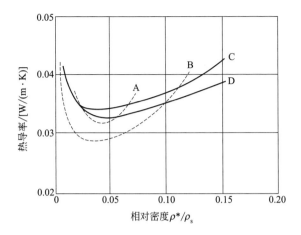

图 3.15　泡沫塑料热导率随相对密度（相对密度越小则孔隙率越大）的变化规律
A—聚氨酯（PU）；B—酚醛树脂（PF）；C，D—聚苯乙烯（PS）

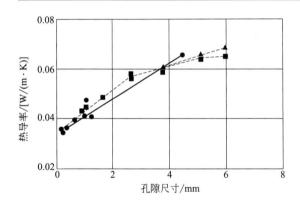

图 3.16　聚苯乙烯（PS）泡沫塑料的热导率随孔隙尺寸的变化
● 相对密度为 0.024；▲、■ 相对密度为 0.025

（2）隔热保温与建筑节能

建筑节能要求在建筑物的设计、建造和使用过程中使用节能型的建筑材料，提高建筑物的保温隔热和气密性能，提高采暖供热系统的运行效率，从而减少能源的消耗。建筑节能包括建筑围护结构的节能和供热系统的节能，前者主要有墙体、屋面以及门窗的保温隔热，后者主要有供热热源的节能和供热管网的节能。我国的建筑能耗较大，发展高效保温隔热材料是改善建筑热环境的主要手段。泡沫塑料具有轻质、保温的特性，是理想的节能材料。为此，将泡沫塑料与承重材料结合起来已在国内外大量用于建筑物的节能复合墙体，其阻燃型产品尤其是聚氨酯泡沫塑料和聚苯乙烯泡沫塑料可以满足密度小、热导率低和吸水率低的选材原则而大量用作屋面保温隔热材料；泡沫塑料还可通过窗框、扇形材料的选择以及门窗密封条等方式而用于门窗节能环节。

目前，我国建筑保温材料以聚苯乙烯（PS）泡沫塑料和聚氨酯泡沫塑料为主。其中聚苯乙烯泡沫塑料质量轻、强度高、保温隔声效果好，通过挤出成型、压缩成型、浇注成型等工艺可生产各种管件、彩钢板、铝箔复合板等，因而其阻燃型产品广泛用于保温风管、墙体、地面、顶面等；而硬聚氨酯泡沫塑料（RPUF）具有比聚苯乙烯泡沫塑料更低的热导率、更高的抗压强度、更少的产烟量，因而更适合作为隔热保温材料用于建筑节能。

在供热管网保温方面，由于硬质聚氨酯泡沫塑料的密度小、比强度高、耐磨蚀好、吸水率低、隔热效果佳、成型工艺简单、可采用现场灌注和快速施工，因而在管道保温工程中得到广泛使用。管中管保温结构是指钢管外壁以硬质聚氨酯泡沫塑料为保温层、以高密度聚乙烯为防水保护层的复合结构，该结构耐热、耐腐蚀、质轻、强度高、热导率低、使用寿命长，广泛应用于热力管道上，获得了明显的节能效果。

3.4.3 力学性能应用

泡沫塑料在力学性能方面的应用是作为结构材料。硬质泡沫塑料具有一定的刚度和强度，可以用作某些要求条件下的轻质结构部件。通过增强工艺来改善泡沫塑料，可达到良好的综合性能，以获得一些重要的结构用途，如代替金属和木材等。曼彻斯特的 Rolix 采用增强复合泡沫塑料生产出完整的汽车外壳，使用效果良好。意大利已装备 500t 压力下注射的玻璃纤维增强泡沫塑料的成型设备。这些材料中制成的部件可采用木制品常用的装配工艺，如以螺钉固定、以 U 形钉嵌紧等措施。

现代飞机采用的夹层板使用玻璃或碳纤维复合材料蒙皮，蒙皮由金属铝或纸张-树脂蜂窝材料作为芯层隔开，也可由刚性泡沫塑料作为芯部材料，制成的夹层镶板有很大的比弯曲刚度和比弯曲强度。还可将这种技术运用到另外一些以重量为关键指标的场合，如太空飞船、雪橇、赛艇和可移动的建筑物等。

对于应用于建筑的硬质泡沫塑料，美国以聚异氰脲酸酯泡沫塑料为主，而欧洲则以聚氨酯硬泡为主。前者自身即具有较高的阻燃性，而后者则要通过增加阻燃剂用量和在泡沫分子中引入聚异氰脲酸酯结构来提高阻燃性。由于从健康角度考虑不宜加入过多的阻燃剂，故欧洲硬泡生产也有向聚异氰脲酸酯泡沫转移的趋势。最近几年我国深圳、上海、牡丹江等地引进的硬泡复合板材生产线，采用聚氨酯改性聚异氰脲酸酯加适量阻燃剂的配方，制得的硬质泡沫塑料可满足建筑业的要求。目前，我国建筑用聚氨酯硬泡日益受到重视，如拱形彩钢硬泡保温屋面，集结构、防水、保温、装饰等功能于一体，施工方便，建筑物跨度可达 36～40m，具有良好的市场前景。

为改善泡沫塑料的力学性能，还发展出了微孔塑料。微孔塑料的设计思想，是在高分子材料内部产生比原有缺陷更小的气泡，这种泡孔的存在不会降低材料的强度，反而可使材料中原有的裂纹尖端钝化，阻止裂纹在应力作用下的扩展，从而提高制品的力学性能。与不发泡的纯塑料相比，闭孔微孔塑料的耐冲击性是其 2～3 倍，比强度是其 3～5 倍，韧性和疲劳寿命是其 5 倍，并且热稳定性好、介电常数低、绝缘性能佳，在建筑、电子、航空和汽车等行业可作为结构材料使用，具有广阔的应用前景。目前已成功采用注塑、挤出、中空成型工艺制造出聚乙烯（PE）、聚丙烯（PP）、聚氨酯（PU）、聚苯乙烯（PS）、聚氯乙烯（PVC）、聚碳酸酯（PC）、聚甲基丙烯酸甲酯（PMMA）、聚对苯二甲酸乙二醇酯（PET）等常用高聚物的微孔塑料。微孔塑料的泡孔直径很小，可制成厚度小于 1mm 的薄壁发泡制品，如微电子线路绝缘层、导线包皮和内存条密封层等。

随着加工技术的不断进步，后来又开发出泡孔直径为 $0.1～1\mu m$、泡孔密度为 $10^{12}～10^{15}$ 个/cm^3 的超微孔塑料（Supermicrocellular Plastic）和泡孔直径小于 $0.01～0.1\mu m$、泡孔密

度高达 $10^{15} \sim 10^{18}$ 个/cm³ 的极微孔塑料（Ultramicrocellular Plastic），这些微孔塑料可用于染色塑料用品和计算机芯片用微小绝缘板，且由于其泡孔直径小于可见光波长而可制成透明体，大大扩展了泡沫塑料的应用范围。

3.4.4　不同品种的用途

软质泡沫塑料的主要特点是柔软、弹性好、开孔率高，适合作为各种软垫、过滤材料、吸油材料等。硬质泡沫塑料的主要特点是热导率低、强度大、闭孔率高，适合作为保温隔热材料、包装材料、衬垫材料、建筑用夹层板等。硬泡塑料作为绝热材料和结构材料，其应用越来越广泛，在建筑和运输等方面已有较大发展。彩镀钢板硬泡夹层材料已用于体育馆、游泳馆、影剧院、大型厂房的屋顶，保温效果好，施工效率高。某些特种硬泡塑料还可用于直升机机翼填充结构。半硬质泡沫塑料具有一定的强度，并能吸收冲击能，因此适合作为防震材料等。

3.4.5　性能应用总体评述

随着科学技术的不断发展，泡沫塑料的用途也在逐步扩大、改善和提高。目前泡沫塑料的应用已遍及各行各业，特别是包装、建筑、生活日用品和高科技等领域，泡沫塑料已占有不可取代的地位。

泡沫塑料质轻且能吸收冲击载荷，因而是极好的包装材料，如发泡聚苯乙烯（PS）用于音响、电视机、洗衣机等包装，聚乙烯（PE）的发泡片、模、网则已广泛用于细、软、不规则形状的各种电器、仪器、水果等包装。泡沫塑料的隔热隔声特性对建筑行业是很重要的。用发泡板制作的各种面板、隔板，既质轻，又有显著的隔热、隔声性能。以固态空心球为填料，可在现场直接成型各种隔热隔声墙，所得墙体具有良好的保温效果。用发泡塑料异型材料制作的门窗，除保留有塑料异型材料门窗的各种优点外，其质更轻，隔热隔声性能更好，形状更稳定。由于泡体可缓解内应力，低发泡塑料能以塑代木，可与木材一样钉、锯、刨。泡沫塑料在生活日用品方面应用范围更宽，弹性好的软质泡沫塑料大量用于制作各种坐垫、床垫、枕芯、衬里、服装，也用于保温、缓冲、防振。用发泡人造革制作的包、外套、鞋和各种日用品，既美观，手感又好，而且使用舒适。另外，开孔泡沫塑料还可用作过滤器、载油体、载水体、人造土壤等。上述泡沫塑料的各种特性，如载油、载水、隔热、隔声、轻量、缓冲等，在高科技领域也得到应用。

3.5 结束语

① 作为多孔材料的性能应用，泡沫金属相对于泡沫塑料具有强度高以及耐热耐火等优势，相对于泡沫陶瓷则具有抗热震、导电导热、加工性和安装性好等优势。另外，还可以回收和再生。其不但以热性能、声性能、电性能和渗透性能等物理指标优良而获得诸多的功能应用，并且由于体密度低、比强度高、比刚度大、热导率优、能量吸收多、阻尼性能好等特点而在结构用途方面也可供选择。力学性能与电、声、热等物理性能的结合，为泡沫金属的工程应用开创了广阔前景。目前，三维网状高孔隙率金属的应用差不多覆盖了原多孔金属的所有应用领域并有所拓宽，如用于各种过滤器、流体混合器、热交换器、消声材料、电磁屏

蔽材料、催化剂及其载体，以及镍镉、镍氢、锂等各种电池的电极，电合成和重金属回收等的电化学过程阴极，复合金属材料和宇航工业中的某些结构材料等。

② 低热导率、耐高温、耐磨、耐蚀等陶瓷材料的固有属性，也成为多孔陶瓷优越于其他材质多孔材料的特点。在隔热、高温、磨损、腐蚀等场合，多孔陶瓷相对于其他多孔材料而言，具有较大优势。因此，目前有些场合的用途主要由该材料来承担：如高温气体净化过滤器、柴油机排放物颗粒过滤器、熔融金属过滤器、高温下耐化学品可渗透材料设备、高温隔热件、高温结构镶板芯件及化工过程的分子筛和分离膜、离子交换剂、电磁炉内衬、湿度传感器、气体探测器、热敏电阻、多孔压电陶瓷以及生物医学方面的某些骨骼组成和牙齿机能恢复重组材料等。

③ 在所有的多孔材料中，泡沫塑料具有最低的体密度和最高的柔软性，是包装以及一般性隔热和日常缓冲衬垫等用途的最优选择，缺点是高温性能差、强度小、耐蚀性能低。可以相信，随着聚合物材料的不断改性和复合水平的不断提高，综合性强的高性能新型泡沫塑料将会不断出现，泡沫塑料作为一大类别的多孔材料将会为各行各业提供越来越多的优质应用。

第4章

孔隙因素基本参量

4.1 引言

　　孔隙因素是多孔材料设计的基本考量指标，而孔隙因素中包含的基本参量为孔隙率、孔隙形貌、孔径及其分布等。因此，多孔材料的孔隙率、孔隙形貌、孔径及其分布等因素即是此类材料设计的基本参量，这些基本参量极大地影响着整个多孔材料的使用性能，甚至可以起到决定性的作用。特别是对于强度、疲劳等力学性能以及电导率、热导率、吸声系数等物理性能，还有其内部孔隙表面的界面作用等。例如，当材质一定时，孔隙率即是对多孔材料强度影响最大的指标。

　　多孔材料优异的综合性能赋予了其丰富的用途。材料的研制及其性能研究的最终目标都是材料的实际应用，而应用的前提是其结构和性能指标达到预期要求。近些年来，多孔材料在各方面的研究都得到了快速发展。不但其制备工艺技术在不断改进并不断创新，而且其物理、力学性能研究不断得到推进并越来越紧密地与实际应用相结合。总的来说，多孔材料的产品质量和综合性能不断提高，新品种不断出现，用途不断拓宽。所有这些，都对多孔材料各项指标参量的表征和检测提出了相应要求。在本章中，我们仅选择性地介绍多孔材料实际应用选材和设计所需涉及的几个基本结构参量指标的表征和检测方法，此即其孔隙因素的参量指标，包括孔隙率、孔径及分布、孔隙形貌等。

4.2 孔隙率

　　多孔材料的孔隙率，系指多孔体中孔隙所占体积与多孔体表观总体积之比率，一般以百分数来表示，也可用小数来表示。该指标既是多孔材料中最易测量、最易获得的基本参量，同时也是决定多孔材料导热性、导电性、声学性能、拉压强度、蠕变率等物理、力学性能的关键因素。多孔体中的孔隙有开口和闭合等形式，相应地，孔隙率也可分为开孔率和闭孔率。开孔率和闭孔率的总和就是总孔隙率，即平时所说的多孔材料"孔隙率"。其中开口孔隙包括贯通孔和半通孔，这两种孔隙内部的表面都是开放的形态。多孔材料的大多数用途都要利用其开口孔隙，只有在作为漂浮、隔热、包装及其他结构应用时才需要较高的闭孔率。研究表明，多孔材料的性能主要取决于孔隙率，其权重超出其他所有的影响因素。因此，孔隙率指标对于多孔材料来说十分重要，本节即介绍多孔材料孔隙率测定的若干方法。

4.2.1 基本数学关系

根据孔隙率的定义，多孔体的孔隙率（%）为：

$$\theta = \frac{V_p}{V_t} \times 100\% = \frac{V_p}{V_s + V_p} \times 100\% \qquad (4.1)$$

式中，V_p（下标 p 是英文单词孔隙"pore"的首写字母）表示多孔体中孔隙的体积，cm^3；V_t（下标 t 是英文单词总数"total"的首写字母）为多孔体的表观总体积，cm^3；V_s（下标 s 是英文单词固体"solid"的首写字母）为多孔体中致密固体的体积，cm^3。

与孔隙率相当的概念是"相对密度"，其为多孔体表观密度与对应致密材质密度的比值：

$$\rho_r = \frac{\rho^*}{\rho_s} \times 100\% \qquad (4.2)$$

式中，ρ_r（下标 r 是英文单词相对"relative"的首写字母）为多孔体的相对密度（无量纲的小数）；ρ^* 为多孔体的表观密度，g/cm^3；ρ_s 为多孔体对应致密固体材质的密度，g/cm^3。不难发现孔隙率 θ 与相对密度 ρ_r、表观密度 ρ^* 以及多孔体对应致密固体密度 ρ_s 等量有如下关系：

$$\theta = (1 - \rho_r) \times 100\% = \left(1 - \frac{\rho^*}{\rho_s}\right) \times 100\% \qquad (4.3)$$

4.2.2 常用检测方法

可以用来对多孔材料的孔隙率进行检测的方法很多，如显微分析法、质量/体积直接计算法、浸泡介质法、真空浸渍法、漂浮法等，其中涉及排液衡量样品质量和体积的方法都利用了阿基米德原理，相关方法也往往被称为阿基米德法。在上述检测方法中，显微分析法、质量/体积直接计算法以及浸泡介质法等经常用到，下面我们分别加以介绍。

(1) 显微分析法

显微分析法是用显微镜观测出多孔材料样品截面的总面积 S_t（cm^2）和其中包含的孔隙面积 S_p（cm^2），再通过如下关系式计算出多孔体的孔隙率：

$$\theta = \frac{S_p}{S_t} \times 100\% \qquad (4.4)$$

该法要求多孔样品的观察截面要尽量平整，硬质样品的观测截面可采用研磨抛光等方式加以制作。本法可较有效地检测孔隙尺寸较大（如大于 $100nm$）的多孔试样。在利用显微镜时，样品准备通常要经过切割、镶嵌、抛光等处理过程。为使孔隙结构层次分明，可将多孔试样镶嵌深色树脂后制作抛光面。在孔隙面积的求取过程中，可将孔隙视为等效的圆孔，根据视场内孔隙的平均孔径和孔隙的个数来计算孔隙部分的面积，也可以根据孔径的分布和不同孔径的孔隙个数来计算。对于形状不规则的孔隙，其截面面积的计算有一定困难。

当然，通过这种方法直接测出的孔隙尺寸存在一定的失真性，因为通过各个孔穴的交叉点在空间上是任意取向的，故得到的结果需做某些诠释或修正。

(2) 质量/体积直接计算法

本法是根据已知体积的多孔材料样品的质量，直接计算出样品的孔隙率：

$$\theta = \left(1 - \frac{M}{V\rho_s}\right) \times 100\% \qquad (4.5)$$

式中，M 为试样的质量，g；V 为试样的体积，cm^3；ρ_s 为多孔体对应致密固体材质的密度，g/cm³。

该法要求待测样品应有规则的形状以及合适的大小，以便于进行样品尺寸的测量和体积计算。切割试样时应注意不使材料的原始孔隙结构产生变形，或尽量不使孔隙变形。试样的体积应根据孔隙大小而大于某一值，并尽可能取大些，但也要考虑称重仪器的适应程度。在样品尺寸的测量过程中，每一尺寸至少要在3个分隔的代表性位置上分别测量3次，取各尺寸的平均值，并以此算出试样的体积，然后在天平上称取试样的质量。整个测试过程应在常温或规定的温度和相对湿度下进行。

尺寸测量可采用量具检测法（如游标卡尺、千分尺、测微计等检测）、显微观测法、投影分析法等，校准尺寸使用校准块规。测量时检测量具对试样产生的压力应尽可能小，如将检测压力控制在远低于大气压的范围，这样产生的受压变形误差最小，甚至可以忽略。

根据测试数据和多孔材料样品对应致密体的理论密度，就可按照上述关系计算出样品的孔隙率。此法的优点是简便、快捷，对样品无破坏，用量具直接测量仅适于外形规整的多孔材料样品。满足本法试样的规则形状有立方体、长方体、球体、圆柱体、管材、圆片等，减小相对误差的做法是采用大体积的试样。当然，不规则样品的体积也可以通过表面封孔的排液法（阿基米德排水法）测出。用于表面封孔的涂膜材料可为凡士林、石蜡等。

有研究者采用的做法是将泡沫试样浸入熔融的石蜡液中，待蜡液充分充填试样的空隙后冷却，石蜡全部凝固后修整试样表面并对试样进行称重，得出的数据减去充填石蜡前的试样质量，即可由石蜡的密度求出石蜡的体积。此体积即泡沫试样中的开孔体积，由开孔体积除以试样表观总体积即可求得开孔率。由试样本身的质量、试样的表观总体积可计算出试样密度，由试样密度和对应致密体的密度则可求出总孔隙率。

（3）浸泡介质法

本法测量采用流体静力学原理：将试样浸泡于液体介质中使其饱和，然后在液中称重来确定试样的总体积，进而算出多孔体的孔隙率（参见图4.1）。其测量步骤是：先用天平称量出试样在空气中的质量 M_1，然后浸入介质（如油、水、二甲苯或苯甲醇等）使其饱和，采用加热鼓入法（煮沸）或减压渗透法使介质充分填满多孔体的孔隙。浸泡一定时间充分饱和后取出试样，轻轻擦去表面的介质，再用天平称出其在空气中的总质量 M_2。然后将饱含介质的试样放在吊具上浸入工作液体中称量，此时试样连同吊具的总质量为 M_3，而无试样时吊具悬吊于工作液体中的质量为 M_4。由此可得多孔体孔隙率为：

$$\theta = \left(1 - \frac{V_s}{V_t}\right) \times 100\% = \left[1 - \frac{M_1/\rho_s}{(M_2 - M_3 + M_4)/\rho_L}\right] \times 100\% \tag{4.6a}$$

由此整理即有：

$$\theta = \left[1 - \frac{M_1 \rho_L}{(M_2 - M_3 + M_4)\rho_s}\right] \times 100\% \tag{4.6b}$$

式中，V_s 为多孔体中致密固体的体积，cm³；V_t 为多孔体的总体积，cm³；ρ_s 为多孔体对应致密固体材质的密度，g/cm³；ρ_L 为工作液体的密度，g/cm³。

对应得出多孔材料的开孔率为：

$$\theta_o = \frac{(M_2 - M_1)\rho_L}{(M_2 - M_3 + M_4)\rho_{me}} \times 100\% \tag{4.7}$$

式中，θ_o（下标o是英文单词开放"open"的首写字母）表示开孔率；ρ_{me}（下标me是英文单词介质"medium"的前2个字母）为饱和介质的密度，g/cm³；其他符号意义同上式。

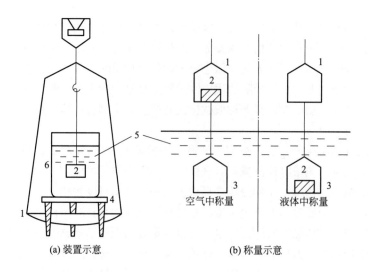

(a) 装置示意　　　　　　　　(b) 称量示意

图 4.1　液中称量装置图
1—天平盘；2—试样；3—液中称量盘；4—托架；5—工作液体；6—盛液容器

　　称量试样的具体悬挂方式见图 4.2，其中使用的金属吊丝应尽可能细（最大直径参见表 4.1）。

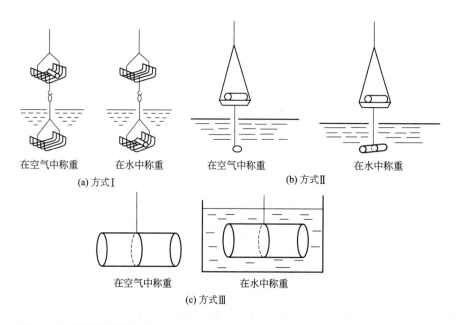

图 4.2　称量试样的悬挂方式

表 4.1　金属吊丝最大直径参照值

试样质量/g	金属丝径/mm	试样质量/g	金属丝径/mm
<50	0.12	200~600	0.40
50~200	0.25	600~1000	0.50

测试体积减去吊丝体积得到试样体积，吊丝体积可通过在空气中称量其浸入深度的质量而获得。为消除附着在试样和称样装置上的气泡，可在水中滴加少许湿润剂，推荐采用体积分数为 0.05％～0.10％ 的六偏酸钠。试样和水应处于相同的温度，通常的测试温度为 18～25℃。

测量时应使用密度已知的液体作为工作介质，并尽可能满足如下条件：①对试样不反应、不溶解；②对试样的浸润性好（以利于试样表面气体的排出）；③黏度低、易流动；④表面张力小（以减少液体中称量的影响）；⑤在测量温度下的蒸气压低；⑥体膨胀系数小；⑦密度大。常用的工作液体有纯水、煤油、苯甲醇、甲苯、四氯化碳、三溴乙烯、四溴乙炔等。浸润所用液体应根据多孔材料孔隙尺寸来选择，孔隙较大的选用黏度较高的油液，孔隙较小的选用黏度较低的油液。

4.3 孔径及其分布

孔径及其分布是多孔材料重要的基本指标之一，虽其对多孔体的许多力学性能和热性能等依赖关系较小，但对多孔体的透过性、渗透速率、界面作用、过滤性能等其他一系列性质均具有显著影响，因而其表征方法受到很大关注。例如，多孔材料过滤器的主要功能是截留流体中分散的固体颗粒，而其孔径及孔径分布决定了过滤精度和截留效率；又如，电极反应动力学与多孔电极的孔结构参数有着密切关系，其中孔径大小即是一个十分重要的结构参量。

多孔材料的孔径指的是多孔体中孔隙的名义直径，一般都只有平均或等效的意义。其表征方式有最大孔径、平均孔径、孔径分布等，相应的测定方法也有很多，如断面直接观测的显微分析法、气泡法、压汞法、流体透过法、气体吸附法、离心力法、悬浮液过滤法、液体置换法（液-液法）、X 射线小角度散射法等。其中直接观测法只适合于测量个别或少数孔隙的孔径，而其他间接测量均是利用一些与孔径有关的物理现象，通过实验测出各有关物理参数，并在假设孔隙为均匀圆孔的条件下计算出等效孔径。对于上面提及的各种测定方法，我们选择其中比较常用的分别介绍如下（其中压汞法在后面单独介绍）。

4.3.1 显微分析法

显微分析法是利用样品放大后直接观测多孔材料孔径的方法。在一定放大倍数下观测试样断面的孔隙结构，通过标准刻度来度量视场中的孔隙个数和孔隙尺寸，从而计算出试样的孔径及其分布，其中孔径分布是不同孔径范围内孔隙个数的百分数。

首先得出断面尽量平整的多孔材料试样，然后通过显微镜（如用电镜观察不导电试样时可先行喷金处理）或投影仪读出断面上规定长度内的孔隙个数，由此计算平均弦长（L），再将平均弦长换算成平均孔隙尺寸（D）。大多数孔隙并非球形，而是接近于不规则的多面体构型，但在计算时为方便起见仍将其视为具有某一直径（D）的球体。这样便可得到如下的关系公式：

$$D=L/0.616 \tag{4.8}$$

式中，D 为多孔体的平均孔径；L 为测算出的孔隙平均弦长。

显微分析法是一种统计方法，为使测试结果具有代表性，观测应有一定的数量。

还有文献也介绍了利用断面光学显微镜观测分析多孔材料孔隙尺寸分布的方法，其在给定光学图像内考虑的孔隙处于图形确定的平面内，每个被观测孔隙的横截面积 S 均近似成直径为 d_p 的圆面积。这样得出的 d_p 值具有不确定性，因为图片平面的开孔面可能发生倾斜。

4.3.2 气泡法

在测试多孔样品孔径及其分布等参数的方法中，气泡法是得到长期使用并且比较成熟的一种。该法适合于通孔的检测，不能用于闭孔检测。气泡法测试多孔材料通孔的孔径及其分布是目前国内外普遍采用的方法，特别适合于较大孔隙（大于 $100\mu m$）的最大孔径测量，测试过程安全、环保、快捷，结果稳定，因此受到普遍采用，并已形成了相应的国际标准和国家标准。

（1）基本原理

气泡法的测量原理是毛细管现象。该法是测量孔径的最普遍方法，其利用对通孔材料具有良好浸润性的液体浸渍多孔样品，使之充满孔隙空间，然后以气体将连通孔中的液体推出，依据所用气体压力来计算孔径值。

利用毛细管作用原理，气泡法的测试基于测量经通孔型多孔材料气体逸出所需的压力和流量，样品预先抽空排气并用已知表面张力的液体浸透。样品中所浸透的液体，由于表面张力作用而产生毛细力。若将孔的界面考虑为圆形，沿该圆周长度液体的表面张力系数为 σ，孔的半径为 r，液体和多孔材料的接触角为 α，则驱使液体流入孔内而垂直于该界面的力为 $2\pi r\sigma\cos\alpha$。与此相反的力，即外界施加的气体压力 p 而引起的力，在此圆面积上的值是 $\pi r^2 p$。当这两个力平衡时，孔中的液体就会被排出，于是将有气泡逸出：

$$2\pi r\sigma\cos\alpha = \pi r^2 p \tag{4.9}$$

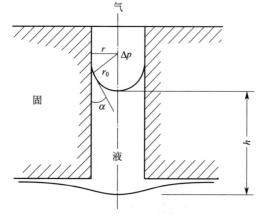

根据气泡逸出的相应压力值，即可求出对应的孔径尺寸。

气泡法测定通孔多孔材料最大孔径的方式，是利用对材料具有良好浸润性的液体（常用的有水、乙醇、异丙醇、丁醇、四氯化碳等）浸润试样并使其中的开口孔隙达到饱和，然后以另一种流体（一般为压缩气体）将试样孔隙中的浸入液体吹出。当气体压力由小逐渐增大到某一定值时，气体即可将浸渍液体从孔隙（视为毛细管）中推开而冒出气泡，测定出现第一个气泡时的压力差，就可按下式计算出多孔试样的毛细管等效最大孔径：

图 4.3　液体浸润毛细孔产生的附加压力

$$r = \frac{2\sigma\cos\alpha}{\Delta p} \tag{4.10}$$

式中，r 为多孔样品的最大孔隙半径，m；σ 为浸渍液体的表面张力，N/m；α 为浸渍液体对被测材料的浸润角/接触角，（°），完全浸润时 $\alpha = 0°$；Δp 为静态下试样两面的压力差，Pa。

当毛细管吸入液体时，由于液体对管壁的浸润作用，液面在毛细管中形成一个"弯月面"（图 4.3），该弯月面在表面张力和浸润角的作用下产生一个指向气相的附加压力 Δp（图 4.3 中状态）。若气相压力大到等于或稍大于 Δp 时，气体就会将毛细管中的液体挤出，气体透过此毛细管，并在管口形成气泡。故由式（4.10）即可得出对应的毛细管半径 r。如果测出每级孔径所对应的 Δp 及通过相应孔隙的气体流量，则可得到该材料的孔径分布情况。其相关的数理关系在下面进行介绍。

在层流条件下，黏性气流通过圆柱形导管（毛细管）的流动服从 Poiseuille 定律：

$$q = \frac{\pi}{8} \times \frac{\Delta p}{\eta L} r^4 \tag{4.11}$$

式中，q 为通过毛细管的流量，m^3/s；Δp 为毛细管两端的压力差，Pa；L 为毛细管的长度，m；η 为通过毛细管的流体介质的黏滞系数，Pa·s；r 为毛细管的内孔半径，m。

对于实际多孔材料，其孔径大小各异，形状也各不相同，但可设想其为等效的毛细管，其长度等于试样的厚度乘以弯曲因子。设半径为 r_i 的毛细管有 n_i 个，易知气体通过多孔试样的流量为：

$$Q = \sum_i n_i \frac{\pi}{8} \times \frac{\Delta p}{\beta L \eta} r_i^4 \tag{4.12}$$

式中，Q 为通过多孔试样的气体流量，m^3/s；Δp 为多孔体两端的压力差，Pa；L 为多孔试样厚度，m；β 为多孔体的弯曲因子（等于气体所经实际路程与试样厚度之比）；η 为通过多孔试样的流体介质的黏滞系数，Pa·s。

在雷诺数小于 $Re = 10 \sim 60$ 时层流过渡到湍流的过程十分缓慢，而且是孔隙越不相同就越缓慢，从而可避免湍流。测量时气体通过的孔随着压力的增加而被逐渐打开，孔径和压力的对应关系可由式（4.10）求得，此时在各种压力下所测得的流量取决于两个因素：①已打开的孔，流量随着压力的增加而增加，其与压力的关系应为线性；②随着压力的增加，有新的较小的孔被打开，从而也会对流量有所贡献，由式（4.12）可知这部分流量的增加与压力呈非线性关系。两个因素的综合结果表明流量随着压力的变化是一个曲线关系，但当所有的孔全部被打开后，此时孔径为一固定值。所以，这时 Q 随着 p 的变化关系为一直线段，以后流量的增加就只取决于第一个因素了。

在测定孔径分布时，是继试样冒出第一个气泡后，再不断增大气体压力使浸渍孔道从大到小逐渐打通冒泡，同时气体流量也随之越来越大，直至压差增大到液体从所有的小孔中排出。根据气体流量与对应压差的关系曲线（图 4.4），即可求出多孔材料的孔径分布。

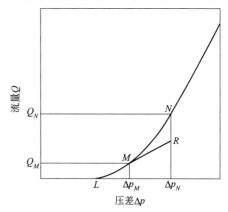

图 4.4　气体流量与对应压差的关系曲线

在流量 Q 与压差 Δp 的测试曲线上（图 4.4），当压差由 Δp_M 增大到 Δp_N 时，相应的流量则从 Q_M 增加到 Q_N，而新透气的孔隙半径即从 r_M 减小至 r_N。若半径在 $r_N \sim r_M$ 之间的孔隙个数为 n_i 个，对应的平均半径为 r_i，视实际孔道为圆柱形毛细管，并假设气体在毛细管内的流动是不可压缩的黏性连续层流，则由 Hangen-Poiseuille 定律可得：

$$\Delta Q = \frac{\pi r_i^4 n_i \Delta p_i}{8 \eta \beta L} \tag{4.13}$$

式中，Δp_i 为对应于半径尺度 r_i（意义如前所述）的压差；η 为气体的黏滞系数；β 为孔道的弯曲系数（直孔的 $\beta = 1$）；L 为多孔试样的厚度。

对应于半径尺度 r_i 的孔隙体积为：

$$V_i = n_i \pi r_i^2 \beta L \tag{4.14}$$

而由式(4.10) 有：

$$r_i = \frac{2\sigma \cos\alpha}{\Delta p_i} \tag{4.15}$$

将式(4.14) 和式(4.15) 代入式(4.13) 整理得：

$$V_i = \frac{2\eta \beta^2 L^2}{\sigma^2 \cos^2\alpha} \Delta p_i \Delta Q_i \tag{4.16}$$

令常数

$$c = \frac{2\eta \beta^2 L^2}{\sigma^2 \cos^2\alpha} \tag{4.17}$$

则有：

$$V_i = c \Delta p_i \Delta Q_i \tag{4.18}$$

最后得出孔径分布的表达式为：

$$\frac{V_i}{\sum V_i} = \frac{\Delta p_i \Delta Q_i}{\sum \Delta p_i \Delta Q_i} \tag{4.19}$$

根据所测得的压力值及其相应的流量值，作出 $Q\text{-}p$ 曲线，由曲线的开始点到开始变为直线点的一段，选择合适的试验点，从曲线上分别作切线，并由横轴对应点分别作垂线，与曲线相交，相应点的垂线上曲线和切线之间的长度为 ΔQ_k 值，压力 p_k 相应于该部分平均孔径 r_k 所对应的压力，由一系列的 p_k 值和 ΔQ_k 值根据式(4.19) 可求出样品的 $V\text{-}r$ 积分曲线和 $\mathrm{d}p/\mathrm{d}t\text{-}r$ 微分曲线。

实验表明，压力增加速率 $\mathrm{d}p/\mathrm{d}t$ 越小，则测量效果越好，否则所测得的 r 值偏高。为此在测定过程中须缓慢升压，以减少测定时所产生的误差。对于选定的浸渍液体，σ 和 α 为定值。测量出现第一个气泡时对应的气体压差，按公式(4.10) 即可计算出样品的最大孔径值。通过测量试样两端面间的气体压力差和流经样品的气体流量，可得出流量-压差曲线，解析曲线可得孔径分布。

(2) 测试和装置

气泡法是测试多孔体孔径的普遍方法。用浸润性良好的液体浸润试样，通过抽真空或煮沸的方法使试样开孔隙完全饱和后，用气体将试样孔隙中浸入的液体缓慢推出。当气体压力由小到大逐渐达到一定值时，气体即可推开孔隙中的液体而冒出气泡（参见图 4.5），根据此时的压力差就可按照式(4.10) 计算出多孔试样的等效毛细管直径：

$$d = \frac{4\sigma \cos\alpha}{\Delta p} = \frac{4\sigma \cos\alpha}{p_g - p_1} = \frac{4\sigma \cos\alpha}{p_g - 9.81\rho h} \tag{4.20}$$

式中，d 为多孔试样的等效孔径，m；σ 为试验液体的表面张力，N/m；α 为浸润液体对多孔试样的浸润角，(°)；Δp 为试样两侧的静态压力差，Pa；p_g 为试验气体压力，Pa；p_1 为气泡形成的水平面（可近似视为试样表面）上试验液体的压力，Pa；ρ 为试验液体密度，kg/m³；h 为试验液体表面到试样表面的高度，m。

最大的孔道出现第一个气泡，此时根据式(4.10)计算出来的孔径为试样的最大孔径。该孔径值实际上表征的是孔道最窄部位（图4.6）。

开始试验之前，试样应由液体饱和，其浸润装置参见图4.7。根据试样孔径的大小选择适宜的液体（表4.2给出了各种液体在20℃时的表面张力），通常选用蒸馏水和无水乙醇。为了改善液体对试样的浸润性，试样预先置于真空罐2内抽空半小时，然后注入液体，液体通过多孔体被吸入，充满整个孔隙。

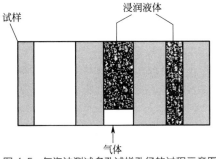

图4.5　气泡法测试多孔试样孔径的过程示意图

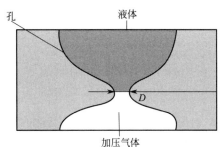

图4.6　气泡法的孔径计算值的表征部位

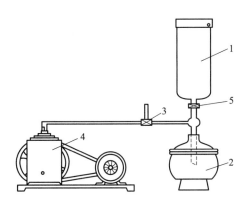

图4.7　样品浸润装置

1—贮液容器；2—真空罐；3—三通开关；4—真空泵；5—注液开关

表 4.2　几种液体在20℃时的表面张力系数

液体	表面张力 $\sigma/(\text{N/m})$	适合测定的多孔材料
水	72.5×10^{-3}	不锈钢,硅石,玻璃,陶器,铂海绵
乙醇	22×10^{-3}	不锈钢
四氯化碳	27×10^{-3}	硅石,玻璃,陶器,铂海绵,不锈钢
甲醇	23×10^{-3}	青铜
正丙醇	24×10^{-3}	聚乙烯
正戊基醋酸盐	24×10^{-3}	硅石,玻璃,陶器,铂海绵
异戊基醋酸盐	27×10^{-3}	聚乙烯
乙醚	17×10^{-3}	

浸润液体是根据多孔材料的试样材质来进行选择，对金属具有较好浸润性的有95%乙醇、甲醇、异丙醇、四氯化碳等（参见表4.3），可将其浸润角视为0°，即完全浸润。浸润应使液体充满整个试样的全部孔隙，浸泡时间一般为10～15min，孔径较小、厚度较大的试样应在真空条件下浸润。测试过程中应保持试样表面上方工作液面的高度不变，即保持在气泡形成的水平面上工作液体的压力 p_1 不变（参见图4.8）。测量时应缓慢充气，气体压力 p_g 从零开始逐渐增加。

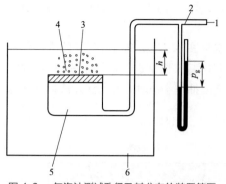

图 4.8　气泡法测试孔径及其分布的装置简图

1—进气口；2—调节阀门；3—试样；4—工作液体起泡面（压力 p_1）；5—加压气体（压力 p_g）；6—工作液体

其中气体压力 p_g 与起泡面上工作液体压力 p_1 的差值即为孔径计算关系式中的压差 $\Delta p(p_g-p_1)$。

图 4.9 所示为一完整的测试装置构造示例，浸润后的样品置于样品室内，样品两端须用橡皮垫圈压紧，防止过流产生。试样上面存放 3～6mm 的液体，然后打开贮气瓶 1 的开关，并调节表 2 的开关，使表 3 的压力读数小于 $3\times10^4\,\mathrm{kgf/m^2}$（1kgf＝9.80665N），再缓慢调节微调开关 4，使 U 形压力计 9 的汞柱缓慢上升，直到经样品表面出现第一个气泡。在此压力下气体通过一个或几个尺寸的最大孔，其后压力逐步增加，每次记下压力值和它相应的流量值。

图 4.10 是气泡法测试设备整体构造的又一示例，其中 U 形管压力计的测量口应尽量接近试样的表面，以便准确测量试样两侧的压力差。

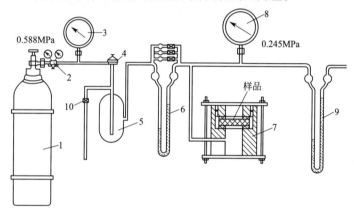

图 4.9　气泡法孔径测试装置整体构造示例 1

1—贮气瓶；2—高压表；3—压力表；4—微调开关；5—缓冲器；6—毛细管流量计；7—样品室；8—压力表；9—U 形管压力计；10—放空阀

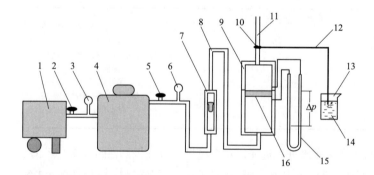

图 4.10　气泡法测试装置整体构造示例 2

1—空气压缩机；2—调压阀 1；3—压力表 1；4—储气罐；5—调压阀 2；6—压力表 2；7—流量计；8—空气导管；9—样品室；10—三通阀；11—排空管；12—空气软管；13—烧杯；14—水；15—U 形管压力计；16—测试样品

表 4.3　不同温度下工作液体的表面张力和密度

温度/℃	95%乙醇		异丙醇	
	表面张力/(N/m)	密度/(kg/m³)	表面张力/(N/m)	密度/(kg/m³)
10	0.02364	812.8	0.02242	796.7
11	0.02359	811.9	0.02235	795.8
12	0.02353	811.1	0.02228	795.0
13	0.02347	810.2	0.02220	794.1
14	0.02341	809.3	0.02213	793.2
15	0.02335	808.5	0.02206	792.4
16	0.02329	807.6	0.02199	791.5
17	0.02323	806.7	0.02192	790.6
18	0.02317	805.8	0.02184	789.7
19	0.02311	805.0	0.02177	788.9
20	0.02305	804.2	0.02170	788.0
21	0.02297	803.1	0.02163	787.1
22	0.02289	802.3	0.02156	786.3
23	0.02282	801.4	0.02148	785.4
24	0.02275	800.6	0.02141	784.5
25	0.02267	799.9	0.02134	783.6
26	0.02260	798.9	0.02127	782.8
27	0.02252	798.0	0.02120	781.9
28	0.02245	797.1	0.02112	781.0
29	0.02237	796.3	0.02105	780.2
30	0.02228	795.5	0.02098	779.3
31	0.02220	794.4	0.02091	778.4
32	0.02211	793.6	0.02084	777.6
33	0.02202	792.7	0.02076	776.7
34	0.02193	791.8	0.02069	775.8
35	0.02184	791.1	0.02062	775.0

（3）中流量平均孔径

在一般的气泡法测量过程中，由于大孔对流量的影响较大，致使小孔的测量精度不高，甚至有一部分小孔被忽略。为避免这一问题，有些作者提出用中流量孔径来表示多孔材料的特性：先用干样品测量出压差-流量曲线，然后用预先在已知表面张力液体中浸润过的湿样品测量出压差-流量曲线，找出湿样品流量恰好等于干样品流量一半时的压差值。在此压差下求出的孔径称为中流量孔径。这种方法比普通气泡法更为接近多孔材料的实际性能。

试样孔道被工作液体完全浸润的称为湿试样。将湿试样与干试样进行平行实验，逐渐增加工作气体的压力到某一压差下，通过湿试样的气体流量正好等于干试样气体流量的一半，此时压差称为中流量压差，根据该压差值计算的孔径称为中流量平均孔径。继续增加工作气体的压力到试样孔隙中的浸润液体被完全吹出，这时试样可视为干试样，其流量-压差曲线与干试样的流量-压差曲线重合。实际上，两者此时的曲线并不能完全重合而只是接近，这是由于湿试样中的液体不可能真正地完全被吹出，孔壁上残留的少量液体会使计算得出的孔径略微偏小。

除上述的直接对比法外，中流量压差值的确定还可采取作图法。首先测定作出湿试样完整的流量-压差曲线（湿式曲线），该线的始点对应于多孔试样的最大孔径，该线从曲线变为直线的拐点对应于多孔试样的最小孔径（图 4.11）。将该线的直线段反向延长至坐标原点，则整条直线（包括与原曲线重合的直线段）即可视为对应的"干试样流量-压差曲线（干式曲线）"。画出斜率为干试样曲线一半的"半干试样曲线（半干式曲线）"，该线与湿式曲线的交点即为中流量压差点（图 4.11）。

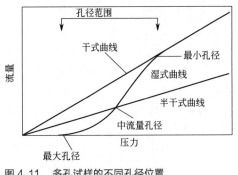

图 4.11　多孔试样的不同孔径位置

由于气体流量与压差具有一一对应的关系，不同压差点对应于不同的孔径值，因此可对上述流量-压差曲线进行解析而得出多孔试样的整个孔径分布状况。

采用计算机技术是现代数据处理常用的有效方式。对于通过有限的数据点来确定一条曲线，通常可用多项式回归法、插值法等，近来还有非线性模拟能力更强大的人工神经网络模型。这为湿样品的压差-流量关系数据处理带来了更好的契机。

（4）方法评析

气泡法测定孔径分布是基于用气体置换液体所需的压力 p 和通过多孔试样的气体流量 Q，由建立 Q-p 曲线来得到微分结构曲线，可测得十分之几到几百微米的孔径。气泡法所测定的孔为贯通孔，即全通孔，而半通孔和闭孔不能被测量。最大气泡压力能较准确地给出样品最大的贯通孔孔径。然而，气泡法测定气体流量时如果流量计的精度不高，就会有一部分细孔被忽略，这将使测量结果整体偏高。

该方法的最大优点是仪器结构简单，易操作，测量重复性好，且可精确测定最大孔径。但气泡法受浸渍液体表面张力的限制，用气体推出细孔内的液体时需要很高的压力，故难以测量小于 $0.1\mu m$ 的孔径。例如以无水乙醇为浸渍介质，测量 $0.01\mu m$ 数量级的极小孔径时，所需气体压力为 4.4MPa，从而使仪器的结构复杂化。此时对仪器设计和试样强度的要求都更高，在高压作用下还可能改变和损坏试样及其孔隙表面状态。因此，气泡法不适合测量极细的孔径。

4.3.3　气体渗透法

利用气体渗透法测定多孔材料的平均孔径，几乎能测定所有可渗透的孔隙，这是其他一些检测方法所不能比拟的，尤其是对于测定憎水性多孔试样孔径的一些经典方法，如压汞法和吸附法等。

4.3.3.1　基本原理

基于气体通过多孔试样的流动，可利用气体渗透法来测定渗透孔的平均孔径。气体流动一般存在两种形式：一是自由分子流动（Kundsen 流动）；二是黏性流动。当渗透孔的孔直径远大于气体分子的平均自由程时，黏性流占主导地位；反之，自由分子流占主导地位。因此，渗透气体通过多孔体的渗透系数 K 可表示为：

$$K = K_0 + \frac{B_0}{\eta}\bar{p} \tag{4.21}$$

式中，K_0 为自由分子流的渗透系数，m^2/s；η 为渗透气体的黏度，Pa·s 或 N·s/m²；B_0 为多孔试样的几何因子，m^2；$\bar{p}$ 为多孔试样两边的压力平均值 $(p_1+p_2)/2$，Pa。

上述渗透系数 K 又可由下式求出：

$$K = \frac{\mathrm{d}p}{\mathrm{d}t} \times \frac{VL}{A \times \Delta p} \tag{4.22}$$

式中，$\mathrm{d}p/\mathrm{d}t$ 为单位时间内的压力降，Pa/s；V 为渗透容器的体积，m^3；L 为多孔样品的厚度，m；A 为多孔体的气体渗透面积，m^2；Δp 为多孔体两边的压差（$p_1 - p_2$），Pa。

式（4.21）是直线方程，故只要根据式（4.22）求出渗透系数 K，就可由 $\bar{p}$ 和相应的 K 作直线，求得的斜率为 B_0/η，截距为 K_0。

实践中多孔材料的 K_0 和 B_0 可由下述两个公式分别进行表达：

$$K_0 = \frac{4}{3} \times \frac{\delta}{K_1 \beta^2} \theta r \bar{v} = \frac{4}{3} \times \frac{\delta}{K_1} \times \frac{\theta r \bar{v}}{\beta^2} \tag{4.23}$$

式中，δ/K_1 为对于所有多孔材料均是取值为 0.8 的常数；β 为多孔体中孔隙的弯曲因子（$\geqslant 1$）；θ 为多孔体的孔隙率；r 为多孔体的平均孔半径，m；$\bar{v}$ 为气体分子平均速率，m/s：

$$\bar{v} = \left(\frac{8RT}{\rho M}\right)^{1/2} \tag{4.24}$$

其中，R 为气体分子常数；T 为热力学温度；M 为渗透气体的摩尔分子质量。在恒定温度下，对于同一种气体，$\bar{v}$ 被认为是一个常数。另外，多孔体的几何因子可表达为

$$B_0 = \frac{\theta r^2}{k \beta^2} \tag{4.25}$$

式中，k 是黏性流中形态因子，一般为 2.5。

联立式（4.23）和式（4.25），即得：

$$r = \frac{B_0}{K_0} \times \frac{16}{3} \left(\frac{2RT}{\pi M}\right)^{1/2} \tag{4.26}$$

由上式可知，无需知道多孔试样的孔隙率 θ 和弯曲因子 β，即可求出平均孔径的数值。但当多孔体的渗透孔直径远大于气体分子的平均自由程时，式（4.21）的 K_0 值很小，实验中很难测定。因此，这时就不能用式（4.26）来计算平均孔径了。在这种条件下，气体通过多孔试样的流动属于黏性流，气体渗透量与渗透孔半径的关系为：

$$Q = \frac{\pi r^4 \times \Delta p (p_1 + p_2) ANt}{16 \eta L p_1} \tag{4.27}$$

式中，Q 为 t 时间内气体的渗透量，m^3；p_1 和 p_2 分别为被测样品前后端的压力，Pa；N 为单位面积上的孔数，$1/\mathrm{m}^2$；t 为渗透时间，s；A、η 和 L 的含义和量纲均同前。其中：

$$N = \frac{\theta \times 1}{\pi r^2} \div 1 \tag{4.28}$$

式中，1 为 $1\mathrm{m}^2$ 的渗透面积。

与大气相通的被测样品后端压力 p_2 很小，若忽略不计，则式（4.27）可简化成：

$$Q = \frac{r^2 p_1 At \theta}{16 \eta L} \tag{4.29}$$

4.3.3.2 试验方法

图 4.12 所示为气体渗透装置结构简图。图中实线部分为过渡流的渗透装置，黏性流的渗透试验则需附加虚线部分的转子流量计。压力表 1 的作用是保护压力传感器，压力传感器 2 则是精确测定渗透压力的硅压阻元件，记录仪 4 用以准确显示压阻元件输出的信号，精确地测出每一时间对应的渗透压力。渗透池 8 用以密封被测多孔试样，过渡流渗透时其右端

敞开并与大气连通，黏性流渗透时其右端与转子流量计 9 连接。转子流量计 9 由三个不同量程的转子流量计并联组成，以精确地测定气体渗透量。三个转子流量计的出口都通大气。

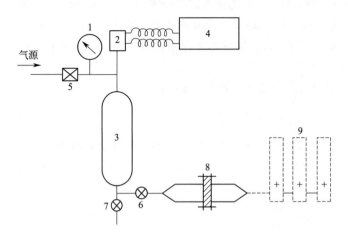

图 4.12　气体渗透装置示意图
1—压力表；2—压力传感器；3—容器；4—记录仪；5～7—双通阀；8—渗透池；9—转子流量计

过渡流渗透试验比较简单。干态多孔试样密封于渗透池 8 中，打开双通阀 5、6，关闭双通阀 7。气瓶出来的渗透气体充入容器 3，同时透过渗透池 8 中的多孔试样。达到预定压力后，关闭双通阀 5，容器 3 与气源隔绝，记录仪 4 则记录下由于气体从多孔体中渗出容器而引起的容器内压力降落情况。初始阶段的压力降落并不能代表稳定的气体渗透量。为避免初始瞬时阶段的压力降，容器内的气体压力应提高到比测定所需压力高一定比值的压力。该比值视被测多孔材料的不同而不等。当渗透试验完成后，利用压力降落直线的斜率 $\mathrm{d}p/\mathrm{d}t$，并使用其相邻两点检测压力的平均压力为该区间被测材料的前端压力 p_1。由于本装置渗透池的出口端通大气，因此被测样品的后端压力 p_2 为大气压。

黏性流渗透试验可检测孔径较大的多孔试样，此时容器内的压力降落较快而很难检测，故需图 4.12 中实线和虚线部分的装置。干燥空气经双通阀 5，通过容器 3 透过渗透池 8 中的被测多孔试样，这时打开双通阀 6，关闭双通阀 7。渗透压力由记录仪 4 记录。如需更高的压力检测精度且压力较低，可外接油压力计，所用油可选用邻苯二甲酸二丁酯。每一渗透压力下所对应的空气渗透量则由转子流量计 9 检测。与过渡流渗透试验不同的是，黏性流渗透试验须检测稳定的空气渗透量。

4.3.3.3　分析和讨论

（1）黏性流和过渡流的区分

对于气体在毛细孔中的流动，通常以渗透孔直径 d 与流动气体的平均自由程 λ 之比值来确定流动类型。当 $d/\lambda \leqslant 1$ 时，流动视为自由分子流；当 $d/\lambda > 10$ 时，黏性流流动占主导地位。因此，不少文献以 $0.4\sim0.5\mu m$ 的孔半径值作为多孔体中黏性流和过渡流的分界。实际上被测多孔材料试样的孔分布是宽广的，气体在多孔体中的流动是复杂的，且被测试样的平均孔半径在渗透试验前还是未知的，所以应在具体试验中加以区分。当被测多孔体在过渡流渗透装置部分中，容器内的压力降落较快而很难检测时，则进行黏性流渗透试验。

（2）气体对测定结果的影响

在过渡流渗透试验中，利用空气、氮气和氩气等不同气体测定多孔体的 K_0 值以及根据式(4.26) 所求的平均孔半径均是接近的。可见，无论是何种气体，该试验都能提供一个较为一致的数值。

4.3.4 气体吸附法

气体吸附法常用于测定具有较大比表面积的多孔试样的孔径及其分布，下面对其原理和具体实施方式予以介绍。

(1) 基本原理

该法在毛细凝聚原理的基础上，采用等效毛细管模型，将多孔体的各孔隙视为大小不同的毛细管，而多孔体即为这些毛细管的集合体，由此根据一定压力和温度下多孔试样吸附的气体分子数量来计算其孔径分布。依据吸附和毛细管原理：在一定温度下，先有部分气体吸附在孔壁上，随着气体压力的逐渐增大，孔壁的吸附层逐渐增厚；毛细管内液体弯月面上的平衡蒸气压 p 小于同温下的饱和蒸气压 p_0 就能够产生凝聚液，吸附质的相对压力 p/p_0 与发生凝聚孔的直径相对应，孔越小时产生凝聚液的所需压力也就越小。反之，随着气体压力的逐渐降低，半径由大到小的孔道依次蒸发出其中的凝聚液，并在孔壁上留下与饱和蒸气压 p_0 相应厚度的吸附层，孔径越小则蒸发放空的相对压力越小。

气体吸附法需要测出单层吸附状态下试样开口孔隙部分的气体吸附量或脱附量，该单层容量可通过 BET 方程由吸附等温线求出。最常用的吸附质是氮气，对表面积更低的试样可使用蒸气压低于氮气的吸附质，如氪气。使吸附气体进入温度恒定的样品室，待吸附达到平衡时测出气体的吸附量，作出吸附量与相对压力 p/p_0 的关系图，即可得到吸附等温线。

根据毛细管凝聚原理，孔的尺寸越小，在沸点温度下气体凝聚所需的分压也就越小。假定孔隙为圆柱形，则根据 Kelvin 方程，孔隙半径可表为：

$$r_{\mathrm{K}} = -\frac{2\sigma V_{\mathrm{m}}}{RT\ln(p/p_0)} \tag{4.30}$$

式中，σ 为吸附质在沸点时的表面张力，N/m；R 为气体常数；V_{m} 为液态吸附质的摩尔体积（液氮 3.47×10^{-5} m³/mol）；T 为液态吸附质的沸点（液氮 77 K）；p 为达到吸附或脱附平衡后的气体压力，Pa；p_0 为气态吸附质在沸点时的饱和蒸气压，即液态吸附质的蒸气压力。

将氮的有关参数代入上式，即得氮为吸附介质所表征的多孔体孔隙的 Kelvin 半径：

$$r_{\mathrm{K}} = -\frac{0.0415}{\lg(p/p_0)} \tag{4.31}$$

式中，Kelvin 半径 r_{K} 表示在相对压力为 p/p_0 下的气体吸附质发生凝聚时的孔隙半径，m。恒温下将吸附质的气体分压从 $0.01 \sim 1$atm （1atm＝101325Pa）逐步升高，测出多孔试样的对应吸附量，由吸附量对分压作图得到多孔体的吸附等温线；反过来从 1atm 到 0.01atm 逐步降低吸附质的分压，测出多孔试样的对应脱附量，由脱附量对分压作图则得到试样的脱附等温线。试样的孔隙体积由气体吸附质在沸点温度下的以吸附量进行计算。在沸点温度下，当相对压力为 1 或非常接近于 1 时，吸附剂的微孔和中孔一般可因毛细管凝聚作用而被液化的吸附质充满。实际上，孔壁在凝聚之前就已存在吸附层，或脱附后还留下一个吸附层。因此，实际的孔隙半径 r_{p}（其中下标 p 是英文单词实际的 "practical" 的首写字母）应该是：

$$r_p = r_K + \delta \tag{4.32}$$

式中，δ 为吸附层的厚度，m。

文献计算指出，吸附层的厚度可表达为：

$$\delta = \left| \frac{0.001399}{0.034 + \lg(p/p_0)} \right|^{\frac{1}{2}} \tag{4.33}$$

在不同分压下吸附的吸附质的液态体积对应于相应尺寸孔隙的体积，故可由孔隙体积的分布来测定孔径分布。一般地，脱附等温线更接近于热力学稳定状态，故常用脱附等温线来计算孔径分布。在上述数理关系的基础上，采用脱附等温线，由 BJH 理论即可计算出多孔体的孔径分布。

孔径分布的测定同样是依据毛细凝聚原理，按照圆柱孔模型，将所有孔隙按孔径分为若干由小到大排列的孔区。相对压力为 1 时由上面公式计算出的孔径为无穷大，意味着此时所有的孔隙中都充满了凝聚液。当相对压力从 1 逐级变小，在每次变化过程中，大于该级对应孔径孔隙中的凝聚液就会脱附出来，由此得出一系列孔区中脱附的气体量，将其换算成凝聚液的体积就代表每一孔区的孔隙体积。测出气体分压变化范围内的等温吸附线或脱附线，即可计算出试样的孔径分布。

（2）测试设备和方法

在测量吸附等温线之前，要先对样品脱气，除去样品表面的物理吸附，但应避免表面的不可逆变化。样品脱气的最佳温度可由热重分析或尝试法来确定，样品是否完全脱气以及仪器的密封性可通过脱气压力的监控来进行判断。

① 容量法（图 4.13）。用非连续的方式获得吸附等温线，气体逐步进入样品室。在每一步中，样品吸附气体逐渐达到平衡后，都会产生对应的压力下降。样品吸附的气体量是进入样品室的气体量与充满样品室的标准体积气体量之差，其可由气体状态方程来计算。标准体积可用测量温度下的氦气来标定，标定应在吸附等温线测量之前或之后进行。

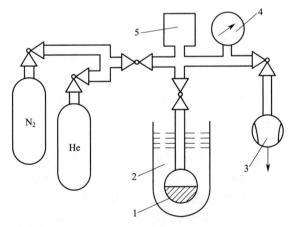

图 4.13　容量法测定多孔样品孔径的装置示意

1—样品；2—盛有液氮的杜瓦瓶；3—真空发生系统；4—压力计；5—标定体积的气体量管

② 重量法（图 4.14）。本法分连续和非连续两种方式。前者是用微量天平连续测出吸附的气体质量与压力的关系，并应在吸附等温线测试之前测量好天平和试样在室温的吸附气体

中的浮力；后者是逐步引入吸附气体并保持压力不变，直到样品的质量达到恒定。

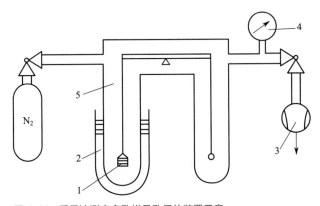

图 4.14　重量法测定多孔样品孔径的装置示意
1—样品；2—盛有液氮的杜瓦瓶；3—真空发生系统；4—压力计；5—天平

　　③ 载气法（图 4.15）。使可吸附气体和非吸附气体（氦）两者比例已知的混合气体流过样品，其中可吸附气体的浓度在产生吸附后将会降低，用导热池测出这种浓度的变化，就可得到吸附等温线。

　　（3）方法评析

　　吸附法不适用于闭孔泡沫材料，测得的孔径分布结果包括通孔和半通孔，其中氮吸附法测定的孔径范围是 $2 \sim 50nm$。对于孔径在 30nm 以下的多孔试样，常用气体吸附法来测定其孔径分布；而对于孔径在 $100\mu m$ 以下的多孔体，则常用压汞法来测定其孔径分布。

　　孔径及其分布是多孔材料设计和实际应用的重要依据。不同方法具有不同测试原理，其依据的物理模型各异，因此得到的孔径测量结果存在一定的出入。另外，由于多孔材料种类繁多、材质各异，具有多样的孔隙形貌，不同泡沫产品的孔隙尺寸跨度大，同一泡沫产品的孔隙尺寸分布都可能非常复杂，因此往往要综合多种方法进行分析研究，选择合适的方法来表征、测试。多孔材料的结构复杂，影响孔径测量的因素也会很多，故孔径的测定方法最好与最终的使用情况相模拟，如对阻火材料和电池电极材料最好采用气泡法和压汞法。

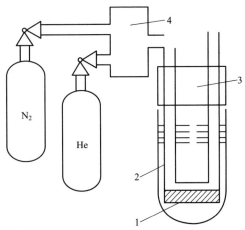

图 4.15　载气法测定多孔样品孔径的装置示意
1—样品；2—盛有液氮的杜瓦瓶；3—导热池；
4—气体混合器

4.4 孔隙形貌

　　孔隙形貌表征的是多孔体中孔隙的存在状态，包括孔隙形状、孔隙连通性、孔棱或孔壁的连接状态等。孔隙形貌也会影响到多孔材料的性能，对某些物理、化学性能特别是与界面过程有关的性能，其作用甚至可以大于孔隙尺寸。实际多孔材料的孔隙构型一般并不是规则的，孔穴

（注："孔穴"一词对应英文单词为"cell"，倾于指单个状态；"孔隙"一词对应英文单词为"pore"，其倾于指集体状态）尺寸在不同方向上存在着差异。例如，当多孔体中的孔穴在某方向上为拉长或扁平状态时，多孔体的性能就会与取向密切相关，往往是强烈地依赖于取向。多孔材料的这种各向异性状态，可以对多孔体的各项性能产生不同程度的影响。因此，了解和获悉多孔体的孔隙形貌，对研究多孔材料的物理、力学性能均具有良好的实际意义。

4.4.1 显微观测法

多孔材料的孔隙形貌和微结构可用不同放大倍数的显微观察来分析。这种方法可直接观测孔隙结构。尽管这种方法在实际分析过程中属于无损检测，但样品准备通常要经过切割、镶嵌和抛光等。要观察多孔体的孔隙空间，应使孔壁/孔棱和内部出现不同的亮度。因此，可将多孔体镶入深色树脂并抛光制作面。也可用随后就能固化的其他某种流体充填孔隙空间，但一般还是使用合成树脂（包括环氧树脂）组成的流体。可在真空条件下将这种流体注入多孔结构，然后在时间或加热的作用下使之聚合固化。由此通过染色树脂镶嵌、切片、磨光等步骤，而后用光学显微镜的常规方法来观测分析孔隙空间。如用扫描电子显微镜（SEM）观测，也可先由盐酸和氢氟酸等刻蚀矿物相，而树脂相则得以保留，这时照片上只显示代表孔隙空间的树脂。SEM宽广的景深可获得立体照片（两次摄像之间使样品在显微镜下倾斜），从而有可能观察出孔隙的几何形态。

微孔的形貌特征测量一般使用扫描电镜和透射电镜（transmission electron microscope，TEM），但非导电材料在使用扫描电镜测量前需对样品进行涂覆导电膜的处理（如喷金），这种处理会导致对原样品表层形貌有一定程度的影响，从而带来测量结果的误差。透射电镜对样品的导电性基本没有要求，但其制样过程复杂；对于脆性样品，制样更是极为困难。因此，非常需要采用无损、简便、准确的形貌表征方法。原子力显微镜（atomic force microscope，AFM）是一种利用探针和样品表面之间的原子间作用力来表征样品表面特征的仪器。其横向分辨率可达1nm，纵向分辨率可达0.1nm，而对样品的导电性没有任何要求，也无需进行特殊的制样处理。但其"针尖-样品卷积效应"会导致AFM图像测得的孔径偏小。利用Reiss模型，可以有效地对"针尖-样品卷积效应"进行修正，得到更加逼真的图像。

4.4.2 X射线断层扫描法

X射线断层扫描技术（X射线层析摄像/照相技术）是一种在X射线扫描信息与电子计算机数据处理相互配合下完成的组织内部结构成像技术，其全称为电子计算机X射线断层扫描技术（electronic computer X-ray tomography technique），医学界常简称CT。其工作程序是根据物体内部不同组织对X射线的吸收与透过率的不同，应用足够灵敏的探测器对物体内部结构进行探测，将测得的数据输入电子计算机，电子计算机对数据进行处理后就可得到物体内部的断面图像和立体图像。

近些年来，X射线断层扫描技术已成为获取多孔试样内部结构无损图像的有力工具。多孔材料可以通过其相对密度（或孔隙率）、孔隙形态、孔隙尺寸以及孔隙和金属组织的各向异性来实现结构的表征，从X射线断层扫描获得的3D数字图像可以直接提取一系列几何参数，包括孔隙率、孔隙空间尺寸分布和孔隙连通性等。

该技术可很好地表征泡沫金属等多孔体的显微构造，成功地应用于多孔结构及其变形模式的研究，这些与 X 射线在该类材料中的低吸收有关。由于这种低吸收，本法可对大块的多孔试样进行研究，而致密体则需切成小块。本法的第二个优点是可对多孔体的大变形实现无损成像，因而能够观测出多孔体在变形过程中所出现的重要屈曲、弯曲或断裂等现象。

4.4.2.1 基本原理

X 射线照相术和 X 射线断层扫描术可适用于多孔材料的结构检测。X 射线微型断层扫描可检测泡沫金属等多孔材料的 3D 内部结构，得出平均孔隙尺寸、比表面积和孔隙率等结构参量，成为获得多孔材料 3D 内部结构相关信息有力的无损检测技术。

（1）X 射线照相术

X 射线照相术的原理是以 Beer-Lambert 定律为基础的。这个定律描述了以路径 z 通过样品厚度的透射光子数 N 与入射光子数 N_0 的比率，其中样品的衰减系数为 μ。如果 μ 沿路径发生变化，则应对 μ 进行路径积分：

$$\frac{N}{N_0} = \exp\left[-\int_{\text{path}} \mu(x,y,z)\,\mathrm{d}z\right] \tag{4.34}$$

因为放置在样品后面的探测器各点处在不同路径前的位置上，因此上述衰减定律可以说明在块体材料 X 射线照片上所观察到的色度对比[图 4.16（a）]：如果材料由不同成分所组成，则 $\mu(x,y,z)$ 的积分值也会随着 x 和 y 而变化。

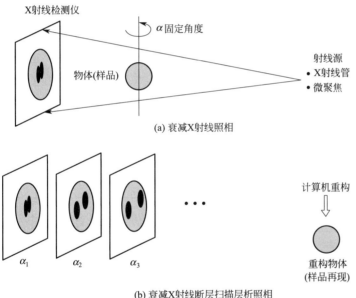

(a) 衰减X射线照相

(b) 衰减X射线断层扫描层析照相

图 4.16　构相原理示意

（2）X 射线断层扫描

X 射线照相术的缺点是大量信息投射在单一平面上，而且当沿样品厚度方向的微结构特征数量很多时，所得图像难以解释。断层扫描的层析照相术则可以将大量的这种射线照片的信息结合起来，从而克服了上述不足。其中各辐射线照片取自位于探测器前面的样品的不同方位[图 4.16（b）]。如果各照片之间的角（频）步足够小，就可通过成套的射线照片来重新计算出样品中各点的衰减系数值 $\mu(x,y,z)$。这种重构可利用合适的软件来实现。

X射线断层扫描成像的基本原理是用X射线束对样品一定厚度的层面进行扫描，由探测器接收透过该层面的X射线，转变为可见光后，由光电转换变为电信号，再经模拟/数字转换器（analog/digital converter）转为数字，输入计算机处理。图像形成的处理是将选定层面分成若干个体积相同的长方体[称之为体素(voxel)]，扫描所得信息经计算而获得每个体素的X射线衰减系数或吸收系数，再排列成数字矩阵（digital matrix），经数字/模拟转换器将数字矩阵中的每个数字转为由黑到白不等灰度的小方块［像素（pixel）］，并按矩阵排列，即构成3D图像。由此可见，所得到的为重建图像，每个体素的X射线吸收系数可通过不同的数学方法算出。

X射线断层扫描图像是由未标定密度值的立方排列组成的，各自对应于样品中一个限定体积的立方体（三维像素）。重构样品的三维像素分辨力取决于样品的尺寸及其在断层扫描装置中的相对位置，这是由于X射线束具有锥体的几何形态。将样品移动到离开X射线光源更远之处，可以提高放大的倍数。该距离为最佳位置时可达到整个样品都在视场内的可能的最高分辨率。总的来说，X射线断层图像的空间分辨率可达$9\sim20\mu m$的尺度。

下面举例说明X射线断层扫描（XCT）技术的工作原理。图4.17中圆点处于受检体中某个未知的位置，在某一方向投影可得到该圆点吸收X射线后衰减的投影数据。每旋转一个角度，即有一个新的投影数据存储到计算机中，所有这些数据的反投影计算可得到该圆点的位置。图4.18显示，投影的角度越多，得到的反投影图像质量越高。通过对X射线受检体精密旋转小角度投影可获取足够的投影数据，采用滤波反投影重构算法对投影数据进行处理，求解出各体素的衰减系数值，得到衰减系数值在切面上的分布矩阵；再把各体素的衰减系数值转变为CT值，得到CT值在体层面上的分布，此灰度分布就是CT像。这就完成了CT像的重建过程，从而可得各截面的图像和立体图像。

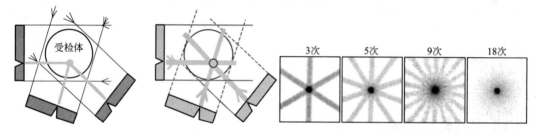

图4.17 受检体圆点投影与反投影　　　　　　图4.18 反投影重构图像的质量与投影次数成正比关系

根据重构横截面图，可以观察到多孔试样各横截面上气孔分布的变化，以及在不同位置的横截面处孔隙的大小、形状和分布情况。通过对这些图像的分析，可以得到各个孔隙的面积、平均半径等数据，并且判断是否存在缺陷。其中孔隙直径指的是等效直径，即把孔隙的截面视为面积等同的圆。图像识别软件对离散的孔洞按1、2、3、…、i的顺序编号，对每个孔洞的像素点个数进行统计得出其面积A_i，然后通过关系：

$$D_i = 2\sqrt{A_i/\pi} \tag{4.35}$$

来计算获得其等效直径D_i。截面上孔洞所占的面积之和$\sum A_i$与总面积A之比定义为试样的面孔率θ_A：

$$\theta_A = \sum A_i/A \times 100\% \tag{4.36}$$

利用XCT重构横截面进行孔结构描述，所产生的误差与仪器和设置有关。XCT检测技术可获得与传统剖截面图像处理法相同的孔结构分析结果，而且利用XCT检测技术不损坏试样，可提高检测效率。

4.4.2.2　实验装置

X 射线断层扫描设备主要由 3 个部分组成：①扫描部分，由 X 射线管、探测器和扫描架组成；②计算机系统，将扫描收集到的信息数据进行贮存运算；③图像显示和存储系统，将经计算机处理而重建的图像显示在视屏上或用多幅照相机或激光照相机将图像摄下。探测器从最初的一个发展到现在的多个，扫描方式也从平移/旋转、旋转/旋转、旋转/固定，发展到新近开发的螺旋扫描。计算机容量大、运算快，可迅速地重建图像。该方法有扫描时间短、层面连续、可三维重建等特点。

对多孔材料的 X 射线断层扫描层析研究可使用不同的装置来进行。这些装置都有一个 X 射线源、一个固定样品的旋转台和一台 X 射线探测器，样品旋转轴须平行于探测器平面。获得数字化图像最为简单的方式是直接使用二维 X 射线探测器，其由一个将 X 射线转换成可见光的显示屏组成，然后再将可见光由合适的光学透镜传输到摄像机上；将 X 射线断层扫描层析照相术用于多孔材料研究的关键是可达到的空间解析分辨程度，其极值主要取决于样品中有效的光子流量和装置，这些将在后面两个小节中进行介绍。对于医学上的 X 射线断层扫描（XCT 扫描仪）而言，该分辨极限在 $300\mu m$ 的量级。材料科学家希望观察和分辨 $1\sim 10\mu m$ 量级的尺寸，故需研制更为精密的设备。

（1）中分辨显微层析摄像

对于数量级为 $10\mu m$（中分辨）的解析分辨极限，可使用配置经典性微聚焦 X 射线管的圆锥形光束系统作为射线源。利用这种分叉性几何系统，可通过改变处于射线源与探测器之间的样品在空间的位置，轻易地改变照射幅度。对分辨率的限制来自显微聚焦的尺寸，因其会在投射的图像上产生模糊。该尺寸有一个极小值，若因射线源的尺寸太小，样品中的射线流就会太小，以至于在实际分析过程中，记录单个射线照片所需时间就会太长。可使用多色源来缩短这一时间。许多科研院所和实验室都拥有这类标准装置，并出现了一些分辨效果好（小至 $6\mu m$）的商用便携仪器。

（2）高分辨显微层析摄像

前面已经提到过，因为 X 射线源传输的光子流量太小，所以使用 X 射线管的装置受到一定限制。目前，已应用同步加速辐射设备，获得了高分辨层析照片的高质量图像。X 射线显微层析摄像技术中的这种由三级同步加速设备产生得出的 X 射线束，受到人们的极大关注，因其具有如下一些原始的特点：a. 锥形光束系统中的 X 射线束具有极高的强度；b. 近乎平行的射线束简化了图像的重构，因此探测器的性能就可决定图像的分辨效果；c. 可使用单色束；d. 可获得能够穿透重物质（高原子序数）的高能光子（超过 100keV）。

（3）实验方法

实验设备由一个 X 射线源、一个旋转台和一台射线探测器组成。完整的分析时需要对同一个样品提取大量的 X 射线吸收照片，一般是 900 幅照片。这些照片源自样品处于不同的视角，每个方向对应于一幅射线照片。在最后的计算重构步骤中，需要得出一幅材料内局部吸收系数的三维图，从而最终间接地勾画出一幅结构图像。

（4）重构方法

图像的重构可应用 C 语言程序。操作需要一个高频工作站，由各个部分重构出整个体积空间，最后得出一个三维（3D）图像。通过 X 射线断层扫描（X-ray CT）技术获得的 3D 图像，可精确地展示多孔材料内部孔隙的几何形貌以及固态相组织特征。根据这种图像，可直接测量出多孔样品的孔隙尺寸分布和固相比例（相对密度或孔隙率）。

4.4.2.3 图像特点

X射线断层扫描图像是由一定数目从黑到白不同灰度的像素按矩阵排列所构成，这些像素反映的是相应体素的X射线吸收系数。不同装置所得图像的像素大小及数目各不相同，大小可以是 1.0mm×1.0mm、0.5mm×0.5mm 不等，数目可以是 256×256（即 65536）个、512×512（即 262144）个不等。显然，像素越小，数目越多，构成的图像就越细致，即空间分辨力（spatial resolution）越高。

X射线断层扫描图像是以不同的灰度来表示，反映物体内部组织对X射线的吸收程度。黑影表示低吸收区，即低密度区，如多孔材料中的气孔；白影表示高吸收区，即高密度区，如多孔材料中的固体孔棱或孔壁。

X射线断层扫描利用多个连续的层面图像，通过计算机的图像重建程序，形成3D整体图像。

4.4.2.4 检测结果举例

由X射线断层扫描层析方法得到的图像可清晰地再现多孔体的内部结构和孔隙连接状态，清楚地显示出两个样品之间的差别。图4.19为一幅泡沫金属的三维图像，该图像仅示出了泡沫体孔壁上的材料。这种图像与多孔体的光学照片十分相像，利用其可检测多孔体的三维形态特性，如孔壁厚度、孔壁维度和孔穴尺寸等。这些特性对多孔体的力学性能具有很大影响。

图4.20显示了一种闭孔泡沫铝的表观构造，图4.21和图4.22则比较了一种开孔泡沫铝和一种开孔泡沫镍的内部构造。从这些图像可以看出，X射线层析摄像技术可很好地再现和揭示各类泡沫金属等多孔材料的结构形态。

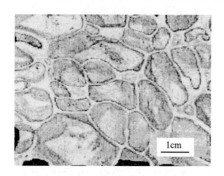

图4.19 泡沫金属三维图像示例

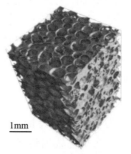

图4.20 由X射线层析摄像术重构的一种闭孔泡沫铝的
三维固相图像

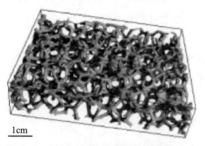

图4.21 由X射线层析摄像术重构的一种
开孔泡沫铝的三维固相图像

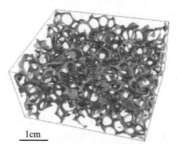

图4.22 由X射线层析摄像术重构的一种开孔泡沫镍的
三维固相图像

有研究者使用高分辨桌面微型CT系统测定了泡沫金属的结构参数。该系统的主要部件包括一个 X 射线源和一台摄像机，像素尺度根据放大率（与 X 射线源到样品之间的距离有关）以及摄像机分辨率可设在 2～34 μm 之间。2D 水平横截面图像是通过 2D 垂直投影图像进行重构的，该 2D 垂直投影图像是在不同角度位置测得的。2D 水平横截面图像通过计算机处理而叠加成对应于样品 3D 结构的 3D 图像。图 4.23 所示是一种 Ni-Cr 合金通孔泡沫样品的 3D 重构图像，其中图像的表面经计算机软件进行平滑化处理，使得整个图像显得更为丰富细腻。通过计算机软件处理得到的 3D 重构图像，可以计算出泡沫金属多孔样品结构参量的数据，如孔隙率、比表面积以及平均孔径、孔棱大小等。

目前，X 射线吸收断层扫描层析摄像技术已用于表征各种多孔材料的结构形态，这些材料涵盖了泡沫金属、泡沫陶瓷以及泡沫聚合物等。该技术既可定性地观测多孔体的内部结构，也可定量地分析多孔体的微观结构。传统上对于孔隙结构的计算机图像处理方法的描述需要将试样剖开，并进行截面处理；而采用 X 射线断层扫描（XCT）重构技术，可在不损坏试样的前提下灵活地重构任意截面图以进行孔结构的图像处理。

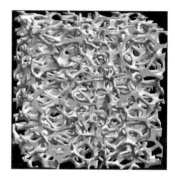

图 4.23　泡沫金属样品 3D 重构图像示例（样品尺寸为 1.28cm × 1.28cm × 1.28cm）

通过简单的 X 射线吸收技术（射线透视检查法）也可获悉多孔材料及其孔隙的形貌。将 X 射线束透过样品并检测其衰减，在一定横向面积上平均并进行二维扫描，从而得到泡沫体的二维吸收形貌。该法沿射线束的方向产生一个积分信号，即衰减与材料柱内的总体积有关。若以泡沫体的薄片进行研究（样品的厚度为孔隙平均直径的大小），则可解析单个的孔隙并观测到真实的孔隙形貌。若样片较厚，那么就不能再分辨出单个的孔隙了。在某些情况下，甚至像尺寸达到泡沫体厚度四分之一大小的孔隙或孔洞都难以做出正确的解析。

还可利用 X 射线层析摄像技术来获取多孔体的三维密度分布形态。多孔材料中不同位置的密度会由于物理和加工等原因而各不相同，其整体相对密度值直接地影响其力学性能，而密度的波动也会产生一定甚至是较大的影响，特别是在这些性能的分散性方面。所以，总体密度值不能为微观结构的表征提供足够的信息。X 射线层析图像即可用来估计材料内部的密度波动，因为断层扫描照片中的灰度与结构的局部密度成比例，故其可直接用来度量多孔试样的整体密度值和局部密度值。这种利用无损检测技术来获取多孔结构内部密度分布的方式，是令人感兴趣的事情。通常采取射线源和探测器围绕样品进行旋转式螺旋扫描的方式，得出取自许多方向上的样品 X 射线图像，通过从各个图像获得射线在物体任意点的衰减，从而实现局部密度的数字再现。由同步加速器产生的 X 射线束（52keV）所获得的这种图像，甚至可以解析孔壁的内表面结构。当然，孔壁结构也可根据其中跨壁厚和沿孔壁长度方向的厚度来确定。将用于该检测的泡沫样品在真空下渗入环氧树脂，研磨、抛光后作显微分析。通常采用光学显微镜上带标度的目镜来测量孔壁的中跨厚度，记录所测各个孔壁的位置。用数字扫描电子显微镜的图像分析来测定逐个孔棱沿孔壁的厚度分布，最后即可得出孔隙的结构形貌。

4.5 孔隙因素综合检测

压汞法可以同时对多孔样品的孔隙因素进行综合检测，包括其孔隙率、孔径及其分布等参量，还有比表面积等指标。压汞测孔技术的出现至今已有约 60 年的历史了。最初发展压汞法是为了解决气体吸附法所不能检测的更大孔径，如大于 30nm 的孔隙。后来由于装置可达到相当高的压力，因此也能测量到吸附法所及的较小孔径区间。对于多孔材料，压汞法的孔径测试范围可达 5 个数量级，其最小限度约为 2nm，最大孔径可检测到几百微米。目前压汞法的测试孔径范围一般在 2nm～500μm 之间。在多孔材料的孔隙特性测定方面，本法主要用来测量孔径分布，但同时也可测量比表面积和孔隙率，甚至于孔道的形状分布等。所以，压汞法是可以对多孔试样的若干孔隙因素进行综合检测的方法，是一种集成式的测试措施。只是因为使用了毒性的液汞（俗称水银），故而在一定程度上限制了其应用。当然，汞也不能进入多孔材料的闭孔（闭合孔隙），因而本法也只能测量通孔和半通孔，即只能测量开孔（开口孔隙）。

4.5.1 压汞法的基本原理

压汞法的原理与气泡法相同，但测试过程正好相反。压汞测孔技术的基础性物理现象是在给定的外界压力下将一种非浸润且无反应的液体强制压入多孔试样。上述液体通常选用的是汞，这是因为汞对大多数材质都不能产生浸润，此法因之称为压汞法。根据毛细管现象，若液体对多孔材料不浸润（即浸润角 $\alpha > 90°$），则表面张力将阻止液体浸入孔隙。但对液体施加一定压力后，外力即可克服这种阻力而驱使液体浸入孔隙。因此，通过液体充满一给定孔隙所需压力值即可度量该孔径的大小。

在半径为 r 的圆柱形毛细管中压入不浸润液体，达到平衡时，作用在液体上的接触环截面法线方向的压力 $p\pi r^2$ 应与同一截面上张力在此面法线上的分量 $2\pi r\sigma\cos\alpha$ 等值反向，即：

$$p\pi r^2 = -2\pi r\sigma\cos\alpha \qquad (4.37a)$$

亦即：

$$p = -2\sigma\cos\alpha/r \qquad (4.37b)$$

式中，p 为将汞压入半径为 r 的孔隙所需压力，即给予汞的附加压力，Pa；r 为孔隙半径，m；σ 为汞的表面张力 [系数]，N/m；α 为汞对材料的浸润角，(°)，其中由于汞与多孔材料不浸润，故 α 在 90°～ 180°之间。

上述公式表明，使汞浸入孔隙所需的压力取决于汞的表面张力、浸润角和孔径。汞对多数材料不浸润（180°＞α＞90°），这是本法的基本要求。

增大压力可使汞进入孔径更小的孔隙。因此，测试不同压力下进入多孔试样中汞的量，就可计算出相应压力下大于某半径的孔隙的体积，从而计算出孔隙尺寸分布和比表面积。

4.5.2 孔径及其分布的测定

根据式(4.37)，一定的压力值对应于一定的孔径值，而相应的汞压入量则相当于该孔径对应的孔体积。这个体积在实际测定中是前后两个相邻的实验压力点所反映的孔径范围内的孔体积。所以，在实验中只要测定多孔试样在各个压力点下的汞压入量，即可求出其孔径分布。

压汞法测定多孔材料的孔径即是利用汞对固体表面不浸润的特性，用一定压力将汞压入多孔体的孔隙中以克服毛细管的阻力。由式(4.37) 可直接得出孔隙半径为：

$$r = -2\sigma\cos\alpha/p \qquad (4.38a)$$

即孔隙直径为：

$$D = 2r = -4\sigma \cos\alpha / p \tag{4.38b}$$

式中，D 为多孔体的孔隙直径，m，其他符号意义同前。

应用压汞法测量的多孔试样开孔直径分布范围一般在几十纳米到几百微米之间。将被分析的多孔体置于压汞仪中，在压汞仪中被孔隙吸进的汞体积是施加于汞上压力的函数。根据式(4.38)，可推导（详细过程略）得出表征半径为 r 的孔隙体积在多孔试样内所有开孔总体积中所占百分比的孔半径分布函数 $\psi(r)$：

$$\psi(r) = \frac{dV}{V_{TO}dr} = \frac{p}{rV_{TO}} \times \frac{d(V_{TO}-V)}{dp} \tag{4.39a}$$

代入式(4.38) 即有：

$$\psi(r) = -\frac{p^2}{2\sigma \cos\alpha V_{TO}} \times \frac{d(V_{TO}-V)}{dp} \tag{4.39b}$$

式中，$\psi(r)$ 为孔径分布函数，它表示半径为 r 的孔隙体积占有多孔试样中所有开孔隙总体积的百分比，%；V 为半径小于 r 的所有开孔体积，m^3；V_{TO}（其中下标 T、O 分别为英文单词总计 "total" 和开放 "open" 的首写字母）为试样的总体开孔体积，m^3；p 为将汞压入半径为 r 的孔隙所需压力，即给予汞的附加压力，Pa；σ 为汞的表面张力，N/m；α 为汞对材料的浸润角，(°)。

上式即为压汞法测定孔径分布的基本公式，其右端各量是已知或可测的。为求得 $\psi(r)$，式中的导数可用图解微分法得到，最后将 $\psi(r)$ 值对相应的 r 点绘图，即可得出孔半径分布曲线。

压汞法测定多孔试样孔径分布的操作步骤如下：将称量好的样品置于膨胀计（膨胀计由一个测量汞压入量的带刻度毛细玻璃管和一个盛装样品的玻璃样品室连接在一起构成，参见图 4.24）的试样室中，然后将膨胀计放入充汞装置内。抽真空形成真空条件（真空度为 1.33~0.013Pa）后，向膨胀计充汞并完全浸没试样。压入多孔体内的汞量由膨胀计的毛细管中汞柱的高度变化来表示。当对汞所施附加压力低于大气压时，向充汞装置中导入大气，使作用于汞上的压力从真空状态逐渐提高到大气压，利用该过程中毛细管中汞的体积变化，来测定粗孔部分的体积。为了使汞进入孔径更小的孔隙，须对汞施加更高的压力。随着施加压力的增大，汞逐渐充满到较小的孔隙中，直至所有开孔隙被汞填满为止。当作用于试样中汞上的压力从大气压提高到仪器的压力极限时，根据膨胀计毛细管中汞的体积变化，可测出细孔部分的体积。从上述过程可得到汞压入量与压力的关系曲线，并由此可求得其开孔隙的孔径分布。由于仪器承受压力的限制，压汞法可测得的最小孔径一般为几十纳米到几微米。而由于装置结构必然具有一定的汞头压力，故可测得的最大孔径也是有限的，一般为几百微米。

不同的测孔仪采用不同的汞体积测量方法。结构不同的膨胀计分别适用于目测法、电阻法、机械跟踪法和电容法 4 种测试方法，其中较好的是电容法。其原因如下：目测法使用的压力不能太高；电

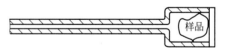

图 4.24　电容法膨胀计示例

阻法由于铂丝对温度变化的敏感和汞对其的不浸润性，往往引起长度测量误差而导致汞压入量的测量误差；机械跟踪法的高压容器需要严格的密封结构，并要经常更换密封元件。而电容法不存在上述问题。20 世纪 80 年代美国 Micromeritics 公司就已生产具有近 20 种规格的膨胀计，其中最大规格的为可达 $15cm^3$ 体积的取样。

因为压汞法可测范围宽，测量结果具有良好的重复性，对于专门仪器的操作以及有关数据的处理等也比较简便和精确，故已成为研究多孔材料孔隙特性的重要手段。压汞法与气泡法测定最大孔径及孔径分布的原理相同，但过程相反：气泡法利用能浸润多孔材料的液体介质（如水、乙醇、异丙醇、丁醇、四氯化碳等）浸渍，待试样的开孔隙饱和后再以压缩气体将毛细管中的液体挤出而冒泡。气泡法测定孔径分布的重复性不如压汞法好，测量范围不如压汞法宽且小孔测试困难，但对最大孔径的测量精度高。与气泡法只能测定贯通孔不同，压汞法测定的是开口孔隙，包括贯通孔和半通孔。当然压汞法还有一个问题，就是孔隙较小时由于需要施加的压力较大，这有可能会改变孔隙结构。

4.5.3 表观密度和孔隙率的测定

压汞法测定表观密度和孔隙率指标的实质是将汞压入多孔试样的开口孔隙中，测出这部分汞的体积即为试样的开孔体积。可见，测试过程中所要求的实验压力为被测多孔试样的全部开孔所需压力。其测量方法如下：先将膨胀计置于充汞装置中，在真空条件下充汞，充完后称出膨胀计的重量 W_1；然后将所充的汞排出，装入重量为 W 的多孔试样，再放入充汞装置中在同样的真空条件下充汞，称出带有试样的膨胀计重量 W_2，注意这是汞未压入多孔试样孔隙时的状态；之后再将膨胀计置于加压系统中，将汞压入开口孔隙内，直至试样为汞饱和时为止。算出汞压入的体积 V_{Hg0} 即相当于多孔试样的总开孔体积，则可得到多孔试样的表观密度和孔隙率。其有关的量值关系如下：

$$W_1 = W_{Hg1} + W_{Hg2} + W_D \tag{4.40}$$
$$W_2 = W + W_{Hg2} + W_D \tag{4.41}$$

式中，W_1、W_2、W 的意义见上文，kg；W_{Hg1} 为对应于多孔试样所占总体积（含孔隙）的汞重量，kg；W_{Hg2} 为对应于膨胀计中除去多孔试样所占总体积（含孔隙）的汞重量，kg；W_D（下标是英文单词膨胀计 "dilatometer" 的首写字母）为膨胀计空载时的自身重量，kg。

由式(4.40) 减去式(4.41)，得：

$$W_{Hg1} = W + W_1 - W_2 \tag{4.42}$$

故多孔试样的总体积（含孔隙）为

$$V_0 = \frac{W_{Hg1}}{\rho_{Hg}} = \frac{W + W_1 - W_2}{\rho_{Hg}} \tag{4.43}$$

式中，ρ_{Hg} 为汞的密度，kg/m³。

最后可以得出：

$$\rho^* = \frac{W}{V_0} = \frac{W\rho_{Hg}}{W + W_1 - W_2} \tag{4.44}$$

$$\theta_O = \frac{V_{Hg0}}{V_0} = \frac{V_{Hg0}\rho_{Hg}}{W + W_1 - W_2} \tag{4.45}$$

$$\theta_C = \frac{V_C}{V_0} = 1 - \left(\frac{V_{0s}}{V_0} + \frac{V_{Hg0}}{V_0}\right)$$
$$= 1 - \left(\frac{W/\rho_s}{V_0} + \frac{V_{Hg0}}{V_0}\right) = 1 - \frac{W + V_{Hg0}\rho_s}{\rho_s} \times \frac{1}{V_0} \tag{4.46}$$
$$= 1 - \frac{(W + V_{Hg0}\rho_s)\rho_{Hg}}{(W + W_1 - W_2)\rho_s}$$
$$\theta = \theta_O + \theta_C \tag{4.47}$$

式中，ρ^* 为多孔试样的表观密度，kg/m^3；ρ_s 为多孔试样对应致密材质的理论密度，kg/m^3；θ_O 和 θ_C（下标 C 是英文单词关闭"close"的首写字母）分别为试样的开孔率和闭孔率，%；θ 为试样的总孔隙率，%；V_C 为多孔试样的闭孔体积，m^3；V_{0s} 为多孔试样中固体所占体积，m^3；其他符号意义同前。

4.5.4 测试误差分析和处理

通过压汞法得到的数据主要用于类似材料的比较性研究。虽其测定的多孔材料孔径及其分布等参数具有良好的重复性，但在测量过程中仍存在某些可能会带来误差的因素。下面对该法的主要误差来源和处理方式进行简单介绍。

（1）压汞法的实验装置

压汞法的测试装置为压汞仪。实验时先将多孔试样置于膨胀计内，再放进充汞装置中，在真空条件下向膨胀计充汞，使汞包住整个试样。压入多孔体中的汞量由与试样相连的膨胀计毛细管内汞柱的高度变化表示。常用测定方法为直接用测高仪读出高差而求得体积的累积变化量，也可通过电桥测定在膨胀计毛细管中的细金属丝电阻来求出汞的体积变化，还可在毛细管内外之间加上高频电压测其电容或在毛细管中插入电极触点等。

对汞施加的附加压力低于大气压时可向充汞装置导入大气，从而测出孔半径在几微米（如 $7.5\mu m$）以上的孔隙，但因装置结构内存在汞头压力，故最大孔径的测定尚限于几百微米以内。要使汞充入半径小于几微米的孔隙，就须对汞施加高压。高压的获得一般是通过液压装置。随着汞的附加压力增大，汞可逐渐充满到更小的孔隙中，最后达到饱和，从而获得压入量与压力的关系曲线，由此即可求解其孔径分布。

目前国内外的压汞仪类型很多，结构各有不同，其主要差别有两个方面：一是工作压力方面的区别，包括压力增减方法、传递介质、最高工作压力、压力计算方法和工作的连续性等；二是汞体积变化的测量方法。要提高压汞仪的测试水平，就需保证压力增减的连续性，并使用高精度的计量方法来计量微量汞体积的变化。

（2）汞的压缩性

汞具有轻微的可压缩性，故在高压下汞的体积以及装置的体积均会产生一定变化，从而使多孔试样孔隙体积的测量值大于其实际值。这种膨胀计上的体积读数修正值可通过膨胀计的空白实验（空载实验）得出，即从检测试样的分析结果中减去空载试样管的测量结果。试样和试样中孔隙的体积越大，来自该误差源的误差就会越小。

空白实验主要是修正由于汞压缩而产生的相应体积增量，以及试样本身、试样管和其他仪器元件产生的误差。如果汞的压缩性不会大幅度地影响膨胀计刻度玻璃管的体积，则相应也能精确地确定试样的可压缩性。

常温下汞的压缩系数 γ_{Hg}（1/psi，其中 psi 是压力单位：$1psi = 6.895 \times 10^{-3} MPa$）与压力 p（psi）的关系可从实验数据得出：

$$\gamma_{Hg} = 2.7735 \times 10^{-7} - 6.5331 \times 10^{-3} p \tag{4.48}$$

总而言之，要达到最佳的检测精度，就应从样品的分析结果中减去与样品的堆积体积和压缩性相似的无孔样品的结果，以修正结果中由于压缩和温度变化而产生的误差。这是因为系统中各种元件的压缩性会扩大检测得出的挤入值，而加压导致的生热和由此产生的系统膨胀则减少了测量的体积。对于给定的测孔仪，这些因素中的任何一个都可能成为主要因素。所以，根据分析样品时表观挤入量（压缩因素为主）或表观退出量（加热因素为主）的相对重要性，空载实验的结果可以用来评价给定的测孔仪。

（3）汞与多孔材料的浸润角

采用压汞法测量并用式(4.38)进行计算时，一般取汞与试样的浸润角为130°。但实际上汞对于不同材料的浸润角是各有差异的（参见表4.4），有时甚至相差较大，这样就会给计算结果带来误差。所以，在需要较精确的计算时，就应代入与具体材质相对应的浸润角数值。

表 4.4　汞和不同材料之间的浸润角

材料	浸润角 $\alpha/(°)$	材料	浸润角 $\alpha/(°)$
铝	140	不锈钢	140
铁	115	一般非金属材料	135～142
镍	130	碳	142～162
锌	133	碳化钨	121～142
钨	135～142	氧化铝	127～142
钛	128～132	氧化锌	141
铜	116	二氧化钛	141～160
钢	154	玻璃	135～153
青铜	128	碱式硅酸硼玻璃	153

要准确地测得液体和固体之间的浸润角数据较为困难，故不同文献提供的相应值也会有所差别。浸润角 α 值与材料和压力均有关系，在具体的测试条件下材料的吸湿浸润角也可能偏高，因此 α 值的偏差会对测定结果产生影响。

汞对固体表面浸润角的精确值取决于许多因素，包括汞的纯度、固体表面的化学性质、洁度和粗糙度等。因为汞的纯度既影响浸润角，又影响表面张力，这些都是数据分析所需要的，所以应该使用高纯度的汞。建议使用酸洗、干燥和蒸馏（最好是二次或三次蒸馏）过的汞，尽管它的价格可能会相对很高。

（4）汞的表面张力（系数）

汞的表面张力变化也会影响到各参量的测定。其张力值可能因压力、温度和所用汞的纯度而异。由于汞的表面张力温度系数仅为 $2.1 \times 10^{-4} N/(m \cdot ℃)$，故温度的影响较小（表4.5），但在严格的情况下仍应对膨胀计进行恒温。而汞的纯度则对表面张力具有很大影响，因汞的不纯将导致报告值均偏低。

表 4.5　不同温度下汞的表面张力系数

汞(环境,温度)	表面张力系数/(N/m)	汞(环境,温度)	表面张力系数/(N/m)
蒸气,15℃	0.4870	空气,20℃	0.4716
空气,18℃	0.4812	蒸气,40℃	0.4682

汞压入具有滞后现象。汞的退出曲线不能覆盖挤入曲线，其原因有三：一是瓶颈孔的假设；二是网络孔的影响；三是最初挤入时汞不受孔壁作用的支配，而当退出时则在一定程度上与孔壁作用有关，即退出过程的接触角与可压缩的挤入接触角会产生一定差异。由此看来，汞在挤入和退出两个过程中其滞后现象有着不同的效应。基于汞的黏度随压力增大而逐渐提高的事实［如压力从1psi（约6.9kPa）增大到60000psi（约414MPa）时黏度上升达18%］，可从Darcy定律结合Poiseuille定律得出如下定量关系：

$$t = \left(2.21 \times 10^{-10} + \frac{7.2 \times 10^{-5}}{\Delta p}\right)\frac{L^2}{D^2} \tag{4.49}$$

式中，t 是汞进入长度为 $L(\mu m)$、直径为 $D(\mu m)$ 的圆柱状孔隙所需时间，s；它是所加压差 $\Delta p(\mathrm{psi})$ 的函数。

由上式可以算出：对于直径 $D=3\mu m$ 的孔隙，如能在压差为 10psi (69kPa) 时挤入，则填充时间为 0.01s。这种定量预测表明，汞对孔隙的填充几乎是与挤压同时完成的，在典型的汞测孔仪的实验范围内根本不受黏度效应的限制。

（5）截留空气

残留在膨胀计和多孔体孔隙中的空气以及吸附在表面上的空气，都可能使报告的值产生少量误差。为得到正确的测试结果，首先应对试样进行清洗等预处理，并通过将膨胀计球部抽真空时加热多孔体的方式以减小这种误差。

（6）缩颈孔隙

在压汞法的常规测试条件下，其表征的孔径往往是孔隙开口处的大小。汞经一细得多的缩颈进入一个大孔隙（常称这类孔隙为"墨水瓶"孔）时，仪器以敞口孔隙的体积来处理缩颈孔隙的孔径，故测得的孔径分布曲线移向小孔径一边，即孔径相对于其真实值来说偏小。这种差别的大小可由汞压入的滞后曲线来判断。

（7）动力学滞后效应

汞受压而挤入孔隙的过程，在时间上有一个滞后，故操作时应给予一定的时间。滞后效应与汞流入孔隙中所需的时间相关，在达到平衡前所读得的汞浸入体积，会使所得孔径分布曲线移向较小的孔径一方。

（8）样品的压缩性

除上述测试误差因素外，在汞的高压作用下固体结构会发生变化（如发生固体的压缩微变等）；易碎多孔试样的可能性孔隙破坏，也都会给测量结果带来一定的偏差。所以，应尽量获悉多孔材料的可压缩性和破坏强度，以正确估计在试样变形或破坏前是否发生汞的挤入。而膨胀计中铂丝的比电阻随施压过程发生的变化，则需由空白实验来加以修正。

在测试过程中，汞压入后样品就进入静压环境。静压力在各个方向上的大小都是相同的，这就意味着在任何给定压力下被汞压入的所有孔壁均受到等值应力的作用。因此，在汞填充时孔壁一般不会发生坍塌。另一方面，在原理上固体样品是可能被压缩的，这也将给挤入的汞带来附加的体积。样品的可压缩性对汞测孔仪数据的影响可通过固体压缩系数 γ 来估测，γ 定义为单位压力内固体体积 V_s 的变化率：

$$\gamma = -\frac{1}{V_s} \times \frac{\mathrm{d}V_s}{\mathrm{d}p} \tag{4.50}$$

式中，负号表示固体体积 V_s 是随压力 p 增大而减小的负变化趋势。

大多数固体表现出非常低的可压缩性，与压力有着良好的线性关系。一个典型的样品被置于 414MPa 的压力下时，仅能压缩其原体积的 5% 左右。与这些观测结果保持一致的是，在压力比填充所有可测出的孔隙对应的压力还要高时，许多固体的汞孔隙曲线常常表现出较小的 $\mathrm{d}V/\mathrm{d}p$ 斜率。因此，压缩系数 γ 可由高压汞挤入或退出曲线的线性部分斜率来估测得出。

4.5.5 测定方法适用范围

（1）样品类型

从原理上讲，汞测孔仪可以应用于各种泡沫金属、泡沫陶瓷等多孔材料。在实际操作过程中，对于结构能被压缩，甚至在高压下发生坍塌的材料，应对它的压缩性进行修正或在较低压力下进行分析。另外，某些金属表现出容易与汞反应生成汞齐的性质。因此，可以通过观测汞的表观挤入速率来研究金或银等金属与汞作用的汞齐生成机理。有少部分贵金属表现出较小的汞齐化趋势，这是由于其生成了一个表面氧化物保护薄层，从而减慢了汞齐化的速率，这一作用足以使常规的挤入测量得以进行。

（2）压力和孔径极限

使用汞测孔仪要测量汞挤入和退出的压力和体积，并通过测得的压力来计算孔径。所以，标准测孔仪所能测出的孔径范围是由能够施加的压力范围所限制的。现代测孔仪允许汞挤入测试开始时的压力低至 3.45kPa 左右。这个初始压力是迫使汞充满样品孔隙的最小压力。不考虑充入角度，由于其自身高度，所有样品都不可避免地受到汞头压力的作用，大约为 0.69kPa 的大小。这个压力导致实验开始前就有一部分汞的压入出现。为了减少后者的可能性，挤入实验常在稍高于 3.45kPa 的压力下开始，但很少有高于 1psi（约 6.9kPa）的情况。另一方面，出于安全设计余地的考虑，商业测孔仪加压上限设定为 60000psi（约414MPa）。

最后需要指出的是，压汞法中将所有孔隙均处理为圆柱状，即其公式仅适于圆柱状孔隙。而多数多孔材料的孔隙都是不规则状，从而使这种处理方式成为对真实孔隙测定的主要误差来源。但这一影响仅仅使得在不同压力下按式（4.38）算出的半径值同乘以一个系数，而分布曲线的形状和算得的半径值则不会有显著的差异。

美国麦克仪器公司近期研制的 AutoPore-Ⅳ-Series 全自动压汞仪（Porosimetry）可用于分析粉末或块状多孔固体的孔尺寸分布、总孔体积、总孔面积、样品堆/真密度、流体传输性等多项物理性质（图 4.25）。仪器操作使用“Windows”软件，具有强大的数据处理功能，升压速率快，真空系统灵活可控。其中 9500 型和 9505 型的最大压力为 228MPa，孔径测量范围为5nm～360μm；9510 型和 9520 型的最大压力为 414MPa，孔径测量范围为 3nm～360μm。

4.5.6　几种测定方法的比较

压汞法的一个明显缺点就是要用到有毒性的液体汞。本法也不宜测量细微的孔隙，因为将汞压入尺度很小的孔中需要很大的压力（如压入半径为 1.5nm 的孔中需要 400MPa 的压力），有时可能将待测试样压碎。此外，在高压下汞可压入开口的非贯通孔，但无法将其与贯通孔区分。

压汞法和气泡法都可测量样品的孔径分布，但二者稍有偏离。首先，压汞法测定的是全通孔和半通孔，而气泡法测定的是全通孔。其次，气泡法的测量结果偏高；而采用压汞法，由于样品中含有“墨水瓶”式的孔，升压曲线向对应于孔半径较小的方向偏移，故使结果偏低。

用气体渗透法、气泡压力法和压汞法均可测定多孔材料的渗透孔隙之平均孔径。在多孔试样的孔径测定中，压汞法是公认的经典方法，但它是以渗透孔和半渗透孔的总和作为检测对象，而气体渗透法仅检测渗透孔。另外，孔在长度范围内，其横截面不可能像理论假设的那样一致，压汞法测定的是开口处的孔，而气体渗透法测定的是最小横截面处的孔。因此，寻求这两种方法所得结果的一致性是难以实现的，除非被测多孔体全部具有理想的圆柱状直通孔。两种测定方法所得结果之差反映了被测材料孔形结构的不同。多孔试样中渗透孔的最狭窄部分决定气体渗透法的检测结果，而压汞法则只要孔两端的横截面较大，汞压入量就不会体现在最小横截面的孔数值上。因此，压汞法结果高于正确的气体渗透法结果。

气泡压力法和气体渗透法结果比较相近，这是因为这两种方法都是以多孔材料的渗透孔为检测对象的。气泡压力法对于准确测定多孔材料的最大渗透孔是十分有效的，对于平均孔的测定，则仅局限于孔分布比较集中的多孔材料，且受到被测材料须与被选溶液完全润湿之局限。此外，气泡压力法不适于孔半径小于 $0.5\mu\mathrm{m}$ 的多孔材料，而分别根据黏性流和过渡流气体的渗透试验测定既可用于亲水性的多孔材料，又可用于憎水性的多孔材料。

多孔材料的各个基本参量，包括孔隙率、孔径及其分布、比表面积等，都是多孔体本身所固有的特性指标。它们本身并不随检测方法而变化，但不同的检测表征方式会对它们产生不同程度的偏离。这就是说，对于每一个基本参量，都有很多方法可以用来测量和表征它，但由于试验方法的不同，所得结果往往具有一定的差异。在这些具有差异的结果数值之间，或许存在着某种内在的联系。一般而言，各基本参量的获取应尽量采用试验条件与多孔材料使用环境尽可能接近的测试方法。在对不同的多孔材料进行某一参量的比较时，则应选用同一检测方法来测定该参量的表征值。对于常规性的参量测定，出具结果数据时应附注说明检测方法。

图 4.25　麦克仪器公司生产的全自动压汞仪

4.6 结束语

基于内部结构信息的性能预测需要对材料作出准确的定量表征。多孔材料表现出来的物理性能是其内在结构的直接结果。为了改善这些材料，应精确地了解决定这些性能的内部结构。多孔材料的性能建模高度依赖于材料结构特点，而多孔材料的结构比较复杂，因此对其结构特性的测定和参数表征颇具挑战。除孔隙率和孔径这两个主要因素外，多孔材料的性能还受到孔隙形状、孔棱/孔壁尺寸、孔棱/孔壁形状、表面粗糙度、表面积等许多结构参量的影响。多孔材料的孔隙特性直接决定了其有用的性能，因此建立其物理性能与其孔隙因素（如孔隙率、孔径及其分布、孔壁厚度或孔棱细度等）的联系是十分重要的，目标是通过控制这些因素的变化来优化该材料在给定状态下的应用。多孔材料结构方面的相关指标包括孔隙率（或相对密度）、孔隙形状、孔隙尺寸、孔隙连通性以及其中固相的组织结构因素，这些指标大多缺乏精确的表征，因此会影响到对其性能应用的精密控制。可见，进一步研究多孔材料各项性能指标的表征和检测方法，不断提升其表征和检测的手段和技术，不但可以直接推进多孔材料产品的实际应用，更好地发挥其使用效能，而且可以间接地推动其制备工艺的进步。

第5章

多孔材料吸声性能

5.1 引言

噪声污染与水污染、空气污染一起被称为当代三大污染。随着人类社会经济的不断推进，噪声污染随之也就越来越严重。它不仅会影响人们的正常生活和工作，也会给生产带来极大危害。因此，噪声污染已成为一种全球性公害，是当今社会经济发展中不可忽视的问题。目前，解决噪声问题的主要方式还是采用吸声材料进行吸声降噪处理。

吸声材料通常为多孔材料，可分为纤维类吸声材料和泡沫类吸声材料。纤维类吸声材料主要分为有机纤维吸声材料、无机纤维吸声材料、金属纤维吸声材料等。传统的有机纤维吸声材料在中、高频范围具有良好的吸声性能，如棉麻纤维、毛毡、甘蔗纤维板、木质纤维板、水泥木丝板等有机天然纤维材料，聚丙烯腈纤维、聚酯纤维、三聚氰胺等化学纤维材料，但这类材料防火、防腐、防潮等性能较差，因而在应用时受到环境条件的制约。无机纤维材料主要有岩棉、玻璃棉、矿渣棉以及硅酸铝纤维棉等，由于其质轻、不蛀、不腐、不燃、不老化等特点而在声学工程中得到广泛应用。但其纤维性脆而易于折断，产生飞扬的粉尘会损伤皮肤、污染环境、影响呼吸。金属纤维材料则有较大改善，其中较常见的有铝质纤维吸声材料、变截面金属纤维材料以及不锈钢纤维吸声材料等。泡沫吸声材料主要有泡沫塑料、泡沫玻璃、泡沫陶瓷和泡沫金属等。泡沫塑料如聚氨酯泡沫等，吸声性能优良，但易老化、防火性差；泡沫玻璃耐老化、不燃、耐候性好，但强度低、易损坏；泡沫陶瓷防潮、耐蚀、耐高温，但韧性差、质量重，运输、安装不便。泡沫金属则同时具有强度高、韧性好、防火、防潮、耐高温、无毒无味等优点，安装方便，并可回收利用，但目前由于价格等原因还未进入大规模使用。此外，有机纤维材料、无机纤维材料以及泡沫聚合物材料等传统的吸声材料有强度低、性脆易断、使用寿命短、易潮解、吸尘易飞扬、易造成二次污染等不足，从而限制了其在工业上的应用。泡沫金属可以同时适用于室内和户外工程的吸声降噪，因而在交通、建筑、电子及航空工业等领域有着广阔的应用前景。

本章介绍多孔材料的吸声机制、吸声应用以及吸声性能的表征和检测，还介绍关于该类材料吸声性能的若干相关研究。多孔材料应用于吸声方面有很多优点，且用于计算多孔材料吸声性能的理论模型也有很多。本章运用关于多孔材料的代表性吸声模型即 Johnson-Allard-Champoux 模型（JAC 模型）来计算一种泡沫铝的吸声系数，结果表明在声波频率低于某一频率（3500Hz）时模型与实验数据吻合良好，但当声波频率高于该频值时模型与实验数据偏差较大。为了拓宽模型对声波频率的适用范围，本章引入了一个 e 指数修正因子对模型进行改进，其中包含多孔材料的吸收峰频率和内部孔隙比表面积两个相关子因子。修正结果显示，改进后的模型计算值与实验数据在整个实验频率范围内均符合良好。另外，在泡沫金属材料吸声系数进行数据拟合的基础上，探讨了该材料吸声性能与声波频率之间的关系规律，并根据多孔材料比表面积公式建立了该材料最大吸声系数与孔隙因素的联系。此外，通过对泡沫镍的相关研究还发现，三维网状泡沫金属本身的吸声性能不佳，但设计组成合适的复合体后可获得吸声效果良好的吸声结构。

5.2 多孔材料吸声原理及应用

5.2.1 多孔材料吸声机理

（1）多孔材料吸声机理总述

多孔材料的吸声机制主要是孔隙表面的黏滞损耗和材料的内在阻尼。首先，当空气压入或抽出开口多孔结构时，会产生黏滞损耗，而闭孔则会大大减小吸收；其次，材料中存在着内在的阻尼耗散，即声波在材料自身内部传播时每个周期波的部分能量损耗。大多数金属和陶瓷的内在阻尼能力都较低（一般为 $10^{-6} \sim 10^{-2}$），而聚合物及其泡沫体中的内在阻尼则较高（范围为 $10^{-2} \sim 0.2$）。

在多孔材料中，声波的衰减机制可分为几何因素和物理因素两个部分。几何因素包括由于波阵面的扩展，声波通过界面时的反射、折射以及通过不均匀介质（不均匀尺度与波长尺度可相比拟）时造成的散射所引起波动振幅的衰减；物理因素是与多孔材料的非完全弹性直接有关的衰减，也称为固有衰减或内摩擦。

第一类因素（几何因素）：由于孔隙介质的厚度有限，由波阵面的扩散引起的衰减可以忽略，其中主要是反射及散射所引起的波动振幅的衰减。声波是 P 波，入射后经不均匀介质产生散射，在介质内部经过不规则反射，除产生反射的 P 波外，同时还会出现反射的 S 波成分向不同方向传播并彼此干涉，最后转化为热能而消耗，使声波发生衰减。

第二类因素（物理因素）：主要是指多孔材料内部的耗散，包括摩擦、黏滞效应等，内在耗散主要与多孔材料的微结构（比表面积、孔隙表面的粗糙程度和孔隙的连通性）、孔隙内部流体以及声波频率等均有关系。Biot 理论指出，孔隙中的流体对于声波的传播有重要影响。黏滞流体中，在流体与固体之间的分界面上会出现耦合力，这种力使流体和流体与固体组合之间产生某种差异运动，从而引起能量的损耗，造成衰减。

如果流体无黏滞，则在流体与固体之间的分界面上不出现黏滞耦合力；如果流体非常黏滞，则存在巨大的耦合力以阻止差异运动。衰减与流体的黏滞性有关。对于空气，由于黏滞性较低，此时主要应考虑内部摩擦所引起的能量耗散，主要的影响因素为多孔材料的微结构。

（2）多孔材料吸声机理展述

在多孔材料中，固体部分组成材料的骨架，而流体（液体或气体）可在相互连通的孔隙中运动。研究发现，当声波入射到多孔材料表面时，一部分被表面反射，另一部分则透入内部向前传播。在声波进入开孔泡沫体的传播过程中，其产生的振动引起孔隙内部的空气运动，造成空气与孔壁的相互摩擦。由于摩擦和黏滞力的作用，相当一部分声能转化为热能，从而使声波衰减，达到吸声的目的。其次，孔隙中的空气和孔壁之间的热交换引起的热损失，也使声能衰减。研究还发现，多孔材料也可通过声波射入多孔体的孔隙表面发生漫反射而干涉消声。此外，通过结构设计，在多孔材料后面设置空腔（背腔），也可提高其低频吸声特性，其机理主要是亥姆霍兹吸声共振器原理：入射声波的频率与多孔结构的固有频率相吻合，产生共振，从而引起较大的能量损耗。

声波进入多孔材料后碰到孔壁会发生反射和折射，能量较小的低频声波产生弹性碰撞而有较小的能量损失，因此吸声系数（吸收声能与入射声能之比）较低；能量较大的高频声波则因其振幅较大而可能产生非弹性碰撞，于是具有较大的能量损耗。反射或折射后的声波如仍有较高能量，则可再次与孔壁产生非弹性碰撞，直至原有入射声波的大部分能量变成热能散失到环境中。

如上所述，多孔材料的吸声机制主要包括材料本身的阻尼衰减、流体在孔隙间的热弹性压缩和膨胀、孔隙内流体与孔壁摩擦的黏滞耗散等。在声波的传播和吸收过程中，作用机制需要考虑材料的结构形态和应用环境，情况不同则各个影响机制发挥作用的程度也不同。

按照吸声机理，吸声材料可分为共振吸声结构材料和多孔吸声材料两大类，目前所研究的吸声材料平均吸声系数均大于 0.2，而平均吸声系数大于 0.56 的称为高效吸声材料。

共振吸声结构材料主要为亥姆霍兹共鸣器式结构，其利用入射声波在结构内产生共振而使大量声能得以耗散。而多孔吸声材料则能使大部分声波进入材料，具有很强的吸声能力，进入的声波在传播过程中逐渐消耗。共振吸声结构利用了共振原理，因而吸声频带较窄，而多孔材料的吸声频带就较宽。

共振吸声结构材料的主要应用为微穿孔板（厚度小于 1mm，穿孔率约 1%～5%，孔径为 0.1mm 级），其与后背空腔（背腔）组成微穿孔吸声体，图 5.1 所示为穿孔板的共振吸声结构——许多并联的亥姆霍兹共振器。单层的穿孔板具有很强的共振效果，入射声波频率与系统共振频率一致时穿孔板颈的空气产生激烈振动摩擦，加强了吸收效应并形成吸收峰，声能得到显著衰减；入射声波频率远离共振频率时吸收作用减小。

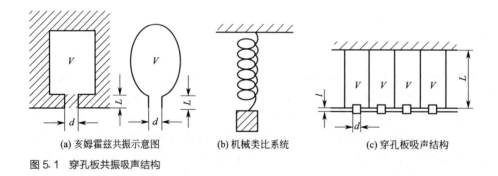

(a) 亥姆霍兹共振示意图　　(b) 机械类比系统　　(c) 穿孔板吸声结构

图 5.1　穿孔板共振吸声结构

许多工程场合都希望在较宽范围内均有较大的吸声系数。为了提高穿孔板吸声结构的吸声系数和拓宽其吸声频率范围，通常在穿孔板背后的空腔内填充多孔材料。穿孔板和吸声材料的常见组合方式有三种：一是吸声材料紧贴刚性壁而和穿孔板间留有空腔；二是吸声材料紧贴穿孔板而和刚性壁间留有空腔；三是吸声材料与穿孔板和刚性壁间都留有空腔，工程上出于节省空间的考虑而常常采用前两种组合方式。

5.2.2 多孔材料吸声应用

5.2.2.1 多孔材料消声降噪概述

多孔材料的开口孔隙和半开口孔隙使其具备了声音吸收的能力,该类材料的阻尼能力和固有振动频率都高于制备它所用的固体材质。声音吸收即意味着入射声波在材料中既不被反射也不被穿透,其能量被材料所吸收。只有多孔材料内部的孔隙相互连通且对表面开放,才能有效地吸收声能。产生声音吸收的方式是多种多样的:①吸收体中孔隙内压力波充气和排气过程中的黏滞损耗;②热弹性阻尼;③Helmholtz型谐振器;④锐边溢出的涡流;⑤材料本身直接的机械阻尼等。

多孔材料中曲折相连的孔隙,改变了声音的直线传播,由于黏滞流动而使其能量损失。多孔体内部存在许多孔隙表面,在气流压力作用下彼此之间能相对地发生很短距离的位移,这种移动即造成内耗。因此,多孔材料具有良好的声音阻尼能力,是理想的降噪材料。

多孔材料的消声、压力脉冲阻尼和机械振动控制等用途,在工业上是很普遍的。具有一定开孔率的多孔材料,都能对通过它们的不同频率声音产生选择性的阻尼作用(择频阻尼)。多孔元件可抑制压缩器或气动设备中发生的突然性压力变化。熔模铸造泡沫金属材料和沉积法所制备的泡沫金属体具有更低的成本和更高的使用效率,可用来取代传统的粉末烧结元件。

很多泡沫材料都是各向异性的,弹性各向异性固体的声速与方向有关。随着相对密度的减小,波的传播逐渐受到孔穴内气体的弹性响应以及孔壁的多重反射影响。对于等轴泡沫材料,其中的声速随着密度的减小而陡然降低。这就使得低密度泡沫材料具有的低的声速,常常不比空气中的声速大多少。

5.2.2.2 不同材质多孔吸声材料

根据惠更斯原理,声波入射到多孔体表面,通过声波振动引起孔隙内的空气与孔壁发生的相对运动而产生摩擦和黏滞作用,部分声能转化为热能而衰减。孔隙内空气与孔壁的热交换引起的热损失促进了声能的衰减。属于高分子材料的泡沫塑料,其较长的分子链段易产生卷曲和相互缠结,受声波振动作用时链段通过主链中单键的内旋转不断改变构象,导致运动滑移、解缠而发生内摩擦,由此将外加能量转变为热能而散逸,这种附加的能量损耗使其具有比泡沫金属和泡沫陶瓷更好的吸声性能。

与玻璃纤维和聚合物泡沫体相比,使用泡沫金属作为吸声材料具有一些明显的优点:由其刚性和强度带来的自支持力、阻火性、耐气候性、低的吸湿性和优越的冲击能吸收能力。因此,泡沫金属吸声材料在飞机、火车、汽车、机器和建筑物的噪声控制及振动控制等方面,均具有广泛应用。

吸声材料往往需要同时具有优良的吸声效率、透声损失、透气性、耐火性和结构强度。玻璃毛织品等纤维材料变形性差,且吸声效率在雨水条件下易于变坏,而陶瓷等烧结材料则冲击强度低。因此,多孔金属被广泛用于建筑和自动办公设备、无线电录音室等,既作为外表装饰,又作为吸声材料。

在燃气轮机排气系统等一些特殊的工作条件下,其排气消声装置要满足高效、长寿和轻型化要求。一般常规的吸声构件和材料不能适用,而具有耐高温高速气流冲刷和抗腐蚀性能优越的轻质多孔钛可满足其要求,可应用于燃气轮机进、排气噪声控制。

在发展火车的加速和减重技术这一过程中,有轨车辆的加速减重会带来振动和噪声的增加,故控制汽车和火车发出的噪声要求也随之不断提高,成为发展这项技术的重要课题。由此开发的泡沫铝合金具有良好的消声效果，可作为汽车与火车等消声、减振的阻尼材料，从而解决上述问题。

此外，在长距离高压管道送气时会产生高密噪声，并可沿管道传播，换用泡沫金属进行扩散气体方式的送气，即几乎可完全消除噪声。泡沫金属也可用于其他减压场合，如蒸气发电站和气动工具等的消声器。用于消声器时须在获得消声效果的同时，保证足够的空气流通量。

如果用刚性开孔材料如泡沫金属等制成透镜状或柱形元件，则可作为声波控制设备。通过这种声学设备，可对声波进行传导和改变传播路径。另外，闭孔泡沫材料则被研究用来作为超声波源的阻抗拾音器。在超声检测方面，因泡沫金属的超声阻抗处于合适的范围，可用于接收器。

5.2.2.3　建筑领域吸声降噪

在用于建筑物的声控以及音乐设施（乐器）的声屏和反射器等场合时，多孔固体的声性能显示出其重要性。降低给定的封闭空间（如房间）内声强的途径，取决于它来自何处。若它产生于室内，则可采用吸声的方法；而若出自空运和来自室外，则可采用隔声的方法。如果声强是通过结构本身的框架进行传输的，则可寻求将振动源分隔开来的途径。多孔材料具有良好的吸声性能，若与其他材料结合，能有助于隔声。但多孔材料本身的隔声效果很差，即多孔材料主要用于吸声而不是隔声。

多孔材料可制备良好的吸声器，但其隔声效果却不佳。因为隔声程度与声音通过的墙壁、地板或屋顶的重量成比例：材料越重，其隔声效果越好。现代建筑物的轻质墙壁设计是为产生好的隔热效果，它们的隔声性能一般都不好。而利用混凝土或铅镶面来增加墙壁或地板的重量可获得很好的隔声效果。

冲击性噪声可直接地传入建筑物的结构内。这种噪声能够穿过弹性材料尤其是钢材构架的建筑物而传输其声振动。与空运声音不一样，这类噪声不为附加质量所降低。因为它由结构的连续固体部分传送，将其减小的途径可通过分离地板以打断声音路径，或将地基建于有回弹力材料之上等，此时即可用上多孔材料。在较大规模上，建筑物可通过将整个结构建立于有回弹力的衬垫填料之上而达到隔声的目的。

因为即使是十分强烈的噪声，其声功率也是很小的。所以，多孔材料吸收声波而将其转换成热量的热值很低，因此其吸声过程中的温度提高可以忽略不计。

5.2.2.4　汽车工业噪声控制

常用聚合物泡沫材料来控制噪声，因此也可方便地评估泡沫金属在这方面的用途。泡沫铝可采用不同方式来降低噪声，所以要注意区分各不相同的作用方式。第一个问题是结构（机器、车辆等）产生的不利振动，它能引起结构损坏并发射噪声。因为泡沫金属的杨氏模量低于对应的致密块体金属，故其结构的共振频率一般会低于常规结构的频率。另外，泡沫体的损耗因子（损失因子）至少为普通金属体的 10 倍，所以振动将更为有效地受到抑制，振动能转换成热量。因此，尽管泡沫金属的损耗因子比大多数聚合物的损耗因子低得多，但泡沫体还是提供了解决噪声问题的可能性。

然而，有时人们的任务是要将伴随性或短暂性的声波进行衰减，保护乘客免受来自外部声源的噪声损害，也要防止机器发出的噪声自由传播到外面环境中去。到达多孔材料上的声波部分被反射，部分进入结构。进入的声波有一部分被吸收，而保留的则被传导并产生共振。反射波由非全闭孔泡沫体表面发生的相消干涉而衰减。但是，如果孔隙深度平均在毫米级的范围，那么这台机械仅对相当高的频率才有效。进入结构的声音在泡沫体内部受到衰减，尤其是在孔隙由小孔道相互连接的情况下。声波通过这些孔道每秒钟压缩孔道中的气体许多次。当空气流过孔道时，空气与孔壁之间的摩擦和湍流即耗散掉能量。如果所有机制都发生作用，泡沫金属对某些频率（通常在 1～5kHz 之间）的吸收水平可高达 99%。若为开孔结构，则泡沫体与泡沫体后面的固定壁面之间的空气间隙会引起向较低频率的转换。

在汽车工业中，声音吸收和隔声是一个非常重要的问题。吸声元件往往需要耐热并有自支撑的能力。现行工艺制得的泡沫铝一般是闭孔隙占多数，其吸声性能还有待进一步改善，但可以耐热和自支撑。若能充分改进其孔隙结构以提高其吸声性能，就可以得到耐热的优秀吸声材料。

日本将 Alporas 泡沫体用于高速公路的声音吸收装置以减弱声音振动波。为此，要对切割后的泡沫板材进行辊轧。辊轧后厚度减小，在孔壁上产生大量的裂纹和其他缺陷，从而大大提高其吸声性能，但仍然比不上聚合物泡沫体和玻璃纤维等吸声材料。然而，对于给定的吸声性能，结合防火、耐气候以及遇火不产生有害气体等特性的综合指标，多孔金属材料则表现得更为优越。此外，多孔金属泡沫镶板还可用于公共建筑的室内声音吸收等方面。

5.2.2.5 泡沫金属吸声应用举例

与其他材质的多孔吸声材料相比，使用泡沫金属作为吸声器材料具有一些明显的优点，如由其刚性和强度带来的自支持力、阻火性、耐气候性、低的吸湿性和优越的冲击能吸收能力等。因此，泡沫金属吸声材料在飞机、火车、汽车、机器和建筑物的噪声控制及振动控制等方面，均具有广泛的应用。用于建筑和自动办公设备、无线电录音室等，既作为外表装饰，又作为吸声材料。

滤音器是将声音减小或控制全部声音衰减的一种元件。其应用从喷射工程中的吸声装置，到助听装置中的衰减器，很多场合都可以见到此类器件。利用已有的理论和技术，可设计出预定声阻值的滤音器。与电阻类似，声阻也可用欧姆定律表达：声阻(Ω)＝声压/声速。一般可闻声压为 0.00002Pa 左右，最强声压为 20Pa。声阻值与多孔体的孔隙率、孔隙形状等结构因素有关并随元件的厚度增加而增大，随元件的面积增大而减小。泡沫金属元件在电话机的送话器和受话器中作为声学阻抗，以提供必要的声阻（图 5.2）。

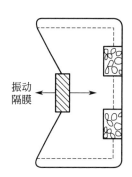

图 5.2 电话机送话器中的泡沫金属声阻元件

火车的加速和减重带来了震动和噪声的增加，故控制车辆发出噪声的要求也随之提高。具有良好的消声吸震效果的泡沫金属可作为汽车与火车等吸震、消声的阻尼材料，从而解决上述问题。例如，日本将泡沫金属用在高速列车的发电机室、无线电录音室及吸声等方面，获得了很好效果。

声波也是一种振动，声波透过泡沫金属时可在材料内发生散射、干涉，从而使得声能被材料吸收。作为吸声材料，泡沫金属在气体管道和蒸气管道中都可获得应用。例如，长程高压管道送气时会产生高密噪声并沿管道传播，换用泡沫金属进行扩散式送气可将噪声基本消除。泡沫金属也可用于蒸气发电站和气动工具等其他减压场合，如采用相对密度为 5% 的泡沫铜作为气动工具的消声器，此时既能获得消声效果又可保证足够的空气流通量。

粉末冶金多孔金属材料的消声、压力脉冲阻尼和机械振动控制等用途在工业上是常见的，如用来抑制压缩器或气动设备中发生的突然性压力变化等。具有一定开孔率的材料能对通过的声波频率产生选择性的阻尼作用，熔模铸造和沉积工艺所得泡沫金属具有更高的使用效率，可用来取代传统的粉末烧结多孔元件。

用泡沫金属等刚性开孔材料制成的透镜状或柱形元件可作为声波控制设备，通过这种声学设备可控制声波的传导和改变传播路径。在超声检测方面，因泡沫金属的超声阻抗处于合适的范围，可用于接收器，闭孔泡沫体则被研究用来作为超声波源的阻抗拾音器。

不同的吸声材料各具其自身的特色和使用价值，吸声性能较好的纤维制品在一些物理性能上差于泡沫金属，降噪功能较好的木质纤维板、微穿孔板等在实际应用上经常受到强度和刚度不够的限制。泡沫金属则具有比较全面的优良性质，在汽车、船舶以及航空飞行结构中的阻尼吸震、消声降噪等方面都有着良好的应用前景，在欧美已被用于大城市高架桥吸声底衬、高速公路隔声屏障、隧道壁墙、室内天花板等。作为一种优良的吸声降噪材料，泡沫金属可有效地用于噪声控制。

由于某些金属材料具有高的机械强度和热稳定性，由其所制泡沫金属不仅具有一般吸声材料的特性，而且还有机械强度高、导热性良好等特点。泡沫金属的声性能比得上聚合物泡沫这一最好的声控材料，并能在高温下加以保持。因此，泡沫金属吸声材料可在高温及特殊环境中使用，如泡沫铜可在高于900℃的温度下使用，而钨铬金属制得的泡沫材料则可在更高的温度条件下使用。在燃气轮机排气系统等一些特殊的高温工作条件下，其排气消声装置高效、长寿和轻型化的要求排除了一般性常规吸声构件和材料的使用，而具有耐高温高速气流冲刷和抗腐蚀性能优越的轻质泡沫金属（如多孔钛）可满足其要求，可应用于燃气轮机进、排气噪声控制。

矿物棉、玻璃纤维以及穿孔板等传统的多孔吸声材料一般可用于空气介质环境中，而在压力和温度的变化都更为明显的水下则不能有效地使用。此外，这些材料与水的界面阻抗不匹配性通常也要大于与空气的不匹配性。橡胶的阻抗与水相当，使其成为水下吸声材料。但其会由于水下的压力而变形，从而引起吸声频率的改变。泡沫金属的重量相对较轻，强度相对较大，阻抗水平接近于水。如果充入合适的黏性流体，则可能用很少的空间就可以有效地吸收水下的低频声音（波长通常在"米"的量级）。可见，泡沫金属在解决阻抗匹配以及水温水压影响方面独具优势，同时还避免了化学纤维的易污染性。

5.2.2.6　改进型泡沫金属吸声材料

价格低廉的玻璃纤维等多孔纤维是最常用的吸声材料，但这类材料的耐候性差、质软、强度低，且其声学特性随着使用时间的延长而变差。在生产和安装过程中，多孔纤维材料还极易伤害操作工人的皮肤、呼吸系统、眼睛和黏膜等。与其他吸声材料相比，泡沫金属的声学性能稳定，长期使用吸声系数变化很小，是新一代生态环保型声学材料。尽管如此，根据泡沫金属的上述吸声特点，可见仍存在吸声行为不够理想的一面。为了进一步提高泡沫金属的吸声性能，又发展了改进型的泡沫金属吸声材料。

（1）梯度孔隙结构泡沫金属

在相同的厚度下，宽频范围内梯度孔径通孔泡沫铝合金的吸声系数波动平缓，整体吸声性能在现有泡沫铝合金（孔径等于梯度多孔铝的平均孔径）的基础上提高约55%；试样厚度增加时吸声系数曲线向低频偏移，整体吸声性能增强。此外，梯度结构的纤维多孔材料还可有效地改善低频吸声性能；不同孔隙率的排布方式对梯度结构的吸声性能有着显著影响，按孔隙率从高到低排布有利于提高吸声性能。对孔结构周期调制的通孔泡沫铝合金研究表明，孔径的调制分布对以上宽频声波吸收有较大影响，但对低频吸收没有明显改善。随着小孔径层与大孔径层厚度比的增大，吸声性能逐渐提高；对于相同厚度的样品，声波先进入小孔径层时声波吸收明显。

有文献报道采用渗流技术制备了孔结构周期调制通孔泡沫铝吸声材料，其制备基本原理是熔体在渗流驱动力作用下进入可去除的周期性堆积颗粒多孔介质间隙，冷却凝固后形成铝-渗流介质调制体，除去填料颗粒即得到孔结构周期调制的多孔金属体。

(2) 其他复合结构泡沫金属

除上述分层孔隙结构的泡沫金属外，研究者们还研究了可明显拓宽吸声频带和提高吸声性能的双层电解多孔铁镍薄板复合结构、中间夹芯为瓦楞加筋板的泡沫金属三明治板周期性结构、穿孔板背面紧贴吸声薄层的结构以及泡沫金属复合吸声结构的优化模型等，都取得了相应效果。

高阻尼结构材料要求在足够强度和刚度的前提下具有较高的阻尼损耗因子。高分子黏弹性材料有最高的阻尼损耗因子，但弹性模量过低，故一般不能单独作为结构材料。阻尼合金虽有良好的力学性能，但阻尼损耗因子远低于黏弹性材料，因此也不适合于高阻尼要求的场合；将二者结合起来，可最大限度地发挥出全部材料的阻尼能力。选用具有高阻尼的合金制成开孔泡沫基体，然后渗入黏弹性材料，即可制备出满足上述综合性能要求的复合材料。该复合体的力学性能主要取决于多孔基体中合金本身性能及孔隙率和孔径。

振动和噪声是伴随着现代工业与高技术发展而带来的严重问题，其可导致电子器件失效、机械零部件寿命缩短、人体疲劳、工作效率降低等不良结果。因此，减振降噪技术受到普遍关注，并带来了激烈竞争。既有黏性材料阻尼本领，又有金属材料力学性能的功能结构一体化高阻尼材料，即泡沫金属基与黏弹性材料的复合体，是解决振动和噪声问题的有效手段。

5.2.3 影响吸声性能的因素

多孔材料的吸声性能可用吸声系数来表征，影响多孔材料吸声特征的因素主要有材料的厚度、密度、孔隙率、结构因子、空气流阻和声波频率等。其中结构因子反映的是多孔体内部的孔隙状态和组织结构，空气流阻是单位厚度多孔体两侧空气压力差和空气流速之比。

(1) 空气流阻

空气流阻定义为材料两面的静压差和气流线速度之比，单位厚度的流阻称为流阻率，其反映空气通过多孔材料时的透气性：流阻越大，材料的透气性就越小，空气振动越不易传入，声波越不易深入材料内部，吸声性能随之下降；但流阻太小则空气振动容易穿过，使声能转化为热能的效率过低，吸声性能也会下降。可见多孔材料存在一个最佳的流阻值，过高和过低的流阻值都难以获得良好的吸声性能。开孔泡沫金属具有复杂的孔隙连接结构以及粗糙的内孔表面，因而流阻较高，吸声性能相对于闭孔泡沫有很大提高。

(2) 入射声波频率

声波是一种依靠空气振动而向外传播的波，声波进入多孔材料的孔隙后引起空气振动，由于空气与孔壁的摩擦而造成能量损失。低频时声波的波长较大，能量较小，碰到孔壁时发生反射、折射，若是发生弹性碰撞则能量损失较小；而高频时声波的能量较大，进入多孔体后与孔壁发生相撞，因其振动幅值大，有可能发生非弹性碰撞，能量损耗大，加之反射或折射后的声波仍有较高能量，与孔壁发生二次或多次非弹性碰撞。再经过多次反射、折射之后，损失的能量就可以占到原入射声波能量的大部分，损失的能量变成热能而耗散。因此，高频时多孔材料的吸声系数较大。

频率较低的声波波长较大，穿透性较好。当 $ka<0.01$（k 为波数，a 为多孔体中孔和棱的尺度）时，声波进入多孔体后处于散射中的准均匀态，在孔隙内的散射概率低，多孔体对声波的阻碍较小，吸收率低。随着声波频率的逐渐增大，多孔体内发生不规则散射的概率提高，各散射声波相互干涉，消耗一定的能量，从而吸收率升高。当入射声波频率增大到 $0.01<ka<0.1$ 时，声波在遇到多孔体表面棱柱的阻碍后，发生瑞利散射，其散射波包含 P 波与 S 波两部分。当 ka 值继续增加后，散射波进入材料减少，内部用于内耗散吸收的部分也减少，吸收系数降低，从而吸收曲线呈现出二次曲线特征，存在一个吸收系数随频率变化的峰值。

大量文献表明，多孔材料在低频段的吸声效果要差于其在高频段的吸声效果。如何进一步提高多孔材料低频段的吸声效果，如何使多孔材料在整个频段都具有优异的吸声效果，如何利用最少的材料以及最小的占用空间来达到最佳的吸声效果，这些问题的研究对多孔材料的吸声应用有着十分重要的意义。

（3）多孔体的孔隙率和孔径

结构的本征频率与外界声波或振动频率发生共振时，声波或振动会被衰减。结构阻尼衰减的原因是内摩擦导致的振动使机械能转化为热能而产生大量的内耗，多孔体随着孔隙率提高、孔径减小、比表面增多和应变振幅增大而使内耗增加，其中孔隙率是内耗的主要影响因素。

孔隙率是多孔体中孔隙体积与多孔体表观总体积之比值，泡沫金属的吸声系数一般随孔隙率增大而提高。这主要是因为孔隙率较大者孔隙的表面积一般也较多。此外，孔隙率较大者孔隙的曲折度也可能越大，导致其内部通道越复杂。所以，声音进入后发生漫反射和折射的机会增多，并且孔隙中的空气随之振动而引起与孔壁的摩擦加剧，空气黏滞阻力加大，于是有更多的声能转化为热能而被耗散。

对于孔隙率相同、孔隙形貌相同、厚度也相同的多孔材料，孔径越小，高频吸声性能越高，低频吸声性能则变化不大。孔隙较大时声波进入后不易发生二次或多次反复碰撞，因而能量损失较少；孔隙减小则声波发生多次碰撞的可能性增大，每次反射、折射都要消耗一定能量，如此反复的结果可消耗更多的入射声能。因此，高频时的孔径尺寸对吸声性能影响较大。但孔径太小则声波不易进入，吸声性能也会下降。有研究表明，孔径尺寸在亚毫米量级最好。

有研究发现，泡沫铝的孔隙率可显著地影响其吸声性能，而且孔隙率高的吸声性能明显好于孔隙率低的泡沫铝。孔径的大小则直接影响泡沫金属的吸声系数，孔径增大时空气流阻变小，黏滞力和摩擦力的效率也相应变小，相应材料的吸声系数降低；孔径减小时空气流阻相应增加，所以泡沫金属的吸声系数也相应增加，但孔径过小则空气流阻过大，空气的流通变小就不利于声波的传播，黏滞力和摩擦力也相应地变小，最终使得材料的吸声变得很差。可见，泡沫金属存在一个最佳的孔径使得吸声系数最大。

（4）多孔体的厚度

当试样的厚度加大时，在各个频率时多孔材料的吸声系数都随之增大。这是因为多孔体厚度增加时，孔隙通道延长，进入孔隙中的声波经更多次能量损失之后，才可以穿过多孔体而到达其另一侧。此外，有研究工作还发现泡沫铝的吸声系数峰值频率随多孔体厚度增加而向低频方向移动，试样厚度与频率呈现如下的近似关系：

$$f_{\omega 1}\delta＝常数 \tag{5.1}$$

式中，$f_{\omega 1}$ 是多孔体吸声系数大于 0.6 的起始频率；δ 是多孔体的厚度。

（5）背腔的影响

在致密材料背后加上空腔可以作为亥姆霍兹共振腔，在多孔材料背后加上空腔则可以提高材料的低频吸声性能。提高空腔的深度可以提高吸收峰的宽度和高度，并使峰值向低频方向移动。无空腔时的耗散机制主要是黏滞和热损耗，有空腔后的亥姆霍兹共振吸收占主要部分。

（6）温度和湿度

温度的变化可明显地影响到多孔材料的吸声性能。吸收峰随温度升高而移向高频，温度降低则移向低频。这是由于温度变化会引起声速和声波波长的变化，还会引起空气介质黏性的变化而导致流阻的改变。湿度对吸声性能也可以发生作用，泡沫金属吸湿后会改变材料的性状、降低多孔体的有效孔隙率，因而吸声性能下降。

近十几年来，国内外许多科研者对多孔材料吸声特性的影响因素进行了研究，包括材料的流阻、厚度、孔径、孔隙率以及材料背后空腔的厚度等。研究结果显示，空气流阻可作为评价多孔材料吸声性能的标准，多孔材料存在一个最佳流阻值。当材料厚度不大时，流阻越大，空气穿透量越小，吸声性能会下降；若流阻太小，声能因摩擦力、黏滞力而损耗的功率也将降低，吸声性能也会下降。此外，还发现，当材料厚度足够大时，流阻越小，吸声系数就越大。已有的研究表明，多孔材料在低频处的吸声性能都比较差。材料厚度较小时，低频和高频处的吸声系数都不高；厚度增加时，吸声频谱峰值随之增大，并向低频方向移动；厚度继续增加到一定时，吸声频谱变化不大，平均吸声系数变化也不大。

闭孔胞状结构的泡沫金属材料是以闭孔泡沫铝为代表，因声波很难到达孔隙内部，所以其吸声系数较低，故本身并不能作为良好的吸声材料。有文献研究了闭孔泡沫铝吸声性能的影响因素，对闭孔泡沫铝进行打孔和背后加空腔处理，大大提高其吸声性能。在闭孔泡沫铝后设置空气层，不但泡沫体本身的亥姆霍兹共振器以及微孔和裂缝可以消耗声能，而且组成了穿孔板吸声结构。由于每个开口背后均有对应空腔，这一穿孔板后也可视为许多并联的亥姆霍兹共振器。

开孔泡沫铝可通过高压渗流法制备，后来提出将旋转发泡法和颗粒浸出法结合起来进行制备。通过调整颗粒形状和尺寸可最终控制多孔产品的孔隙率和孔隙形状，获得孔隙率为90％的高孔隙率材料。由于开孔泡沫材料具有复杂的孔隙通道结构以及表面粗糙的内部空隙，导致其具有较高的流阻，因此开孔泡沫铝的整体吸声性能要远好于闭孔制品。

对开孔泡沫铝的声学性能进行研究时还发现，当泡沫金属背后有空腔时，声波在低频区吸声系数比无空腔时有显著增大。研究认为，泡沫金属内部存在着大量相互连通的孔隙通道，这些通道相当于共鸣器的短管，空气层相当于容器，因此这些通道和背后封闭的空腔就构成了大量的亥姆霍兹共振器，且这些共振器的共振频率多处在低频附近。正是由于这些大量的复杂的亥姆霍兹共振器的存在，声波入射材料时引起泡沫金属的结构共振，从而使大部分低频声波被耗散。此外还发现，随着背后空腔厚度的增加，最大吸声系数峰值的频率也向低频方向移动。

5.3 吸声性能表征和测试

声音由弹性介质中的振动产生。在海平面高度的空气中其传播速率约 343m/s，在固体中的传播速率则大得多，如在钢和铝中声速约 5000m/s。一般而言，人的听觉频率范围约为 20~20000Hz。而从听觉的观点来看，最重要的频率范围大致为 500~4000Hz。

人耳听觉频率范围（20~20000Hz 左右）对应于空气中的波长介于 17m~17mm 之间，产生声音的振动引起空气压力的变化范围是 10^{-4}Pa（低幅声音）~10Pa（疼痛阈值）。可闻声压的变化幅度约为 10^5~10^6Pa，所以声音的测量通常采用相对的对数标度更为方便，单位为分贝（dB）。分贝尺度是运用闻阈（threshold of hearing）作为参考量级（0dB），它是两个声强的比较，实践中常用的声压级的分贝尺度定义为：

$$SPL=10\lg\left(\frac{p_{rms}}{p_0}\right)^2=20\lg\frac{p_{rms}}{p_0} \tag{5.2}$$

式中，p_{rms} 是声压（均方值）；p_0 是基准声压，取值为闻阈（声压 20×10^{-6}Pa）。声音采用对数标度的分贝度量，与人耳的反应相符。

ELSEVIER 公司出版的《Metal Foams：A Design Guide》中列举了一些常见场合的声级，见表 5.1。

表 5.1　一些常见场合的声级

场合	声级/dB	场合	声级/dB
闻阈	0	迪斯科舞厅	100
安静的办公室里的背景噪声	50	1m 外的气钻	110
公路交通	80	100m 外喷气式飞机起飞	120

声音吸收意味着入射声波既不反射也不穿透，其能量为材料所吸收。产生这种吸声现象的途径有很多，包括通过材料自身的机械阻尼、通过热弹性阻尼、通过压力波压入和抽出吸收体孔隙内气体时的黏滞损耗以及锐边的涡流发散等。

5.3.1　吸声性能的表征

吸声材料的吸声性能主要采用吸声系数来表征，其定义为吸声材料吸收声能与入射声能之比：

$$\alpha=\frac{E_a}{E_i}=\frac{E_i-E_r}{E_i} \tag{5.3}$$

式中，α 为吸声系数；E_i 为入射到材料上的总声能；E_a 为材料吸收的声能；E_r 为材料反射的声能。吸声系数为 0.8 的材料吸收掉传入其上 80% 的声音，而吸声系数为 0.03 的材料仅仅吸收掉 3% 的声音，反射掉 97% 的声音。

吸声系数是衡量材料吸声性能的主要指标，其不但与吸声材料的性能有关，同时也与声波频率及其入射方向有关，因此该指标可用各个方向入射声波的平均吸收值来表示，并应指明吸收频率。测定吸声系数的方法主要有混响室法和驻波管法：前者［图 5.3(a)］测得的是声波无规入射到材料表面的吸声系数，后者［图 5.3(b)］测得的是声波垂直入射到材料表面的吸声系数。两种方法测出的同一材料结果各不相同，对于多孔材料用混响室法测出来的值要高于驻波管法。

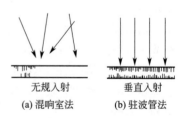

图 5.3　声波入射方式示意

吸声系数随声波频率而变化，通常采用 125Hz、250Hz、500Hz、1000Hz、2000Hz 和

4000Hz 6 个频率的吸声系数及其算术平均值来表示材料的吸声性能。为便于吸声性能的比较，在吸声系数的基础上提出了评定吸声材料等级的另一个参量，即降噪系数（NRC）。该指标是取 250Hz、500Hz、1000Hz、2000Hz 这 4 个声频对应吸声系数（α）的平均值：

$$NRC = (\alpha_{250} + \alpha_{500} + \alpha_{1000} + \alpha_{2000})/4 \tag{5.4}$$

对于材料吸声性能等级的评定，采用试样实贴刚性壁面安装条件下由混响室法测定计算的降噪系数，其划分标准见表 5.2。

表 5.2 材料吸声性能等级划分标准

吸声性能等级	1	2	3	4
降噪系数 NRC 值域	NRC≥0.80	0.80>NRC≥0.60	0.60>NRC≥0.40	0.40>NRC≥0.20

5.3.2 吸声系数的检测

检测吸声系数的方法主要有驻波管法和混响室法，实验测量还有传递函数法、声强法等。其中使用最早、最多的是混响室法，其用于测量无规入射的声波，这与实际应用中的声波入射方式较为接近。

（1）驻波管法

多孔材料的吸声系数可采用驻波管（阻抗管）进行测定。驻波管结构示意于图 5.4。当扬声器向管内辐射的声波（图中 p_i 表示入射声波）在管中以平面波形式传播时，它们在试样材料表面和扬声器之间来回多次反射（图中 p_r 表示反射声波），从而在管中建立了驻波声场。其原理是在法向入射条件下入射正弦平面波和从试样反射回来的平面波叠加。由于反射波与入射波之间具有一定的相位差，因此叠加后产生驻波。当扬声器向管内辐射的声波在试样表面反射后，就会在管中建立一个驻波声场。于是，沿管轴线出现声压极大、极小的交替分布，利用可移动的探管传声器接收这种声压分布。图中 p_{max} 表示距试样表面产生的第一个声压极大值，p_{min} 表示距试样表面产生的第一个声压极小值，根据这一组测量值就可计算出材料的垂直入射吸声系数：

$$\alpha_N = \frac{4p_{max}/p_{min}}{(1 + p_{max}/p_{min})^2} \tag{5.5}$$

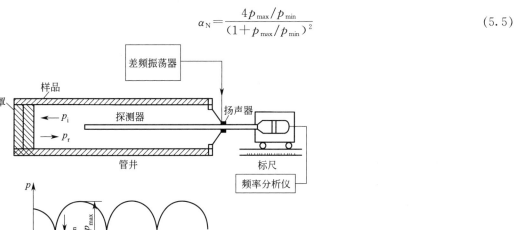

图 5.4 材料吸声系数的驻波管法测试

定义声压之比即驻波比为：

$$S = p_{\max}/p_{\min} \tag{5.6}$$

于是有垂直入射吸声系数：

$$\alpha_N = 4S/(1+S)^2 \tag{5.7}$$

驻波管测试设备由驻波管、声源系统、探测器、输出指示装置等部分组成（图5.5）。驻波管法即是通过测量多孔试样驻波中的最大声压与最小声压，由其比值得到驻波比 S，从而计算出吸声系数。图5.6为本书作者实验室所用的一组驻波管吸声系数测试系统（北京世纪建通科技发展有限公司生产的JTZB吸声系数测试系统），图5.7为本书作者实验室吸声材料待测试样示例。

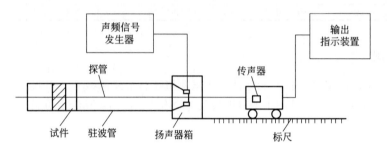

图5.5　驻波管测试装置示意图

驻波管测量的是吸声材料在声波垂直入射条件下的吸声系数，其装置组成主要是一根内表面非常光滑的刚性圆管或方管，直管一端安置扬声器，另一端安装待测试样，试样表面垂直于驻波管的轴线。信号发生器将音频信号送到扬声器，发出的声波在管中以平面波形式传播，碰到吸声试样后部分吸收、部分反射。反射波与入射波之间具有一定的相位差，叠加后形成驻波。管中有一根连接传声器的声压探管，探管端部的探头随整根探管移动，以测量各点的声压，测出驻波声压的最大值和最小值（即管中驻波在波腹处的声压极大值 $p_{\max}$ 和波节处的声压极小值 $p_{\min}$），然后根据关系公式求算吸声系数。传声器还与频谱分析仪连接，一同固定

图5.6　JTZB吸声系数测试系统

在小车上，小车可沿着导轨来回移动，从而使探管端部的探头也随之来回移动。

为确保管中形成平面波，管子截面尺寸应小于所测声波的波长；为在管中至少各形成一个驻波的波腹和波节，即至少出现一个声压极大值和一个声压极小值，要求管长一定要大于半个波长。由此得出驻波管法的测量频率上限和下限分别为：

$$f_{\max} = 0.6v_0/D \tag{5.8}$$

$$f_{\min} = 0.5v_0/L \tag{5.9}$$

式中，v_0 为声波在管中的传播速率（即空气中的声速）；D 为刚性管的直径；L 为驻波管长度。其中空气中的声速可由下式计算：

$$v_0 = 343.2\sqrt{T/293} \tag{5.10}$$

式中，T 为管内环境的热力学温度。

(a) 用于不同声频测试的未安装泡沫金属样品

(b) 用于不同声频测试的已安装泡沫陶瓷样品

图 5.7　用于吸声系数检测的多孔样品示例

（2）混响室法

将待测吸声材料按一定要求放置于专门的声学混响室中进行测定，不同频率的声波以相同概率从各个角度入射到材料表面，然后根据混响室内放进吸声试样前后混响时间的变化来确定材料的吸声特性。用此方法所测得的吸声系数称为混响室吸声系数或无规入射吸声系数，记作 $\bar{\alpha}$：

$$\bar{\alpha} = \frac{\Delta A}{S_0} \tag{5.11}$$

式中，$\Delta A = A_2 - A_1$，其中 A_1 为原混响室内平均吸声量（吸声量为吸声系数与吸声材料表面积的乘积），A_2 为铺有吸声材料后的室内平均吸声量；S_0 为测试样品的面积。

根据塞宾公式，混响室的混响时间 t 与系统的吸声系数有如下关系：

$$t = \frac{0.161V}{A} = \frac{0.161V}{\bar{\alpha}S} \tag{5.12}$$

式中，t 为混响时间；V 为混响室的内部空间体积；$\bar{\alpha}$ 为系统的吸声系数；S 为系统的吸声表面积；A 为系统的吸声量，等于系统的吸声系数与吸声表面积的乘积：$A = \bar{\alpha}S$。

由上式可得混响室空室的混响时间 t_1 和放入吸声试样后的混响时间 t_2 分别为：

$$t_1 = \frac{0.161V_1}{\bar{\alpha}_1 S_1} \tag{5.13}$$

$$t_2 = \frac{0.161V_2}{\bar{\alpha}_2 S_2} \tag{5.14}$$

式中，$\bar{\alpha}_1$ 和 $\bar{\alpha}_2$ 分别为混响室空室的吸声系数和放入试样后系统的吸声系数；V_1 和 V_2 分别为混响室空室的内部空间体积和放入试样后的系统空间体积；S_1 和 S_2 分别为混响室空室的内部表面积和放入试样后的系统的总吸声表面积，且有：

$$V_2 = V_1 - V_0 \approx V_1 \tag{5.15}$$

$$S_2 = S_1 + S_0 \approx S_1 \tag{5.16}$$

式中，V_0 和 S_0 分别为试样的体积和表面积。

考虑到放入试样后系统的吸声量为混响室内部表面的吸声量与试样吸声量之和，即：

$$\bar{\alpha}_2 S_2 = \bar{\alpha}_1 S_1 + \bar{\alpha} S_0 \tag{5.17}$$

式中，$\bar{\alpha}$ 为试样的吸声系数。

结合式(5.13)～式(5.17)，可得出试样的吸声系数：

$$\bar{\alpha} = \frac{0.161 V_1}{S_0} \left(\frac{1}{t_2} - \frac{1}{t_1} \right) \tag{5.18}$$

式中，V_1 为混响室的体积；S_0 为试样的表面积；t_1 和 t_2 分别为混响室空室的混响时间和放入吸声试样后的混响时间。其中混响时间 t（t_1 或 t_2）可由下式计算：

$$t = 60 t_x / d \tag{5.19}$$

式中，t_x 为声能密度（声场中单位体积的声能）衰减 d（dB）所需时间，s。

测量吸声材料之前先测出空室的混响时间（声源在室内停止发射后声能密度衰减 60dB 所需时间），再将试样以实际使用的方式放置在混响室内地面的中心位置进行测量。试样面积 10～12m²，试样边界距离室内墙面至少 1m，声源为白噪声（在较宽的频率范围内，各等宽频带所含噪声能量相等），发出与接收均经过 1/3 倍频程滤波器或倍频程滤波器。测量时还应注意，试样的测点位置取 5 个点，每个点测 3 条混响时间的衰减曲线，并且至少应有 35dB 的直线范围。

测试吸声系数的混响室要求室内各面都能有效地反射声波，并使不同方向传出的声波尽量相等，从而保证声源附近以外的室内各点都不存在大的声压级变化。室内采用不平行的无规则墙面，并将墙面、地面、顶面都做成光面（如混凝磨光面、瓷砖釉面、油漆面等）以使各面尽可能将声波进行反射。混响室容积 V 应大于 100m³，最大直线距离应小于 $1.9V^{-3}$，测量频率下限为 $1000V^{-3}$。

混响室内形成的扩散声场提供了吸声材料试样的无规入射条件，并可模拟材料实际应用的现场条件，因此其结果可较真实地体现工程使用性能。但混响室的工作空间一般比较大，而驻波管法的仪器则相对简单，操作方便，适于实验室测量。

(3) 传递函数法

当采用平面波驻波管测量声吸收时，平面声波将垂直入射到吸声装置上，此时部分能量被吸收，部分则被反射。若入射波压 p_i 和反射波压 p_r（两者之和即为管内的总声压，可用麦克风测量）分别为：

$$p_i = A \cos(2\pi f t) \tag{5.20}$$

$$p_r = B \cos[2\pi f(t - 2x/c)] \tag{5.21}$$

则吸声系数 α（声波入射能被材料吸收的分数）定义为：

$$\alpha = 1 - (B/A)^2 \tag{5.22}$$

式中，f 为频率，Hz；t 为时间，s；x 为离样品表面的距离，m；c 为声速，m/s；A 和 B 为振幅。

吸声系数是声波入射能被材料吸收的分数。处理噪声时，相对声级用分贝度量：

$$\mathrm{SPL}=-10\lg\left(\frac{B}{A}\right)^2=-10\lg(1-\alpha) \tag{5.23}$$

由此可知，0.9 的吸声系数使噪声度下降 10dB。

声波在驻波管中正入射到试样表面时产生方向相反的反射波，反射波与入射波相互叠加形成驻波场（图 5.8）。在通过驻波管测试的传递函数法中，应用较为成熟的是双传声器传递函数法（但其实际应用远不如前面所述驻波管法和混响室法那么常见），其测量原理如图 5.9 所示。图中 p_1 和 p_2 分别是两个传声器 1 和 2 位置处的声压，p_i 为入射波，p_r 为反射波，s 为两个传声器之间距离，l 为传声器 2 到基准面的距离。传递函数法的基础是声波正入射条件下反射因素 R（声压反射系数）可由在样品前的两个传声器位置处测得的传递函数 H_{12} 确定。

两个传声器位置处的声压分别为：

$$p_1=p_i\exp[jk_0(s+l)]+p_r\exp[-jk_0(s+l)] \tag{5.24}$$

$$p_2=p_i\exp(jk_0l)+p_r\exp(-jk_0l) \tag{5.25}$$

式中，p_{i0} 为入射平面波 $p_i=p_{i0}\exp(jk_0x)$ 在基准面（$x=0$）上的幅值；p_{r0} 为反射波 $p_r=p_{r0}\exp(-jk_0x)$ 在基准面（$x=0$）上的幅值；k_0 为波数。

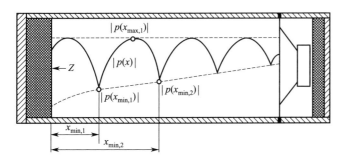

图 5.8　驻波管中的声场分布示意图

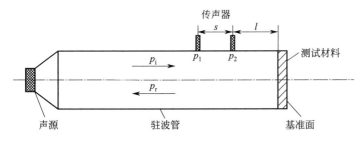

图 5.9　驻波管传递函数法测量吸声系数原理图

两个传声器之间的传递函数 H_{12} 即为：

$$H_{12}=\frac{p_2}{p_1}=\frac{\exp(jk_0l)+r\exp(-jk_0l)}{\exp[jk_0(s+l)]+r\exp[-jk_0(s+l)]} \tag{5.26}$$

整理上式可得材料的反射因素为：

$$R=\frac{\exp(-jk_0s)-H_{12}}{H_{12}-\exp(jk_0s)}\exp[2jk_0(s+l)] \tag{5.27}$$

最后得出吸声系数为：

$$\alpha = 1 - |R|^2 \tag{5.28}$$

（4）多孔金属高温吸声性能测试

作为一种吸声材料，泡沫金属相比于玻璃纤维、泡沫塑料等非金属多孔材料具有高比强度和高比刚度，而且可在高温、强气流以及高声强等极端环境中使用。文献《振动工程学报》第23卷"多孔金属材料高温吸声性能测试及研究"一文通过理论分析研究了吸声材料吸声性能随温度变化的规律，在此基础上建立了一套能够测试高温环境中吸声性能的测量装置。其测试装置设计上采用驻波管法中的传递函数法。该法所需试件面积小、安装测量方便，测量精度可以满足科学研究要求。

要使驻波管内声波在高温下仍为平面波，则要求在驻波管内各部分的温度相同，尤其是两个传声器所处的位置。鉴于传声器可获得的最高使用温度700℃，文献测量装置设计的最高温度定为700℃。扬声器的一般使用温度为80℃左右，文献在设计方案上对驻波管采取两段式结构，即在试件和传声器部分加热，并使其具有足够长的恒温区，将这部分作为测试段。实际设计时，使试件及传声器前的三倍管径长度为恒温区，以保证声波在传到传声器时高次波完全衰减，从而保证这部分驻波管内传播的是平面波。在扬声器位置前采取强制冷却，以保证扬声器的正常工作。图5.10为测试装置结构简图，可见实验装置包括驻波管吸声系数测试模块、材料加热模块、驻波管冷却模块、温度检测模块及控温模块。选用电阻炉加热方式，采用热电偶温度计测温，扬声器端利用循环水强行制冷。装置加热分为三段式，加热前先安装样品，再安装外部加热层，最后接通电源线。

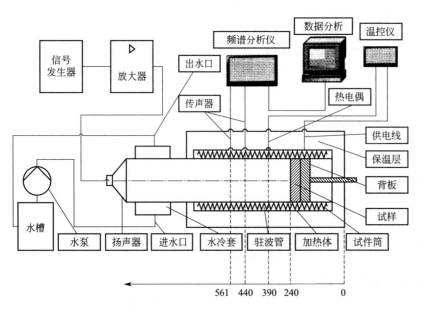

图5.10　多孔金属样品高温吸声性能测试装置

测量前保温一段时间（如3h），以保证温度均匀。实验结果显示，多孔样品的吸声性能随着温度的升高而有所降低。这是因为高温下空气的黏滞系数会升高，使得材料流阻率增大，进而使得声阻率变大，故吸声系数下降。另外，温度升高使波速提高，于是波长变大，从而使同一厚度材料的第一吸声系数峰值向高频移动。因此，在第一峰值频率前的吸声系数也会相应下降。这是吸声系数因温度升高而降低的另一原因。

5.4 多孔材料吸声系数的计算模型

由于多孔材料在吸声降噪方面的优良表现，其吸声性能早已获得关注。声波在多孔材料内的传播较为复杂，基于平面波假设，可以使其吸声系数的计算变得较为容易。为了对多孔材料的吸声系数进行计算，早期广泛应用的有从理论推导得到的 Biot 模型和从大量实验数据拟合得到的 Delany-Bazley 模型。然而，这些模型都有很大的实践性限制。例如，比较常用的是 Delany-Bazley 经验公式模型，虽然该模型通过实验数据拟合得到了特性阻抗和传播常数关于流阻率的简单幂律关系，但它没有给出声波和多孔材料作用的物理机制，并且较适于孔隙率接近于 100% 的纤维结构多孔材料。

研究者们通过改进工作，后期又发展出 Johnson-Allard-Champoux 模型（JAC 模型）。该模型是在 Biot 理论基础上发展起来的计算多孔材料吸声系数的半唯象理论模型。在该模型中，把刚性骨架充满空气的多孔材料看成等效流体，并且提出相应的等效密度和等效模量的概念，获得了良好的实践效果。本节应用 JAC 模型进行计算，将计算结果与实验数据相比较，发现在峰值频率后有较大的偏差。故引入一个 e 指数的因子来进行调节，根据原模型计算结果与实验数据的偏差，对模型进行了改进，修正后所得计算结果与实验数据符合良好，因此该改进是有效的。

5.4.1 实验材料和检测结果

多孔结构对于噪声控制和振动衰减都是有效的，声音吸收是多孔材料的重要用途之一。相较于泡沫塑料和泡沫陶瓷，泡沫金属在强度、延展性、耐火、防潮、安装、循环利用等综合性能方面具有优势。其中泡沫铝得到了大量研究，但关于其声性能的工作却不多见。这里我们介绍的实验材料和测试结果，都是直接出自《宇航材料工艺》第 28 卷中"多孔铝合金材料吸声性能的研究"一文。其多孔铝合金（即一种泡沫铝）由加压铸造法制备。该法是将熔炼好的金属液浇注到金属模具中，并施加一定的压力驱使液态金属渗入预制块的孔隙中，待金属液凝固后，得到金属-颗粒复合体。预制块由烧结黏结剂结合的盐粒形成，盐粒预先在石墨模具中压紧。溶水除去预制块中的盐粒，即获得孔隙连通的开口胞状泡沫金属［参见

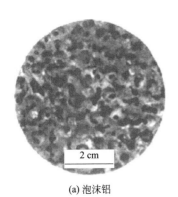

(a) 泡沫铝	(b) 泡沫不锈钢

图 5.11 泡沫金属样品示例

图 5.11(a)，本书作者实验室制备的泡沫不锈钢样品也有类似的孔隙结构，见图 5.11(b)]。所得样品结构参数见表 5.3，用驻波管法测得泡沫铝样品的吸声系数见表 5.4。表中列出的频率范围有限，很遗憾我们没有更多的数据，因为这些实验数据是由原文献引过来的，我们在这里的工作仅仅是提出模型并进行数据分析。此外，1/3 倍频程法测试过程中应该是以 3.15kHz 而不是表 5.4 中的 3.5kHz 为中心频率，但原文献中出现的是这个数据。

表 5.3　泡沫铝样品的结构参数

样品号	孔隙尺寸/mm	厚度/mm	孔隙率/%
1	3.3	15	62.2
2	2.4	15	63.2
3	1.6	15	64.7
4	1.6	20	65.3
5	1.4	15	68.4
6	1.4	15	78.9
7	1.4	15	81.2
8	0.8	15	87.0

表 5.4　不同声频下泡沫铝样品的吸声系数

样品号	2.0kHz	2.5kHz	3.0kHz	3.5kHz	4.0kHz
1	0.07	0.12	0.13	0.26	0.18
2	0.07	0.14	0.20	0.46	0.33
3	0.08	0.24	0.30	0.54	0.39
4	0.23	0.37	0.45	0.61	0.44
5	0.22	0.26	0.47	0.56	0.48
6	0.24	0.34	0.55	0.63	0.50
7	0.27	0.37	0.64	0.70	0.55
8	0.40	0.60	0.85	0.92	0.82

5.4.2　吸声系数理论模型

声波在多孔材料中的传播是非常复杂的现象，在 Biot 理论基础上发展起来的 JAC 模型（等效流体模型）对该现象有相对成功的模拟，被长期广泛地应用于多孔材料。该模型在频率域中引入若干物理参量来描述声波在多孔材料中的传播，视孔隙为圆柱状，将孔隙充满空气的多孔材料视为一种等效流体，其对应密度（ρ）和压缩模量（K）这两个参量由孔隙率（θ）、流阻（σ）、曲折因子（α_∞）、黏滞特征长度（Λ）和热损耗特征长度（Λ'）5 个宏观参量所决定。

当声波入射到有刚性后壁的多孔材料样品时，其特征阻抗（Z_C）和传播常数（k）与等效密度（ρ）、压缩模量（K）和声波角频率（ω）将有如下关系：

$$Z_C = \sqrt{K\rho} \tag{5.29}$$

$$k = \omega \sqrt{\rho/K} \tag{5.30}$$

式中，Z_C 和 k 分别为多孔材料的特征阻抗和声波传播常数；K 和 ρ 分别为其压缩模量（compressibility modulus）和等效密度；ω 为声波的角频率。

JAC 模型将等效密度及等效弹性模量与上述 5 个宏观参量联系在一起：

$$\rho = \alpha_\infty \rho_0 \left[1 + \frac{\sigma\theta}{j\omega\rho_0\alpha_\infty} G_J(\omega) \right] \tag{5.31}$$

$$K = \gamma p_0 \Bigg/ \left\{ \gamma - (\gamma-1) \left[1 + \frac{\sigma'\theta}{jB^2\omega\rho_0\alpha_\infty} G_J'(B^2\omega) \right]^{-1} \right\} \tag{5.32}$$

式中，ρ_0 为空气密度；γ 为绝热常数；p_0 为大气压力；B^2 为普朗特数（Prandtl 数）；$G_J(\omega)$ 和 $G_J'(B^2\omega)$ 是两个与角频率相关的变换函数：

$$G_J(\omega) = \left(1 + \frac{4j\alpha_\infty^2 \eta \rho_0 \omega}{\sigma^2 \Lambda^2 \theta^2}\right)^{1/2} \tag{5.33}$$

$$G_J'(B^2\omega) = \left(1 + \frac{4j\alpha_\infty^2 \eta \rho_0 \omega}{\sigma'^2 \Lambda'^2 \theta^2}\right)^{1/2} \tag{5.34}$$

式中，η 为空气的黏滞系数。在上述公式中，特征长度（Λ 和 Λ'）以及参数 $\sigma' = c'^2 \sigma$ 都与多孔材料的孔隙率（θ）、静态流阻率（σ）和曲折因子（α_∞）有关：

$$\Lambda = \frac{1}{c}\left(\frac{8\alpha_\infty \eta}{\theta \sigma}\right)^{1/2} \tag{5.35}$$

$$\Lambda' = \frac{1}{c'}\left(\frac{8\alpha_\infty \eta}{\theta \sigma}\right)^{1/2} = \left(\frac{8\alpha_\infty \eta}{\theta \sigma'}\right)^{1/2} \tag{5.36}$$

式中，c 和 c' 两者都是与孔隙结构相关联的常数。当声能主要通过黏滞损耗而衰减时，黏滞特征长度（Λ）即表示孔隙网络收缩区域的尺度水平；类似地，当声能主要通过热损耗而衰减时，热损失特征长度（Λ'）即相应表示表面积较大区域的尺度水平。由此，Λ' 将大于 Λ，因而 c' 将小于 c。

由上述公式解出多孔材料的特征阻抗和传播常数后，多孔材料在空气中的表面阻抗（Z_0）、反射因子（R）以及吸声系数（α）都可以得到计算：

$$Z_0 = -j\frac{Z_c}{\theta}\cot(kt) \tag{5.37}$$

$$R = \frac{Z_0 - \rho_0 c_0}{Z_0 + \rho_0 c_0} \tag{5.38}$$

$$\alpha = 1 - |R|^2 \tag{5.39}$$

式中，t 是样品厚度；ρ_0 是空气密度（$\rho_0 = 1.186\text{kg/m}^3$）；$c_0$ 是空气中的声波速率（$c_0 = 343\text{m/s}$）。

5.4.3　模型计算和相关分析

（1）JAC 模型的应用和计算

在运用 JAC 模型的过程中，本实验数据并不完全，因此需要用到一些近似关系，首先是关于流阻率的关系。流阻率是表示多孔材料对空气黏滞能力影响的一个重要参数，因此它的大小对多孔材料的吸声效果至关重要。把孔隙形状考虑成圆柱状，则有如下的流阻率表达式（泡沫金属吸声材料的研究）：

$$\sigma = \frac{8\mu}{\theta r^2} \tag{5.40}$$

式中，σ 为流阻率；θ 为孔隙率；r 为孔隙半径；μ 为流体的动力学黏滞系数，其物理意义是表示孔隙内壁的粗糙程度。纤维状的多孔材料流阻率也有类似的表达式，而且都是与孔隙半径的平方成反比，这一点在纤维状材料中已经得到了证实，纤维状材料的微结构也可以看成为圆柱状。

曲折因子（α_∞）的近似表达式为：

$$\alpha_\infty \approx 1/\sqrt{\theta} \tag{5.41}$$

根据经验，对于孔隙连通性较高的多孔材料来说，其曲折因子应在 1～2 范围内。

Allard 曾提出对于孔隙率接近于 1 即 100％的多孔材料，黏滞特征长度（Λ）与热特征长度（Λ'）有以下关系：$\Lambda'=2\Lambda$，对于本节中用到的实验数据在孔隙率较高时大致符合。根据式(5.29)～式(5.39) 计算时，可取 $p_0=1.0132\times10^5\mathrm{Pa}$，$\gamma=1.4$，$B^2=0.71$。经实验数据对理论模型的拟合分析，可知流体的动力学黏滞系数 μ 值大约为 $3.5\times10^{-4}\mathrm{kg/(m\cdot s)}$，该常数取决于所用流体的类型。这些分析得以进行，是通过结合表 5.4 中的实验数据并借助于式(5.29)～式(5.40) 的系列计算。

通过以上说明，对样品进行理论计算，所得 JAC 模型计算结果与实验结果的比较如图 5.12 所示。图中曲线显示为非单调性，最大值出现在样品的对应共振频率处。

研究发现，对于不同孔隙率、不同孔径、不同厚度的泡沫金属样品，在频率小于某一特征值时 JAC 模型计算的吸声系数与实验结果较为符合，但在高于该特征值时则有较大偏差。由图 5.12 所示，对于不同结构参量的泡沫铝样品，该特征频率为 3500Hz。造成高频偏差的原因可能是该模型的限定条件（波长要远大于样品的孔隙尺度）。另外，样品的孔隙率也不高。因此可以认为，该模型只能在频率不高的范围内才能用来计算泡沫金属的吸声性能。本书作者通过系列实验结果的数据拟合，发现引入一个 e 指数因子对上述计算模型进行改进（INT 代表取整函数），可以解决这一问题。下面予以介绍。

（2）JAC 模型的改进及改进效果

由上述结果可知 JAC 模型可适于计算泡沫铝合金在中频某范围（2000～3000Hz）内的吸声性能，但在高于某一频率如 3500Hz 以上的频率区间，则出现较大偏差。因此，通过系列实验结果的数据拟合，发现引入一个 e 指数因子对上述计算模型进行改进（INT 代表取整函数），可以解决这一问题。修正后的表达式如下：

$$\alpha=(1-|R|^2)\cdot\exp\{-\mathrm{INT}[f/(f_\mathrm{m}+a)]/b\} \tag{5.42}$$

式中，f_m 为与多孔材料结构和材质相关的吸声特征频率，即吸声结构的特征频率（在本样品中对应于的第一共振频率或吸声系数的峰值频率）；a 为与测量方法以及测量仪器有关的常数；b 是与比表面积有关的因子，它们都是实验常数，其中：

$$b=S_\mathrm{V}/c \tag{5.43}$$

式中，c 为泡沫金属吸声材料的特征常数；S_V 为泡沫金属的体积比表面积，$\mathrm{cm^2/cm^3}$。将该式代入式(5.42) 得：

$$\alpha=(1-|R|^2)\cdot\exp\{-\mathrm{INT}[f/(f_\mathrm{m}+a)]/(S_\mathrm{V}/c)\} \tag{5.44}$$

在上述关系式中，S_V 由下式计算：

$$S_\mathrm{V}=\frac{K}{d}[(1-\theta)^{0.5}-(1-\theta)](1-\theta)^n \tag{5.45}$$

式中，d 和 θ 分别为泡沫金属的孔径和孔隙率；K 为取决于多孔体的材质和制备工艺条件的材料常数；n 为表征多孔体孔隙结构形态的几何因子（也取决于材料的种类和制备工艺）。对于胞状泡沫铝，取 $K=281.8$，$n=0.4$，可获得满意的计算结果：

$$S_\mathrm{V}=\frac{281.8}{d}[(1-\theta)^{0.5}-(1-\theta)](1-\theta)^{0.4} \tag{5.46}$$

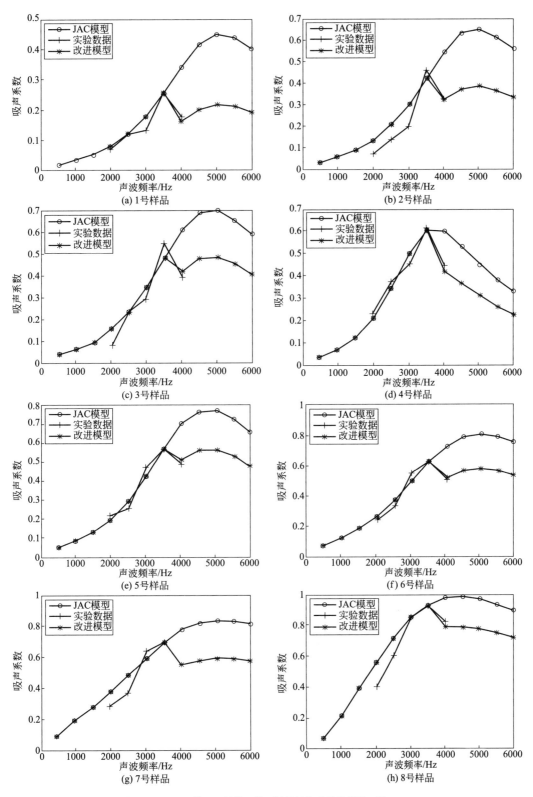

图 5.12　吸声系数与频率关系：JAC 模型及其修正模型计算值与实验数据的对比

经过与实验数据的拟合比较（表5.5），本工作取 $a=500$，$c=10$ 即 $b=S_V/10$（具体取值参见表5.6），将其代入式(5.42) 可得：

$$\alpha=(1-|R|^2)\cdot\exp\{-\mathrm{INT}[f/(f_m+500)]/(S_V/10)\} \qquad (5.47)$$

于是得到了吸声系数与声频和多孔体比表面积相关的式子。在本工作中，取 f_m 为本样品的吸声系数峰值频率，即 $f_m=5000\mathrm{Hz}$，用此改进模型的计算结果与原 JAC 模型以及实验数据进行比较，并对更高和更低频率的吸声系数进行了预测，同见于图 5.12。该图显示出改进模型的理论计算与实验数据符合良好，这说明引入 e 指数因子是合适的。

这里要说明的是，式(5.47)的获得完全是出于数学上的考虑和需要，而公式内在的相关物理机制目前还没能澄清。希望后期能够开展这样一项工作，但很遗憾我们目前人手短缺。

表 5.5　样品吸声系数（α）检测值和模型预计值的差异

序号	$E^①$ 式(5.39)	$E^①$ 式(5.42)	2.0kHz			2.5kHz			3.0kHz		
			检测值	预计值 式(5.39)	预计值 式(5.42)	检测值	预计值 式(5.39)	预计值 式(5.42)	检测值	预计值 式(5.39)	预计值 式(5.42)
1	30.0	1.32	0.07	0.080	0.076	0.12	0.125	0.120	0.13	0.180	0.130
2	41.4	0.40	0.07	0.140	0.072	0.14	0.210	0.140	0.20	0.300	0.200
3	25.8	1.03	0.08	0.158	0.086	0.24	0.230	0.230	0.30	0.345	0.300
4	12.9	0.10	0.23	0.210	0.230	0.37	0.340	0.370	0.45	0.500	0.450
5	17.1	0.50	0.22	0.200	0.220	0.26	0.300	0.260	0.47	0.420	0.470
6	15.5	0.88	0.24	0.270	0.240	0.34	0.370	0.350	0.55	0.500	0.550
7	19.6	0.10	0.27	0.376	0.270	0.37	0.490	0.370	0.64	0.600	0.640
8	13.1	0.58	0.40	0.565	0.400	0.60	0.720	0.600	0.85	0.845	0.845

序号	$\cdot\,E^①$ 式(5.39)	$E^①$ 式(5.42)	3.5kHz			4.0kHz		
			检测值	预计值 式(5.39)	预计值 式(5.42)	检测值	预计值 式(5.39)	预计值 式(5.42)
1	30.0	1.32	0.26	0.260	0.260	0.18	0.343	0.176
2	41.4	0.40	0.46	0.420	0.460	0.33	0.547	0.327
3	25.8	1.03	0.54	0.478	0.540	0.39	0.605	0.390
4	12.9	0.10	0.61	0.60	0.610	0.44	0.600	0.440
5	17.1	0.50	0.56	0.571	0.570	0.48	0.700	0.480
6	15.5	0.88	0.63	0.620	0.620	0.50	0.730	0.500
7	19.6	0.10	0.70	0.700	0.700	0.55	0.780	0.550
8	13.1	0.58	0.92	0.940	0.930	0.82	0.980	0.830

①
$$E=\left\{\left[\sum_{n=1}^{N}|\alpha_{\exp}(f_n)-\alpha_{th}(f_n)|\right]\bigg/\sum_{n=1}^{N}\alpha_{\exp}(f_n)\right\}\times100$$

式中，N 是研究的频率数量；f 为频率；$\alpha_{\exp}$ 和 α_{th} 分别为吸声系数的实验检测值和理论预计值。

表 5.6　不同样品的 b 因子值

样品号	孔隙尺寸/mm	孔隙率/%	$S_V/(\mathrm{cm}^2/\mathrm{cm}^3)$	b 值
1	3.3	62.2	13.6	1.4
2	2.4	63.2	19.2	1.9
3	1.6	64.7	27.6	2.8
4	1.6	65.3	27.5	2.7
5	1.4	68.4	32.3	3.2
6	1.4	78.9	30.0	3.0
7	1.4	81.2	29.6	3.0
8	0.8	87.0	46.4	4.6

（3）其他讨论

由以上可见，对于吸声系数峰值对应频率为 5000Hz 的这种胞状泡沫铝样品（只有其中的 4 号样品例外），式(5.44) 取 $f_m = 5000$Hz，$a = 500$，$c = 10$，改进的 JAC 模型得到的吸声系数计算结果与实验数据有很好的符合，直观比照见图 5.12。

关于吸声系数与孔隙尺寸的关系，我们考察了其中的 1～3 号样品，其孔隙尺寸分别为 3.3mm、2.4mm 和 1.6mm。样品厚度相同，孔隙率也大致相同。如图 5.12 所示，在频率小于 3500Hz 时，理论计算值和实验结果都是随着孔隙尺寸的减小而增加：孔隙尺寸越小，越有利于产生多次散射和碰撞，使能量损耗增加。

关于吸声系数与孔隙率的关系，考察了其中的 5～7 号样品，其孔隙率分别为 68.4%、78.9%、81.2%。样品孔径相同，厚度相同。如图 5.12 所示，模型计算得出的吸声系数随着孔隙率的增加而增加，在频率小于 3500Hz 时，实验数据也有相应的变化。这是因为孔隙率的增加会使孔隙的数量增多，内部孔道更为复杂，产生更多的散射和漫反射，引起更多的声能损耗。

关于吸声系数与样品厚度的关系，考察了其中 3 号和 4 号样品，其厚度分别为 15mm 和 20mm。样品孔径相同，孔隙率也近似相等。如图 5.12 所示，随着样品厚度的增加，模型计算的吸声系数在相同的频率下也会相应地增加，与实验数据相符合。这是因为随着样品厚度的增加，孔隙通道也会延长，因此声波进入后产生的损耗会增加。

随着现代工业的发展以及人类环保意识的增强，噪声污染问题已越来越受到人们的关注，吸声降噪已成为一个人类社会协调发展急需解决的重要课题。为此，泡沫金属作为吸声材料的应用前景十分光明。另外，泡沫金属吸声性能除应用于噪声控制之外，还可利用其研究材料的渗透性、黏弹性、剪切模量等其他性能。因此，对泡沫金属的声学性能进行研究开发有着重要的实际意义。

5.5 泡沫金属吸声性能数学拟合

以不同工艺制备的泡沫铝样品为代表，可探讨泡沫金属材料的吸声性能。根据泡沫金属材料样品吸声系数的实验数据，对其吸声数据与声波频率的关系进行了非线性拟合，以期找到有益于设计应用的吸声性能关系规律。结果发现，利用高斯函数的形式获得了很好的拟合效果。拟合函数表征显示，该泡沫金属的吸声系数与声波频率的平方呈 exp 指数关系，而且吸声系数曲线对于声波频率在低频端有一条水平渐近线。此外，利用多孔材料比表面积公式进行计算得出，当该泡沫样品厚度相同时，其最大吸声系数随比表面积增大而大致呈线性增大。在此基础上，还确立了此类泡沫金属材料最大吸声系数与孔隙率和孔径的数学关系。

5.5.1 吸声系数与声波频率的关系

5.5.1.1 加压铸造法所得泡沫铝样品

本模拟所用多孔材料测试结果源于《宇航材料工艺》第 28 卷中"多孔铝合金材料吸声性能的研究"一文。其中样品为加压铸造法制备的泡沫铝，其结构参数见表 5.7，采用驻波管法测出的样品吸声系数见表 5.8。

为便于分析，选择部分孔隙尺寸相同且厚度也相同的样品的实验数据进行拟合。运用数学上若干常见的函数形式，经过反复尝试，找到了较适合的拟合函数表达。拟合曲线见图5.13，对应的拟合方程均可以表达为高斯函数的形式：

$$\alpha = \alpha_0 + A\exp\left[-\frac{(f-f_c)^2}{2\omega^2}\right] \tag{5.48}$$

式中，α_0 是吸声系数曲线的渐近线对应值；f_c 是吸声系数最大点的声函波频率；ω 是函数图像的半宽；A 是函数图像的幅值。

表 5.7　加压铸造法所得泡沫铝试样的结构参数

样品编号	孔隙尺寸/mm	厚度/mm	总孔隙率/%	总孔隙率中的通孔度/%
1	1.40	15	68.41	91.37
2	1.40	15	78.92	90.92
3	0.83	15	86.98	89.16

表 5.8　不同频率下加压铸造法所得泡沫铝试样的吸声系数测量结果

样品编号	2.0kHz	2.5kHz	3.0kHz	3.5kHz	4.0kHz
1	0.220	0.260	0.470	0.565	0.480
2	0.245	0.340	0.550	0.630	0.500
3	0.400	0.600	0.850	0.915	0.820

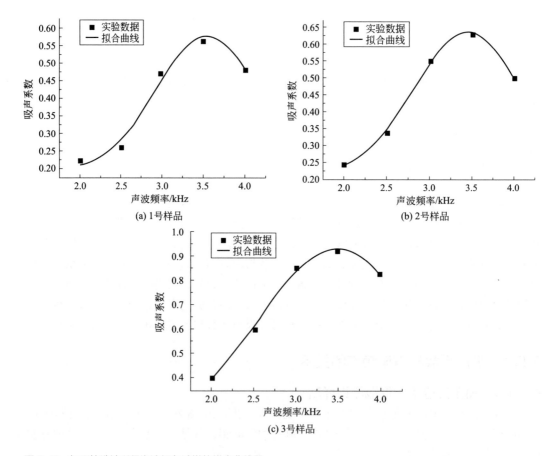

图 5.13　加压铸造法所得泡沫铝各试样的拟合曲线图

5.5.1.2 真空渗流法所得泡沫铝样品

真空渗流法是将所需的颗粒装入铸型，并在保温炉内预热一定时间，置于浇注室内，浇注室一端连接真空室，当真空室阀门打开时，液态金属在压力差的作用下，渗入铸型中，完成渗流过程。孔隙的形状由颗粒的形状所决定，所得产品结构参数见表5.9，测得样品的吸声系数见表5.10。表5.9和表5.10数据源于《热加工工艺》第1卷中"多孔泡沫铝的制备及其吸声性能的测定"一文。通过上述相同的方式和过程进行数据拟合，得出图5.14的实验数据拟合曲线，对应的拟合方程也可以表达为与式(5.48)相同的高斯函数形式。

表5.9　真空渗流法所得泡沫铝试样的结构参数

样品编号	4	5	6
密度/(g/cm³)	1.203	1.145	1.076
总孔隙率/%	55.44	57.59	60.16
孔的直径/mm	0.5~0.7	0.8~1.2	1.25
厚度/mm	10	10	25
孔的形状	多边形	多边形	圆形

表5.10　不同频率下真空渗流法所得泡沫铝试样的吸声系数测量结果

频率/kHz	序号		
	4	5	6
0.200	0.08	0.08	0.10
0.250	0.08	0.10	0.08
0.315	0.08	0.08	0.10
0.400	0.18	0.12	0.30
0.500	0.16	0.12	0.10
0.630	0.12	0.13	0.12
0.800	0.15	0.17	0.20
1.000	0.18	0.20	0.30
1.250	0.10	0.15	0.30
1.600	0.43	0.53	0.78
2.000	0.60	0.74	0.95
2.500	0.71	0.78	0.86
3.150	0.78	0.66	0.76
3.500	0.78	0.50	0.70

5.5.1.3　分析讨论

通过对于孔隙介质中衰减机理的分析，Biot早在20世纪50年代就创建了孔隙弹性理论。在该理论中，引入了孔隙流体相对固体骨架运动而引起的衰减机理，这种机理是基于均匀的Biot孔隙弹性理论。后来很多研究发现，除了内部衰减外，孔隙结构的不均匀性引发的散射，也是衰减的主要原因之一。即当随机介质的不均匀尺度和波长可以相比拟时，随机介质引发的散射可能产生很大的衰减。

(1) 两类影响因素

振动波在多孔体中以复杂的路线传播，产生衰减，表征其衰减的一个重要物理参量即是介质的品质因子 Q。当波传播一个波长 λ 的距离后，原来储存的能量 E 与消耗能量 ΔE 之比的 2π 倍定义为介质的品质因子：

$$Q^{-1} = \frac{1}{2\pi} \times \frac{\Delta E}{E_{max}} \tag{5.49}$$

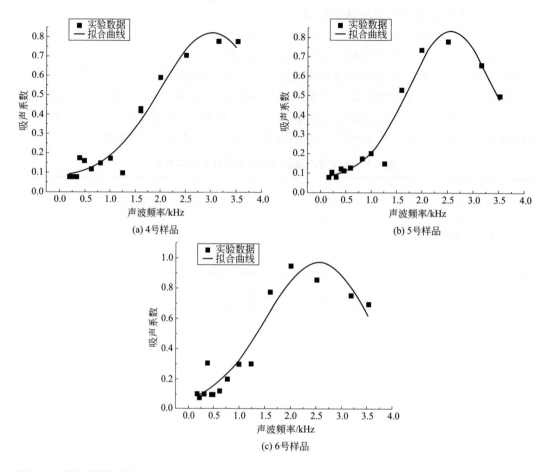

图 5.14　真空渗流法所得泡沫铝各试样的拟合曲线图

这种衰减的机制可以分为两类：一类归结为几何因素，其中包括由于波阵面的扩展，声波通过界面时的反射、折射以及通过不均匀介质（不均匀尺度与波长大小可以相互比较）时造成的散射所引起波动振幅的衰减；另一类是物理因素，即与多孔体的非完全弹性直接有关的衰减，也称为固有衰减或内摩擦。

第一类因素，由于孔隙介质的厚度有限，由波阵面的扩散引起的衰减可以忽略，其中主要是反射及散射所引起的波动振幅的衰减。声波是 P 波，在入射后，经过不均匀介质产生散射，在介质内部经过不规则的反射，除了产生反射的 P 波外，同时还会出现反射的 S 波成分，向不同的方向传播并彼此干涉，最后转化为热能消耗掉，使声波发生衰减。

第二类因素，主要指的是多孔材料内部的耗散，包括摩擦、黏滞效应等。内在耗散主要与多孔材料的微结构（比表面积、内表面的粗糙程度和孔隙的连通性）、孔隙内部流体和声波频率有关。Biot 理论指出，孔隙中的流体对于声波的传播有重要影响。在黏滞流体中，流体与固体之间分界面上出现耦合力，这种力使流体和流体与固体组合之间产生某种差异运动，从而引起能量的损耗，造成衰减。这种影响可以用某个趋肤深度 d_s 来表征其特征：

$$d_s = \sqrt{\frac{2\eta}{\rho\omega}} \tag{5.50}$$

式中，η 是流体黏滞系数；ρ 是流体密度；ω 是入射波频率。

如果流体不是黏滞的，则无黏滞耦合力会出现在流体与固体之间的分界面上，而与此相反，若是流体非常黏滞，则存在巨大的耦合力以阻止差异运动。衰减与流体的黏滞性有关。对于空气来说黏滞性较低，主要应考虑内部摩擦所引起的能量耗散，主要影响因素为多孔材料的微结构。

(2) 吸声与频率关系

在声波频率较低时，声波波长较长，穿透性较好。声波进入多孔体后，当其中 $ka<0.01$（k 为波数，a 为多孔体中孔和棱的尺度）时，即处于声波散射中的准均匀态，在多孔体内声波发生散射概率低，多孔体对声波阻碍较小，吸收率低。随着声波频率的逐渐升高，多孔体内发生不规则散射概率增加，各散射声波相互干涉，消耗一定的能量，从而使吸收率有了一定升高。当入射声波频率增加到能使 $0.01<ka<0.1$ 时，声波在遇到多孔体表面孔棱的阻碍后，发生瑞利散射，其散射波包含 P 波与 S 波两部分，如下式所示：

$$^{\mathrm{P}}U_{\mathrm{r}}^{\mathrm{P}}=\frac{v}{4\pi}\times\frac{\omega^2}{\alpha_0^2}\left\{\overline{\frac{\delta\rho}{\rho_0}}\cos\theta-\overline{\frac{\delta\lambda}{\lambda_0+2\mu_0}}-\frac{2\overline{\delta\mu}}{\lambda_0+2\mu_0}\cos^2\theta\right\}\frac{1}{r}\mathrm{e}^{-\mathrm{i}\omega(t-r/\alpha_0)} \tag{5.51}$$

$$^{\mathrm{P}}U_{\mathrm{mer}}^{\mathrm{S}}=\frac{v}{4\pi}\times\frac{\omega^2}{\alpha_0^2}\times\frac{\alpha_0^2}{\beta_0^2}\left\{\overline{\frac{\delta\rho}{\rho_0}}\sin\theta+\frac{\beta_0}{\alpha_0}\times\overline{\frac{\delta\mu}{\mu_0}}\sin2\theta\right\}\frac{1}{r}\mathrm{e}^{-\mathrm{i}\omega(t-r/\beta_0)} \tag{5.52}$$

式中，U 是散射波场；v 为入射波速；ω 是波的圆频率；α_0 和 β_0 分别是 P 波和 S 波的波速；θ 是散射角（入射方向和散射方向之间的夹角）；r 是散射体和观测点之间的距离；ρ 是散射体密度；λ 和 μ 是介质的常数。

反射 P 波经 3 种因子叠加可获得总反射 P 波分布函数。根据散射角 θ 符号特征可知，其在入射方向即 $\theta<90°$ 的散射波要少于 $\theta>90°$ 的反向的散射波，但只有 $\theta<90°$ 的声波才可以进入材料内部发生吸收。所以，在 ka 值增加后，散射波进入到材料少，内部用于内耗散吸收的部分减少，吸声系数降低，从而吸声曲线呈现出二次曲线特征，存在一个吸声系数随频率变化的峰值。

5.5.2 最大吸声系数与孔隙因素的关系

多孔材料具有体密度小、孔隙率高、比表面积大等特点，作为一种有效的吸声降噪材料，已经得到了广泛的应用。泡沫金属是多孔材料中一个重要的种类，它既具有金属材质的特征，又具有泡沫材料的孔隙结构；相对于有机泡沫吸声材料来说，具有较高的强度和良好的耐热性。

多孔材料的比表面积和吸声性能有较为直接的关系：比表面积越大，相应的声波与多孔材料作用面积就可以越大，从而产生的能量损耗也就越大，这有利于声音的吸收。本部分以加压铸造法所制备的泡沫铝为研究对象，利用其结构参量和吸声数据，通过有关比表面积计算公式，初步探讨了该泡沫材料最高吸声系数与比表面积的关系，进而找到了其最高吸声系数与孔隙率和孔径等孔隙因素的关系。

(1) 理论基础

材料的比表面积是其单位体积或单位质量所具有的表面积，前者为体积比表面积，后者为质量比表面积。对于上一部分提到的影响吸声性能的第二类因素，对于孔隙表面的粗糙程度则应考虑到材料的结构常数中，孔隙连通性则应考虑到通孔率中。我们在这里只考虑结构状态相同（即结构常数相同）的材料比表面积对吸声性能的影响。

根据上一章我们建立的多孔材料比表面积计算公式：

$$S_V = \frac{K_s}{d}\left[(1-\theta)^{1/2} - (1-\theta)\right](1-\theta)^n \tag{5.53}$$

式中，S_V（cm^2/cm^3）为多孔体的体积比表面积；d（mm）和 θ（%）分别为多孔体的平均孔径（或有效孔径）和孔隙率；K_s 为取决于多孔体的材质和制备工艺条件的材料常数；n 为表征多孔体孔隙结构形态的几何因子（或说结构因子）。

（2）数据基础

我们利用上述《宇航材料工艺》第 28 卷中"多孔铝合金材料吸声性能的研究"一文中介绍的加压铸造法所得泡沫铝的实验数据。该文献给出的泡沫铝样品结构参数和对应吸声系数测试结果见表 5.11 和表 5.12。

表 5.11　泡沫铝试样的结构参数

样品编号	孔隙尺寸/mm	样品厚度/mm	总孔隙率/%	总孔隙率中的通孔度/%
1	3.33	15	62.15	100.00
2	2.36	15	63.23	97.64
3	1.65	15	64.74	94.21
4	1.40	15	68.41	91.37
5	1.40	15	78.92	90.92
6	1.40	15	81.19	90.45
7	0.83	15	86.98	89.16

表 5.12　不同频率下泡沫铝试样吸声系数的测量结果

样品编号	2.0kHz	2.5kHz	3.0kHz	3.5kHz	4.0kHz
1	0.070	0.115	0.130	0.260	0.175
2	0.070	0.140	0.200	0.460	0.330
3	0.085	0.240	0.295	0.540	0.390
4	0.220	0.260	0.470	0.565	0.480
5	0.245	0.340	0.550	0.630	0.500
6	0.270	0.370	0.635	0.700	0.550
7	0.400	0.600	0.850	0.915	0.820

（3）计算与拟合

利用上述公式计算多孔样品的比表面积。对于经过加压铸造法制得的泡沫铝，其孔隙结构为胞状。根据上一章的结果，计算公式中的指数项在这里可近似地借用 $n=0.4$。对于同种方法制备的样品，公式中的材料常数 K_s 相同。把表 5.11 的数据代入上述式(5.53)，经过计算可知：在样品厚度相同的情况下，泡沫铝样品的最大吸声系数（α_{max}）随比表面积的变化，大致呈线性增加的趋势（见表 5.13 和图 5.15）。这种变化关系易于解释，即比表面积越大，多孔体内部对于吸声有效的孔隙表面越大，则声波进入后与材料的作用面积增加，相应的能量损耗也会增加。

表 5.13　样品最大吸声系数与比表面积的对应数据

样品序号	S_V/K_S（$n=0.4$）	最大吸声系数（α_{max}）
1	0.0479	0.260
2	0.0681	0.460
3	0.0946	0.540
4	0.1145	0.565
5	0.1073	0.630
6	0.1050	0.700
7	0.1652	0.915

根据上表中的数据，样品最大吸声系数与比表面积的关系可粗略地近似拟合成：

$$\alpha_{max} = BS_V + C \tag{5.54}$$

式中，B、C 为待定常数，也都是对某种工艺方法所得制品的特定材料常数。

基于上式，对该最大吸声系数与比表面积作线性拟合的结果直观地示于图 5.15。

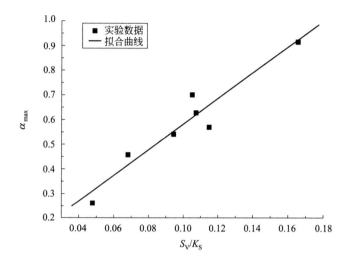

图 5.15　样品最大吸声系数与比表面积的关系

把式(5.53)代入式(5.54)得到最大吸声系数与孔隙率和孔径的关系：

$$\alpha_{max} = \frac{K_{max}}{d}[(1-\theta)^{1/2} - (1-\theta)](1-\theta)^n + C \tag{5.55}$$

其中 $K_{max} = K_S B$。

式(5.53)得到了最大吸声系数关于孔径和孔隙率的函数关系，其中的常数 n 还是表征多孔体孔隙结构形态的几何因子，可以通过测定比表面积来确定；K_{max} 和 C 是用来描述多孔材料的材质和制备工艺的常数，可以通过两组最大吸声系数数据来进行确定。

5.5.3　本节工作总结

本部分研究了两类不同加工工艺制造的多孔铝合金材料的吸声数据。为探索其吸声系数与声波频率的关系规律，采用数学上的常见函数形式进行反复尝试，对数据进行非线性拟合，发现高斯型函数的拟合效果良好；并利用地震波在岩石孔隙介质中的衰减理论对函数的变化趋势进行了分析。在探索其最大吸声系数与孔隙因素关系的过程中，发现样品厚度相同条件下，泡沫体最大吸声系数可近似符合比表面积指标的线性拟合，从而可获得其最大吸声系数与孔隙率和孔径的数学关系。

最后要提及的是，本工作仅仅是数学拟合的尝试，虽然获得了良好的拟合结果，但其中诸多内在的物理意义还不清楚，需要进一步研究。当然，拟合得到的泡沫金属吸声性能关系规律，仍可对吸声结构设计提供一定的帮助。

5.6 泡沫镍复层结构的中频吸声性能

虽然对泡沫金属的吸声性能已有一些研究，但基本上都是集中在胞状泡沫铝的工作。目前，在市场上闭孔结构的泡沫铝占据了很大份额，但开孔泡沫金属对某些用途更为合适。因为人们普遍认为胞状泡沫体的胞状孔隙结构以及丰富的孔隙表面赋予了其可期待的吸声效果，而对三维网状泡沫金属的吸声性能则少有兴趣。

金属镍具有良好的延展性和韧性，而且在 800℃ 高温下接触空气不氧化，对强碱不反应，对稀酸反应微弱，拥有极高的稳定性和抗腐蚀性。不少国家都已采用电沉积法大批量生产泡沫镍，产品主要用于电极材料。由于产品为厚度较小的三维网状薄板材料，其吸声效果远不如胞状结构的开孔泡沫金属，因此有关其声学性能的研究甚少。

一般来说，人类可闻声波频率范围约为 20～20000Hz（对应于空气中的波长介于 17m～17mm 之间），而听觉最重要的频率范围约为 500～4000Hz。另外，还考虑到我们的吸声系数测试系统，将驻波管分为 200～2000Hz、2000～4000Hz、4000～6300Hz 等多个波段。因此，我们将研究范围内的 2000～4000Hz 波段称为中频段，而 200～2000Hz 和 4000～6300Hz 分别称为低频段和高频段。前述中频段 2000～4000Hz 是听觉最为敏感的频段。本部分即探讨泡沫镍及其复合结构在此人耳敏感频段的吸声性能，包括这种泡沫镍片材的多层叠合体以及其分别与空腔和穿孔板进行穿插叠合所形成的夹层结构。通过调整这些叠合结构的组合方式和结构参数，以期获得良好的吸声效果。结果发现，该泡沫镍在相关声频下完全可以很好地用于吸声材料。

5.6.1 实验材料和检测方法

（1）实验材料

制作试样的实验材料是广泛用于多孔金属电极的三维网状泡沫镍片材，由电沉积工艺制备，对其产品的电性能和力学性能已有相关研究。其片材厚度为 1.5mm 左右，孔隙率为 0.96，平均孔径约 0.65mm，裁切成直径为 50mm 的圆片（参见图 5.16）。

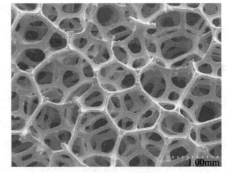

(a) 圆形样品宏观形貌   (b) 放大的孔隙结构

图 5.16 用于吸声系数测试的泡沫镍片材试样

（2）测试设备与方法

本工作采用北京世纪建通科技发展有限公司生产的 JTZB 吸声系数测试系统，利用驻波管法检测样品的吸声系数。其原理是扬声器向管内辐射的声波在管中以平面波形式传播时，在法向入射条件下入射正弦平面波和从试样反射回来的平面波叠加，由于反射波与入射波之间具有一定的相位差，因此叠加后在管中产生驻波。于是，从材料表面开始形成驻波声场，沿管轴线出现声压极大 p_{max}、极小 p_{min} 的交替分布，利用可移动的探管接收这种声压分布，得出材料的垂直入射吸声系数表达如下：

$$\alpha_N = \frac{4p_{max}/p_{min}}{(1+p_{max}/p_{min})^2} \tag{5.56}$$

本测试系统符合国家标准 GB/T 18696.1—2004，同时参考了国际标准 ISO 10534-1：1996，可以用来测试吸声样品法向入射声波的吸声系数和声阻抗。这是一种利用驻波的特性来进行测试的设备，其装置组成的主体是一根内表面光滑的刚性圆管（驻波管），圆管一端安置扬声器，另一端安装待测试样，试样表面垂直于驻波管的轴线。当扬声器向管内辐射的声波在试样表面反射后，就会在管中建立一个驻波声场。移动探管可以测出驻波声场中的声压极大和极小并在仪表中直接转换成声级最大值 L_M（dB）和声级最小值 L_m（dB），由此即可通过下式计算出试样的吸声系数：

$$\alpha = \frac{4 \times 10^{(L_M - L_m)/20}}{(1 + 10^{(L_M - L_m)/20})^2} = \frac{4 \times 10^{\Delta L/20}}{(1 + 10^{\Delta L/20})^2} \tag{5.57}$$

可闻声频范围为 20～20000Hz，其中间频段 2000～4000Hz 对于人耳听觉最为重要。本部分工作通过驻波管三分之一倍频程法测量结构的吸声系数，根据 1/3 倍频规律，选用 2000Hz、2500Hz、3150Hz 和 4000Hz 4 个中心频率进行该中间频段的定频测试。测试时，先将接收的声音信号调节到合适的分贝数，测试并记录同一周期内的最大分贝值 L_M 和最小分贝值 L_m，然后改变初始分贝数，重复上述步骤，得出 L_M 和 L_m 两者差值的平均值，最后用该平均值根据式(5.57) 计算吸声系数。

5.6.2 实验结果与分析讨论

5.6.2.1 实验结果

(1) 泡沫镍片材叠合体及其空腔叠合结构

将如图 5.16 所示厚度为 1.5mm 左右的泡沫镍圆片试样 5 层叠在一起，形成总厚度为 7.5mm 左右的泡沫镍圆板，紧贴试样管的刚性壁装入。图 5.17 展示了样品中泡沫镍片材之间良好的接触状态：如果制作样品时不让切割力引起切边内收，则不同样片层之间的边界都不易被发现，如靠近标尺的第四、第五层之间的边界就是这样。在声源分别为 2000Hz、2500Hz、3150Hz 和 4000Hz 4 个 1/3 倍频程的中心频率点测出试样的声级最大值 L_M（dB）和声级最小值 L_m（dB），按式(5.57) 计算出试样的吸声系数，每一中心频率点取 2 个试样的平均值，结果列于表 5.14。

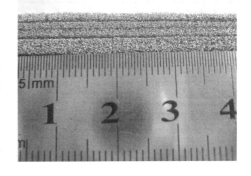

图 5.17　五层泡沫镍片材叠合组成的样品侧面照片

表 5.14 不同声频下 5 层泡沫镍片材有无空腔时系统的吸声系数

序号	声波频率 f/Hz	泡沫厚度/mm	空腔厚度/mm	ΔL/dB	α	α 的平均值
1	2000	7.5(5 层)	0	21.7	0.281	0.21
2	2000	7.5(5 层)	0	28.4	0.141	
3	2500	7.5(5 层)	0	17.9	0.401	0.29
4	2500	7.5(5 层)	0	26.3	0.176	
5	3150	7.5(5 层)	0	19.2	0.356	0.29
6	3150	7.5(5 层)	0	23.9	0.226	
7	4000	7.5(5 层)	0	7.7	0.827	0.79
8	4000	7.5(5 层)	0	9.4	0.756	
9	2000	7.5(5 层)	18.5(5 层)	17.9	0.401	0.38
10	2000	7.5(5 层)	18.5(5 层)	18.9	0.366	
11	2500	7.5(5 层)	18.5(5 层)	15.1	0.509	0.51
12	2500	7.5(5 层)	18.5(5 层)	15.1	0.509	
13	3150	7.5(5 层)	18.5(5 层)	14.8	0.521	0.54
14	3150	7.5(5 层)	18.5(5 层)	13.7	0.568	
15	4000	7.5(5 层)	18.5(5 层)	8.9	0.777	0.80
16	4000	7.5(5 层)	18.5(5 层)	7.9	0.819	

图 5.18 用于构建空腔的有机玻璃圆环

基于上述操作，在试样与试样管的后端刚性壁之间设置空腔（试样背腔）。空腔通过 5 个有机玻璃圆环（参见图 5.18）叠在一起构成，圆环内外径分别为 ϕ40mm 和 ϕ50mm，厚度约为 3.7mm，构成厚度约为 18.5mm 的空腔。此时的测试结果一同列于表 5.14。

为了考察空腔与试样的组合效果，我们按照待测试样选取泡沫镍片与空腔交替叠加的方式，形成 5 层厚度为 1.5mm 的泡沫镍片与 5 个厚度为 3.7mm 的空腔相互叠加这种结构方式，其泡沫镍片的总厚度仍为 7.5mm 左右，空腔厚度仍总共为 18.5mm 左右。测试结果列于表 5.15。

表 5.15 不同声频下空腔与泡沫体交替叠加对系统吸声系数的影响

序号	声波频率 f/Hz	泡沫厚度 /mm	空腔厚度 /mm	ΔL /dB	α	α 的平均值
1	2000	7.5(5 层)	18.5(5 层)	15.9	0.476	0.49
2	2000	7.5(5 层)	18.5(5 层)	15.0	0.513	
3	2500	7.5(5 层)	18.5(5 层)	14.9	0.517	0.52
4	2500	7.5(5 层)	18.5(5 层)	14.9	0.517	
5	3150	7.5(5 层)	18.5(5 层)	14.6	0.529	0.54
6	3150	7.5(5 层)	18.5(5 层)	14.2	0.546	
7	4000	7.5(5 层)	18.5(5 层)	9.8	0.739	0.75
8	4000	7.5(5 层)	18.5(5 层)	9.5	0.752	

（2）泡沫镍片材与穿孔板的叠合结构

与泡沫镍圆片试样相配合，将 304 不锈钢穿孔板也制成直径为 50mm 的圆板（参见图 5.19），厚度约 1mm，孔径约 4mm，孔密度约 1cm^{-2}。泡沫镍片材与穿孔板的组合方式列于表 5.16，测出其在 2000Hz、2500Hz、3150Hz 和 4000Hz 声频作用下的吸声系数列于表 5.17。

图 5.19　304 不锈钢穿孔板

表 5.16　泡沫镍片材与穿孔板的组合结构方式

序号	1	2	3	4	5	6	7	8
结构	6^*(A)		BAAAAAA		2^*(BAAA)		3^*(BAA)	
泡沫镍板件总厚度/mm	9.0(6层)		9.0(6层)		9.0(6层)		9.0(6层)	
穿孔板件总厚度/mm	0		1		2		3	

注：表中 A 表示多孔材料；B 表示穿孔板；x^*（BA）表示 x 个（BA）叠加，即组合方式为 BABA…BA（x 个）；每次实验中最左边的字母表示紧贴样腔端面的材料。

表 5.17　不同声频下泡沫镍与穿孔板组合结构的吸声系数（α）

声波频率	2000Hz			2500Hz		
序号	ΔL $(L_M - L_m)$/dB	平均 ΔL/dB	α	ΔL $(L_M - L_m)$/dB	平均 ΔL/dB	α
1	23.7	24.1	0.22	25.7	22.5	0.26
2	24.4			19.3		
3	23.4	25.1	0.20	24.4	22.5	0.26
4	26.8			20.6		
5	20.7	19.5	0.35	15.7	15.9	0.48
6	18.2			16.1		
7	19.7	20.0	0.33	17.3	16.3	0.46
8	20.3			15.2		

声波频率	3150Hz			4000Hz		
序号	ΔL $(L_M - L_m)$/dB	平均 ΔL/dB	α	ΔL $(L_M - L_m)$/dB	平均 ΔL/dB	α
1	24.1	22.2	0.27	9.2	9.2	0.76
2	20.3			9.2		
3	19.8	21.9	0.28	8.8	8.3	0.80
4	24.0			7.8		
5	12.9	15.8	0.48	7.1	10.9	0.69
6	18.8			14.7		
7	14.2	14.2	0.55	8.2	10.2	0.72
8	14.2			12.2		

5.6.2.2 讨论分析

(1) 泡沫镍片材叠合体及其空腔叠合结构

① 有无空腔对吸声性能的影响 泡沫金属的吸声机制主要包括孔隙内流体与孔壁的摩擦及其引起的流体黏滞耗散以及材料本身的阻尼衰减等，各个机制根据材料的结构形态和应用环境的不同情况而发挥不同程度的作用。声波进入开孔泡沫体产生的振动引起孔隙内部的空气运动，造成空气与孔壁的相互摩擦。摩擦和黏滞力的作用使相当一部分声能转化为热能，其次是孔隙中的空气和孔壁之间的热交换引起的热损失。此外，泡沫金属还可通过声波在孔隙表面发生的漫反射而干涉消声。

声波进入多孔金属后，能量较小的低频声波在泡沫金属孔壁上发生反射时产生弹性碰撞，能量损失较小，因此吸声系数较低；能量较大的高频声波则因其振幅较大而可能产生非弹性碰撞，于是具有较高的吸声系数。如果此时还发生了体系与声波的共振，则可以获得很好的吸声效果。

从表 5.14 中的数据可以看出：在没有空腔的情况下，由 5 层泡沫镍板叠在一起形成的厚度为 7.5mm 的多孔吸声体系，在声波频率为 2000Hz、2500Hz 和 3150Hz 时虽然可以看到试样吸声系数随声频升高而增大的趋势，但总的来说吸声系数都很低，其值都小于 0.3。然而，当声波频率达到 4000Hz 时，多孔体系的吸声系数迅速接近于 0.8，成为高效吸声体系。

多孔吸声体是多共振器，具有很多共振频率。可以断定，4000Hz 应该接近或者就是该多孔体系的一个共振频率，而该频率处于人耳的听觉敏感区。因此，如果噪声源的频段覆盖 4000Hz 左右时，本多孔体系可以具有良好的吸声降噪功能。

在上述泡沫镍片叠层体后面构造一个大约 18.5mm 厚的空腔，当声波频率为 2000Hz 时体系的吸声系数接近于 0.4，2500Hz 和 3150Hz 时提高到 0.5 以上，具有显著的增幅。但当声波频率增大到 4000Hz 时，体系的吸声系数变化很小。可见，该体系的空腔能够大大改善低频噪声的吸声性能，而对中频噪声也保持了良好的吸收，仍然处于高效吸声的指标。

空腔对体系吸声性能的影响，主要是改变了整个体系的共振参量，并增加了声波在多孔体表面与刚性壁之间的相互反射和振荡次数，由此带来了材料内部机械阻尼的附加增量。

共振吸声主要是亥姆霍兹共鸣器式结构，其利用入射声波在结构内产生共振而使大量声能得以耗散。在多孔材料背后加上空腔可以优化材料的吸声性能，无空腔时的耗散机制主要是黏滞和热损耗，有空腔后的耗散机制则还有亥姆霍兹共振吸收。有研究认为，泡沫金属内部相互连通的孔隙通道相当于共鸣器的短管，这些通道和背后的空腔构成大量的亥姆霍兹共振器，且这些共振器的共振频率多处在低频附近。正是由于这些大量复杂的亥姆霍兹共振器的存在，声波入射材料时引起泡沫金属的结构共振，从而使大部分的低频声波被耗散。

声波与体系的共振不但增大了材料本身的阻尼衰减，同时加剧了空气与孔壁的摩擦损耗以及流体的黏滞损耗，因此可望在共振频率处出现很高的吸声系数。

② 空腔厚度与吸声性能的关系 根据科学出版社出版的《现代声学理论》一书，在声波为正入射的条件下，带有空腔的穿孔板吸声体系的吸声系数可表达为：

$$\alpha_N = \frac{4r}{(1+r)^2 + [\omega m - \cot(\omega D/c_0)]^2} \tag{5.58}$$

式中，r 为穿孔板的相对声阻率；ω 为入射声波的角频率，rad/s，$\omega = 2\pi f$，其中 f 是入射声波的频率，Hz；m 为穿孔板的相对声质量；ωm 为穿孔板的声抗比；D 为空腔的厚度，即穿孔板到刚性壁的距离；c_0 为声波在空气中的传播速率，常温下 $c_0 \approx 340$m/s；

$\cot(\omega D/c_0)$ 为空腔的声抗比。而且：

$$r = \frac{32\eta\delta}{\theta\rho_0 c_0 d^2}\left[\sqrt{1+k^2/32}+\sqrt{2}kd/(32\delta)\right] \tag{5.59}$$

$$m = \frac{\delta}{\theta c_0}(1+1/\sqrt{9+k^2/2}+0.85d/\delta) \tag{5.60}$$

式中，η 是空气的动力学黏度，常温下 $\eta \approx 1.85 \times 10^{-5}\,\mathrm{kg/(m \cdot s)}$；$\delta$ 是穿孔板的厚度；θ 是穿孔板上穿孔面积与板面积之比，即等于多孔体的孔隙率（孔隙体积与总体积之比）；ρ_0 是静态空气密度，$\mathrm{kg/m^3}$，常温下 $\rho_0 \approx 1.2\,\mathrm{kg/m^3}$；$d$ 是穿孔板上的圆孔直径；k 是多孔板常数，而且：

$$k = d\sqrt{\omega\rho_0/(4\eta)} \tag{5.61}$$

在推演的简化过程中，常常将泡沫金属的连通孔隙视为连通的直孔来处理。若将通孔泡沫金属代替上述穿孔板，其等效直径为 d，则带空腔的三维网状泡沫镍的吸声系数也同样可由式(5.58)来进行近似的表征。由于式(5.58)中的余切函数是以 π 为周期的周期函数，因此在其余条件和参数都相同的情况下，空腔厚度 D 的变化对多孔吸声结构的影响即是周期性的。最合理的是结构是要求吸声体系在最节省空间的前提下获得最大的吸声系数，所以基于式(5.58) 空腔厚度 D 的最佳值是：

$$D = c_0\arccot(2\pi fm)/(2\pi f) \tag{5.62}$$

根据式(5.62)和前面的式(5.60)、式(5.61)可知，空腔厚度 D 的最佳取值不但与所需吸收的声波频率有关，同时还与多孔吸声体的厚度以及孔隙率、孔径等因素有关。因此，在此类吸声结构的设计过程中，首先要考虑噪声的频段，然后在此基础上选择厚度、孔隙率、孔径合适的多孔吸声材料，最后算出空腔厚度的最佳值。

③ 空腔组合方式对吸声性能的影响 表5.15 显示，采取泡沫镍片与空腔交替叠加的方式，所用泡沫镍片同为5层，试样总厚同为26.0mm，体系在声频为2000Hz时的吸声系数接近于0.5。相对于前面的5层泡沫镍片叠加后在其前设置一个18.5mm厚的大空腔所构成的体系，吸声效果有明显提高，当然更优于只有5层泡沫镍片叠加的体系。但在声频为2500Hz和3150Hz的情况下，空腔交替体系与大空腔体系的吸声效果几乎没有差别。可见，空腔交替体系有利于低频吸声，但对中频吸声产生的作用不大。

(2) 泡沫镍片材与穿孔板的叠合结构

传统的穿孔板吸声结构有吸声频段狭窄的缺点，而穿孔板与多孔性吸声材料的常规组合结构是它们和空腔这三者的简单交叉组合，性能设计比较单一。本工作尝试将穿孔板与泡沫金属进行多层次的穿插叠合，形成不同层次组合的叠加式夹层结构，通过调整叠合层厚度控制吸声效果，弥补泡沫镍本身结构性能的不足。

从表5.17可以看到，在2000Hz、2500Hz和3150Hz这3个频率，6层泡沫镍叠合的样品的平均吸声系数均低于0.27，而在叠合样品与刚性后壁间加入一层穿孔不锈钢板而形成的组合结构的吸声系数也基本相同。当频率继续增高的时候，吸声系数开始提升，两种组合样品在4000Hz频率下的吸声系数分别为0.76和0.8。结果表明单纯的泡沫镍在声频较低时的吸声性能很差，只有在3150Hz以上时才会出现较高的吸声系数，吸声系数的峰值应出现在4000Hz以上的频段，这对于实际的降噪应用而言并不理想。而紧贴刚性后壁的一层穿孔板对叠合层吸声效果的影响几乎没有。根据声音吸收机理判断，无穿孔板的泡沫镍叠合样品，主要依靠黏滞耗散作用吸收声波，而增加穿孔板后，虽然形成了小型的共鸣腔，产生了共振耗散和阻抗匹配效应，对内部透射声波产生了吸收，但腔体体积较小，吸收增幅作用微弱，并不能提升叠合样品的吸声性能。

当加入两层穿孔板，即在泡沫镍的底层和中间层都放置了穿孔板之后，对 2000Hz、2500Hz 和 3150Hz 的频率的吸声系数都有显著的提升：在 2000Hz 频率的吸声系数提高到了 0.35，2500Hz 和 3150Hz 频率下的吸声系数都达到了 0.45 以上。而 4000Hz 的吸声系数则与 1～4 号样品数据无明显区别。从吸声系数变化趋势判断，加入双层穿孔板的样品的吸声系数峰值频率应比 1～4 号样品低，而平均吸声效果更高。5 号、6 号样品的泡沫镍总厚度与纯镍泡沫样品相同，穿孔板孔隙面积与表 5.16 第 3、4 号样品相同，可以认为入射声波总量与黏滞耗散比例并没有增加，区别在于两层穿孔板之间形成了新的共鸣腔，声波在射入第一层穿孔板之后经过镍泡沫芯层吸收，并被第二层穿孔板反射，之后在两层穿孔板间产生亥姆霍兹共鸣腔。穿孔板孔洞中的空气与泡沫镍内的空气组成一维运动系统，对空气声波产生共振现象。在共振频率下，内部空气振动速率最大。在实际情况中，穿孔板的每个开孔都可以视为与泡沫镍芯材组成一个独立的亥姆霍兹共鸣腔，每个共鸣腔之间会产生干涉，同时穿孔板间泡沫镍芯材的多孔结构减少了腔内空气的流动性，增加了弹性形变耗损的声能，使得吸声系数的最大值频率发生偏移。在靠近无穿孔板介入的单纯泡沫镍叠合体吸声系数峰值的频率范围内，所有频率的吸声系数都得到了增加，吸声性能得到了大幅的提升。

保持泡沫镍的总厚度不变，并加入三层穿孔板的样品，在 2000Hz 和 2500Hz 频率上的吸声系数为 0.33 和 0.46，在 3150Hz 和 4000Hz 时的吸声系数为 0.55 和 0.72，与加入两层穿孔板基本相同。

根据吸声系数的变化趋势可以判断，所有样品的吸声系数峰值应该出现在 3150Hz 以后，并且显示了在人耳可听范围内良好的吸声效果。加入穿孔板结构，可以明显提高较低声频下的吸声效果。综合表 5.17 的数据可以看出，增加泡沫镍样品内部插入的穿孔板数量，会提升复合结构在低频的吸声效果，令吸声系数峰值向低频移动。

（3）其他

闭孔胞状泡沫金属的吸声性能相对较低，这是由于闭孔结构造成的结果，因此常常采用辊轧的方式来减少闭孔率。另一方面，网状泡沫金属的吸声性能也很低，这是因为多孔结构过于开放，以致流阻很低。其吸声能力甚至要远低于一般的胞状结构泡沫金属。为了克服网状泡沫金属这一劣势，实践中可以使用相对较厚的制品以及采取合适的复合结构。

5.6.3　本节工作总结

本工作建构了不同泡沫镍复层结构用于声频在 2000～4000Hz 范围内的吸声研究，发现了一些有效的吸声结构方式：

① 总厚度在 7.5mm 左右的三维网状泡沫镍叠层结构在较低的声频区（如在 3150Hz 以下）吸声效果不佳，但到中频段可以表现出优秀的吸声性能，如在 4000Hz 左右可以出现吸声系数接近 0.8 的声频共振。

② 总厚度在 7.5mm 左右的三维网状泡沫镍片材，配合一定厚度的空腔，可以将三维网状泡沫镍在较低频段的吸声效果大幅提高，如在 2500Hz 和 3150Hz 等声频下吸声系数可大幅增加到 0.5 以上；如果采取泡沫镍片与空腔交替叠加的方式，则可在低频获得更好的吸声性能，如在 2000Hz 下可使吸声系数接近 0.5。

③ 在表层增加穿孔板对吸声效果的影响微弱，而在内层增加穿孔板可以明显提升整个

复合结构的吸声性能。当内层的穿孔板数量继续增加的时候，穿孔板的整体影响逐渐降低，但仍可提升复合结构在较低声频下的吸声效果。然而，从结构成本和改善作用来看，加入穿孔板的效果不如加入空腔。

5.7 泡沫镍复层结构的低频吸声性能

商业网状泡沫镍主要用于多孔电极材料，开拓其他用途也是令人感兴趣的，比如用于吸声。但其空气流阻小，因此其低频吸声性能不佳。然而，若将其设计组成合适的复合体，则可望获得吸声效果良好的吸声结构。

对于人耳最为敏感的声频区域是 500～4000Hz。本部分在前面探讨电沉积泡沫镍及其复合结构在 2000～4000Hz 范围内吸声性能的基础上，继续探讨此类泡沫镍及其不同复层结构在低频区 200～2000Hz 内的吸声行为。结果发现，孔隙率为 89%，厚度为 2.3mm，平均孔径为 0.57mm 的泡沫镍，一层到五层的吸声效果都很差。加入背后空腔后可提高吸声系数，但数值仍然不高：五层叠加再加入 5cm 厚的背腔，最大吸声系数在 1000～1600Hz 内达到 0.4 左右。前面贴合穿孔薄板，泡沫镍结构的吸声性能可在一定程度上提高，但效果也不明显。在前面贴合穿孔薄板的同时，又在后面加入空腔，则泡沫镍结构的吸声性能可明显提高：双层泡沫镍加 5cm 空腔的结构，吸声系数在 1000Hz 左右达到了 0.68。

5.7.1 实验材料和检测方法

（1）实验材料

如同前一部分，用于实验的多孔材料仍采用广泛用于多孔金属电极的三维网状泡沫镍，由电沉积工艺制备，其产品的电性能和力学性能已有相关研究，其产品的中频（2000～4000Hz）吸声性能也已在前一部分有初步的探讨。本部分讨论低频吸声性能，样品选用孔隙率为 89%、平均孔径为 0.57mm、厚度为 2.3mm 左右的泡沫镍片材，裁切成直径为 100mm 的圆片（参见图 5.20）用于吸声测试。

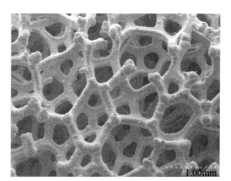

(a) 样品整体形貌   (b) 放大的孔隙形貌

图 5.20 用于吸声系数测试的泡沫镍片材试样

（2）测试设备与方法

与上一部分相同，本部分的工作也采用驻波管法检测泡沫镍及其复合结构的吸声系数。

可闻声频范围在 20～20000Hz 之间。前一部分已在 2000～4000Hz 这一典型的听觉频段研究了上述泡沫镍结构的吸声性能，本部分在此基础上研究基于泡沫镍的复层结构在可闻声波低频段即 200～2000Hz 范围内的吸声性能。利用驻波管三分之一倍频程法，在 200Hz、250Hz、315Hz、400Hz、500Hz、630Hz、800Hz、1000Hz、1250Hz、1600Hz 和 2000Hz 11 个频率点进行定频测试。

5.7.2　实验结果与分析讨论

（1）泡沫镍片材叠合体及其空腔叠合结构

单层泡沫镍的吸声系数随频率的变化关系如图 5.21 所示。从图中的数据可以看出，单层的泡沫镍或者泡沫镍后加 5cm 以内的空腔基本上都不具备吸声性能，单层泡沫镍以及和空腔的复合结构的最大吸声系数仅为 0.10。吸声系数低主要是因为泡沫镍是开孔结构，孔隙率又很高，并且两层泡沫镍片材的样品厚度很薄，声音很容易透过，所以样品对声音的吸收能力很弱。这是因为孔壁的面积小，即声波与孔壁的相互作用面积小，因此黏滞损耗很小。

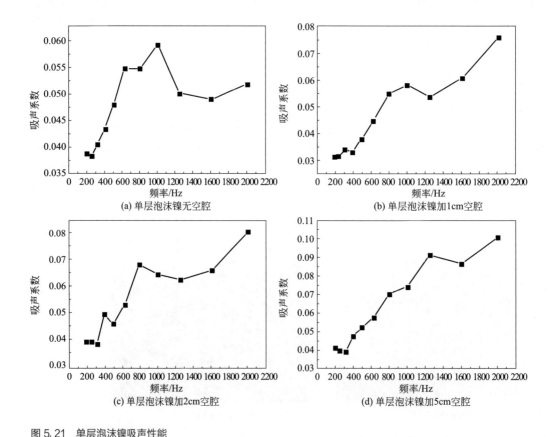

图 5.21　单层泡沫镍吸声性能

试样与试样管后端刚性壁之间的空腔（试样背腔）由若干个硬胶圆环叠合构成，圆环内外径分别为 ϕ80mm 和 ϕ100mm。每个圆环的厚度约为 1cm，构成厚度约为 5cm 的空腔即需要 5 个这样的圆环进行叠合。

泡沫镍和背腔形成了复合吸声结构。由于声波在复合结构中产生共振损耗，因此吸声性能得以提高。两层泡沫镍紧贴叠加后面有无空腔的吸声系数曲线如图 5.22 所示。当在泡沫镍片材后面加上空腔时吸声性能提高，当空腔为 5cm 时结构出现了第一共振频率（约为 1200Hz）时，其对应的最大吸声系数为 0.24。材料背后加空腔，共振频率向低频方向移动。

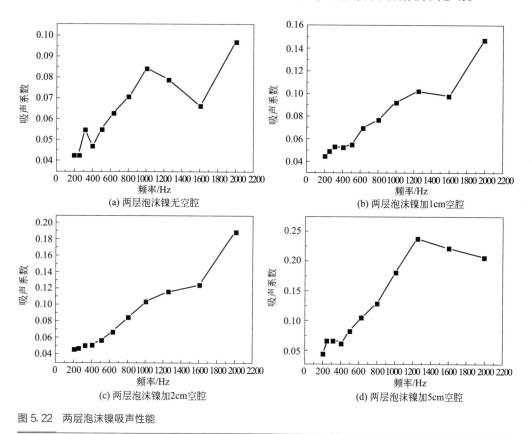

图 5.22　两层泡沫镍吸声性能

随着泡沫镍层数的增加，孔壁和声波的互作用面积增加，因而黏滞损耗增加。在两层泡沫镍的基础上再增加一层泡沫镍，形成三层泡沫镍紧贴叠加。三层泡沫镍紧贴刚性壁以及背后空腔逐渐增加时的吸声曲线如图 5.23 所示。对比前面两图的结果可见，三层泡沫镍叠加起来的吸声性能整体要优于两层叠加的。在 2000Hz 以内，背后加 5cm 空腔时，出现了明显的第一共振频率，最大吸声值为 0.29，吸声频带宽度也比两层时加宽了。如图 5.22 和图 5.23 所示，两图的吸声性能相似。

四层泡沫镍紧贴叠加的吸声曲线如图 5.24 所示。四层泡沫镍叠加后的总厚度大概有1cm，在紧贴刚性壁和加空腔后，吸声性能并没有得到很大改观。当材料紧贴刚性壁时，最大吸声系数为 0.16，这时只是泡沫镍本身的阻抗起到吸声作用，可见材料的阻抗值较小，流阻率不高。同样空腔 5cm 时，最大吸声系数为 0.36，比之前的有所提高，主要是背后的空腔起到了共振吸声的效果。

五层泡沫镍紧贴叠加后的吸声曲线如图 5.25 所示。五层泡沫镍叠加，在紧贴刚性壁时吸声系数最大值不到 0.2；而在材料背后添加空腔后，吸声系数逐渐增加，出现了第一共振频

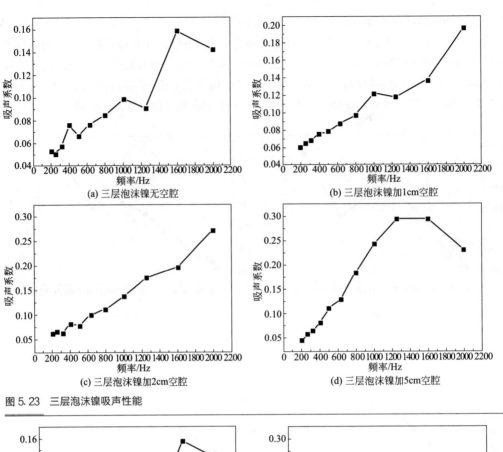

图 5.23　三层泡沫镍吸声性能

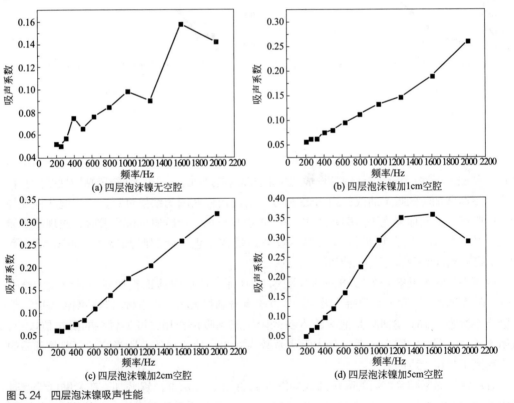

图 5.24　四层泡沫镍吸声性能

率，且随着空腔厚度的增加逐渐向低频移动。5cm 空腔时，最大吸声系数为 0.45。

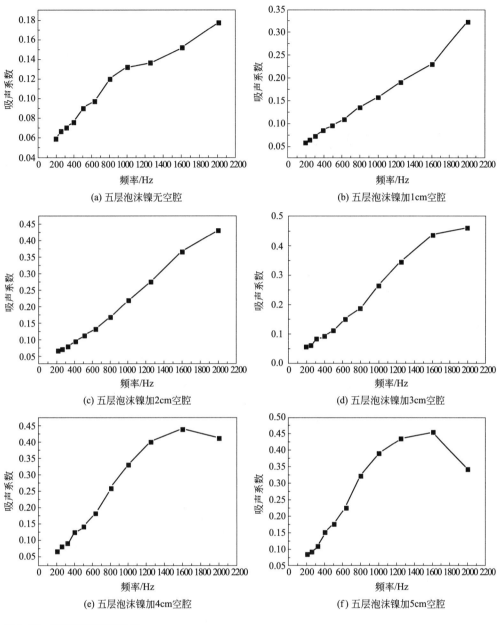

图 5.25　五层泡沫镍吸声性能

（2）泡沫镍片材加贴穿孔薄板的改进结构

上面对多层叠加的泡沫镍吸声性能进行了研究，发现即使背后加空腔，吸声系数并没有很大提高。这里对泡沫镍的吸声结构进行了进一步改进，在泡沫镍前紧贴泡沫镍添加了一层厚度为 0.1mm 的高分子穿孔薄板（如图 5.26 所示），穿孔直径大约在 2～3mm，孔间距为 1cm，经过实验测试，较之前的结构吸声系数有了较大改进。前置穿孔薄板，叠层结构更适合于声音吸收，孔隙内部发生的声波共振衰减明显增强。此外，由于穿孔薄板对声波传播造

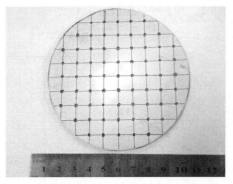

图 5.26　穿孔薄板

成的阻抗，黏滞损耗也增大。

添加穿孔薄板的单层泡沫镍的吸声曲线如图5.27所示。紧贴刚性壁时相比无穿孔薄板时几乎没有变化，当空腔从1cm增加到5cm时，吸声系数比没有添加穿孔薄板时有了很大提高。在背后为2mm空腔时，吸声系数最大值从没添加穿孔薄板时的不足0.08提高到现在的0.5以上。

如图5.27所示，从无空腔到1cm空腔，整体的吸声性能有了很大提高，这主要是因为前面添加了穿孔薄板，形成了"穿孔板＋吸声材料＋空腔"的结构，即多孔材料与共振结构的复合吸声结构。

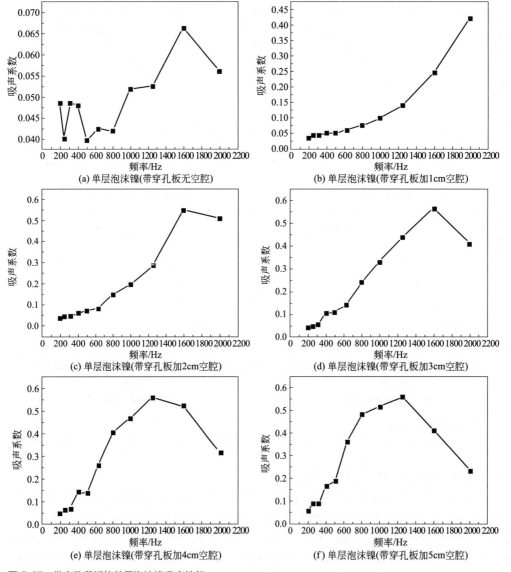

图 5.27　带穿孔薄板的单层泡沫镍吸声性能

改进后的两层泡沫镍的结构为穿孔薄板紧贴两层泡沫镍，在泡沫镍背后空腔从无增加到5cm，这个结构的吸声机理与上述改进后的单层是一样的，都是利用了"穿孔板＋吸声材料＋空腔"的结构，只不过多孔材料的厚度增加了一倍，相应的吸声性能也有所提高。图5.28为实验测得的带穿孔薄板的两层泡沫镍的吸声曲线。由此可见，改进后的两层吸声结构，吸声系数最大值达到0.68。随着空腔厚度的增加，吸声系数最大值几乎不变，第一共振频率向着低频方向移动。

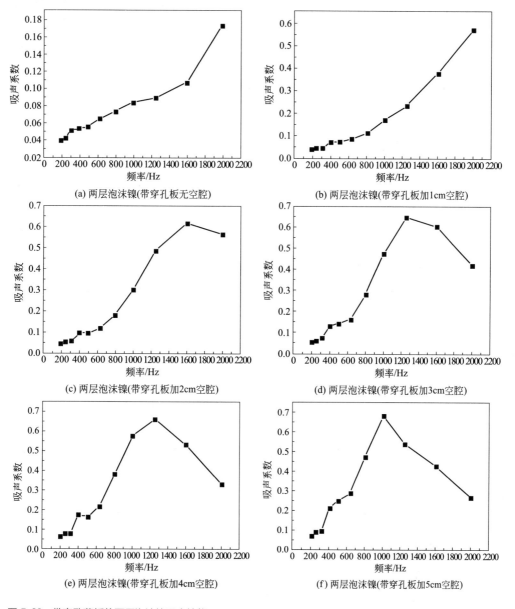

图5.28　带穿孔薄板的两层泡沫镍吸声性能

（3）讨论

泡沫金属复合结构的吸声机理主要包括四种。①泡沫金属本身的黏滞耗散：声波在射入开孔泡沫材料内部的时候，引起空隙间空气的振动，而紧靠孔壁的空气受到固体孔壁的黏滞力作用而不易振动，因此产生空气分子间的摩擦，声波的能量由黏滞力引起的摩擦做功，转化为热能而耗散掉，使得声波能量衰减，从而达到吸声降噪的效果。②泡沫金属本身及其复合结构的共振耗散：利用多孔结构形成的各种空腔的共振实现声波耗散，部分声波会在网状结构空腔中逐步从纵波转化为横波，实现声波的耗散。③复合结构的阻抗匹配：通过对多种不同阻抗材料的组合，形成阻抗梯度或者渐变空腔等结构，令声波最大限度地进入吸声材料内部，而减少其射出材料的比例。声波在多层结构中由于不同的阻抗变化，发生多次散射、反射和透射，达到降噪吸声的效果。④弹性耗散：通过材料内部固体结构的摩擦和弹性振动，吸收声波的振动，转化为热能以达到吸能降噪的作用。一般对于刚性开孔泡沫材料而言，黏滞耗散、共振耗散和阻抗匹配承担主要降噪作用，弹性耗散的影响较小。对于泡沫金属来说，其中的黏滞耗散机制在很多场合都会起到主要的作用。

例如，胞状泡沫铝内部具有很大的孔隙表面积，因为空气流阻较大，所以其声波与孔壁之间相互作用的黏滞损耗不能忽略。此时具有良好的吸声性能。作为比较而言，三维网状泡沫镍内部的孔棱表面积则要小得多，流阻很小，声波的黏滞损耗可以忽略。此时声音难以被吸收，特别是在低频情况下。一般来说，胞状结构的开孔泡沫金属都具有良好的吸声性能，但三维网状的通孔泡沫金属则吸声效果不佳，因此有关其声学性能的研究很少。然而，泡沫镍能够用于更高的温度环境，原因在于其熔点远高于泡沫铝。

电沉积泡沫镍已在世界各地很多国家实现了连续化的大规模生产，其产品主要用于多孔电极和催化剂载体。由于该产品结构均匀，孔隙因素可控，生产工艺成熟，成型加工性好，成本经济，因此在其他方面的开发利用具有很好的市场价值，例如在吸声降噪方面的利用等。但由于这种泡沫金属是三维网状结构，因此其固体孔壁的表面积较小，而且其相互连通的孔隙使得内部的空气流阻大大降低，上述吸声原理中发挥作用的机制往往受到很大限制，所以对声音的吸收能力很弱。为此，对这种三维网状泡沫金属进行复合设计，如空腔的设置、穿孔层的叠加等。

通过合适的结构设计，也可得到基于三维网状泡沫金属的良好吸声结构。一般来说，声波频率越低，多孔吸声材料的吸声性能越差。就报道情况来看，高、中频吸声性能研究稍多，而低频吸声性能研究甚少。可闻声频范围在 20～20000Hz 之间，在本部分和上一部分，我们初步探讨了泡沫镍及其相关复合结构在 200～4000Hz 这一重要听觉频段的吸声性能。本工作尝试研究网状泡沫金属的吸声问题，以期推进和拓宽网状泡沫金属产品的用途。

最后要提到的是，我们也希望再考虑该穿孔板的作用并弄清其作用机制，但这需要大量的补充实验工作，目前缺乏条件。因此，希望以后能有机会继续开展相关研究。

5.7.3 本节工作总结

① 对于孔隙率为 89%，厚度为 2.3mm，平均孔径为 0.652mm 的泡沫镍，单层片材以及背后加 1～5cm 空腔，在 200～2000Hz 范围内的吸声性能都很低，最大值仅为 0.10。从一层到五层，吸声性能逐渐增加。五层泡沫镍叠加，背后空腔为 5cm 时，在 1000～2000Hz 范围内的吸声系数可达到 0.4 左右。

② 利用穿孔薄板贴合泡沫镍片材，改进后的单层和双层泡沫镍结构的吸声性能明显提高，在 1000Hz 左右出现了第一共振频率。在此基础上，双层泡沫镍加 5cm 空腔的结构出现

最大吸声系数，达到了 0.68。这主要是因为吸声机理较之前发生了改变，改进后为穿孔板和多孔材料加空腔共同作用的吸声结构，所以吸声性能比之前有了很大提高。

③ 单一结构的三维网状泡沫镍不能作为可闻声波低频区的吸声材料，但通过结构的适当改进设计，在该声频区也可获得良好的吸声效果。

5.8 结束语

① 应用 Johnson-Allard-Champoux 模型对某泡沫铝样品的吸声性能进行了探讨。经过计算，此类泡沫金属在峰值频率（3500Hz）以下时，所得出的模型计算结果与实验符合良好，超过峰值频率时与实验数据偏差较大。引入一个 e 指数因子对上述模型进行改进，得出如下所示的 JAC 改进模型数理关系：

$$\alpha_N = (1 - |R|^2) \cdot \exp\{-\text{INT}[f/(f_{max} + a)]/b\} \tag{5.63a}$$

式中，相关因子 a 的取值与测量方法和仪器有关，在本工作中取 500；另一相关因子 b 的取值与比表面积有关，在本文中为比表面积的 1/10。将赋值的 e 指数因子代入上述吸声系数公式，最后得出了本工作中吸声系数与比表面积的具体关系：

$$\alpha_N = (1 - |R|^2) \cdot \exp\{-\text{INT}[f/(f_{max} + 500)]/(S_V/10)\} \tag{5.63b}$$

改进后的模型可成功地应用于更宽频率范围的泡沫金属，没有了低于峰值频率的限制。运用改进模型进行计算，得到的计算结果与整条实验曲线符合良好。

② 泡沫金属的吸声系数随着声波频率的变化会在频率特定值出现极值，而且在声波低频端有一条水平渐近线。根据实验数据得出的多孔铝合金泡沫材料吸声系数与声波频率的关系为：

$$\alpha = \alpha_0 + A \exp\left[-\frac{(f - f_c)^2}{2\omega^2}\right] \tag{5.64}$$

式中，α 是泡沫金属的吸声系数；α_0 是吸声系数曲线的水平渐近值；f_c 是对应吸声系数最大点的声波频率；ω 是函数图像的半宽；A 是函数图像的幅值。

③ 泡沫金属比表面积与吸声系数的影响关系较为直接，大致是简单的线性关系，符合比表面积越大，吸声系数越高的关系。将比表面积用孔隙率和孔径表达出来，即可得到本泡沫铝样品最大吸声系数与孔隙因素的关系：

$$\alpha_{max} = \frac{K_{max}}{d}[(1-\theta)^{1/2} - (1-\theta)](1-\theta)^n + C \tag{5.65}$$

式中，K_{max} 和 C 都是取决于多孔体的材质和制备工艺条件的材料常数；d（mm）和 θ（%）分别为多孔体的平均孔径（或有效孔径）和孔隙率；n 为表征多孔体孔隙结构形态的几何因子（结构因子），对于胞状孔隙结构的多孔材料约取 0.4。

④ 探讨了电沉积工艺规模化生产得到的三维网状泡沫镍及其复合设计结构在人耳听觉最为敏感的声频区（2000～4000Hz）的吸声性能。结果发现，对于孔隙率为 96%，厚度为 1.5mm，平均孔径为 0.65mm 的泡沫镍，五层叠合成总厚度约为 7.5mm 的泡沫镍样品在 4000Hz 时表现出优秀的吸声效果，其吸声系数达到 0.8 左右。层间交替加入空腔组成总厚度 18.5mm 的叠层结构，可以大大改善相对较低频段 2000～3150Hz 的吸声性能，吸声系数

提高到大约 0.5 甚至更高。此外，研究还显示，在泡沫板之间交替堆积穿孔板，也可在相对较低频段获得较好的吸声效果。

⑤ 探讨了上述泡沫镍及其复合设计结构在声波低频区 200～2000Hz 范围内的吸声性能。结果发现，对于孔隙率为 89%，厚度为 2.3mm，平均孔径为 0.57mm 的泡沫镍，从一层到五层的吸声效果都很差。加入背后空腔和前置穿孔薄板都可提高吸声系数：五层叠加再加入 5cm 厚的背腔，最大吸声系数在 1000～1600Hz 内达到 0.4 左右；双层泡沫镍加入 5cm 厚的背腔后，同时再在前面贴合一层穿孔薄板，其吸声系数在 1000Hz 左右时甚至达到了 0.68。

第6章

多孔材料热导性能

6.1 引言

开孔泡沫金属在许多技术中的应用都在迅速攀升。例如，泡沫金属在航空航天系统、地热利用、石油储运等方面的应用都在不断增长，因此近些年来多孔材料的热传输现象日益受到关注。泡沫金属的热控制应用包括空运设备的板翅式（紧凑）换热器、空气冷凝塔、热控制装置中相变材料的导热增强器等，特别是泡沫镍已大量用于轻质无线电子器件的高功率电池。由于泡沫金属的开孔率可以很高（孔隙率往往可以在0.9以上），而且其固体孔棱热导率高、内表面积大，在冷却液中具有产生湍流和高度混合的能力，因此由其制作的热交换器拥有紧凑、高效、轻质的特点。在这些用途中，需要对多孔材料的热性能进行表征和估算，其中热导率就是该方面的关键指标。

多孔材料经常用于隔热和保温等要求热性能指标的场合。泡沫金属具有独特的热、声、电性能。在这些独特的性能之中，热导率比对应致密材质大大降低，吸声能力大大提高，电磁屏蔽性能大大增强。在多孔材料实际应用选材和设计过程中，一些场合需要涉及热导属性。本章即介绍该类材料的有关热导性能应用及其热导率指标的表征和检测。

6.2 多孔材料的热性能应用

相对于陶瓷材料和有机材料，金属材料具有良好的热导性。所以，具有很大比表面积的泡沫金属，是热交换和加热、散热的有效材料。高传导性的铜、铝等通孔体适于作为热交换器、加热器和散热器，其中循环空气加热器和电阻水加热器都表现出了很高的效率和优良的使用性能。

6.2.1 热量交换

气体或液体流经多孔体时，带走热量或增加热量，使多孔材料得到冷却或加热。可根据需要制成管状或平面状金属与多孔金属的组合件，在强迫对流条件下使用，有利于利用三维复杂流动，克服边界层的不利影响。

热在多孔材料中的传输有三个互相竞争的机制：固体传导、热辐射和流体传导（对流）。

如果孔隙的尺寸小于10mm，则孔隙中的（自然）对流可以忽略。在一个孔隙的尺度上，流体和固体孔棱之间的温差一般很小。室温下多数非金属多孔材料的热导率均远低于$1W/(m \cdot K)$。非金属多孔材料，特别是在基于聚合物和陶瓷材料的情况下，因其热导率低而被广泛用于隔热。而多孔金属则能更好地适应于强调刚度、强度和韧性的超轻结构。开孔性金属泡沫材料的有效热导率大于其非金属的对应物，因此一般不适合用于隔热用途。但在某些条件较苛刻的情况下，须由闭孔金属多孔体来作为隔热材料。因为其强度、韧性及耐温方面的综合性能优于其他材料的多孔体。开孔性金属多孔材料可用于提高热交换的场合，如低温热交换器、空降设备热交换器、煤燃烧器、飞行器耗散热屏蔽、密封热交换器、液体热交换器、空气冷凝塔和热机制冷器等。

泡沫钢可应用的温度区间很宽，如可制作汽车发动机的排气歧管。因为歧管传热率的大大降低，达到排气催化的正常操作温度所需时间也随之减少。

近30年来，在密封高效的高温热能系统的发展过程中，提高辐射和对流热交换的技术变得越来越重要了，其应用包括工业炉、热交换器、燃烧器和热能存储设备等，在这些地方热交换的对流模式和辐射模式都是重要的。缘于多孔介质的巨大比表面积，使用多孔金属材料是一项可望成功的技术。多孔金属材料投入该项技术后，大大降低了能耗而促进了热交换。

在流体的通道内填充孔隙率适当（孔隙率太小则压力损失太大）的金属多孔体，实际传热面积就比流体通道本身的传热面积大得多，以此作为热交换器，其热交换效率大大提高。

6.2.2 热管

热管是多孔介质热交换器的一个重要类型，其组成是内表面覆盖多孔芯材结构的密封排液容器。热管充放工作液后即行封闭。如图6.1所示，热管表面蒸发器部分产生的热量引起下面多孔芯材内液体的蒸发，并以蒸气的形式转移到容器的冷却区，在此处蒸气重新凝结成液体，并放出热量。然后，多孔芯体将冷凝液送回加热区，从而完成一个工作液的循环，同时也完成了一次热量的转移。

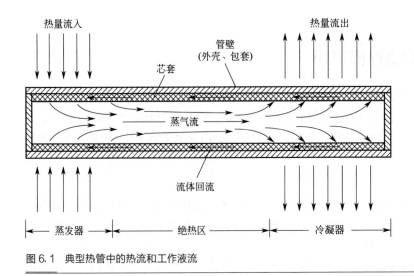

图6.1 典型热管中的热流和工作液流

热管是一种热量输送装置，可设计成逆向重力的方式进行工作（冷凝器位于蒸发器上方），或者在太空的微重力环境下工作。它们是以主动方式工作的，即它们无需机械泵做功。另外，它们所需的工作流体量也相当少，所以只要很少量的工作液发生泄漏就会失效。它们还可用来控制均匀温度下或常温下的热量迁移，以及通过传统技术将高热流量分散到较大的面积上而实现热量转移。

可将热管分为低温和高温两种。高温热管一般利用碱金属作为工作液。碱金属更好的传输性能可处理高温热管中比低温热管中大得多的热流。低温热管则应用于一般的环境温度至大约300℃，通常选择水来作为工作液，因为在该温度范围内水可以转移热管中的高热流。

水热管可用来冷却保护用于等离子体加热的射频天线的法拉第护罩（图6.2）。进入法拉第护罩的热量来自两个方面：一是对等离子体反应器进行射频加热带来的副产热；二是等离子区的直接辐射。

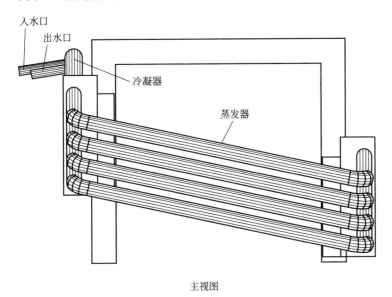

入水口
出水口
冷凝器
蒸发器

主视图

图6.2 法拉第护罩的借重（gravity-aided）热管排列

6.2.3 其他具体应用

水冷多孔材料热交换技术还可用于高能回转仪的微波腔冷却。在圆柱形腔体中，通过电磁作用，回转仪将电子束的能量转换成高频微波。这些微波对反应器中的等离子体进行加热。由于腔壁的欧姆损失，在微波腔的内壁上产生大量热。

美国Sandia国家实验室用于回转仪的单腔铜/水多孔材料热交换器，由环形分散加强铜面板、泡沫铜的盘状薄层以及铜基体三者构成，其中多孔层粘接在铜面板和铜基体之间(图6.3)。水冷剂通过旁接入口管道流进，并经过一环形区域到达多孔芯材的外边，然后通过芯材径向流入，再从基体的中央孔道流出。

在某些情况下是不考虑用水作为冷却剂的，其主要原因是由于液态金属和气体冷却剂具有更高的能量转换效率。此外，当邻近元件使用液态碱金属时，也不宜用水。所以，通过将多孔金属热交换器的应用扩大到氦气冷却剂，可以克服水冷剂的不足，并获得高的冷却能力。对于一些氦冷多孔金属热交换器，可以考虑其在合成、聚变等方面的应用。

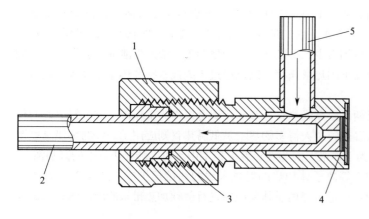

图6.3　单腔铜/水多孔泡沫金属热交换器
1—接合器配合（不锈钢）；2—冷却剂出口管；3—金属垫圈压封；4—铜粉烧结芯；5—冷却剂入口管

航空发动机及火箭技术等领域都存在着冷却问题。通常采用的冷却方法有对流冷却、薄膜冷却和发散冷却。其中对流冷却的传热效率低，而薄膜冷却又需使用过量的冷却剂才能维持连续的液态或气态膜。只有发散冷却可以克服前两者的缺点，因此在应用上更有优势。

根据使用的冷却剂不同，又可将发散冷却分为气体发散冷却、液体发散冷却（即发汗冷却）和固体发散冷却（即自发汗冷却）三种形式。发散材料（含气体发散材料和发汗材料）的工作原理是迫使气态或液态冷却介质通过多孔金属体，使之在材料表面建立一个连续、稳定而具有良好隔热性能的流体附面层，即冷介质膜，将材料壁面与热流隔开，从而产生很好的冷却效果。其中采用液体介质的冷却效果更好，因为这时除了在多孔壁面形成液膜外，还发生液体的蒸发。该过程要吸收大量热。液体的蒸发潜热越大，则吸热越多，而冷却效果就越好。用于发散冷却的多孔材料，应具备合理的渗透量，透气均匀，介质流动通畅，且满足防热结构材料的基本要求，具有一定的强度、刚度和韧性，材质的抗氧化性能良好。

自发汗材料的工作原理是将固体冷却剂熔化渗入由耐热金属制成的多孔基体中，在工作的高温下孔隙中的冷却剂发生熔化、蒸发而吸收大量热量，从而使材料保持冷却剂气化温度的水平。逸出的液体和气体在材料表面形成一层液膜或气膜，把材料与外界高温环境隔离。这个过程可一直进行到冷却剂耗尽为止。

自发汗材料冷却剂的选择应满足如下要求：①冷却剂的沸点应低于多孔基体的最高工作温度；②单位体积的固/气态转变蒸发潜热要大；③冷却剂不与基体发生任何化学反应；④冷却剂的熔点与沸点温差要大，以使其液态保留时间较长，有利于形成表面液膜。适于作为固体冷却剂的物质有锌、镁、铜、锡、铅以及黄铜和氯化铵等。

此外，多孔金属还可用来制作电阻加热器和潜热储存材料等。

6.3 热性能的表征和检测方法

6.3.1 热导率和热扩散率的表征

当物体内部存在温度梯度时，就会有热量从较高温处传递到较低温处，这种现象称为热传导。法国科学家约瑟夫·傅立叶（J.Fourier）于 1882 年建立了热传导理论，提出了热传导的基本公式，其中涉及的一项关键参量就是热导率。热导率是反映材料热导性能的重要指标，其物理意义是温度降低时在单位时间和单位长度内通过热流垂直截面单位面积的热量 [J/(m·s·K)]。热导率和热扩散率都可以表征固体中的热传导，其中以热导率更为普遍。

热导率 λ 是由稳态传导（温度分布线不随时间而变化）条件下的傅立叶定律来定义的，即由温度梯度 ∇T 引起的热通量 q（每单位时间流过单位面积的热量，也称为热流密度）为：

$$q = \lambda \nabla T \tag{6.1}$$

式中，λ 的单位是 J/(m·s·K) 或 W/(m·K)。热导率反映了材料的导热能力，不同材料的导热能力有很大差别。工程上经常要处理选择保温材料或热交换材料的问题，热导率是选择依据的参量。不同材质的热导率见表 6.1，一些具体材料的热导率值（室温值）见表 6.2。

表 6.1　不同材质的热导率

材质种类	金属	合金	绝热材料	非金属液体	大气压气体
热导率 λ/[J/(m·s·K)]	50～415	12～120	0.03～0.17	0.17～0.7	0.007～0.17

表 6.2　一些具体材料的热导率值（室温值）

材料	热导率 λ/[J/(m·s·K)]	材料	热导率 λ/[J/(m·s·K)]
铜（固体）	384	空气（气体）	0.025
铝（固体）	230	二氧化碳（气体）	0.016
氧化铝（固体）	25.6	玻璃泡沫材料（$\rho^*/\rho_s = 0.05$）	0.050
玻璃（固体）	1.1	玻璃纤维材料（$\rho^*/\rho_s = 0.01$）	0.042

定义了热导率的傅立叶定律只适用于稳态热传导，热扩散率的概念则是对应于材料内部各点的温度随时间而变化这样一个不稳定传热过程而提出的。定义热扩散率（又称热扩散系数或导温系数）β 为：

$$\beta = \frac{\lambda}{\rho c_p} \, (\mathrm{m}^2/\mathrm{s}) \tag{6.2}$$

式中，λ 为材料的热导率，J/(m·s·K)；ρ 为材料密度，kg/m³；c_p 为等压比热容，J/(kg·K)。

热扩散率 β（m²/s）标志了温度变化的速率，其物理意义与非稳态传热相联系。在不稳定导热过程中，物体既有热量传导变化，同时又有温度变化，热扩散率正是将两者联系起来的物理量。在相同的加热和冷却条件下，材料的热扩散率 β 越大，则物体各处的温差越小，即物体内部的温度越趋于均匀。因此，该指标也往往是选择保温材料或热交换材料时需要考虑的一个参量。

6.3.2　热导率的测量方法

热导率是材料的重要物理参数，在航空航天、原子能等领域都对其提出了相应要求。热导率的测量方法是以傅立叶热传导定律为基础，可以有稳态测试和动态测试两种形式。其中动态（非稳态）测试的应用相对比稳态测试要少，它是通过测量试样温度随时间的变化率而得到其热扩散率，然后根据材料的比热容计算出热导率，其实际测试主要是闪光法，使用设备为激光热导仪。下面首先介绍其中应用相对比较普遍的稳态测试法。

6.3.2.1 稳态测试

稳态（静态）测试中常用的是驻流法。该法的前提条件是测试过程中试样各点的温度不发生变化，以使流过试样横截面的热量相等，这样就可根据测出的温度梯度和热流量计算试样的热导率。驻流法又有直接法和比较法之分。

（1）直接法

将圆柱体试样一端加热（如小电炉作为加热器）并保持其温度不变，如果热量没有对外散失而完全由试样吸收，则试样接收的热量就是加热功率 P。假设试样侧面也没有散失热量，则热流稳定（试样两端温差恒定）时根据傅立叶定律可以得出：

$$\frac{P}{S}=\lambda\frac{\Delta T}{L} \tag{6.3}$$

式中，P 为加热器的加热功率，W 或 J/s，即单位时间内提供的热量；S 为试样的横截面积，m^2；L 为试样的长度，m；λ 为试样的热导率，W/(m·K) 或 J/(m·K·s)；ΔT 为试样两端的温差，K，设定为高温端温度与低温端温度之差，即有 $\Delta T>0$。

材料在较高温度下的热导率测试装置结构示意于图 6.4。试样 1 的下端放入外部有电阻丝加热的铜块 2 内，试样上端则紧密旋入外部有循环水冷却的铜头 3 中，其入口水和出口水的温度分别由温度计 4 和 5 测量。如果热量在途中无损失而全部被冷却水带走，则通过水的流量 G（kg/s 或 L/min）以及出、入口的温差 $\Delta T'$（设定为入口温度与出口温度之差，即有 $\Delta T'>0$）即可计算出单位时间内流过试样截面的热量 Q（J/s 或 cal/min）：

$$Q=cG\Delta T' \tag{6.4}$$

式中，c 为水的比热容，J/(kg·K) 或 cal/(L·K)。

图 6.4 中 6～8 为三个测温热电偶，包围试样的保护管 9 则是为减少试样侧面的热量损失，保护管上部的冷却水套 10 可使沿保护管的温度梯度与试样的温度梯度一致，这样试样侧面就不会散失热量。于是，将上式与式（6.3）结合即可得到试样的热导率为：

$$\lambda=\frac{QL}{S\Delta T}=\frac{cG\Delta T'L}{S\Delta T} \tag{6.5}$$

上述测量方式是通过度量冷却器中带走的热量，而通过度量加热功率（即电炉加热试样的电功率）的方式则更为优越。为准确估计电能的消耗，可将加热电阻丝置于试样一端的内部（图 6.5），这样可以减少难以估计的热损失。其试样同样由保护管包围以减少侧面热量损失。

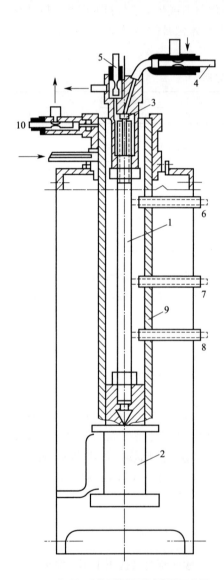

图 6.4 较高温度热导率的测试装置示意图

1—试样；2—外部有电阻丝加热的铜块；3—外部有循环水冷却的铜头；4,5—温度计；6～8—测温热电偶；9—试样保护管；10—冷却水套

(2) 比较法

将已知热导率 λ_0 的材料制成标样，待测试样则完全按照标样制作。同时，将待测试样和标样的一端加热到一定温度，测出两者温度相同点距离热端的位置 x 和 x_0，则试样的热导率：

$$\lambda = (x^2/x_0^2)\lambda_0 \tag{6.6}$$

稳态法测试过程中遇到最难以解决的问题是如何防止热损失，为此也可以采用电阻率测试结果估算法来近似计算热导率：

$$\lambda = L_0 T \sigma \tag{6.7}$$

式中，洛伦兹数 L_0 对于电导率 σ 较高的金属在温度不太低的情况下近似为常数 2.45×10^{-8} V^2/K^2（但 L_0 对于电导率 σ 较低的金属在温度较低的情况下则为变数），其估算精度为 10%左右；或者采用动态测试方法，也可很好地解决测试过程中热损失这一问题。

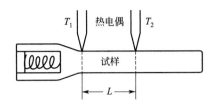

图 6.5　内热式测量热导率的加热结构示意

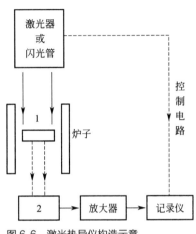

图 6.6　激光热导仪构造示意
1—样品；2—温度传感器

6.3.2.2　动态测试

动态（非稳态）测试是通过测量试样温度随时间的变化率而得到其热扩散率，然后根据材料的比热容计算出热导率。实际测试主要是闪光法，使用设备为激光热导仪（图 6.6）。

在激光热导仪中，作为瞬时辐照热源的激光器一般使用钕玻璃固体激光器；炉子可以是一般电阻丝加热中温炉或者钽管发热体高温真空炉；测温所用温度传感器可以是热电偶或者硫化铅红外接收器，超过 1000℃ 可采用光电倍增管；记录仪多用响应速度极快的光线示波器等（因为测试时间一般很短）；试样为薄圆片状。

试样正面受到激光瞬间辐照后，在没有热损失的条件下，其背面温度 T 随时间变化而降低到其最高温度 T_{max} 的一半时，理论研究表明存在以下关系：

$$\beta = \frac{1.37\delta^2}{\pi^2 t_{1/2}} \tag{6.8}$$

式中，β 为试样的热扩散率；δ 为试样的厚度；$t_{1/2}$ 为试样背面温度降至其最大值一半时所经时间。

根据上述关系，测出试样背面温度随时间的变化曲线，找到 $t_{1/2}$ 的值，即可计算出试样的热扩散率，然后利用公式(6.2) 计算试样的热导率：

$$\lambda = \beta \rho c_p = \frac{1.37\delta^2 \rho c_p}{\pi^2 t_{1/2}} \tag{6.9}$$

式中，λ 为试样的热导率；ρ 为材料密度；c_p 为材料等压比热容。

计算热导率所用比热容 c_p 一般可在同一设备上用比较法测出，其量值关系为：

$$c_p = c_0 \frac{m_0 T_{0max} Q}{m T_{max} Q_0} \tag{6.10}$$

式中，c_0 为已知的标样比热容；m_0 和 m 分别为标样和试样的质量；T_{0max} 和 T_{max} 分别为标样和试样的最大温升；Q_0 和 Q 分别为标样和试样吸收的辐射热量。

相对于稳态法，激光热导仪具有快捷、试样简单等优点，并且可以测量高温难熔金属和粉末冶金材料。其加热时间极短，因此热量损失往往可忽略不计。该法的不足是对所用电子设备要求较高，不可忽略热量损失时则会引入更大的误差。

6.4 多孔材料热导率的测试

多孔材料的热导率 λ 可视为固体的传导 λ_s、气体的传导 λ_g、孔隙内的对流 λ_c 和孔壁的辐射 λ_r 等多个热传输系数的组合：

$$\lambda = \lambda_s + \lambda_g + \lambda_c + \lambda_r \tag{6.11}$$

这里介绍的测试方法测出的即是多孔体总的热导率 λ。

6.4.1 稳态平板测量法

稳态平板测量法又称为稳态平面热源法，该法是检测材料表观热导率（如多孔试样的总热导率）的常用方法。

傅立叶的热传导定律指出，在稳态传热的情况下，即当温度场不随时间而变化时（稳温场），通过热流垂直截面的热流密度与温度梯度成正比，比例系数即为热导率，对应的一维传热关系为：

$$q = -\lambda(dT/dx) \tag{6.12}$$

式中，q 为通过热流垂直截面的热流密度，$J/(m^2 \cdot s)$ 或 W/m^2，即在单位时间内通过热流垂直截面单位面积的热量；dT/dx 为热流方向（x 方向）上的温度梯度，K/m；λ 为热导率，$J/(m \cdot s \cdot K)$ 或 $W/(m \cdot K)$；负号表示热量从较高温度区流向较低温度区。

如果以整个热流垂直截面（如导热试样在垂直于热流方向的整个截面面积）为考虑对象，上式即可写成：

$$dQ/dt = -\lambda(dT/dx)S \tag{6.13}$$

式中，dQ/dt 为通过热流垂直截面面积 S 的传热速率，J/s，其中 Q 为通过热流垂直截面面积 S 的热量，J；S 为热流垂直截面面积，m^2。

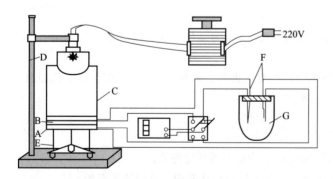

图 6.7　多孔材料热导率测试装置原理示意
A—散热盘（黄铜盘）；B—测试样品；C—传热筒；D—支杆；E—支架；F—热电偶；G—杜瓦瓶

多孔材料等不良导体的热导率测试装置原理示于图 6.7，试样一般制成圆板状。在稳定导热的情况下，试样厚度方向的温差不大时，式(6.13) 的傅立叶方程可表示成：

$$\mathrm{d}Q/\mathrm{d}t = -\lambda S\Delta T/\delta = -\lambda S(T_1-T_2)/\delta \qquad (6.14)$$

式中，λ 为多孔试样的热导率；S 为多孔试样上下表面的面积；δ 为多孔试样的厚度；ΔT 为多孔试样上、下表面的温差；T_1 和 T_2 分别为多孔试样上、下表面的温度。

待测试样上、下表面的温度是用传热筒 C 的底部和散热盘 A 的温度来代表的，因此需要保证试样与 C 筒底部和 A 盘上表面密切接触。为降低测试过程中试样侧面散热的影响，还需要减小试样的厚度。在测试过程中，稳定导热（T_1 和 T_2 值恒定）条件下可认为通过测试样品 B 的传热速率等于 A 盘向周围环境散热的速率，即散热盘 A 无净增热量，也保持自身内部的温度场稳定。所以，可通过散热盘 A 在稳定温度附近的降温速率（$\mathrm{d}T_\mathrm{A}/\mathrm{d}t$）来间接求算试样的传热速率（$\mathrm{d}Q/\mathrm{d}t$），进而得到试样的热导率 λ。

对于半径为 R_A、厚度为 δ_A 的散热盘 A，在稳态传热时其散热的外表面积（包括侧面圆柱面积和下表面圆面积，上表面则为试样所遮盖）为：

$$S_\mathrm{A} = \pi R_\mathrm{A}^2 + 2\pi R_\mathrm{A}\delta_\mathrm{A} \qquad (6.15)$$

移去测试样品 B 和传热筒 C 后，全部裸露的散热盘 A 散热外表面积（包括侧面圆柱面积和上、下表面两个圆面积）为：

$$S'_\mathrm{A} = 2\pi R_\mathrm{A}^2 + 2\pi R_\mathrm{A}\delta_\mathrm{A} = 2\pi R_\mathrm{A}(R_\mathrm{A}+\delta_\mathrm{A}) \qquad (6.16)$$

在稳定导热过程中试样的传热速率近似等于散热盘 A 的散热速率（忽略试样侧面散热的影响），同时考虑到物体的散热速率与其散热面积成比例，得出：

$$\frac{\mathrm{d}Q}{\mathrm{d}t} \approx \frac{\mathrm{d}Q_\mathrm{w}}{\mathrm{d}t} = \frac{\pi R_\mathrm{A}(R_\mathrm{A}+2\delta_\mathrm{A})}{2\pi R_\mathrm{A}(R_\mathrm{A}+\delta_\mathrm{A})} \times \frac{\mathrm{d}Q_\mathrm{A}}{\mathrm{d}t} = \frac{R_\mathrm{A}+2\delta_\mathrm{A}}{2(R_\mathrm{A}+\delta_\mathrm{A})} \times \frac{\mathrm{d}Q_\mathrm{A}}{\mathrm{d}t} \qquad (6.17)$$

式中，$\mathrm{d}Q/\mathrm{d}t$ 为试样的传热速率；$\mathrm{d}Q_\mathrm{w}/\mathrm{d}t$ 为稳定测试过程中散热盘 A 的散热速率；$\mathrm{d}Q_\mathrm{A}/\mathrm{d}t$ 为稳定温度附近散热盘 A 全部外表面的散热速率。

根据热容的定义，对温度均匀的物质，其散热速率与降温速率有如下关系：

$$\frac{\mathrm{d}Q_\mathrm{A}}{\mathrm{d}t} = m_\mathrm{A}c_\mathrm{A}\frac{\mathrm{d}T_\mathrm{A}}{\mathrm{d}t} \qquad (6.18)$$

式中，m_A 和 c_A 分别为散热盘 A 的质量和比热容。将上式代入式(6.17) 得：

$$\frac{\mathrm{d}Q}{\mathrm{d}t} = \frac{m_\mathrm{A}c_\mathrm{A}(R_\mathrm{A}+2\delta_\mathrm{A})}{2(R_\mathrm{A}+\delta_\mathrm{A})} \times \frac{\mathrm{d}T_\mathrm{A}}{\mathrm{d}t} \qquad (6.19)$$

通过上式和式(6.14) 即得出多孔试样热导率的计算公式：

$$\lambda = \frac{m_\mathrm{A}c_\mathrm{A}\delta(R_\mathrm{A}+2\delta_\mathrm{A})}{2\pi R^2(R_\mathrm{A}+\delta_\mathrm{A})(T_1-T_2)} \times \frac{\mathrm{d}T_\mathrm{A}}{\mathrm{d}t} \qquad (6.20)$$

式中，R 和 δ 分别为试样的半径和厚度，且一般有 $R=R_\mathrm{A}$；而 m_A、T_1 和 T_2 可由实验测出，c_A 为可查的常数（当然也可通过实验测出）。

可见，如果得到了散热盘 A 的降温速率（$\mathrm{d}T_\mathrm{A}/\mathrm{d}t$），就可直接计算出试样的热导率（$\lambda$）。对于散热盘 A 的降温速率（$\mathrm{d}T_\mathrm{A}/\mathrm{d}t$），可采取如下方式获得：移去测试样品 B，直接用传热筒 C 将散热盘 A 加热到对应稳定测试过程的中值温度 $T_{\mathrm{A}_1} = [(T_1+T_2)/2]$［即 $T_2+(T_1-T_2)/2$］，然后移去传热筒 C，保持测试环境，测出散热盘 A 从温度 T_{A_1} 降至 $T_{\mathrm{A}_2} = [T_2-(T_1-T_2)/2]$（此间的温度中值为 T_2，对应于试样稳态测试过程中散热盘 A 的工作温度）的温度-时间曲线，作出该曲线在温度 T_2 点对应的切线，切线的斜率 k_{T_2} 的负值即为所求降温速率：

$$\mathrm{d}T_\mathrm{A}/\mathrm{d}t = -k_{\mathrm{T}_2} \qquad (6.21)$$

式中，k_{T_2} 是散热盘 A 的降温曲线在温度 T_2 点的切线斜率，其为负值；负号是为了使降温速率（dT_A/dt）取得正值；或者测量散热盘 A 从温度 T_{A_1} 降至 T_{A_2} 所消耗时间 Δt_A，由此进行粗略的近似估算，即：

$$\frac{dT_A}{dt} \approx \frac{T_{A_1} - T_{A_2}}{\Delta t_A} = \frac{[(T_1 + T_2)/2] - [T_2 - (T_1 - T_2)/2]}{\Delta t_A} = \frac{T_1 - T_2}{\Delta t_A} \qquad (6.22)$$

上式最右端看似是散热盘 A 直接从温度 T_1 降至 T_2 的降温速率，但实际采取这样的降温方式则其间散热盘 A 的温度中值不为试样稳态测试过程中散热盘 A 的工作温度 T_2，这样可能给结果带来较大的计算偏差。

6.4.2　有效热导率和接触热阻

泡沫金属内部热传输和温度分布的精确数据对于使用泡沫金属的热压系统设计和建模都是必要的。热传输的分析需要确定泡沫金属的有效热导率以及泡沫金属与紧邻表面层的接触热阻（thermal contact resistance，简称 TCR）。

泡沫金属的热导率和接触热阻可在真空条件下由专门设计的测试装置进行检测。测试装置（图 6.8）中设有加载机构以对样品施加不同的压力载荷以减小接触热阻，其测试腔由不锈钢基板和安装测试柱的铃状罐组成。测试柱组成为从顶部到底部的加载机构、钢球、加热块、上部热流计、样品、下部热流计、冷却板、负载单元和聚甲基丙烯酸甲酯（又称有机玻璃，简称 PMMA）层，其中加热块为内部安装圆柱形铅笔状电加热器的铜制圆形平板，冷却板则是铜制中空圆板（高为 1.9cm，直径为 15cm），冷却时使用冷却剂温度可设定的水-乙二醇浴封闭回路。

如图 6.8 所示，在热流计的一些特定位置逐个连上热电偶，以测量对应位置的温度。每隔一定距离（5mm）放置一个热电偶（上、下热流计各置 6 个 T 形热电偶），其中第一个距离接触面稍大（10mm）。铁质热流计的热导率是已知的，用其测量穿过接触界面的热流速度。样品是化学成分和制备工艺各自相同的泡沫铝，切割成圆柱状（直径 25mm）后对表面进行磨光处理，测试腔的真空水平为 10^{-5}mbar（1bar＝10^5Pa）。当达到稳定状态后，记录不同压力载荷（0.3～2MPa）下的温度和压力。保持所有的实验参数不变，对每个数据点都进行仔细的监测控制，这样维持一段时间（大约 4～5h），以充分达到热平衡。

热板和冷板之间的温度梯度使得从测试柱的顶部到底部形成一维热传输，其中实验装备中辐射热传输的贡献可分为泡沫金属微结构内部的辐射和界面辐射两个部分。测量数据计算显示，在泡沫金属内部，辐射热传输的贡献很小（不到传导热传输的 1%）。界面辐射可能会在热流计和泡沫金属表面的界面处发生。接触热阻引起界面处的温度降低（4～28℃），降低程度取决于压力载荷，估计界面辐射的最大贡献更小（不到热传导的 0.5%）。可见，泡沫金属中的热传输主要是来自热传导。通过热流计的热传输可采用傅立叶方程（Fourier's equation）表示：

$$Q = -kA(dT/dx) \qquad (6.23)$$

式中，dT/dx 为沿着测试柱的温度梯度；k 是热流计的热导率；A 是样品/热流计的横截面积。顶部接触表面和底部接触表面的温度可通过测得的热流推导出来。每一压力下测得的总热阻 R_{tot}（含样品热阻和接触热阻，其中接触热阻包括顶部界面和底部界面）可表示为：

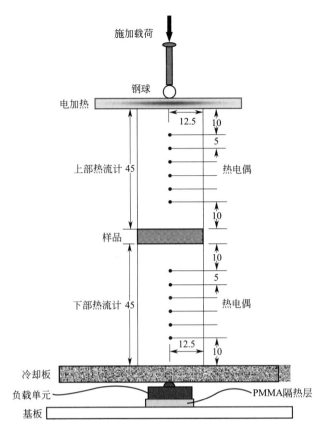

施加载荷

钢球

电加热

12.5   10

5

上部热流计 45   热电偶

10

样品

10

5

下部热流计 45   热电偶

12.5   10

冷却板

负载单元   PMMA隔热层

基板

图 6.8 热测试装置示意图
标注尺寸单位为 mm

$$R_{tot} = R_{MF} + TCR = \Delta T_{ul}/Q \tag{6.24}$$

式中，ΔT_{ul} 为上部接触表面和下部接触表面之间的温差；R_{MF} 和 TCR 分别为泡沫金属热阻和总的接触热阻（顶部表面和底部表面的接触热阻之和）。对于厚度不同但微观结构（如孔隙率和孔密度等孔隙因素）相同、表面特性相似（包括顶部界面和底部界面）的样品，可以认为其在同样压力下具有相等的接触热阻。将式(6.24) 应用于厚度不同的 2 个样品，两式相减即得泡沫金属样品的有效热导率：

$$k_{eff} = \delta_1/(R_{MF1}A) = \delta_2/(R_{MF2}A) \tag{6.25}$$

$$k_{eff} = (\delta_1 - \delta_2)/[(R_{tot1} - R_{tot2})A] \tag{6.26}$$

式中，δ_1 和 δ_2 为 2 个泡沫样品在同一特定压力下的厚度；A 为样品的横截面积。

有研究者对具有不同孔隙率和孔密度的泡沫铝样品进行了实验，测试柱周围有金属铝作为辐射屏蔽以限制辐射热量损失。通过厚度不同而孔隙和孔密度等微观结构相似的系列泡沫铝样品实验，测出其总热阻，然后即可根据上述式子推出其有效热导率和接触热阻。

测试结果显示，同一产品系列的泡沫金属样品，在孔隙率和孔密度都不相同时，如果压力变化控制在一定范围内，则其最大厚度的变化是可以忽略的。如某一产品系列的泡沫铝样品，孔隙率在 0.9～0.96 之间变化且孔密度也不相同，在 0～2MPa 的不同压力下其最大厚度变化均不到1.5%。此时压力对泡沫金属样品的微观结构影响不大。但更高的压力载荷会导致更大的形变，就可能影响到泡沫金属样品的热导率。另外，空气的热导率非常低，其对有效热导率的贡献可以不计。

压力载荷对接触热阻具有明显的作用。研究结果表明，压力变化在一定范围（0～2MPa）之内时泡沫金属的孔隙率和有效热导率都可以保持不变，但接触热阻则随着压力的增加而显著地减小。这是由于泡沫体和密实体界面之间的真实接触面积随压力载荷的增大而增大，使得接触热阻明显降低。此外，接触热阻对泡沫金属样品孔隙率的敏感程度要大于对其孔密度的敏感程度。较高孔隙率的泡沫样品在界面接触区域具有的固体材料较少，因此接触热阻较高。总的接触面积随着孔隙率增大而减少，接触热阻则随之增大。另外，孔密度增大可使接触点的数量增加，在一定程度上减小接触热阻，但这些接触点的尺寸较小，所以孔密度对接触热阻作用并不大。

为估测泡沫金属与致密固体界面的真实接触面积，将一张对压力敏感的碳复写纸和一张白纸夹在泡沫体与密实体表面之间，以印出不同压力载荷下的接触点，然后用计算机编码等措施分析所得图像并计算出接触点的大小。

研究还显示，接触热阻在低压力载荷下占据主导地位（如在0.3MPa以下可在总热阻中占到50%以上的份额），其贡献随压力载荷的增加而减少。令人感兴趣的是，尽管接触热阻的绝对值随孔隙率的提高而增大，但其占总热阻的比例却是降低的。这是因为泡沫体热阻和接触热阻都随孔隙率提高而增加，但其中泡沫体热阻增加得更多。

根据一些文献报道，如果将泡沫样品焊接（铜焊的传导性良好）到金属板上，那么接触热阻是可以忽略的，这时即可用金属板近接触点处的温度来估算热导率。

有文献报道采用光热法检测高孔隙率泡沫金属的有效热导率。该法是一种无损技术，将受检的多孔样品夹在两块薄铝板之间组成三层结构，前面的铝板承受热流，后面铝板的温升用红外照相机进行记录，参数用基于高斯-牛顿法（Gauss-Newton method）的运算法则进行系列处理，最后得到受检泡沫金属的有效热导率。

在泡沫金属热性能的研究方面，许多工作都集中于其有效的热导率，结果发现该指标主要取决于泡沫体的孔隙率、金属孔棱本身的热导率等因素。研究还发现：泡沫金属的热传输受制于孔隙内部的流体流动状态，低速时热流量由流体热对流支配，高速时热流量则受限于泡沫体孔棱的热传导；对于给定的雷诺数，体积热传输系数随泡沫体密度的减小而增大；体积热传输系数取决于泡沫体的结构形态和有效孔隙率，对于传导率高的材料还与其发达的内表面积有较明显的关系。

6.4.3　热导率测试实例

用于隔热和燃烧器的多孔陶瓷，其热导率是一个主要的参量。有研究者采用稳态平面热源法对多孔陶瓷的热导率进行了测试。所用THQDC-1型热导率测定仪的热传递原理简单地示意于图6.9。在测试过程中通过对加热盘的加热而将样品加热，热量由样品上表面传递到下表面，与样品下表面紧密接触的散热盘不断地将热量传递到周围环境中，系统传热达到动态平衡时加热盘和散热盘的温度即达到稳定不变，此时散热盘的散热速率则近似等于样品的传热速率。这时通过式(6.20)就可以计算出样品的热导率。

在测试时采用硅酸铝纤维对样品侧面进行保温，以防止热量从样品侧面散发。为减小环境对散热速率的影响，保证散热盘的散热速率准确，整个试验在24℃的空调控制环境中进行，样品为直径 60mm、厚度 20mm 的 SiC 和 Al$_2$O$_3$ 泡沫陶瓷。测试结果表明，在 300～600K 的测试温度范围内，不同孔径样品的有效热导率变化规律基本一致，即热导率随温度升高而略有降低，在温度达到 370～400K 的某一温度值后降低到最小，然后随温度升高而逐渐增大。这是因为多孔样品所含固体物质本身的热传导作用是随温度升高而逐渐减

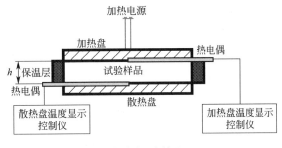

图 6.9　多孔陶瓷热导率测试示意简图

小的，而多孔体孔壁或孔棱的辐射传热作用则随温度的升高而逐渐加强。较低温度下多孔样品的辐射传热作用较小，试样导热以固体物质本身的热传导为主，因而整个多孔样品的热导率随温度的升高而逐渐降低；高于某一温度后，多孔体的辐射传热变成主要因素，因而整个多孔样品的热导率随温度的升高而逐渐增大。

6.5 影响热导率的因素

6.5.1　影响热导率的其他因素

材料的热导率受环境温度、化学组成和内部结构等诸多因素的影响，其中温度影响有如下规律：低温时热导率随温度升高而增大，达到最大值后在一小段温度范围内保持不变，继续升温到某一温度后热导率开始急剧减小，并在材料熔点处达到最小值。对于合金材料，当两种金属形成连续无序固溶体时，热导率随溶质浓度增大而减小，最小值靠近原子浓度 50%处；当形成有序固溶体时，热导率增大，最大值对应于有序固溶体的化学组分。

在多孔材料内部，热流受到若干因素的联合限制：低的固相体积分数；小的孔隙尺寸，它实质上是通过孔壁的反复吸收和反射，从而抑制了热对流和减少了热辐射；封闭孔体的低热导率。多孔材料的熔点、热膨胀系数和比热容等一般与对应的致密固体材料相同，但其热导率往往要比制备泡沫体的固体材料小得多。这是由于多孔体内部孔隙中存在着大量低热导率的气体，热传输主要由固体传导和辐射来实现。对流在直径小于 10mm 左右的孔隙内受到抑制，实际上多数多孔材料中的孔隙远小于此值。热传输随孔隙尺寸的增加而增大，其原因一是在具有大孔隙的多孔材料中对辐射的反射较少，二是对于直径大于 10mm 左右的孔隙，孔隙中的对流开始发生作用。存在一个使热导率最小化的优选多孔体密度，高于该密度时通过固体的传导增加了热流，低于该密度则辐射易于通过孔壁传送而又增大了热流。对于给定密度的多孔材料，由于较大数量孔壁的反复反射，辐射作用会随着孔隙变小而减少。此外，多孔材料的单位体积比热容也比较低，由此可作为低热质量的结构。

泡沫金属的热导率高于相应的非金属多孔材料，一般不适于隔热，但其闭孔泡沫体的热导率是致密的基体金属 $\frac{1}{31}$～$\frac{1}{9}$，因此可以提供一定程度的防火作用，如用于汽车发动机和驾驶舱的分隔壁等。此外，开孔泡沫金属可用来增强换热，如用于各种换热器、散热器、挡热板、空气冷凝塔和蓄热器等。

对于泡沫金属的研究还发现，其热传输受制于孔隙内部的流体流动状态，低速时热流量

由流体热对流支配，高速时热流量则受限于泡沫体孔棱的热传导；体积热传输系数取决于多孔体的结构形态和有效孔隙率；对于传导率高的材料还与其发达的内表面积有较明显关系。在较高的孔隙率下，实际泡沫金属材料的热导率增大：因为对辐射而言孔壁的穿透性增大；同时，在很低的相对密度下孔壁可能破裂而增加了对流的作用。

6.5.2 值得研究的相关工作

多孔材料的单位体积比热容比较低，因此可作为低热质量的结构。泡沫金属具有传导性、渗透性和高比表面积，这使其在各种热应用（如热交换器、热管等）方面具有吸引力。泡沫金属的传导性、多孔体与环境介质的热交换、多孔体中的压力降都会影响其热交换效率，这些特性都受制于孔隙率、孔径分布、孔隙连通性、孔隙弯曲程度、孔棱尺寸、孔棱表面粗糙度等各种结构参数。因此，泡沫金属的热性能和热效率还难以很好地表征。

基于内部结构信息的性能预测需要对材料作出准确的定量表征。多孔材料表现出来的热导率等物理性能是其内在结构的直接结果，要改善这些材料，就应精确地了解决定这些性能的内部结构。多孔材料的性能建模高度依赖于材料结构特点，而其实际结构比较复杂，因此其结构特性的测定和参数表征颇具挑战。除孔隙率和孔径这两个主要因素外，多孔材料的性能还受到孔隙形状、孔棱/孔壁尺寸、孔棱/孔壁形状、表面粗糙度、表面积等许多结构参量的影响。多孔材料的材质和孔隙特性直接决定了其有用的性能，因此建立其物理性能与其孔隙因素（如孔隙率、孔径及其分布、孔壁厚度等）的联系是十分重要的。目标是通过控制这些因素的变化来优化该材料在给定状态下的应用。多孔材料结构方面的相关指标包括孔隙率（或相对密度）、孔隙形状、孔隙尺寸、孔隙连通性以及其中固相的组织结构因素，这些指标大多缺乏精确的表征，因此会影响到对其性能应用的精密控制。可见，进一步研究多孔材料各项性能指标的表征和检测方法，不断提升其表征和检测手段和技术，不但可以直接推进多孔产品的实际应用，更好地发挥其使用效能，而且可以间接地推动其制备工艺的进步。

6.6 结束语

① 多孔材料的热导率等基本参量是多孔制品本身所固有的特性指标，它们本身并不随检测方法而变化，但采用不同的检测表征方式所得结果会与它们产生不同程度的偏离。这就是说，对于每一个基本参量，都有很多方法可以测量和表征它，但由于试验方法的不同，所得结果往往具有一定的差异。在这些具有差异的结果之间，或许存在着某种内在的联系。一般而言，各基本参量的获取应尽量采用试验条件与多孔材料待使用环境尽可能接近的测试方法。在对不同的多孔材料进行某一参量的比较时，应选用同一检测方法来测定该参量的表征值。对于常规性的参量测定，所出具的结果和数据应附注说明检测方法。

② 相对于其他多孔材料，泡沫金属的最大特点就是传导性能好，热导率较高，而且便于加工和安装。它没有陶瓷材料质脆以及有机材料耐热性差和强度小的缺点，在所有多孔材料中具有最佳的综合性能指标，故其成为应用最为广泛和全面的优秀多孔材料，其用途几乎涉及了多孔材料所有的应用领域。虽其热交换性能优异，但其隔热保温性不如其他多孔材料，而且耐热耐磨能力一般不如多孔陶瓷，柔软性等则不及泡沫塑料。因此，应根据各类多孔材料的特点，在不同的应用场合下从具体情况出发，选择更合适的多孔材料类型。

第7章

不同结构的泡沫钛

7.1 引言

　　金属钛的质量轻，熔点高，生物相容性好。因其具有体密度小、综合性能优良等特点，泡沫钛可作为一种结构功能一体化的多孔材料，而广泛应用到涉及轻质结构、消声降噪、吸能减振、电磁屏蔽、防火阻焰、热量交换和生物医学工程等方面的诸多领域。在满足力学性能要求的基础上泡沫体具有更低的体密度和更高的孔隙率是此类材料发展的方向，特别是对于视结构减重为关键因素的情况。已有的相关研究主要集中于泡沫铝，且在很多场合都有应用，特别是在航空航天、汽车、船舶、建筑以及军事工程等领域。金属钛等金属及其合金的熔点比金属铝及其合金更高，由它们制备的泡沫金属比泡沫铝具备更好的耐高温性，因而可以更适用于温度和环境等要求更高的场合。本章主要介绍本书作者实验室研制的不同结构泡沫钛合金及其基本的物理、力学性能。其中研制出的胞状泡沫钛合金压缩平台呈锯齿状，断口形貌观测显示其破坏为典型的脆性断裂；本泡沫钛试样的吸声性能良好，$1500 \sim 3000 \text{Hz}$ 内吸声系数最低为 0.4 左右，$3000 \sim 6300 \text{Hz}$ 之间吸声系数超过 0.6，在共振频率时更是超过 0.9。研制出的网状泡沫钛压缩平台在总体上呈缓缓增长趋势；制品导热性能较低，室温热导率大致在 $0.4 \sim 0.8 \text{W/ (m · K)}$ 之间，指标低于几个知名品牌的泡沫铝产品；其总体吸声性能明显低于胞状多孔制品，吸声系数在声频低于 3150Hz 时小于 0.2，但在共振频率时也可达到 0.9 左右。另外，研究了上述泡沫钛在无线电波频率范围（$0.3 \sim 3000 \text{MHz}$）的电磁屏蔽效能，发现它们具有明显的电磁屏蔽效能，但屏蔽效果大致随频率的增大而降低；样品的厚度越大、孔隙率越小，则其总体屏蔽效果越好，其中样品厚度的影响十分显著。

7.2 胞状泡沫钛合金

　　胞状孔隙结构的泡沫钛合金，可以简称为胞状泡沫钛合金或胞孔泡沫钛合金。就像业界常常提到的泡沫铝（一般都是胞状孔隙结构）一样，其实都是铝合金的泡沫产品，其使用性能往往优于纯铝的泡沫产品。但为使名称简洁，一般都不是称其为"泡沫铝合金"。基于同样的道理，本工作获得的制品也可进一步简称为胞状泡沫钛或胞孔泡沫钛。

　　尽管金属钛兼具质量轻、比强度高、耐蚀性佳、生物相容性好等特点，但有关泡沫钛的研究报道远少于泡沫铝。很多方法都可成功获得泡沫铝，但对泡沫钛则不然。原理上制备泡沫金属的方法很多也都可以制备泡沫钛，但实践中可行的泡沫钛制备工艺主要是粉末烧结。而且，已研制的泡沫钛制品，孔隙率一般都不太高，大多在70％以下。由于金属钛的熔点高且易氧化，因此泡沫钛的制备技术需有不同于泡沫铝的特点，能够得到的孔隙结构、尺度、形态等也就会呈现自身的特征。

目前对泡沫钛的研究应用主要是钛合金多孔植入材料，作为其他工程材料方面的探讨相对很少。这些泡沫钛的结构都倾向于类似胞状孔隙结构和类似网状孔隙结构两种，且其试样的孔隙率都不太高，制品孔隙率多在75％以下。在性能研究上，主要是围绕泡沫钛植入方面的工作。其物理、力学研究远少于泡沫铝。相比之下，对于泡沫钛的系统性研究还相对缺乏，力学性能之外的其他物理性能更是鲜有研究，比如关于其声性能和热性能等方面。出于其他更多具有潜力的工程性应用的考虑，有必要对各种结构的泡沫钛（特别是高孔隙率制品）进行更多研究，在其基本性能方面开展更多工作，其中力学性能是最基本的。因此，本节在研制高孔隙率胞孔泡沫钛的基础上，首先对其压缩行为进行了考察，同时对其吸声性能进行了初步探讨。

7.2.1 胞状泡沫钛的制备

在研制过程中，添加的合金元素主要是镍，以钛镍合金粉末或钛粉和镍粉的混合粉末为主原料制备泡沫钛合金。采用粉体熔化发泡法，但本工作对该法进行了改进，以期制得高孔隙率胞孔泡沫钛。在本工艺中，首先将粒度均为＜300目的脱氢钛粉［参见图7.1（a）］和电解镍粉［参见图7.1（b）］按照质量比（75：25）～（85：15）的比例进行配料，在KQM-X4型行星式四头快速球磨机中混料2h，将金属粉末混合均匀；然后根据产品孔隙率的设定，在这种混合金属粉末中加入一定量的自制球形发泡剂（如将蚕茧捣碎用少量黏结剂团成球形颗粒后烘干待用）、自制无毒黏结剂（如用薯类淀粉与溶剂调制成胶状物）以及适量的所需添加剂和助剂（如碳酸氢铵粉末等）。混合均匀，在模具中加压制作预制型，烘干。将预制型（连同模具）放入非氧化环境中，快速加热到1000～1200℃保温一定时间后迅速冷却，发泡剂在该过程中发生热分解并释放气体而形成球形胞状孔隙，炉冷至室温取样，得到高度多孔的泡沫钛合金制品。图7.2(a)和图7.2(b)为通过该法制得的胞孔泡沫钛合金制品（总孔隙率约90％）示例，从孔隙大小和形状可以直接得知，其中尺度在毫米级的宏观球形孔隙由发泡剂分解、释放气体而形成：由于制品孔隙率很高，这些宏观孔隙被相互打通（漏水实验也证明了这一点）；图7.2(c)是对应多孔体的孔壁微孔结构示例，显示固相结合良好，其中尺度在微米级的不规则细孔由黏结剂等其他加入物的热分解而形成，这些微孔进一步提高了球形宏观孔隙之间的连通性。孔壁上存在的微孔不利于制品的强度，但同时又有助于制品的吸声等性能。

100μm   50.0μm

(a) 钛粉   (b) 镍粉

图7.1 金属粉末原料的形貌

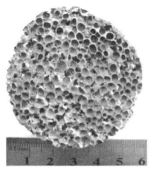
(a) 孔径较大的圆形样品示例

(b) 孔径较小的圆形样品示例

(c) 孔壁的微观结构示例

图 7.2　高孔隙率球孔泡沫钛合金的宏观形貌

采用荷兰 Panalytical 公司生产制造的 X'Pert PRO MPD 型 X 射线衍射仪对金属粉末混合原料以及所得泡沫钛制品进行了 XRD 分析测试，射线源为 CuK_α，扫描电压为 40kV，扫描电流为 40mA，结果如图 7.3 所示。从图 7.3 可以看出，未烧结时的钛粉和镍粉的混合物，在球磨机中经过转速为 500r/min 为时 2h 的机械混料后，物相没有发生变化，仍然是金属钛和金属镍这两个物相的特征谱线，而且从谱线的相对强度表明其中主要是金属钛。泡沫钛制品的金属钛相的衍射峰相对强度仍然很高，说明物相中钛相仍然占主体；金属镍相的特征谱线消失，生成了新的 $NiTi_2$ 相；这说明在制备过程的高温下，几乎全部金属镍都与金属钛发生了反应，生成了新的物相。这一结构与钛合金相图分析的结果一致。

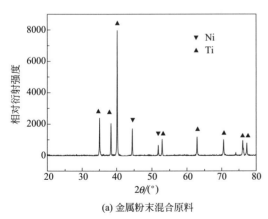
(a) 金属粉末混合原料

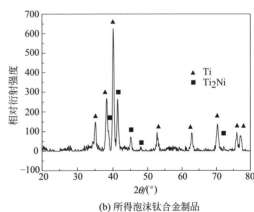
(b) 所得泡沫钛合金制品

图 7.3　X 射线衍射图谱

7.2.2　胞状泡沫钛的压缩行为

（1）实验方法

泡沫金属因其结构方面的特点，使得其变形方式与传统材料有很大不同，所以传统金属

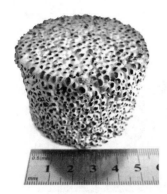

图 7.4　圆柱形泡沫钛合金压缩
试样示例

材料压缩实验方法不完全适用于多孔金属，因此参考关于多孔金属压缩测试的有关国际标准［ISO 13314：2011（E）］，在室温条件下，对其进行准静态压缩测试。

为了在现有工艺水平下获得能够进行压缩试验的样品，利用专门设计制作的模具制备了能够进行压缩试验的圆柱形泡沫钛合金试样（参见图 7.4），样品直径约 45mm、高度约 50mm（简单表示为 ϕ45mm×50mm），孔隙率在 85%～90% 之间。在测试过程中，压缩试样的两个端面以及试验设备的两个压头端面都刮抹石墨使其更加光滑，以尽量减小试样端面与设备压头的位移摩擦；压缩速率为 1mm/min。采用 WDW-3050 型微机控制式电子万能试验机进行压缩试验，设备最大载荷为 5t。

（2）结果与分析

为了比较完整地获悉该高孔隙率胞孔泡沫钛合金的压缩行为，选用孔隙率在 90% 左右的试样，分别考察其压缩到名义应变为 1/3 和 2/3 左右时的破坏状态以及在该压缩过程中形成的名义应力与应变的关系。压缩到名义应变为 1/3 左右时的试样形貌（参见图 7.5）显示，该泡沫合金的破坏是通过垂直于载荷方向的孔隙逐层坍塌破碎而不断推进的。由于设备加载在试样中造成的应力梯度，紧靠动态压头的孔隙层优先发生破坏。靠压头贴合面边缘的固体碎块崩落到试样之外，靠该贴合面内部的固体碎块则掉入次层孔隙中，使得试样不断趋于"密实化"。这种在试样中孔隙逐层破坏的模式，形成该压缩过程名义应力-应变曲线上的起伏性锯齿状平台区（参见图 7.6，其中出现的起始非线性，系由试样端面不是特别平整，而产生突出部分的预先压损所造成，后同）。由于实际试样中孔隙分布得不十分均匀，未处于靠压头贴合层的其他薄弱位置的孔隙也会优先发生破坏，这就促进了试样"密实化"的进程，因此名义应力-应变曲线的平台区呈现缓慢上升的趋势。

图 7.5　孔隙率约 90% 的试样压缩到名义应变为
1/3 左右时的破坏状态
高度方向为压缩方向

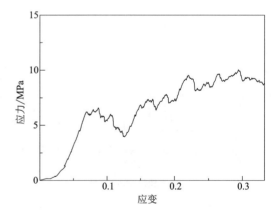

图 7.6　胞孔泡沫钛合金的压缩曲线
孔隙率约 90% 的试样终止于应变到 1/3 左右的不完全
曲线

压缩到名义应变为 2/3 左右时的试样形貌（参见图 7.7）显示，此时该泡沫钛合金已经完全被破坏。整个压缩过程形成的名义应力-应变曲线参见图 7.8。与图 7.6 相对照，图 7.8 的图线比较完全，具有相对明显的起始弹性区、压缩平台区和密实化区三个阶段。而图 7.6 则仅出现前两个阶段，即起始弹性区和压缩平台区；由于名义应变止于 1/3，所以还没有达到密实化区。

图 7.7　孔隙率约 89% 的试样压缩到名义应变为
　　　　2/3 左右时的破坏状态

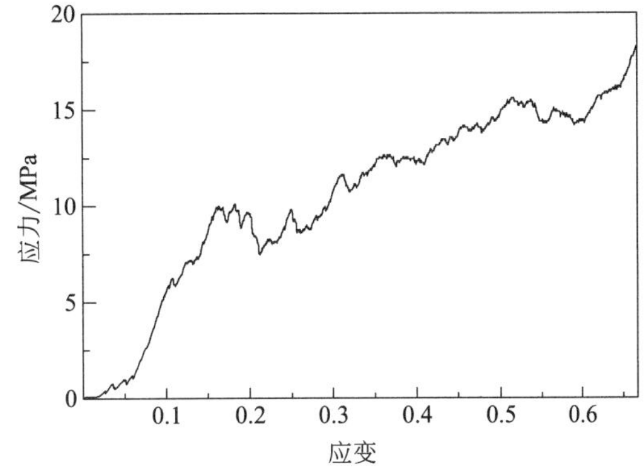

图 7.8　胞孔泡沫钛合金的压缩曲线
　　　　孔隙率约 89% 的试样终止于应变到 2/3 左右的较完全曲线

图 7.6 和图 7.8 的压缩曲线中出现的起始弹性区和紧接着的锯齿状压缩平台表明，本胞孔泡沫钛合金属于典型的弹脆性多孔材料。在低应力时，多孔钛合金通过孔壁弯曲产生弹性变形，随着应力的逐渐增加，当应力值大于孔壁的弹性极限时，多孔体孔结构开始呈脆性破坏坍塌，应力值陡然下降；第一层孔隙坍塌、脱落后，第二层孔隙结构发生像之前一样的情况，所以出现一个不均匀的锯齿状的脆性平台；多次坍塌的碎片累积在还未坍塌或未完全坍塌的孔隙内，造成试样的"密实化"，最后导致应力值的连续增大。大家比较熟悉的多数泡沫铝等弹塑性泡沫材料的压缩曲线一般都包括起始弹性变形阶段、接着的屈服平台阶段和最后的密实化阶段三个区间，这类曲线与本压缩曲线的最大不同是：前者的平台比较平滑，后者的平台则波动较大；前者密实化后相当于致密材料，后者则是名义上的密实化，其"密实化"后是碎块的堆积，其结构与对应致密材料相去甚远。

为了考察试样在压缩过程中形成的微观破坏形貌，还采用 Hitachi 公司生产的 SEM4800 型冷场发射扫描电子显微镜对试样压缩破坏形成的断口结构进行了观测，其分辨率为 2.0nm。图 7.9 所示为本泡沫钛合金试样压缩破坏后的断口形貌，其中断口处的孔隙形貌见图 7.9(a)，断裂位置的孔壁断口形貌见图 7.9(b)。图 7.9(b) 显示其孔壁断口呈现出清晰的解理面，说明其破坏属于脆性断裂，与图 7.6 和图 7.8 中压缩曲线的锯齿平台相对应。我们知道，金属钛具有较大的脆性，作者先期研制的相同结构的纯钛高孔隙率制品很易压碎。为降低脆性，本工作采用添加镍的办法研制本泡沫钛合金，结果制品的压碎负荷显著提高，性能得到明显改善。从原料组分配比和各相物质密度也可直接得知，在本制品中的 $NiTi_2$ 相含量相对很少，可见图 7.9 (b) 中断口大面积的解理一定属于金属钛相的区域。根据上述分析，也可以判断本泡沫钛合金的脆性仍然（主要地）源于金属钛这个相本身。

(a) 断口处的孔隙形貌　　　　　　　(b) 断裂位置的孔壁断口形貌

图 7.9　泡沫钛合金试样压缩破坏后的断口形貌 SEM 图像

7.2.3　胞状泡沫钛的吸声性能

（1）实验方法

采用北京世纪建通科技发展有限公司生产的 JTZB 吸声系数测试系统，通过驻波管法检测本泡沫钛合金试样的吸声系数。其原理是扬声器向管内辐射的声波在管中以平面波形式传播时，在法向入射条件下入射正弦平面波和从试样反射回来的平面波叠加，由于反射波与入射波之间具有一定的相位差，因此叠加后在管中产生驻波。于是，从试样表面开始形成驻波声场，沿管轴线出现声压极大 p_{max} 和声压极小 p_{min} 的交替分布，利用可移动的探管接收这种声压分布，得出材料的垂直入射吸声系数表达如下：

$$\alpha_N = \frac{4 p_{max}/p_{min}}{(1 + p_{max}/p_{min})^2} \tag{7.1}$$

根据实验设备的要求，制备出厚度约为 10mm 的两种孔径的泡沫钛合金圆板试样（参见图 7.10），对于 200～2000Hz、2000～4000Hz、4000～6300Hz 这三个测试频段的试样直径分别为 100mm、50mm 和 25mm。样品的孔隙参数列于表 7.1。

(a) 小孔试样　　　　　　　　　　　　(b) 大孔试样

图 7.10　用于吸声系数测试的胞状泡沫钛合金圆板试样

表 7.1　胞状泡沫钛合金试样的孔隙参数

样品号	样品类型	平均孔径 d/mm	孔隙率 θ/%	比表面积 S_v/(cm²/cm³)
1～3	小孔	约 0.8	约 86	约 400
4～6	大孔	约 2.5	约 89	约 450

（2）结果与分析

测试得到的泡沫钛合金试样吸声系数与声波频率的关系曲线见图7.11。从图7.11中可以看出，声波频率大于1250Hz后，两种孔隙尺寸的胞状泡沫钛试样的吸声系数都超过0.20，即达到了吸声材料定义的平均吸声系数大于0.2的规定；当声波频率达到2000Hz时，两种试样都出现一个波峰，即2000Hz是试样的第一共振频率，此时试样的吸声系数接近或超过0.8。在3000～6300Hz的声波频率范围内，两种试样都表现了良好的吸声性能，吸声系数均在0.6以上。大孔试样和小孔试样分别在3150Hz和5000Hz出现第二共振峰值，此时吸声系数都超过了0.9。由图中的两条曲线比较可知，在所测声频范围内（200～6300Hz），当声频低于4250Hz左右时，大孔试样的吸声性能比小孔试样稍好；当声频高于4250Hz后，小孔试样的吸声性能优于大孔试样。

泡沫金属的吸声机制主要包括孔隙内流体与孔壁摩擦及其流体黏滞耗散以及材料本身的阻尼衰减等，各个机制根据材料的组织结构形态和应用环境的不同情况而发挥不同程度的作用。空气中的声波通过开孔直接进入泡沫体的孔隙内部，引起内部空气与孔壁的相互摩擦。摩擦和黏滞力的作用使相当一部分声能转化为热能而耗散。此外，泡沫金属还可通过声波在孔隙表面发生漫反射干涉而消声。由于大多数金属和陶瓷的内在阻尼能力都较低，因此泡沫金属对声波的衰减机制主要是摩擦和黏滞效应以及丰富的内部孔隙表面的不规

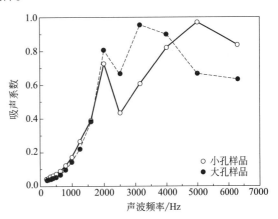

图7.11　胞状泡沫钛合金样品吸声系数与频率的关系

则反射效应。能量较小的低频声波在泡沫金属孔壁上发生反射时产生弹性碰撞，能量损失较少；能量较大的高频声波则因其振幅较大而可能产生非弹性碰撞，于是具有较多的能量损失。

当摩擦和黏滞耗散为主要吸声机制时，声能转化过来的热量传输是一个关键环节。孔隙率较低的泡沫金属具有较多的金属固体，因而传导性较高，此时对声能传热耗散比较有利。但当孔隙表面反射干涉消声为主要吸声机制时，则泡沫金属内部贯穿的内表面积越大越有利于反射吸声。

根据本书作者的研究结果，计算泡沫金属比表面积S_v的关系公式为：

$$S_v \approx \frac{K_s}{d}\left[(1-\theta)^{\frac{1}{2}} - (1-\theta)\right](1-\theta)^n \tag{7.2}$$

式中，S_v（cm^2/cm^3）为多孔体的比表面积；d（mm）和θ（%）分别为多孔体的平均孔径和孔隙率；K_s为取决于多孔体的材质和制备工艺条件的材料常数，也是表征孔棱材质、结构和缺陷状态的材料常数；n为表征多孔体孔隙结构形态的几何因子，它受材料具体结构方式的影响，故最终也是取决于材料种类及具体制备工艺的常数。

对本实验的泡沫钛，可取与孔隙结构类似的泡沫铝数据，即在公式（7.2）中取$n=0.40$和$K_s=281.8$，有：

$$S_v \approx \frac{281.8}{d}\left[(1-\theta)^{\frac{1}{2}} - (1-\theta)\right](1-\theta)^{0.4} \tag{7.3}$$

根据上式计算该多孔体的比表面积，所得计算值也列于表7.1中。可见，孔隙率较高的

大孔试样具有较大的孔隙内部比表面积。通过以上分析和计算结果可以推测，本泡沫钛合金试样在声频较低（低于 4250Hz 左右）时以孔隙表面反射干涉消声为主要吸声机制，而在声频较高（高于 4250Hz 后）时则以摩擦和黏滞耗散为主要吸声机制。实际上，频率较高的声波在孔隙内部引起的空气振动较剧烈，因此空气与孔壁的相互摩擦以及产生的黏滞力作用较大，于是声能是主要通过摩擦和黏滞耗散机制而衰减。所以，在声频超过一定值后，孔隙率稍低的小孔试样获得了较高的吸声性能。当然，若泡沫体内部空间过小，尽管其热传输性能很好，但不会有足够的空气与孔壁之间发生相互摩擦和黏滞的场所，因此吸声性能也就不可能高。

最后值得一提的是，泡沫钛的耐高温性优于泡沫铝等熔点较低的多孔金属材料，因此在温度和环境等要求更高的场合下可能更为适应。例如，航天科技中可能需要比泡沫铝更耐高温的轻质结构材料，同时兼作缓冲降噪之用；海水环境工作可能需要比泡沫铝更耐腐蚀的轻质结构材料，同时兼作减振静音之用。在本工作中，研制这种泡沫钛即可以试图用于这些较苛刻的条件下。

7.2.4　本节工作总结

① 本工作制备获得的胞孔泡沫钛合金，主孔为尺度在毫米级的球形孔隙，孔壁上分布了大量微孔，总孔隙率可以高达 90％，是一种低密度、高孔隙率的多孔钛材料。

② 本胞孔泡沫钛合金的压缩曲线包括起始弹性区、锯齿状压缩平台和最后的"密实化"三个阶段，属于典型的弹脆性多孔材料，其"密实化"是碎块的不断堆积过程；其压缩破坏是通过垂直于载荷方向的孔隙逐层坍塌破碎而不断推进的，外加载荷作用处的孔隙层以及其他薄弱位置的孔隙优先发生破坏。

③ 本泡沫钛合金的第一共振频率为 2000Hz 左右，此时试样的吸声系数接近或超过 0.8；第二共振频率出现在 3150～5000Hz 之间，吸声系数超过 0.9。在所测声频范围内（200～6300Hz），当声频低于一定值（4250Hz 左右）时，比表面积较高的试样的吸声性能稍好；而当声频高于一定值（4250Hz 左右）后，孔隙率较小的试样的吸声性能较好。

7.3 网状泡沫钛合金

如上一节所述，类似地，网状孔隙结构的泡沫钛合金，可以简称为网状泡沫钛合金或网孔泡沫钛合金，还可进一步简称为网状泡沫钛或网孔泡沫钛。

对高性能工程材料的应用已不断提出对功能结构一体化的要求。相对于金属铝，金属钛有着更高的熔点、更好的耐腐性、更小的热导率和良好的生物相容性。因此，泡沫钛比泡沫铝更耐高温、更耐腐蚀，热传导性更低。所以，其在温度和环境等要求更苛刻的情况下可能具有更大的优势。而且，开孔泡沫钛的生物相容性还为其在生物医学领域开辟了良好的应用前景。目前对泡沫钛的研究主要是在钛合金多孔植入材料（试样孔隙率一般在 75％以下）方面的工作，而作为工程材料的其他方面的探讨相对很少。

为了更好地走向更广阔的工程应用，应在其基本性能方面开展更多的工作，有着良好的实践价值。本节把研究目标放到制备网状结构的泡沫钛以及其基本物理、力学性能的研究上，以期获得性能符合某些应用要求的较高孔隙率制品。鉴于对泡沫金属的轻质结构应用与声、热等基本物理性能应用要同时发挥作用的需求，本节利用浸浆烧结法（即挂浆工艺或称挂浆法）研制了高孔隙率网状泡沫钛，并对该泡沫钛的压缩行为、导热性能以及吸声特性等基本性能一并进行了初步探讨，获得了一些有参考作用的结果。

7.3.1 网状泡沫钛的制备

由于金属钛的熔点较高，而且较易氧化，因此制备泡沫钛比泡沫铝困难。很难通过液态工艺来制备泡沫钛，目前的主要技术是粉末冶金法。而且，已研制出来的泡沫钛制品的孔隙率一般都不高，大多在70%以下。少数情况下能够很高，但也在80%以下。此外，后来也有电沉积工艺制备三维网状泡沫钛的研究，虽有更高孔隙率的制品，但工艺复杂，成本高，而且不利于环保。

这里采用挂浆烧结法（即浸浆烧结工艺），以脱氢钛粉和电解镍粉的混合粉末（<300目）为主原料制备泡沫钛。钛粉纯度高于99.50%，其化学成分和质量分数为：Si≤0.02%，Fe≤0.04%，Cl≤0.04%，C≤0.02%，O≤0.35%，N≤0.04%，H≤0.03%；镍粉纯度高于99.5%，其化学成分和质量分数为：Mg≤0.02%，Ca≤0.03%，Mn≤0.03%，Fe≤0.03%，Cu≤0.03%，Co≤0.1%，Si≤0.01%，C≤0.05%，S≤0.03%。

(1) 基体的选择

挂浆工艺首先需要孔隙相互连通的易去除性基体，聚氨酯的热分解温度在400～600℃，实验表明其适合于钛合金粉末在800℃以上的烧结。而且，不同孔隙结构的聚氨酯泡沫也比较容易获得。因此，选用通孔的聚氨酯泡沫塑料作为本工艺的基体，其孔隙形貌参见图7.12。

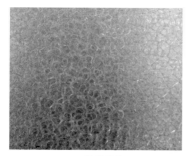
(a) 总体形貌

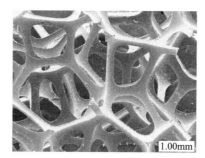
(b) 孔隙微观形貌

图7.12 小孔网状泡沫聚合物基体的形貌示例

(2) 基体挂浆

原料采用粒度为<300目的脱氢钛粉和电解镍粉，按质量比（75∶25）～（85∶15）在球磨机中混料一定时间，将两种金属粉末混合均匀。将混合均匀的金属粉末与自制黏结剂按照一定比例配制成浆料，配制比例为：金属粉末松装体积∶黏结剂体积＝1∶（1～3）。充分搅拌均匀后，把浆料挂入泡沫塑料基体的孔隙中，挤出多余的浆料，借助于基体自身弹性得到多孔结构的挂浆坯体，放到干燥箱中进行吹风加热干燥，首先在80℃的温度下干燥2h，然后在120℃的温度下再干燥2h。挂浆后烘干的干坯孔隙结构传承了泡沫塑料基体的基本构架（图7.13）。

(3) 坯体烧成

将挂浆干燥后的坯体样品置于真空炉设定温度点的匀温区，先在室温（25℃）下抽真空至炉膛压力小于$5×10^{-2}$Pa，再用30min的时间升温至120℃，保温2h，持续抽真空最后达到最小压力在10^{-2}Pa的水平；然后正式设定程序运行，最后的升温保温过程如下：以5℃/min的升温速率将炉温由120℃提高到400℃；再以2℃/min的升温速率将炉温由400℃提高

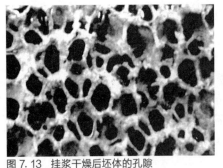

图 7.13 挂浆干燥后坯体的孔隙
形貌示例

到 500℃，过程耗时约为 50min；接着直接将炉温提高到 800～1000℃，然后保温 2h 以上。在该过程中，聚氨酯基体经历高温处理而能够得以完全的热分解。其中升温制度主要是依据设备条件、基体分解温度和几次调试参数的结果。完成后关机炉冷，保持真空炉冷至 120℃ 以下才可以出炉取样。得到的制品是三维网状结构，图 7.14 为其样品（总孔隙率约 88%）示例。从图中可以看出，所得泡沫制品的主孔隙尺寸约为 1～2mm [图 7.14(a)]，这些主孔相互连通形成孔棱骨架的三维网络结构，总体结构主要取决于原聚合物基体的孔隙结构，只是在基体仅存在孔棱的基础上出现了少量孔壁结构 [图 7.14(a)]；在这种泡沫体的孔棱上还存在着一些小孔 [图 7.14(b)] 以及许多尺寸更小的微孔 [图 7.14(c)]，它们是通过预制体中孔棱部分的有机质在烧结过程中的热分解所产生的，而金属粉末颗粒之间的烧结情况良好。图 7.14(c) 也显示烧结产品上没有出现聚氨酯基体的残留物质。制品的 XRD 分析测试结果与前面胞状泡沫制品相同，主相为金属钛，并有少量 NiTi$_2$ 相。原料中的金属镍都与金属钛发生了反应，不再显示衍射峰。

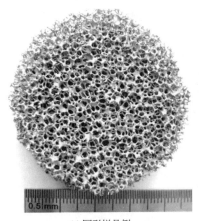

(a) 圆形样品例

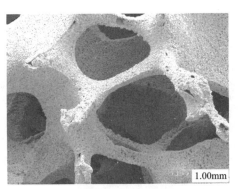

(b) 局部放大的孔隙结构

(c) 孔棱骨架的微观结构

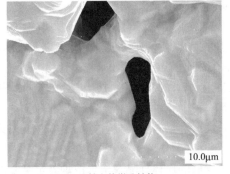

(d) 孔棱上的微孔结构

图 7.14　所制网状泡沫钛的形貌

为了实现对制品孔隙结构的控制，首先要选好孔隙参数合适的泡沫塑料基体。虽然基体的孔隙结构在很大程度上决定了最后泡沫钛制品的孔隙结构，但最后制品的孔隙结构也在基体孔隙结构的基础上有一定改变。比如挂浆过程中浆料的性质、烧结过程中的热处理制度等都会对最后制品的孔隙结构产生作用，特别是孔隙尺寸的收缩，而且孔隙形状也有相应的变化，比如孔壁的出现等。

7.3.2 网状泡沫钛的压缩行为

（1）实验方法

泡沫金属的结构特点使其不能完全适用于传统金属材料的压缩实验方法，参考关于多孔金属压缩测试的有关国际标准 [ISO 13314：2011(E)]对其进行室温准静态压缩测试。制备用于压缩试验的样品是尺度大致为 $\phi30mm\times35mm$ 的泡沫钛圆柱，孔隙率约85%，平均孔径2mm左右。在测试开始之前，先在设备的两个压头端面上刮抹一层石墨，以尽量减小设备压头与试样端面的位移摩擦。压缩试验采用 WDW-3050 型万能试验机，设备最大载荷为5t，压缩速率设定为 1mm/min。

（2）结果与分析

本泡沫钛的压缩曲线（参见图 7.15）显示了初始应力随应变较快提高的弹性阶段、中期应力随应变增加基本保持稳定的平台阶段以及最后应力又随应变较快增长的密实化阶段。这一规律与泡沫铝等泡沫金属基本相同，但"平台区"明显的锯齿状波动表明其逐层发生的坍塌属于脆性破坏，本网状泡沫钛属于弹脆性多孔材料。通过对压缩过程的观察还可以看到，样品中孔隙的逐层坍塌破碎，主要是通过紧靠压头的孔隙层优先发生破坏而推进的。压缩时样品孔隙坍塌产生的固体碎块有一部分会直接崩落到试样之外，更多的虽然起初会填充到还未坍塌或未

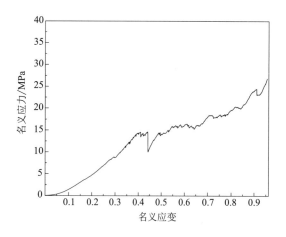

图 7.15 网状泡沫钛的压缩曲线

完全坍塌的孔隙内，但其中还会有一部分碎块（主要是尺度较小的碎块）在后续的压缩进程中通过试样的连通网孔而移动、脱落到试样之外，所以整个压缩过程都不会出现比较完全的压实状态。最后是将样品压成了碎末。因此，本压缩曲线的"平台区"可以延伸到应变更高的状态，而且"密实化"阶段的应力也不会随应变增长太快，即在这个阶段的应力-应变曲线不会太陡峭。

当然，由于上述坍塌碎块填充到还未坍塌的孔隙内会产生桥架支撑作用，从而引起"平台区"应力值随着应变增大而发生缓慢的增长。碎块在试样中的不断累积，使得试样不断趋于"密实化"，最后还是导致应力值比"平台区"有较快一些的提高，即达到"密实化区"。只是在该压缩曲线中，最后的这一"密实化区"的出现，要明显晚于常见的多数泡沫铝制品等弹塑性泡沫材料。但是，这种通过碎块在孔隙中堆积而形成的"密实化"，其"密实"部分内部存在的刚性空隙很多，这完全不同于弹塑性泡沫材料在对应阶段形成的密实化结构。

采用 SEM4800 型冷场发射扫描电子显微镜对试样压缩破坏的孔棱断口微观形貌进行观

测，对应形貌显微照片见图 7.16。该图表明，其孔棱断口形貌为解理状，属于脆性断裂破坏特征，与图 7.15 中压缩曲线的锯齿平台相对应。

图 7.16　网状泡沫钛试样压缩破坏后的孔棱断口形貌 SEM 图像

此外，还值得一提的是：开始做的强度很低的网状样品（视觉感官也不太好）在压缩时曲线出现了多次明显的"大齿"波动，后来调整挂浆和热处理温度可得到比较满意的样品，做压缩试验时就得到了现在这种曲线。由于没有更好的观察手段，所以沿用了业内普遍认同的逐层塌陷机制。待有了更好的条件，还希望看看各式各样的多孔材料在压缩过程中是否都属于逐层塌陷机制。另外，把本泡沫钛归于弹脆性多孔材料也是目前分析得到的大致结果，以后开展细致的力学性能研究时可再做进一步探讨。至于本多孔样品在压缩时出现的曲线"平台"，那不是本来意义上的材料屈服过程体现，而是孔隙逐层塌陷的结果。工作表明，多孔金属在拉伸过程中的孔棱"撕裂"破坏模式展示了孔隙对于此类材料宏观拉伸性能的"致脆"作用，而不是增韧作用。即从拉伸曲线和断后伸长看，都可以看到多孔金属的"塑性变形"远少于相同材质的致密样品。还有，本泡沫钛也可能并不是纯粹的典型脆性断裂，更可能是一种混合型的断裂方式。

7.3.3　网状泡沫钛的导热性能

（1）实验方法

热导率是最重要的热物性能，采用 Hot Disk 热常数分析仪（参见图 7.17）进行常温热导率测试试验，使用的外部护层材料为聚酰亚胺；制备的能够进行热导率测试的泡沫钛试样呈圆板状，表观尺寸大致为 $\phi 70\text{mm} \times 20\text{mm}$。其表观体密度在 $0.5 \sim 0.7\text{g/cm}^3$ 之间，孔隙率为 87%～89%。在测试样品的热导率时，被膜装的镍螺旋探头夹于两块样品之中。记录测试时间内探头的阻值变化，建立探头所经历的温度随时间变化的关系。根据样品的热导率大小选择不同的测试参数，包括输出功率、测试时间、探头尺寸等，对热导率较小的材料一般选用较低的输出功率和较长的测试时间。

（2）结果与分析

用于热导率测试的有关样品参数见表 7.2。测试试验（样品安装方式参见图 7.18）结果表明，对于体密度在 $0.5 \sim 0.7\text{g/cm}^3$ 之间、平均孔隙率在 87%～89% 之间的本泡沫钛试样，其热导率大致在 $0.4 \sim 0.8\text{W/（m·K）}$ 之间（不同试样的对应值一同列于表 7.2）。该热导率指标小于几个知名品牌的泡沫铝产品，如体密度在 $0.3 \sim 0.5\text{g/cm}^3$ 之间的 Alulight 产品对应的热导率为 $8.9 \sim 13\text{W/（m·K）}$，体密度为 0.54g/cm^3 的 Cymat 产品对应的热导率为 0.91W/（m·K），体密度在 $0.15 \sim 0.30\text{g/cm}^3$ 之间的 Norsk Hydro 产品对应的热导率为 $1.5 \sim 2.1\text{W/（m·K）}$。因此，本泡沫钛制品具有更好的隔热性能。

表 7.2　热导率测试的样品参数及检测结果

样品组号	孔径 d/mm	d 的平均值 /mm	孔隙率 /%	λ（第 1 次检测） /[W/(m·K)]	λ（第 2 次检测） /[W/(m·K)]	检测精度 /[W/(m·K)]	相对误差 /%	λ 的平均值 /[W/(m·K)]
1	1.0～2.0	1.6	87.0	0.7735	0.8146	0.0001	5.29	约 0.8

样品组号	孔径 d/mm	d 的平均值 /mm	孔隙率 /%	λ (第 1 次检测) /[W/(m·K)]	λ (第 2 次检测) /[W/(m·K)]	检测精度 /[W/(m·K)]	相对误差 /%	λ 的平均值 /[W/(m·K)]
2	1.0~3.0	1.9	87.4	0.5821	0.6100	0.0001	4.79	约 0.6
3	1.5~3.0	2.2	88.6	0.3997	0.4075	0.0001	1.95	约 0.4

图 7.17　热导率测量 Hot Disk 热常数分析仪

图 7.18　本泡沫钛制品在热导率测试过程中的样品安装方式

对结果进行分析可以看到，对于本泡沫钛制品，其室温热导率比较明显地呈现出随着样品孔隙率提高而减小的趋势。由于研究条件的限制，本工作只探讨了如表 7.2 所列的 3 组样品。虽然样品数量比较少，但所述变化趋势还是比较明显的。在本研究对象和研究条件的范围内，发现这一变化规律没有受到样品孔隙大小及孔径分布等结构因素的影响。

多孔材料的热传导由金属物质的固体传导、孔隙介质的热传导、孔隙中的对流传热以及材料的辐射传热所组成。在高温情况下，辐射传热起主导作用；在常温常压情况下，当孔径大于 10mm 时才会有显著的自然对流。因此，当多孔体的孔径不是太大时，则在常温常压情况下可以忽略对流传热和辐射传热两个因素。如果此时孔隙中填充的又是热导率较低的介质（比如空气），那么整个多孔试样的热导率就可以只考虑固相骨架的热传导了。试样的孔隙率越高，其金属骨架所占体积分数就越低，因此对应的固相热传导就越小。表 7.2 中的数据充分展示了这一点。金属钛的常温热导率是 15.0W/(m·K)，孔隙率为 88.6% 的泡沫钛试样的常温热导率只有不到 0.4W/(m·K)，为致密金属钛的 2.7% 左右。这说明相对于其致密体来说，本泡沫钛制品具有优秀的隔热性能。

目前已报道的还有一些关于泡沫金属热导率的研究，特别是对于泡沫铝。例如，对平均孔隙率为 0.80~0.81 的胞状泡沫 AlCSi7 铝合金的实验研究显示其热导率为 14~15W/(m·K)，另外一项工作显示一种开孔泡沫铝（孔隙率 92%~93%，孔隙尺寸 0.5~2.0mm，由 6101-T6 铝合金制备）在室温下的有效热导率约为 8~18W/(m·K)，其指标均远大于本泡沫钛样品。一种孔隙率为 86.8%、孔隙尺寸为 232μm（孔隙开口尺寸为 61μm）的胞状泡沫碳复合材料，据报道其 20℃ 下空气中的热导率为 0.35W/(m·K)，该值约小于本泡沫钛样品。另外，还测得一种孔隙尺寸为 30~60ppi（pores per inch）、相对密度为 10%（对应于孔隙率 90%）的网状泡沫 FeCrAlY 合金的有效热导率，在 325K 的大气条件下为 0.95W/(m·K) 左右。该值显然大于室温下的本泡沫钛样品，但考虑到温度效应，可以认为两者的热导率不会有明显的差异。

其实，泡沫金属在一些利用其结构属性和其他物理性能时也会牵涉到其热性能。例如，对于空冷型泡沫金属声阻装置等设施来说，除要研究其吸声机制外，热控制方面的因素对其使用寿命也是十分重要的。所以，从这个角度考虑，对泡沫钛的热导率做一点研究，也是很有意义的。泡沫钛在有的方面（比如力学性能或吸声性能方面）可能并不存在优势，但其可适用于较高的温度条件，还有一定的吸声降噪等作用。如果应用要求一定的导热性能，则可表现出良好的多面性综合性能。因此，研究泡沫钛的导热性能具有良好的实践意义。

7.3.4　网状泡沫钛的吸声性能

（1）实验方法

如上一节对胞状泡沫钛合金的吸声性能研究，这里仍通过常用的驻波管法对本网状泡沫钛试样的吸声系数进行检测。用于吸声试验的样品孔隙率约88.5%，孔径分布大致在1~2mm之间，平均孔径约为1.6mm，厚度在0.8cm左右。使用1/3倍频程法来测量试样的吸声性能，该法基于驻波比原理。在本测试系统可以测试的200~6300Hz这一声频范围内，各个1/3倍频程的中心频率分别为200Hz、250Hz、315Hz、400Hz、500Hz、630Hz、800Hz、1000Hz、1250Hz、1600Hz、2000Hz、2500Hz、3150Hz、4000Hz、5000Hz、6300Hz。

（2）结果与分析

图7.19是测试得到的泡沫钛试样吸声系数曲线。从图中可以看出，当声波频率在200~1600Hz这一区间时，试样的吸声系数维持在一个很低的值，一直在0.1以下；声波频率超过1600Hz后试样的吸声系数开始缓慢提高，一直到3150Hz，但仍然没有超过0.2。当声波频率大于3150Hz后，该泡沫钛试样的吸声系数得到明显提升。当声波频率为4000Hz时，试样出现第一共振峰，此时试样的吸声系数达到0.9左右。在声波频率为5000Hz时吸声系数又下降到0.3~0.4左右，6300Hz时继续升高到0.6以上。比较图7.19和图7.11可以看出，本试样的吸声性能总体上要低于上述胞状泡沫钛。

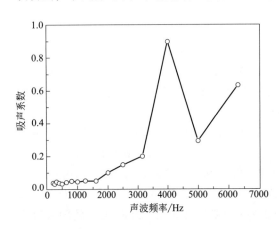

图7.19　网状泡沫钛合金样品的吸声曲线

泡沫金属的吸声机制主要有摩擦和黏滞耗散、反射衰减和固体阻尼等。摩擦和黏滞耗散是由孔隙内的流体随声波振动而与固体孔壁发生相互摩擦和流体的黏滞作用所引起，摩擦和黏滞作用使部分声能转化为热能而耗散；反射衰减是通过声波在孔隙表面发生的漫反射而干涉消声；固体阻尼是材料本身的内在阻尼衰减。由于大多数金属和陶瓷的内在阻尼能力都较低，因此泡沫金属对声波的衰减机制主要是摩擦和黏滞效应以及丰富的内部孔隙表面的不规则反射效应。低频声波的能量较小，在多孔体的孔壁上发生反射时产生弹性碰撞，能量损失较少，因此本泡沫钛试样在200~1600Hz这一声波频率范围内时，其吸声系数一直在0.1以下。当声波频率提高到1600~3150Hz时，试样的吸声系数虽随频率增大而有所增加，但仍然没有超过0.2。能量较大的高频声波则有较大振幅，可以在多孔体的孔壁上发生非弹性碰撞，从而引起较多的能量损失。所以，当声波频率大于3150Hz后，本泡沫钛试样的吸声系数得到显著提升。

对于本网状样品，计算其比表面积。根据作者的研究结果，不妨借用泡沫镍的相关数据，在公式 (7.2) 中取 $n=-1.41$ 和 $K_S=128.2$，于是得到：

$$S_v \approx \frac{128.2}{d}\left[(1-\theta)^{\frac{1}{2}}-(1-\theta)\right]\times\frac{1}{(1-\theta)^{1.41}} \tag{7.4}$$

由上式计算出多孔样品的比表面积，数据列于表7.3。

表7.3 本网状泡沫钛样品的孔隙参数

平均孔径 d/mm	孔隙率 θ/%	比表面积 S_v/(cm²/cm³)
约1.6	约89	约399

同一条件下不同吸声机制虽有主次，但往往同时发生作用。从表7.3和表7.1对比可知，本网状泡沫样品的孔隙率与上述大孔胞状泡沫样品都近似为89%，即金属固体含量相当，但表面积小于后者；本网状泡沫样品的表面积与小孔胞状泡沫样品相当（S_v都近似为400cm²/cm³），但孔隙率高于后者的86%，即金属固体含量小于后者。因此，与胞状泡沫样品对照而言，如上所述的摩擦和黏滞耗散以及干涉消声这些吸声机制对本网状泡沫样品的发挥程度都会更小，从而导致更低的声音吸收性能。

从另外一个角度来考虑，空气在网状多孔体中的流通性要远好于胞状多孔体，因此声波更易穿透。也就是说，网状体有着更小的空气流阻。过小的空气流阻不利于声音吸收，从而导致了更小的吸声性能。所以，网状样品的吸声性能在总体上远不如胞状样品。

7.3.5 本节工作总结

① 本工作制备获得的网状泡沫钛，孔隙尺度在毫米量级，呈相互连通的三维网络结构，孔隙率在85%～90%之间，是一种低密度、高孔隙率的多孔钛材料。制品包含两个物相，其中金属钛为主相，金属间化合物 $NiTi_2$ 为副相。

② 本网状泡沫钛属于弹脆性多孔材料，其压缩曲线包括常见泡沫材料所有的三个阶段，即弹性区、压缩平台区和密实化区。其中锯齿形的"平台区"可以延伸到应变较高的状态；其"密实化"过程是孔隙坍塌碎块的不断堆积过程，而且密实化阶段的应力-应变曲线不会太陡。

③ 本泡沫钛试样（孔隙率在87%～89%之间、孔径分布在1～3mm之间）的热导率随孔隙率的提高而出现快速下降，而且在本工作中发现这一变化规律没有受到样品孔隙大小及孔径分布等结构因素的影响。从总体上看，本泡沫钛制品具有较低的热传导性能，其室温热导率大致在0.4～0.8W/（m·K）之间，该热导率指标小于几个知名品牌的泡沫铝产品。

④ 本网状泡沫钛试样在声波频率小于3150Hz时吸声性能都不佳，在所测声频范围内（200～6300Hz）只出现一个共振频率，该第一共振频率为4000Hz左右，此时试样的吸声系数在0.9左右。声波频率为5000Hz时吸声系数从共振吸声下降到0.3～0.4左右，6300Hz时再继续升高到0.6以上，可望随着声波频率的继续升高而出现第二共振频率。但总的来说，其吸声性能明显不如上一节所介绍的胞状泡沫钛制品。

7.4 泡沫钛电磁屏蔽性能

现代电子工业的高速发展和电子电器的普遍使用，使电磁波辐射日益严重。现代通信、自动控制和计算机技术等领域广泛使用日益复杂的大规模集成电路，大量单元安装在较小的机腔内，因而相互之间产生电磁干扰以及设备对环境发生电磁辐射的可能性大为增加。电磁辐射不但会影响人们的身体健康，并对周围的电子仪器设备造成干扰。此外，还会因此泄露信息。电磁辐射的防护措施可分为屏蔽、隔离和吸收等方式，但通常以屏蔽方式为主。屏蔽材料可使电子设备在电磁辐射中得到屏蔽保护，从而免受电磁干扰。多孔金属的电磁波吸收性能可用于电磁屏蔽、电磁兼容器件，制作电子仪器的防护罩等。由于其传导性，与聚合物相比，轻质泡沫金属在电磁屏蔽领域具有更多的发展空间。在这方面应用的多孔金属主要是孔隙相互之间全部连通的三维网状铜或镍。这种结构透气散热性好，体密度小，比金属网的屏蔽性能高得多，可达到波导窗的屏蔽效果，但体积比波导窗小，轻便，更适合于移动的仪器设备使用。尽管如此，对于泡沫金属的电磁屏蔽性能的研究并不多见。

泡沫金属不但以其体密度低和比强度高而广泛作为轻质结构体，而且以其优异的物理性能而应用于消声降噪、吸能减振、隔热阻火、热交换等场合。作为后来兴起的一种新型电磁屏蔽材料，泡沫金属的屏蔽效能高于传统的网材，且质量轻、耐候性强，能满足精密仪器和设备的屏蔽要求。多孔结构可以在相关方面有效地处理电磁波。尽管泡沫金属因其重量轻和适度的力学性能而被广泛应用于航空航天和汽车工业，但在其电磁屏蔽等物理性能方面的研究工作开展得很少。虽然电导率小于致密金属，但是泡沫金属的电磁屏蔽效能派上实际用场是完全有可能的，而且这一用途可以在同一件产品上附加到多孔材料减振、缓冲、降噪等其他方面的应用上。

大家知道，在泡沫金属众多研究方面的工作主要集中于泡沫铝。泡沫钛比泡沫铝具备更好的耐高温性和耐腐蚀性以及更低的热导率，在温度和环境等要求更高的场合具有一定优势，但实际可行的制备工艺非常有限，且已研制的泡沫钛孔隙率一般都不高（大多在70%以下）。后来也有电沉积工艺制备三维网状泡沫钛的研究，虽有更高孔隙率的制品，但工艺复杂，成本高，而且不利于环保。另外，以往对泡沫钛的研究工作主要限于植入材料应用方面，目前仍缺乏对泡沫钛足够的系统性研究，对其吸声性能、导热性能、电磁屏蔽性能等方面的研究甚少。考虑到在满足力学性能要求的基础上具有更低的体密度和更高的孔隙率是泡沫金属发展的方向，本工作研究不同孔隙结构的高孔隙率泡沫钛的电磁屏蔽效果。泡沫钛在使用环境、温度条件等方面有一定优势，而且既可以作为轻质结构，又可以具备吸声降噪等作用。如果用于需要一定电磁屏蔽效能的场所，则其可以发挥出多方面的功能。可见，虽然这种多孔材料在某个单一的方面（比如电磁屏蔽方面）可能没有什么优势，但其综合性能就可能具有较大的优势。因此，研究泡沫钛的电磁屏蔽性能也具有良好的实践意义。

7.4.1 电磁屏蔽原理简介

电磁屏蔽是利用具有导电性或导磁性的材料，通过反射、散射、吸收等方式，从而达到衰减电磁能量的目的。屏蔽材料的电磁屏蔽效果一般都用屏蔽效能（SE）表征（单位为dB）：

$$SE = 20\lg(E_0/E) \tag{7.5}$$

式中，E_0 和 E 分别为没有屏蔽物和有屏蔽物时空间某点的场强。

根据 Schelkuniff 理论，屏蔽材料的屏蔽效果（SE，dB）可表示为：

$$SE = A + R + B \tag{7.6}$$

式中，A 为吸收损耗，是屏蔽材料中的电偶极子或磁偶极子与电磁场作用的结果，其与屏蔽材料的导电性、导磁性、厚度等因素有关，而与电磁波的类型无关；R 为反射损耗，是屏蔽材料中的带电粒子（自由电子或空穴）与电磁场的相互作用的结果；B 为多次反射损耗。其中：

$$A = at(f\mu_r\sigma_r)^{1/2} \tag{7.7}$$

$$R = b - 10\lg(f\mu_r/\sigma_r) \tag{7.8}$$

$$B = 20\lg(1 - e^{-2t/\delta}) \tag{7.9}$$

式中，a、b 为常数；f 为电磁波频率，Hz；t 为屏蔽材料的厚度，mm；σ_r 为相对电导率（屏蔽材料的电导率和铜电导率之比）；μ_r 为相对磁导率；δ 为趋肤深度，且：

$$\delta = (f\pi\sigma\mu)^{-1/2} \tag{7.10}$$

由式（7.7）、式（7.8）可知：低频时材料的屏蔽效果主要来源于反射损耗，泡沫金属内部具有大量孔隙和高的比表面积，可形成一定的感抗，反射性能较好；高频时则电磁波变得容易进入，屏蔽效果主要取决于电磁波在材料内部的吸收损耗。

7.4.2 电磁屏蔽实验方法

如上面两节所介绍，笔者利用真空热加工技术制备具有不同结构的两种高孔隙率泡沫钛，即胞状结构的泡沫钛和网状结构的泡沫钛。本节探讨这两种结构的泡沫钛的电磁屏蔽性能。

本泡沫钛试样的电磁屏蔽效能测试采用北京鼎容实创科技有限公司生产制造的同轴法兰装置 DR-S01 平面材料屏蔽效能测试仪，整体装置见图 7.20。其主要构成为系统软件、程控计算机、频谱仪、同轴衰减器、屏蔽效能测试器等。该装置设计按照 ASTMD4935—2010《测量平面材料电磁屏蔽效率的标准试验方法》的国际标准规定，适用于平板型电磁屏蔽材料的平面波屏蔽效能测量，同轴法兰部件经高精密加工而成，有效测试频率范围宽泛。在本工作测试中，发射频率为 0.3～3000MHz，对应波长为 0.1～1000m，覆盖无线电波的波谱（含长波、中波、短波），并含有部分微波波段。

根据实验设备的要求，制备出直径约为 100mm 的不同孔隙结构的泡沫钛圆板试样。胞孔样品的孔隙参数列于表 7.4，网孔样品的孔隙参数列于表 7.5。样品在屏蔽效能测试过程中的安装方式见图 7.21。

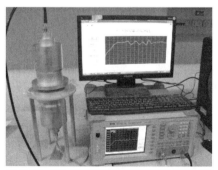

图 7.20 DR-S01 型平面材料屏蔽效能测试仪

图 7.21 本泡沫钛制品在屏蔽效能测试过程中的样品安装方式

表 7.4　胞孔泡沫钛试样的孔隙参数及屏蔽效能

样品编号	平均孔径 d/mm	样品厚度 t/cm	孔隙率 θ/%	t/θ	比表面积 S_v/(cm^2/cm^3)	波动式平台屏蔽效能 SE_P/dB
1-1	约0.8	约1.0	约86	约1.2	约400	约15～40 (1000～3000MHz)
1-2	约2.5	约1.2	约89	约1.3	约450	约30～45 (1000～3000MHz)

表 7.5　网孔泡沫钛试样的孔隙参数及屏蔽效能

样品编号	平均孔径 d/mm	样品厚度 t/cm	孔隙率 θ/%	t/θ	波动式平台屏蔽效能 SE_P/dB	低频端屏蔽效能 SE_L/dB
2-1	约1.6	约0.9	约88	约1.0	约25 (400～3000MHz)	约25～72 (0.3～400MHz)
2-2	约1.6	约1.7	约89	约1.9	约45 (600～3000MHz)	约45～104 (0.3～600MHz)

7.4.3　胞孔泡沫钛的电磁屏蔽效能

测试得到胞孔样品 1-1 和样品 1-2 的电磁屏蔽效能如图 7.22 所示。由图可以看出，在 0～1000MHz 范围内，随着电磁波频率的增大，试样的屏蔽效能由 100dB 左右逐渐减小到 25dB 左右。超过 1000MHz 以后，试样的屏蔽效能呈现出一个波浪式的平台，该平台的中心值大致为 30～40dB。对于整个测试的频率范围，在 1600MHz 以下时 1-2 号试样的屏蔽效能稍好于 1-1 号试样，在 1600MHz 以上时两者的屏蔽效能则大致相当（前者只是略好于后者）。

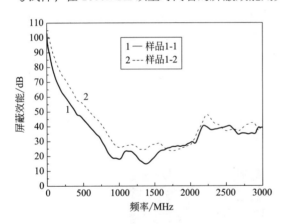

图 7.22　胞孔泡沫钛的电磁屏蔽效能曲线

测试曲线表明两个样品在测试范围的较低频段都具有相对较高的屏蔽效能，但在相对较高的频段则屏蔽效能并不高。这实际上也与本泡沫钛在低频段以反射损耗机制为主而高频段则是吸收损耗机制为主相一致。一般来说，高孔隙率泡沫体中的金属固体含量相对较低，损耗机制能够发挥的作用毕竟是有限度的。

当孔隙率近似相等而孔隙尺寸不一样时，孔隙尺寸较小的泡沫样品将表现出较高的屏蔽效能。这是因为大致相同的孔隙率而较小的孔隙尺寸意味着较多的孔隙数量，泡沫体内部发生反射的电磁波量增多，所以吸收损耗也将增多。实际上，这种反射的增多实质上来源于泡沫体内部更多的孔壁/空气界面，即更大的内部孔隙比表面积，而不是直接来源于更小的孔隙尺寸。当然，较小的孔隙尺寸和较多的孔隙数量可以获得较大的比表面积，但其也将取决于另外一个重要因素，即泡沫体的孔隙率。

本书作者研究得出了泡沫金属比表面积 S_v 的计算公式，即式（7.2）：

$$S_v \approx \frac{K_S}{d}\left[(1-\theta)^{\frac{1}{2}} - (1-\theta)\right](1-\theta)^n \tag{7.11}$$

式中，$S_v(cm^2/cm^3)$ 为泡沫体的比表面积；$d(mm)$ 和 θ（%）分别为泡沫体的平均孔径和孔隙率；K_S 为取决于多孔体的材质和制备工艺参数的材料常数，也是表征孔棱或孔壁材质、结构和缺陷状态的材料常数；n 为表征泡沫体孔隙结构形态的几何因子，它受材料具体结构方式的影响，故最终也是取决于材料种类及具体制备工艺的常数。

对于本实验的胞孔泡沫钛，可取用孔隙结构类似的泡沫铝数据，即在上式中取 $n=0.40$ 和 $K_S=281.8$，于是有：

$$S_v \approx \frac{281.8}{d}\left[(1-\theta)^{\frac{1}{2}}-(1-\theta)\right](1-\theta)^{0.4} \tag{7.12}$$

根据上式计算该胞孔泡沫钛的比表面积，所得结果也列于表 7.4 中。可见，孔隙率较高的大孔试样 1-2 的内部比表面积较大，而根据测试结果其在 1600MHz 以下时的屏蔽效能好于内部比表面积较小的小孔试样 1-1。材料中较多的表面趋向于产生更多的自由电子或空穴等结构缺陷，因此与电磁场的相互作用也就增加。而且，较多的表面也为电磁波提供了更多的产生反射的场所。总之，较大的比表面积有助于电磁波的反射，其结果与低频时屏蔽效果主要来源于反射损耗一致［参见式（7.8）和式（7.9）］。另一项研究结果也表明，当孔隙率保持大致相当时，多孔结构的屏蔽效能随孔隙密度的增大而增大。这在本质上是由于此时较大的孔隙密度（也即较小的孔隙尺寸）导致了较大的表面积，从而引起多孔结构内部更多的电磁波反射。

可能应该说明的是，根据胞孔泡沫金属的结构特点，在式（7.11）中取 $n=0.40$ 和 $K_S=281.8$，其中指数对计算结果的影响较大。因此，当泡沫金属的孔隙率很高时，孔隙率的很小变化就可能引起比表面积值的很大变化。所以，尽管样品 1 和样品 2 的孔隙率仅从约 86% 增加到 89%，平均孔径从约 0.8mm 大幅度增加到约 2.5mm，但样品 2 的比表面积还是略大于样品 1。当然，网状泡沫金属的比表面积关系又是另外一个不同情况，这与其结构特点紧密相关。

但当电磁场的频率增大时，吸收损耗的权重加大，反射损耗的贡献降低。从孔隙率较大的样品中金属固体含量相对较少的角度考虑，孔隙率较小的试样 1-1 中的金属固体含量较多，因此内部所含的电偶极子或磁偶极子也就较多，它们与电磁场的作用也较强，所以吸收损耗加强。孔隙率较低的样品，其单位体积内的金属固体含量较多，因此导电性也就较好。于是，也可根据式（7.7）直接推知孔隙率较小的试样 1-1 的吸收损耗较多。各种损耗机制都可以同时发生作用，只是随着具体条件不同而发生作用的程度有所变化。试样 1-1 有较多的金属固体，试样 1-2 有较大的比表面积，吸收损耗机制和反射损耗机制的联合作用，最终导致在频率较高的情况下两者的屏蔽效果趋于大体一致的结果。

样品的屏蔽效能测试曲线显示，各样品都在测试频率范围内的低频端具有较好的屏蔽效能，而在频率较高的区域屏蔽效能则不高，这其实也与本泡沫钛低频以反射损耗机制为主、高频以吸收损耗机制为主是一致的。因为总的来说，高孔隙率泡沫体的金属固体含量较低，损耗机制发挥的作用终究是有限的。

7.4.4　网孔泡沫钛的电磁屏蔽效能

测试得到网孔样品 2-1、样品 2-2 的电磁屏蔽效能，见图 7.23。由图可以看出，如同上述胞孔泡沫钛，各个样品也都是屏蔽效能在低频端较好，道理与上面是一样的。在超过某一频率值后，曲线都大致呈现出一个较长的波动区平台，在该区域内的屏蔽效能基本可以视为是围绕一个平均量在波动。该平均量即"平台值"，对于样品 2-1、样品 2-2 大致分别为 25dB 和 45dB，现将图 7.23 的测试结果进行了总结，把该屏蔽效能"平台值"以及低频端的屏蔽效能值一同列于表 7.5 中的"平台屏蔽效能"项和"低频端屏蔽效能"项。

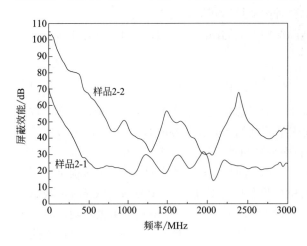

图 7.23　网孔泡沫钛的电磁屏蔽效能曲线

图 7.23 显示样品在测试频率范围内的低频端具有较好的屏蔽效能，而在频率较高的区域屏蔽效能则不高，这其实也与本泡沫钛低频以反射损耗为主、高频以吸收损耗为主是一致的。对结果进行分析可以看到，对于本网孔泡沫钛制品，在本研究对象和研究条件的范围内，其屏蔽效能与样品参数具有如下规律：当同一孔隙尺度的样品孔隙率大致相同时，样品的屏蔽效能明显地随着样品厚度的增加而提高。这可通过上述式（7.7）和式（7.9）得到很好解释，即样品厚度的增大使得样品的吸收损耗和多次反射损耗同时得到大幅增加。当同一孔隙尺度下的孔隙率大致相同时，样品厚度越大，则不但其总的金属固体含量越多，而且总体作用表面也越大，提供了对入射电磁波发生衰减作用的更多机会。

7.4.5　总体性讨论

通过本工作数据和上述分析，可以为泡沫金属的电磁屏蔽效能归纳出一些一般性的认识：对于某一确定波段的电磁波和某一确定结构类型的泡沫金属，首先为泡沫体确定合适的孔径，然后选择合适的孔隙率，低频段以达到最大比表面积为目标，频率较高的区间则要综合考虑还需足够的固体含量。也就是说，在频率较高的区间要力求找到孔隙率尽量小和比表面积尽量大的泡沫体，其中尽量小的孔隙率是为获得尽量大的吸收损耗，而尽量大的比表面积是为获得尽量大的反射损耗。只有两种损失的加和最大才能达到最佳的效果。然而，减小孔隙率和加大泡沫体的比表面积可能是相互矛盾的。因此，需要在式（7.11）的基础上根据具体结构形态的泡沫体确定出相关参数，从而根据波段找出孔隙率和比表面积的优化匹配。

根据表 7.4 和表 7.5 中的数据，用其中的样品厚度 t 除以孔隙率 θ，发现所得商 t/θ 值直接对应着样品在平台区的屏蔽效能：该商值越大，平台区的屏蔽效能越高（该商值近似于与平台区的屏蔽效能成比例）。综合图 7.22 和图 7.23 的数据规律可以看到，样品的厚度越大、孔隙率越小（即厚度与孔隙率的商值越大），则其在平台区的屏蔽效果越好；而样品的孔隙大小、孔径分布等结构因素在本研究条件下不会对其屏蔽效能产生明显影响。因为这个商值直接表征了样品的总的金属固体含量，所以也就完全与上述吸收损耗机制相对应。

当孔隙率相近而孔隙尺寸不同时，孔隙尺寸较小的泡沫样品屏蔽效能较好。这是因为，孔隙率大致相当时，孔径越小，则孔隙个数越多，电磁波在泡沫体内部的反射次数增多，吸收损耗增大。

关于泡沫试样的厚度对其电磁屏蔽性能的影响规律，由式（7.7）和式（7.9）可知，随着试样厚度的增大，吸收损耗和多次反射损耗都会增大，试样的电磁屏蔽性能提高。但电磁波进入良导体后是以平面波的形式向前传播的，当电磁波在导体中"行走"距离 $z = \delta$ 时，其幅度降至它在导体外表面时幅度的 e^{-1} 倍，电磁波的幅度也是位移的函数，它的衰减速率取决于参数 δ。由式（7.10）可知，屏蔽材料的趋肤深度 δ 随着频率的增大而变浅，在不厚的试样层内时电磁波的幅度就已衰减到表面时的 e^{-1} 倍，因此对于高频电磁波，不厚的泡沫试样层就可达到很好的电磁屏蔽效果。当试样厚度大于趋肤深度时，增加泡沫层的厚度对其电磁屏蔽性能影响不大。

对于上述图中的屏蔽效能曲线，可作如下评述。式（7.6）～式（7.10）显示，较高的频率可引起较大的吸收损耗和反射损耗。而且，高的频率还可导致较大的涡流损耗。这些看起来相互矛盾的不同因素组合，可以造成这样的"平台"。此外，入射波和传导波可与同一区域的反射波形成干涉，对于实际泡沫金属的复杂结构，可同时存在正负效果，从而导致高频区的电磁屏蔽效能随同频率变化而波动起伏。

7.4.6 本节工作总结

① 高孔隙率的胞孔泡沫钛和网孔泡沫钛都具有明显的电磁屏蔽效能，靠近低频端区域的屏蔽效果良好。同一孔隙参量的样品的厚度增加，可以显著地提高其电磁屏蔽效能。

② 在测试范围内，本泡沫钛的屏蔽效果随频率的增大而降低。当超过某一频率值后，屏蔽效能曲线出现一个较长的波动式平台区。尽管孔隙结构和孔隙尺寸不同，但这些泡沫钛样品的屏蔽效能曲线都大约在 1000～3000MHz 的电磁波频率范围内呈现出这样的平台。

③ 本泡沫钛样品在低频区域以反射损耗机制为主，在频率较高的区间则是以吸收损耗机制为主。因为高孔隙率泡沫体的金属固体含量较低，所以损耗机制发挥的作用是有限的。因此，上述屏蔽效能曲线的平台区出现在整个屏蔽效能曲线的低值区。

④ 本泡沫钛的样品在平台区的屏蔽效能可以用厚度除以孔隙率的商值来表征：该商值越大，平台区的屏蔽效能越高。在整个测试频率范围内，孔隙参量相同的样品，厚度增加则其电磁屏蔽效能显著提高。

7.5 结束语

① 通过对粉体熔化发泡法的改进，制备获得了孔隙率很高的毫米级球孔胞状泡沫钛合金，总孔隙率甚至可以高达 90％。其压缩曲线包括弹性区、压缩平台区和"密实化"区三个阶段，由于是脆性破坏，因此其中压缩平台呈锯齿状。研究结果表明，本泡沫钛合金的压缩破坏是通过垂直于载荷方向的孔隙逐层坍塌破碎而不断推进的，"密实化"是碎块的不断堆积过程。断口形貌观测显示其破坏为典型的脆性断裂。孔壁上的微孔对本泡沫钛的吸声性能有利，本泡沫钛试样的吸声性能良好。未作任何处理，试样在 1500～3000Hz 的声频范围内吸声系数最低为 0.4 左右，在 3000～6300Hz 之间则吸声系数都超过 0.6，在共振频率更是超过 0.9。声频低于一定值（4250Hz 左右）时，本泡沫钛试样以孔隙表面反射干涉消声为主要吸声机制；而声频高于一定值（4250Hz 左右）后，则以黏滞耗散为主要吸声机制。

② 采用挂浆工艺制备获得了一种高孔隙率的开孔网状泡沫钛，其孔隙率在 85％～90％之间，孔隙尺度在毫米量级（孔径分布在 1～3mm 之间）。研究结果显示，本泡沫钛属于弹

脆性多孔材料，其锯齿形的压缩曲线平台区在总体上呈缓慢增长的趋势，该平台区结束的极限应变较大，而且密实化阶段的应力-应变曲线不是那么陡峭。热性能实验结果则表明，本泡沫钛制品具有一定的隔热性能，孔隙率在87%～89%之间的试样，其室温热导率大致在0.4～0.8W/(m·K)之间，指标小于几个知名品牌的泡沫铝产品。而且，该热导率指标呈现出随着样品孔隙率提高而明显减小的趋势。此外，还测试了本网状泡沫钛试样在200～6300Hz声频范围内的吸声系数，发现其能够展示一定的吸声效果，但总的来说其吸声性能明显低于胞状多孔制品。声波频率低于3150Hz时，其吸声系数一直小于0.2。若非遇上共振发生，即保持一个较低的吸声值。其第一共振频率出现在4000Hz左右，此时试样的吸声系数可达到0.9左右。

③ 以上述本实验室研制的胞状和网状两种结构的泡沫钛为对象，研究了它们在无线电波频率范围（0.3～3000MHz）的电磁屏蔽效能。实验样品的孔隙尺寸在毫米级，孔隙率都在85%以上。工作结果表明，这些泡沫钛具有明显的电磁屏蔽效能，低频段的屏蔽效果良好。在整个测试频率范围内，屏蔽效果大致随频率的增大而降低；超过某一频率值后，屏蔽效能曲线出现一个具有起伏性的平台。该平台区跨幅较大，包含数个吉赫兹的范围。样品的厚度越大、孔隙率越小，则其在平台区的屏蔽效果越好。在整个测试频率范围内，孔隙参量相同的样品的厚度增加，可以显著地提高其电磁屏蔽效能。分析还表明，本泡沫钛样品在低频区的电磁屏蔽机制主要是反射损耗，在频率较高的区间主要是吸收损耗。因此，上述平台出现在整个屏蔽效能曲线的低值区。

第8章

非铝钛质泡沫金属

8.1 引言

泡沫金属是一种重要的多孔材料。随着工业制造工艺的不断进步和材料应用领域的持续拓展，研究者们通过改变不同的金属基质以及泡沫材料的孔隙结构，已经制备出具有不同性能指标的泡沫金属材料。随着科学技术的不断发展，泡沫金属的应用范围也变得越来越广。应用的类型主要取决于以下因素：多孔体的孔隙率、孔径大小、孔隙类型、内部表面面积、金属或合金类型、材料显微组织、产品制造的难易程度以及是否适用于大规模生产。泡沫金属比较重要的性能包括：能量吸收性能、声学性能、热学性能以及电学性能。典型的应用主要包括：能量吸收板、隔声装置、吸声材料、扬声器罩、散热器、换热器、电磁屏蔽、热屏蔽、过滤器、冷凝塔、飞机上的结构件以及建筑和交通领域使用的轻质板等。目前随着工艺的改进、成本的降低可能会促使一些价格便宜的泡沫金属成功替代昂贵的工程材料，可望被大量使用于工业生产、仪器制造以及建筑等领域。

本章主要介绍除泡沫钛之外我们研制的几种非铝质泡沫金属及其基本的物理、力学性能。探讨了一些非铝质泡沫金属的制备方法、产品形态及性能研究。利用挂浆法制备了网状泡沫304不锈钢，其中在测试范围（200～6300Hz）的高频段（约3500～6300Hz）吸声效果较好，共振频率时最大吸声系数约0.7；增加样品厚度可明显提高1250～3150Hz频段吸声效果；加入背腔可大幅度提高样品的整体吸声效果；将其中低频（200～4000Hz）吸声效果与常用泡沫聚合物吸声材料进行比较，发现其吸声效果在低频（200～2000Hz）时不如其他常用泡沫聚合物吸声材料，但随声频提高而逐步逼近，4000Hz时可超过部分常用吸声材料；在低频（200～2000Hz）状态下，加入穿孔板可提高样品的吸声效果，且样品的共振频率随着孔板的加入方式及穿孔参数而变化。利用改进发泡法制备了胞孔泡沫304不锈钢，其压缩破坏呈典型的塑性失效特征，压缩曲线走向平滑，密实化区缓缓上扬。此外，还研制了一种芯部与金属面板为冶金结合的泡沫铁三明治结构，其面芯结合强度高于芯体泡沫铁本身的拉伸破坏强度。最后，研制了一种微孔泡沫钼块体，其孔隙主要由7～9μm的微孔所组成，孔隙率约为65%。

8.2 泡沫不锈钢

由于受到产品制造难易程度等因素的制约，目前实际应用的泡沫金属大多是泡沫铝等适用于大规模制造的泡沫材料。但是，仍然不乏一些以其他金属成分作为基质的泡沫金属研究，例如，泡沫不锈钢就是其中的一种。这主要是由于不锈钢具有更高的熔点、更好的延展性以及一定的耐腐蚀性能。相对于泡沫铝，泡沫不锈钢具有一些潜在的优势，包括与广泛使用的钢结构的兼容性和适应更高的工作温度等。业内对常用 316 不锈钢系列的泡沫材料进行了研究，取得了一些成果：有研究者采用前驱体挂浆高纯氩气保护烧结的方式研制泡沫316L 不锈钢，有研究者通过选区激光熔化工艺研制多孔 316L 不锈钢，还有研究者利用松装粉末冶金工艺研制 316 不锈钢开孔泡沫、利用造孔剂的粉末烧结法研制泡沫 316 不锈钢、利用尿素作为造孔剂的烧结水滤工艺制造孔隙率为 70％的多孔 316L 不锈钢、运用分形理论研究多孔 316L 不锈钢材料、研究孔隙率为 85％且孔径在 $70\sim440\mu m$ 的 316L 不锈钢泡沫的生物相容性问题以及烧结 316 不锈钢泡沫的疲劳问题等。本节我们以另一种常用不锈钢即 304不锈钢（密度大约为 $7.80\times10^3\,kg/m^3$）的粉体为原料，采用不同的工艺方法制备不同孔隙结构的泡沫 304 不锈钢，并探讨其基本的物理、力学性能。

8.2.1 网状泡沫不锈钢及其吸声性能

噪声不但可以对仪器和设备的正常工作产生影响，还会对人们的身心健康产生危害。利用多孔材料进行吸声处理是解决噪声问题的一项有效措施。多孔吸声材料包括聚合物类泡沫材料、玻璃棉等无机多孔材料以及后来的多孔泡沫金属材料，其中前两类吸声材料应用较早，而且更为广泛。泡沫金属具有比聚合物类泡沫材料更高的强度以及更好的耐热性和防火性，同时不会有玻璃棉等无机多孔材料易于破碎扬尘而污染环境的缺点，因此在实际使用过程中可体现自身的独特优势。

对于泡沫金属声学性能的研究，已有工作主要是集中于泡沫铝，并取得了比较丰富的研究成果：其中由熔体发泡法制备的泡沫铝为胞状闭孔结构，声波难以传入，可通过增加一道打孔处理的工序来获得较好的吸声效果；采用渗流法制备的泡沫铝为胞状开孔结构，利于声波传入，但应注意洗脱盐粒易残留而腐蚀制品，此外洗出液还需再处理以免污染环境中的水体。相对而言，对非铝质泡沫金属的声学性能研究则很少。例如，对于泡沫不锈钢的声学应用及其相关研究就是这样。304 不锈钢是除 316 不锈钢之外的另一种常用牌号，本节即对该不锈钢成分的泡沫材料开展工作：在研制其网状多孔产品的基础上，初步探讨了该泡沫材料及其复合结构的吸声性能。

8.2.1.1 泡沫不锈钢的制备

作为本工作原料的 304 不锈钢是一种通用性的不锈钢材料，具有良好的耐蚀性和耐高温性能（使用温度可达 650℃），对氧化性酸（如浓度≤65％的硝酸）、碱溶液及大部分有机酸和无机酸都具有很好的耐腐蚀能力。因此，304 不锈钢成为应用最广泛的耐热不锈钢，可用于食品生产设备、化工设备、核能设备等诸多场合。我们选用某研究技术开发中心生产的304 不锈钢粉末（＜300 目）来制备泡沫不锈钢，其化学成分见表 8.1。

表 8.1 原材料 304 不锈钢粉末的化学成分含量

Cr	Ni	Mn	Si	C	S	P	Fe
17.0％～19.0％	8.0％～11.0％	≤2.0％	≤1.0％	≤0.07％	≤0.03％	≤0.035％	bal.

采用浸浆烧结工艺（挂浆法），先将原料粉末和黏结剂按体积比 1：2 混合、搅拌均匀，配制成浆料；用通孔聚氨酯硬质泡沫（平均孔径约为 1.8mm）进行浸浆处理，制成预制体；然后将处理过的预制体样品放置于干燥箱中，在 100℃下烘干 4h。最后，将干燥过的预制品

在真空环境中于 1000～1100℃下烧结 2～3h，制得三维网状的高孔隙率泡沫不锈钢样品。具体热处理过程如下：先在室温（25℃）下抽真空至压力小于 $5.0×10^{-3}$Pa，再用 0.5h 升温至 120℃，保温 2h 并持续抽真空以充分去除水分；然后以 10℃/min 左右的升温速率将温度从 120℃直接升到 1050℃，保温 3h 以使不锈钢粉末充分烧结。完成后关机炉冷。所得样品宏观形貌见图 8.1，其多孔结构中孔棱的微观形态见图 8.2（在 S-4800 冷场发射扫描电子显微镜下观察得到的图像）。从图 8.2 可以看出，不锈钢粉末经过本高温真空烧结热处理过程后，颗粒间结合良好，显示了较好的烧结性。不锈钢粉末原料和烧成泡沫不锈钢的 XRD 分析结果如图 8.3 所示。对照图中两条谱线，可以看出不锈钢粉末经过高温真空烧结成泡沫不锈钢后，相组成基本不变，只有晶粒尺度发生了一定变化。

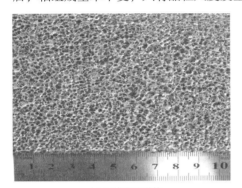 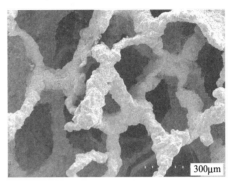

(a) 整体宏观形貌　　　　　　　　　(b) 孔隙放大形貌

图 8.1　挂浆法制备的泡沫不锈钢样品宏观形貌

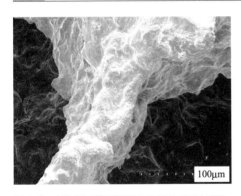

图 8.2　本泡沫不锈钢样品中孔棱的 SEM 图像

8.2.1.2　泡沫样品的参数测定

（1）孔径

测定多孔材料孔径的方法很多，主要有透过法、气泡法、压汞法、气体吸附法和显微分析法等。鉴于本泡沫不锈钢样品的孔隙尺寸在毫米量级的水平，本工作采用显微分析法来测量其孔径。首先制备出断面尽量平整的多孔样品，然后用显微镜数出断面在一定长度内的孔隙数目，从而得出样品孔隙的平均弦长 L，再通过如下关系计算出样品的平均孔径 D：

$$D≈L/0.616 \tag{8.1}$$

由此测得本泡沫不锈钢样品的平均孔径约为 1.8mm。

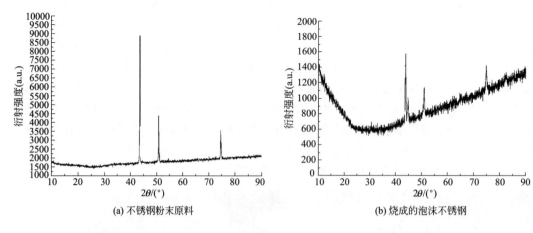

| (a) 不锈钢粉末原料 | (b) 烧成的泡沫不锈钢 |

图 8.3 样品 XRD 谱线

(2) 孔隙率

测定多孔材料孔隙率的方法主要有质量/体积直接计算法、浸泡介质称重法、漂浮法和显微分析法等。本工作即利用质量/体积直接计算法来测量。先后将试样用丙酮超声清洗、清水超声清洗、酒精超声清洗各 10min，烘干后用精度为 0.01g 的电子天平称取质量 m；将称量好的试样进行浸蜡封孔处理，并仔细清理试样表面多余的蜡质，然后利用排液法测出试样体积 V。最后通过如下关系计算出样品的孔隙率 θ：

$$\theta = 1 - (m/V)/\rho_s \tag{8.2}$$

式中，ρ_s 为多孔样品对于致密固体的体密度。由此测得本泡沫不锈钢样品的孔隙率约为 93.7%。

8.2.1.3 吸声性能测试

采用驻波管吸声系数测试系统，对本泡沫不锈钢样品及其复合结构进行系列测试。本工作采用 1/3 倍频程度法，选取的中心频率为 200Hz、315Hz、400Hz、500Hz、630Hz、800Hz、1000Hz、1250Hz、1600Hz、2000Hz、2500Hz、3150Hz、4000Hz、5000Hz 和 6300Hz。根据设备的要求，用于低频段 200～2000Hz 测试的圆形样品直径为 100mm，用于中频段 2500～4000Hz 的样品直径为 50mm，用于高频段 5000～6300Hz 的样品直径为 25mm。

为了研究泡沫不锈钢的厚度变化对样品吸声系数的影响，制备了厚度为 9mm、18mm 和 27mm 共 3 个规格的样品，分别依次称为样品 1～样品 3（表 8.2）。由于受到驻波管长度的限制，用于测试中频和高频情况的样品厚度相应减少。

表 8.2 泡沫不锈钢样品厚度

样品号	样品 1	样品 2	样品 3
厚度/mm	9	18	27

8.2.1.4 泡沫不锈钢的吸声性能

不同泡沫不锈钢样品在不同声频下的吸声系数测试结果见图 8.4。从图 8.4 可以看出，样品 1 在低频下的吸声效果不佳，从 250Hz 到 3150Hz 的吸声系数均低于吸声材料定义的平均吸声系数 0.2。中高频下吸声效果良好，从 4000Hz 起吸声系数均超过 0.2，且当声波频率达到 4000Hz 时出现第一共振频率，最大吸声系数为 0.69。样品 2、样品 3 与样品 1 的吸声曲线相似。在相同声波频率下，随着样品厚度的增加，吸声系数增大，特别是在 1250～3150Hz 频段的吸声效果相对增幅十分明显。样品 2 的吸声系数到 2500Hz 时开始高于 0.2，样品 3 则在 2000Hz 时即达到 0.36，且第一共振频率都为 4000Hz，此时出现最大吸声系数，而且数值都大致相同，在 0.7 左右。

刚性泡沫金属的吸声机制主要是孔隙内流体与孔壁的摩擦和黏滞耗散以及孔隙表面漫反射的干涉消声，而材料本身的阻尼衰减相对较弱。研究表明，对于 200～6300Hz 这样一个声频范围，泡沫金属在声频较低时的主要吸声机制是通过孔隙表面反射的干涉消声，而在声频较高时则是摩擦和黏滞耗散。孔棱/孔壁表面越粗糙，声波在泡沫体内部传播时与孔壁发生作用的面积也就越大，因此孔壁摩擦越大，黏滞损耗越多，能量损耗越大；而且声波在孔壁上发生反射、折射的次数也越多。因此，泡沫体吸声效果越好。图 8.2 即显示了本泡沫不锈钢比较粗糙的孔棱表面，这有利于该多孔体的吸声。尽管如此，高孔隙率的网状泡沫金属具有的比表面积终究还是较少的，因此能够提供给空气与孔壁之间发生相互摩擦和黏滞的场所就会较少，吸声性能也就受到限制。所以，要提高该多孔产品的吸声效果，特别是其低频段的吸声效果，应对其采取加背腔等措施以组成对应的复合结构。

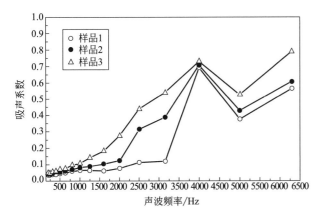

图 8.4　样品 1～3 的吸声系数曲线

8.2.1.5　加背腔组成复合结构的吸声性能

为了提高整体吸声效果，可以在本泡沫不锈钢板状样品后面设置空腔（背腔），这是一种常用的方式。在 JTZB 吸声系数测试系统中，样品加背腔即是在样品与驻波管刚性后壁之间保留一定厚度的空腔。由于测试设备、样品规格以及整体吸声结构的建构等因素的限制，并考虑到人耳对声波的敏感区域，本工作只选择在 2500～4000Hz 这一频段做了该实验。为了使样品在驻波管中稳定地安装并造出适当的空腔，首先制备出外径略小于 50mm、内径为 40mm、厚度约 3.5mm 的有机玻璃质圆环（圆环宽度 5mm）。在测试过程中，将圆环放在样品与刚性壁之间，即可在样品后面造出空腔。通过多层圆环叠加的方式可以调节空腔的厚度，每层的厚度即为圆环的厚度 3.5mm。

下面是采用厚度最小的样品 1 为例进行加背腔的方式，在中频段测得的吸声系数测试结果见表 8.3 和图 8.5。结果显示，在 2500～3150Hz 的频率范围内，样品的吸声系数随空腔厚度的增加而渐次提高；在 3150～4000Hz 之间，吸声系数随频率增大而提高，但空腔厚度的作用呈交错变化：大约3500Hz后所有吸声系数都超过0.5；到4000Hz时吸声系数大约在0.6～0.9之间。这是由于共振频率发生偏移引起的：不同的空腔厚度造成的共振频率偏移各不相同，但总体上可显著提高结构的吸声效果。

表8.3 泡沫不锈钢样品1加空腔的吸声系数测试结果

频率/Hz	样品1(样品1无空腔)	样品4(样品1带7mm厚空腔)	样品5(样品1带10.5mm厚空腔)	样品6(样品1带14mm厚空腔)	样品7(样品1带17.5mm厚空腔)
2500	0.11	0.18	0.23	0.32	0.39
3150	0.12	0.25	0.35	0.46	0.49
4000	0.69	0.79	0.75	0.74	0.62

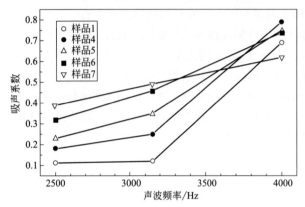

图8.5 样品1加背腔后在中频段的吸声系数曲线

文献给出了声波正入射时带有空腔的穿孔板吸声体系的吸声系数：

$$\alpha_N = \frac{4r}{(1+r)^2 + [\omega m - \cot(\omega D/c_0)]^2} \tag{8.3}$$

式中，r 为穿孔板的相对声阻率；ω 为入射声波的角频率，rad/s，$\omega = 2\pi f$，其中 f 是入射声波的频率，Hz；m 为穿孔板的相对声质量；ωm 为穿孔板的声抗比；D 为空腔的厚度，即穿孔板到刚性壁的距离；c_0 为声波在空气中的传播速率，常温下 $c_0 \approx 340$m/s。可见，空腔厚度对吸声系数的影响与声频有关，而且存在周期性规律。因此，只有对所在频段增加合适的空腔厚度才能最大限度地提高吸声结构的吸声性能。把泡沫金属板视为一种特殊结构的穿孔板模式，可以得出类似结果，即某一确定声频下吸声系数也会随空腔厚度呈现周期性变化。

吸声峰对应穿孔板的共振频率为：

$$f_0 = \frac{c_0}{2\pi}\sqrt{\frac{P}{D(t+\delta)}} = \frac{c_0}{2\pi}\sqrt{\frac{P}{D(t+kd)}} \tag{8.4}$$

式中，P 为穿孔率（穿孔面积与总面积之比），%；t 为板厚，m；δ 为孔口末端修正值，m，可表示为 $\delta = kd$，其中 k 为穿孔板系统的结构常数（无量纲），d 为穿孔孔径，m；c_0 和 D 的意义同上式，即分别为声速（m/s）和板后空腔厚度（m）。对于本节实验中的样品，用式（8.4）计算时只有 D 不同，其他参数均相同。可见，随着空腔厚度的增加，样品的共振频率逐渐减小，即增加空腔厚度使得共振频率向低频移动。这与图8.5中不同空腔厚度下的吸声系数曲线相对应，即增加空腔厚度使得在较低频率下的吸声系数得到更多提高。

需要提出的是，加背腔后位于4000Hz的吸声峰高度出现异常变化，因此将测试频率上限扩大至6300Hz以找出其原因是一项很有意义的工作。由于实验条件的限制，我们暂未能开展这一研究，准备留待以后合适的时机去做。

8.2.1.6　本部分工作总结

① 浸浆烧结工艺可以成功制备泡沫 304 不锈钢，本工作所得样品呈三维网状结构，其平均孔径约为 1.8mm，孔隙率约为 93.7%。其在中低频段（250～3150Hz）的吸声效果不佳，而中高频段（4000～6300Hz）下的吸声效果良好；厚度为 9～27mm 的样品均在 4000Hz 时出现第一共振频率，最大吸声系数的数值都大致相同，在 0.7 左右。在 1250～3150Hz 这一频段，样品的吸声系数随着厚度增加，相对提高幅度最为明显。

② 加入背腔可以显著提高本泡沫不锈钢样品的吸声效果，但随声频的不同，其作用程度会发生变化。此外，背腔的增加不但影响样品的吸声系数，还使得样品的共振频率发生偏移，从而出现一定频率下背腔厚度增加，样品吸声系数反而下降的情况。

8.2.2　泡沫不锈钢与泡沫聚合物的中低频吸声效果比较

多孔材料在吸声降噪方面具有广阔的应用前景。泡沫聚合物材料很早就被运用到吸收振动、消除噪声和抗能量冲击等方面。与其他工程材料相比，泡沫聚合物材料的强度较差，其结构应用只限于施加较低压力的情况。以金属为基质的泡沫金属材料，具有较高的强度、刚度、能量吸收性能以及远小于金属致密体的密度，因此泡沫金属用于吸声降噪的研究也引起了国内外研究者的兴趣。本部分将我们将如上制备的泡沫不锈钢样品的吸声效果与常用泡沫聚合物吸声材料进行了比较。

（1）吸声理论

声音能量实际上是指空气中粒子的振动，并且能够以热量的形式耗散。当声波穿过空气，与声学材料覆盖的物体表面接触后，一部分声波会反射回来，而另一部分声波将进入到声学材料中，在里面发生折射、吸收、透射等。在较高频率情况下，声波会在空气中产生大量的热量损耗；在低频情况下，声波在空气中热量损耗量较少。正因为传播材料和空气中的声音传播速率不同，导致声音在空气-材料界面上发生折射现象，改变声音传播方向。当声波穿过材料表面后，振动空气粒子和材料之间的摩擦将会造成声音能量以热量的形式耗散。

多孔材料对声音的吸收主要取决于材料的结构，这是因为固体吸声材料在声波作用下的细微变形和振动。当声波接触到多孔材料内部时，空气流会引起多孔材料结构的振动。多孔材料允许其中一部分空气穿过其结构表面，引起了表面有效运动。目前可以用比表面阻抗来描述这种表面反应，比表面阻抗是指表面压力与表面正常速率之间的比率。

材料吸声系数是一个表征多孔材料吸声性能的系数，主要指以下两种吸收系数：赛宾吸收系数 a 以及能量吸收系数 α。赛宾吸收系数是根据一系列入射面的算术平均值计算而得，被定义为吸收声能与吸收面积的比值。而能量吸收系数被定义为材料表面透射声波能量与发射声波能量的比值。赛宾吸收系数和能量吸收系数之间存在以下关系：

$$a = -\lg(1-\alpha) \tag{8.5}$$

目前也可以运用声音在多孔材料中传播速率 v 以及多孔材料的弹性模量 E，来估计多孔材料样品的吸声性能。当多孔材料的孔隙率非常低（如≤0.1）时，就可以通过公式：

$$v = \sqrt{E/\rho} \tag{8.6}$$

来计算声音在多孔材料中的传播速率。其中 E 为多孔材料的弹性模量；ρ 为多孔材料的密度；而 v 是声音在多孔材料中的传播速率。多孔材料中的声音能量透射部分与反射部分可

以通过声阻抗 Z 来表征，而 Z 的计算公式如下：

$$Z = \rho v = \sqrt{\rho E} \tag{8.7}$$

当多孔材料的孔隙率较低时，声音的频率、孔径和孔的形状不会显著影响多孔材料的吸声性能。可以通过表面声阻抗计算反射系数 R_c 以及透射系数 T_c：

$$R_c = \frac{Z - Z_0}{Z + Z_0} \tag{8.8}$$

$$T_c = 1 - R_c \tag{8.9}$$

式中，Z_0 为空气声阻抗（$Z_0 = \rho_0 c_0$），ρ_0 为空气密度（$\rho_0 = 1.186 kg/m^3$），c_0 为声音在空气中的传播速率（$c_0 = 343 m/s$）。

图8.6　低频测试泡沫不锈钢样品

然而此理论并不适用于高孔隙率的多孔材料，这主要是因为当材料具有高孔隙率时，孔隙中空气的弹性反应以及孔壁对声音的反射都会影响声音传播。大量的声波是经过多孔材料表面的孔隙，接触到多孔材料样品的内部；然而有些声波会被多孔材料的孔壁反射，从而离开多孔材料。因为材料吸声性能受到孔径、孔隙形状和样品厚度等因素的显著影响，所以高孔隙率材料的吸声系数不能通过透射系数以及反射系数来进行计算。因此，本工作采用驻波管法测量样品的吸声系数。

（2）样品与测试

采用挂浆真空烧结工艺制备泡沫不锈钢。以粒度300目的304不锈钢粉末为主要原材料，加入适量黏结剂配制浆料，选用聚氨酯通孔硬泡（平均孔径1.8mm左右）作为基板。在真空条件下于1050℃烧结3h获得泡沫不锈钢样品，用于吸声系数测试，其中用于低频测试的样品形貌示例如图8.6所示。系列样品厚度见表8.4。

表8.4　低频测试泡沫不锈钢样品厚度

编号	样品1	样品2	样品3	样品4	样品5
厚度/mm	9	18	27	36	45

样品的吸声系数采用JTZB吸声系数测试系统进行测试。

工程上通常采用频谱的方式来表征声音。一般可以使用倍频法或者1/3倍频法来分析频谱，从而控制噪声污染。假设分析仪器滤波器的低截止频率为 f_1，高截止频率为 f_2，滤波器可以将 $f_1 \sim f_2$ 以外频率的信号过滤掉，只让 $f_1 \sim f_2$ 范围内频率的信号通过，则低截止频率 f_1 与高截止频率 f_2 满足以下关系：

$$f_2 / f_1 = 2^n \tag{8.10}$$

式中，$n = 1$ 时可以得出 $f_2 = 2 f_1$，此时称为倍频率频谱，且后面频率 f_2 都是前面频率 f_1 的2倍。

当 $n = 1/3$ 时，可以得出 $f_2 = 2^{1/3} f_1$，此时称为1/3倍频率频谱，且后面频率 f_2 都是前面频率 f_1 的 $2^{1/3}$ 倍。

本实验采用1/3倍频率频谱法，选取的频率为200Hz、315Hz、400Hz、500Hz、630Hz、800Hz、1000Hz、1250Hz、1600Hz、2000Hz、2500Hz、3150Hz、4000Hz，其中200~2000Hz属于低频频率，制作的样品直径为100mm；而2500~4000Hz为中频频率，制作的样品直径为50mm。

（3）泡沫不锈钢样品本身的吸声性能

声波频率对于研究多孔材料的声学性能具有非常重要的意义。这主要是因为在不同的频率下，相同吸声材料的吸声系数是不相同的，有些多孔吸声材料在低频情况下吸声系数高，但在高频情况下吸声性能较差；有些多孔材料在高频情况下会具有良好的吸声性能，但在低频情况下吸声系数就不一定高。本工作运用1/3倍频程法测试泡沫不锈钢试样，将不同声音频率下的实验数据处理后可得到如表8.5所示的结果。

表8.5　不同声音频率下的泡沫不锈钢样品吸声系数测试结果

频率/Hz	样品1	样品2	样品3	样品4	样品5
200	0.03664	0.04565	0.05023	0.06212	0.06829
250	0.03562	0.04172	0.04802	0.05525	0.06178
315	0.03877	0.04695	0.05618	0.06495	0.07843
400	0.03812	0.05618	0.05974	0.07259	0.08473
500	0.04291	0.05342	0.07099	0.09002	0.10098
630	0.04884	0.05974	0.07504	0.09509	0.13166
800	0.05713	0.07021	0.09561	0.1241	0.19853
1000	0.06388	0.08108	0.10781	0.15367	0.26738
1250	0.06423	0.08806	0.14114	0.20581	0.36953
1600	0.06008	0.10378	0.1837	0.3108	0.53563
2000	0.0763	0.12477	0.27538	0.449	0.56752
2500	0.1132	0.31528	0.43947	0.51894	—
3150	0.12015	0.38844	0.53984	0.56108	—
4000	0.69053	0.70599	0.72794	0.79212	—

图8.7为不同样品在中低频率情况下的吸声系数曲线。可以直观地看出不同厚度样品的吸声曲线相似。在中低频率下，随着样品厚度的增加，吸声系数增大。样品2到2500Hz，样品3在2000Hz，吸声系数才高于吸声材料定义的平均吸声系数0.2；而样品4在1250Hz的低频情况下，吸声系数就达0.21左右。样品在中频的情况下，吸声效果良好，且当声波频率达到4000Hz时，样品1～4都出现最大吸声系数，此时处于第一共振频率左右。

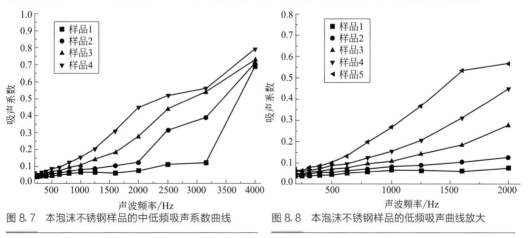

图8.7　本泡沫不锈钢样品的中低频吸声系数曲线　　图8.8　本泡沫不锈钢样品的低频吸声曲线放大

当入射声波的频率与多孔材料的固有频率相近时，就会发生共振现象。此时声波频率就是通常所认为的共振频率。在共振频率下，多孔材料样品会极大消耗声波能量，出现吸声系数的极大值。多孔吸声材料主要依靠声音在多孔材料内部的空气黏滞性、摩擦、振动和空气热传导等方式，将声能转化为热量而被耗散掉。

图 8.8 为放大了样品在低频情况下的吸声系数曲线。可以看出，在低频率下，随着样品厚度的增加，吸声系数一般都有比较明显的增大。样品 1、样品 2 吸声系数均处于吸声材料定义的平均吸声系数 0.2 以下。样品 3 直到 2000Hz，吸声系数才达到 0.26。样品 4 在 1250Hz 的低频情况下，吸声系数就达 0.21 左右，超过吸声材料定义的平均吸声系数 0.2。而样品 5 在 1000Hz 的情况下，吸声系数就达 0.27 左右，远超过吸声材料定义的平均吸声系数 0.2。

（4）与其他常用吸声材料的比较

表 8.6 为本泡沫不锈钢和其他常用吸声材料的吸声系数，表中数据均由本课题组从吸声材料生产企业购回产品进行实际测量后得到。

表 8.6 常见吸声材料和泡沫不锈钢样品的吸声系数

频率/Hz	橡胶棉	聚酯纤维板	聚酯纤维棉	聚乙烯	样品 2	样品 3	样品 4
200	0.05	0.04	0.13	0.18	0.04565	0.05023	0.06212
250	0.06	0.04	0.16	0.33	0.04172	0.04802	0.05525
315	0.05	0.05	0.17	0.66	0.04695	0.05618	0.06495
400	0.06	0.06	0.23	0.94	0.05618	0.05974	0.07259
500	0.06	0.08	0.29	0.69	0.05342	0.07099	0.09002
630	0.07	0.1	0.36	0.41	0.05974	0.07504	0.09509
800	0.09	0.13	0.45	0.32	0.07021	0.09561	0.1241
1000	0.11	0.15	0.58	0.45	0.08108	0.10781	0.15367
1250	0.12	0.2	0.68	0.73	0.08806	0.14114	0.20581
1600	0.15	0.24	0.79	0.52	0.10378	0.1837	0.3108
2000	0.23	0.35	0.83	0.56	0.12477	0.27538	0.449
2500	0.46	0.48	0.84	—	0.31528	0.43947	0.51894
3150	0.44	0.59	0.88	—	0.38844	0.53984	0.56108
4000	0.84	0.69	0.64	—	0.70599	0.72794	0.79212

图 8.9 为样品 2～4 与一些常用吸声材料吸声系数的比较。其中橡胶棉厚度为 10.4mm，聚酯纤维板厚度为 10mm，聚酯纤维棉厚度为 44.14mm，聚乙烯厚度为 50.48mm。可以看出，在低频情况下，泡沫不锈钢样品的吸声系数较差，远低于聚乙烯和聚酯纤维棉。在中频的时候，样品的吸声性能相差不大，而到高频的时候，泡沫不锈钢的吸声系数超过部分吸声材料，如聚酯纤维板和聚酯纤维棉。这主要是由于在低频情况下，橡胶棉、聚酯纤维板、聚酯纤维棉和聚乙烯对声音的吸收主要靠共振，而泡沫不锈钢固体结构的弹性振动不足，吸声效果比上述材料要差。在高频情况下，泡沫不锈钢的孔隙结构较固定，通过声音阻尼效应可以很好地吸收声音能量。

当需要选择用来吸收声音的吸声材料时，通常高渗透性物质的材料是一个不错的选择，一般使用开孔聚合物泡沫和玻璃棉，或者矿物纤维材料。聚合物泡沫材料的其中一个缺点是易燃，不能在高温环境下使用。纤维材料的另一个不足是：随着使用时间的变长，纤维材料在使用环境下会发生材料磨损以及材料侵蚀。所以，使用泡沫金属作为吸声材料，在很多场合具有自身的优点。

（5）本部分工作总结

① 本泡沫不锈钢样品在低频（200～2000Hz）的情况下吸声效果不如中频（2000～4000Hz）；随着频率的增大，样品的吸声系数连续变大，当频率到 4000Hz 时，样品的吸声系数达到最大值。

② 研究样品厚度对其吸声系数的影响时发现，在 200～4000Hz 范围内增加样品厚度都

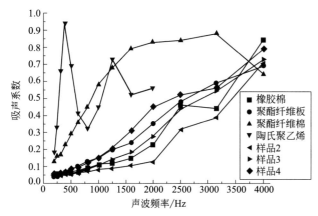

图 8.9　网状泡沫不锈钢样品 2～4 与常用吸声材料吸声系数的比较

可以提高样品的吸声系数，而在低频（200～2000Hz）时的作用效果大于中频（2000～4000Hz）时的情况。

③ 通过与其他常用吸声材料吸声系数的比较，可以看出：在低频的情况下，泡沫不锈钢样品的吸声系数较差，远低于聚乙烯和聚酯纤维棉；随着声频提高，样品的吸声性能逐步逼近，而到 4000Hz 时，泡沫不锈钢的吸声系数超过部分吸声材料，如聚酯纤维板和聚酯纤维棉。

8.2.3　泡沫不锈钢加穿孔板叠层结构的低频吸声效果

在泡沫金属的吸声应用中，如何提高其低频吸声性能，一直是研究者颇为关注的工作。本部分即在上述两个部分工作的基础上，继续探讨该泡沫不锈钢制品在 200～2000Hz 范围内的吸声效果，并以加入穿孔板的方式尝试改善其吸声性能。

（1）样品与测试

在泡沫不锈钢样品的基础上加入穿孔板，研究其叠层复合结构的吸声效果。穿孔板与样品等大，为厚度 1.20mm 的 304 不锈钢圆片。使用的穿孔板有 2 个规格，其中 1 号板打孔直径为 6mm，孔间距为 10mm；2 号板打孔直径也为 6mm，但孔间距为 15mm；打孔方式均为斜排打孔，圆孔呈正三角形分布排列。

本实验采用 1/3 倍频程法来测试叠层样品的吸声性能，测试范围为 200～2000Hz，测试样品直径为 10cm。样品紧贴驻波管的刚性壁安装。将测得的声压数据经过处理和计算，得到样品的吸声系数。

（2）结果与分析

制备的泡沫不锈钢样品厚度从 9mm 到 45mm（表 8.7），其与穿孔板组成的叠合样品系列见表 8.8。

图 8.10 为不同厚度的泡沫不锈钢样品与其前置 1 号穿孔板的叠合结构两者吸声系数对比曲线。可以看出，在增加穿孔板的情况下，不同频率下吸声系数均有一定程度的提高；同时，还可以看到，随着样品厚度的增加，增加穿孔板对样品的吸声系数影响慢慢减小。

表 8.7　本泡沫不锈钢样品系列

编号	样品 1	样品 2	样品 3	样品 4	样品 5
厚度/mm	9	18	27	36	45

表 8.8　泡沫不锈钢加穿孔板叠合样品结构

样品 6	样品 7	样品 8	样品 9	样品 10
样品 1＋前置 1 号穿孔板	样品 2＋前置 1 号穿孔板	样品 3＋前置 1 号穿孔板	样品 4＋前置 1 号穿孔板	样品 5＋前置 1 号穿孔板
样品 11	样品 12	样品 13	样品 14	样品 15
样品 3＋前、后 1 号穿孔板	样品 5＋前、后 1 号穿孔板	样品 1＋前、后 2 号穿孔板	样品 3＋前、后 2 号穿孔板	样品 5＋前、后 2 号穿孔板

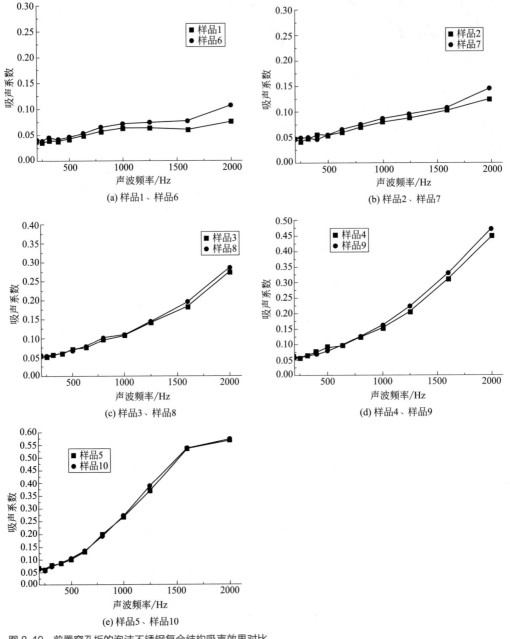

图 8.10　前置穿孔板的泡沫不锈钢复合结构吸声效果对比

图 8.11 为样品 6～10 的低频吸声系数对比。可以看出在相同声波频率以及相同穿孔板配置的情况下，随着样品厚度的增加，吸声系数一般都增大。在低频情况下，样品 6、样品 7 吸声系数均处于吸声材料定义的平均吸声系数 0.2 以下。样品 8 直到 1600Hz，吸声系数才接近吸声材料定义的平均吸声系数 0.2。样品 9 在 1250Hz 的低频情况下，吸声系数即达到 0.22，超过吸声材料定义的平均吸声系数 0.2。样品 10 在 1000Hz 的情况下，吸声系数就达到 0.27 左右，明显超过吸声材料定义的平均吸声系数 0.2。此外，从图线的走势可以看出，样品 10 的第一共振频率明显发生了向低频侧的移动。

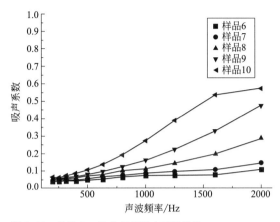

图 8.11　样品 6~10 的低频吸声系数曲线

图 8.12 为泡沫不锈钢样品加前置单片穿孔板和前、后两侧各 1 片穿孔板在低频情况下的吸声曲线对比。其中样品 1、样品 5 无穿孔板，样品 6、样品 10 为泡沫不锈钢加前置单片 1 号穿孔板的叠合样品，样品 11、样品 12 为泡沫不锈钢前、后两侧各加 1 片 1 号穿孔板的叠合样品。图 8.12（a）显示，在一定频率下，样品 6 的吸声系数比样品 1 高，样品 11 的吸声系数比样品 6 更高，可见增加穿孔板数目可以增大样品的吸声系数。在低频情况下，样品 1、样品 6 吸声系数均处于吸声材料定义的平均吸声系数 0.2 以下。而样品 11 到 1600Hz 时，其吸声系数就超过吸声材料定义的平均吸声系数 0.2，达到 0.22；增加频率到 2000Hz 时，样品 11 的吸声系数达到 0.33。

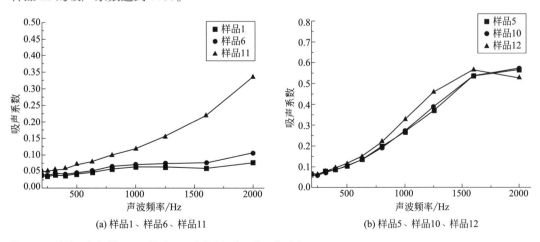

(a) 样品1、样品6、样品11　　　　　　　(b) 样品5、样品10、样品12

图 8.12　泡沫不锈钢样品配置单片和双片穿孔板的吸声系数对比

从图 8.12（b）可以看出，在大约 1600Hz 以下，样品 12 的吸声系数比样品 10 高，样品 10 的吸声系数比样品 5 高，可见增加穿孔板数目增大了样品的吸声系数；同时，可以观察到样品 12 的最大吸声系数处于 1600Hz 时，1600Hz 是该样品的第一共振频率。与样品 5、样品 10 相比较，第一共振频率向左偏移，这使得在 2000Hz 时，样品 12 的吸声系数反而比样品 5、样品 10 的低。样品 12 在 800Hz 时，其吸声系数就达到 0.22，超过吸声材料定义的平均吸声系数 0.2。

图 8.13 为样品 1、样品 6、样品 13 的低频吸声系数对比。其中样品 1 为无穿孔板，样品 6、样品 13 分别加前置 1 号板和 2 号板。可以看出，样品 13 的吸声系数比样品 1 高，样品 6 的吸声系数比样品 13 更高，可见增加穿孔板的穿透密度可在一定程度上提高样品的吸声效果。

图 8.14 为泡沫样品前、后两侧加不同穿孔板的吸声效果对比。其中样品 11、样品 14 分别加 1 号板和 2 号板。可以看出，同一频率下样品 14 的吸声系数比样品 11 高，可见增加穿孔板的穿透密度提高了样品的吸声系数。

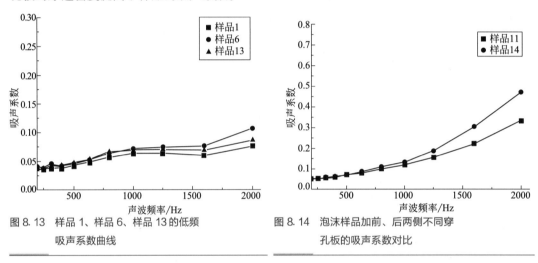

图 8.13　样品 1、样品 6、样品 13 的低频
吸声系数曲线

图 8.14　泡沫样品加前、后两侧不同穿
孔板的吸声系数对比

图 8.15 为样品 5 配置不同穿孔板结构的低频吸声曲线对比，其中样品 10、样品 12、样品 14 分别是在样品 5 的基础上加前置 1 号板及前、后两侧 1 号板和前、后两侧 2 号板。可以看出，在 1600Hz 以下，样品 5、样品 10、样品 12、样品 14 的吸声系数依次提高。比较这些样品在 200~2000Hz 范围内的最高吸声系数可以看出，样品的第一共振频率随其厚度的增大而减小，依次从 2000Hz 到 1600Hz 再到 1250Hz。因此，样品 14 在 1600Hz 和 2000Hz 时的吸声系数反而低于样品 5、样品 10、样品 12。

（3）本部分工作总结

① 本泡沫不锈钢的低频吸声系数随样品的厚度增加而增大。加入前置穿孔板可以提高样品的吸声效果，但不会改变原来的吸声系数大小排序。当泡沫样品本身的厚度不断增加时，穿孔板的加入对其吸声效果的影响逐渐变小。

② 前、后两侧各置穿孔板的样品比单一前置穿孔板的样品具有更高的吸声系数，而且当样品厚度较大时可以明显影响其第一共振频率，使样品吸声系数极大值出现的频率向低频方向移动。

③ 增加穿孔板的穿孔密度会提高样品的吸声效果，同时也会减小样品的第一共振频率，因而样品的吸声系数极大值也相应向低频移动。

8.2.4 高孔隙率胞状泡沫不锈钢及其压缩行为

不锈钢具有比金属铝更高的熔点、更好的延展性以及一定的耐腐蚀性能。因此，对泡沫不锈钢的研究也引起了人们的兴趣，工作集中于多孔 316L 不锈钢泡沫，制备方法包括粉末冶金、选区激光熔化和有机海绵浸浆烧结等。从文献报道来看，一般而言，已有的泡沫不锈钢制品或者为孔隙率较低的粉末冶金多孔制品，或者为孔隙率较高的网状多孔制品，而目前还没有发现胞状孔隙结构的高孔隙率制品。

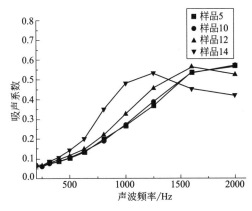

图 8.15 样品 5 配置不同穿孔板结构的低频吸声曲线对比

总的来说，目前对泡沫不锈钢的研究还不多见，而对胞孔结构的高孔隙率泡沫不锈钢的研究则还未见报道。出于对其应用潜力的考虑，有必要对各种结构的泡沫不锈钢进行更多研究。本部分研制了高孔隙率的胞孔泡沫 304 不锈钢，并基于对泡沫金属基本力学性能的考虑，对其压缩行为进行了初步考察。

(1) 胞孔泡沫不锈钢的制备

以 304 不锈钢合金粉末为主原料制备泡沫不锈钢。采用粉体熔化发泡法，但本工作对该法进行了改进，以期制得高孔隙率胞孔泡沫不锈钢。在本工艺中，首先在粒度为＜300 目的 304 不锈钢合金粉末中加入一定量的自制球形发泡剂、自制无毒黏结剂以及适量的所需添加剂，混合均匀，在模具中加压制作预制型，烘干；然后将处理过的预制体样品（连同模具）放置于干燥箱中，在 100℃下烘干 4h。最后，将干燥过的预制型（连同模具）放入非氧化环境中，快速加热到 1000~1100℃保温一定时间后迅速冷却，发泡剂在该过程中发生热分解并释放气体而形成球形胞状孔隙，炉冷至室温取样，得到高度多孔的泡沫不锈钢制品。所得样品宏观形貌见图 8.16。

图 8.16 胞孔隙泡沫不锈钢样品形貌

(2) 胞状泡沫不锈钢的压缩行为

同前，参考关于多孔金属压缩测试的有关国际标准 [ISO 13314：2011 (E)]，在室温条件下，对本胞状泡沫不锈钢样品进行准静态压缩测试。为了在现有工艺水平下获得能够进行压缩试验的样品，利用专门设计制作的模具制备了能够进行压缩试验的圆柱状泡沫不锈钢试样（参见图 8.16），样品直径约 30mm、高度约 20mm（简单表示为 ϕ30mm×20mm），孔隙率在 90% 左右。测试过程中，压缩试样的两个端面以及试验设备的两个压头端面都刮抹石墨使其更加光滑，以尽量减小试样端面与设备压头的位移摩擦；压缩速率为 1mm/min。采用 WDW-3050 型微机控制式电子万能试验机进行压缩试验，设备最大载荷 5t。

(3) 结果与分析

为了比较完整地获悉高孔隙率胞孔泡沫不锈钢的压缩行为，我们选用孔隙率在 90% 左右的试样，考察其一直压缩到致密化状态的整个压缩过程中形成的名义应力与应变关系。压缩曲线包括很短的初始线性变形区、中间相对较长的压缩平台区和最后缓缓上扬的密实化区三个完整的阶段（参见图8.17）。压缩到致密化状态的试样形貌（参见图8.18）显示，该泡沫不锈钢的破坏是由于孔隙的塑性坍塌变形而造成的。整个压缩过程没有发现样品的任何固体碎块崩落到试样之外，这种良好的塑性变形模式，使该压缩过程名义应力-应变曲线十分平滑。由于试样的孔隙率较高，因此初始的线性变形区相对较短，中间平台区则相对较长，而最后试样密实化的进程较为缓慢。作为对照，脆性材料泡沫钛在压缩过程中的名义应力-应变曲线则较不规则（参见上一章第一节图7.6和图7.8），中间平台区相对来说较不明显，而且呈起伏性锯齿状。

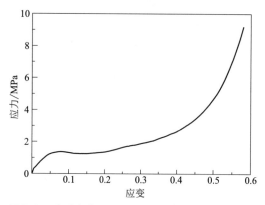

图8.17 胞孔泡沫304不锈钢试样（孔隙率约为90%）的压缩曲线

图8.18 胞孔泡沫不锈钢试样压缩到致密化状态时的变形状态

（4）本部分工作总结

① 本工作制备获得的胞孔泡沫304不锈钢，主孔为尺度在毫米级的球形孔隙，总孔隙率可以高达90%，是一种低密度、高孔隙率的多孔不锈钢材料。

② 本胞孔泡沫304不锈钢的压缩曲线平滑，包括很短的初始线性变形区、中间相对较长的压缩平台区和最后缓缓上扬的密实化区三个阶段，属于典型的弹塑性多孔材料，其密实化过程是试样中的孔隙不断发生塑性坍塌的过程。

8.3 泡沫铁及夹层结构

铁是地核中的主要物质，也是人们最为熟知的金属之一。泡沫金属具有结构和功能双重属性，可应用于很多的工程领域。长期以来人们普遍将铁作为结构用途，现已开始将其作为高新材料进行探索，认为其制作成为多孔的泡沫结构将是有利的。泡沫态多孔铁的性能可能优于低熔点泡沫金属的性能，如更高的强度和耐高温性，因而在建筑业、交通运输业等领域或许有着良好的应用前景。

泡沫材料作为结构应用通常要与致密壳层组成复合构件，这样才能实现在一定载荷条件下的最佳力学性能。以较大孔径、较高孔隙率和轻质为特征的超轻型泡沫金属具有高比强度、高能量吸收、高阻尼、吸声、隔热和电磁屏蔽等多功能兼容性能，应用前景广泛。但泡沫材料本身的强度不高，因而限制了其应用。以其为芯体做成夹层结构（三明治结构），则可在充分发挥泡沫材料自身优势的同时，解决其强度低的问题。这种结构具有轻质、高比刚度的特点，并且减振性能良好，在汽车、航天、航空等领域有很好的应用前景。相对于泡沫金属来说，其多孔体的三明治结构镶板更是具有高刚度和强韧性等特点。因此，该复合材料非常适用于以减轻构件重量为关键因素的场合，如在飞行器上，在便携结构内，以及在运动器材中。

开孔泡沫一般作为吸声、换热等功能用途，而非结构用途。用于功能方面的泡沫金属往往需要承受一定程度的载荷作用，其中最基本的是拉伸和压缩。例如，用于热交换镶板的开孔泡沫体，就可能要同时承受一定的结构载荷。

制备泡沫铁的工艺要比制备泡沫铝的工艺更为困难。从所阅文献来看，多孔铁的制备方法主要是采用粉末冶金（PM）工艺和电沉积工艺，也可采用冰冻铸造工艺等。在多孔泡沫金属作为芯体的三明治结构研究方面，主要是一些关于泡沫铝芯三明治板。非铝质泡沫芯体的三明治结构研究工作十分罕见，主要原因即是制作工艺的困难。本节采用有机泡沫浸浆干燥烧结工艺制备出多孔泡沫铁材料，通过其与金属面板的热扩散处理法进一步制备出芯部为泡沫铁的金属夹层结构材料；分析研究了该工艺过程中泡沫铁的烧结氧化问题，以及本三明治结构中的面芯结合强度。

8.3.1 泡沫铁的制备及工艺分析

（1）泡沫铁的制备

首先配制好无毒黏结剂，其为乳状均匀流体，呈糊状，可通过常温去离子水来调节黏度。选用粒度为 $D_{50}=2.5\mu m$、纯度为 99.5％ 的铁粉，将一定的铁粉（按质量）与一定量的无毒黏结剂（按体积）配制成料浆，搅拌均匀；然后用聚氨酯通孔泡沫块体进行浸浆处理，将处理过的多孔体置于干燥箱中，于 100～120℃ 烘干 2h 以上。烘干后的多孔体变硬，再放到真空炉中；先在室温下抽真空至小于 $5\times10^{-2}Pa$ 的水平，然后按照一定的温度曲线设置程序进行处理。烧结条件为 1100～1400℃ 保温 1～3h，高温烧结压力 20～40Pa，完成后关机使系统随炉冷却。整个过程保持抽真空状态，直至炉体冷却至 100℃ 才出炉取样。所得块体多孔泡沫铁的宏观形貌呈网状结构（参见图 8.19），对应的 XRD 分析图谱见图 8.20。产品的孔隙率为 75％～95％，孔隙主要由尺度为 0.5～2.0mm 的宏观孔隙组成，孔隙之间相互连通。

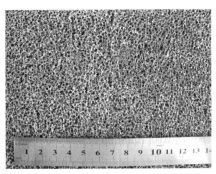

(a) 宏观形貌

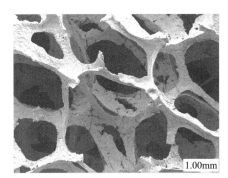

(b) 电子显微照片

图 8.19　所得泡沫铁制品

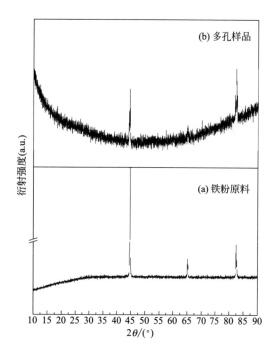

图 8.20　泡沫铁产品的 XRD 分析图谱

（2）泡沫铁制品的特点

从所阅文献来看，多孔铁的制备可采用粉末冶金工艺和电沉积工艺等。本实验采用的方法则有别于这些工艺，成功地制备了一种孔隙相互连通的宏观泡沫态多孔铁材料。制备方法为采用有机泡沫基体浸浆干燥烧结工艺，由铁粉、添加剂和无毒黏结剂配制料浆，选用聚氨酯泡沫作为有机基体。通过有机泡沫基体浸浆干燥，在真空环境下热分解有机物并实现铁粉烧结，最后形成多孔结构的泡沫体。

有机基体浸浆后的干燥工艺条件为干燥箱中 100～120℃ 烘干 2h 以上，以确保除去多孔坯体中绝大多数水分并使坯体全部硬化，从而获得具有良好自支持硬质结构的预制体。考虑到金属铁的高温氧化，本工艺规定烧结炉应保持室温真空度不低于 $10^{-2}Pa$ 的水平。

本工作制备的泡沫铁结构具有下述特征和优点：①所得多孔产品呈宏观网状结构，孔隙之间相互连通；②所得多孔泡沫铁的宏观结构形态与浸浆工艺中所用有机泡沫基体的结构形态存在着对应关系；③产品的孔隙率可通过有机泡沫基体的浸浆处理以及烧结过程中的温度和时间进行调节，其中最有效的调节方式当然还是浸浆处理。

所得多孔产品在一定程度上"翻版"了浸浆工艺中所用有机泡沫基体的结构形态。有机泡沫材料的制造工艺成熟、可调性强、孔结构可控性好，品种丰富。因此，在本工艺选用多孔基体时，可供选择性强，较易获得所需结构指标的备用体。

此外，烧结后的样品孔隙表面没有发现任何聚合物的残留迹象。高温烧结过程中，有机组分将分解成为 H_2O、CO 和 CO_2 等小分子，随着抽真空而排出到真空炉之外，因此不会在烧结多孔体上留下任何残渣。

（3）关于烧结过程的真空度

如上所述，在本烧结工艺中，先是室温下抽真空至系统压力小于 $5×10^{-2}Pa$ 的水平，持续抽真空，高温保温阶段的压力最大达到 20～40Pa。由于金属具有易于氧化的特性，因此在泡沫铁的烧结过程中就会有真空度的要求：环境中的氧分压超过某一阈值，产品就会发生氧化，生成铁的氧化物。这个阈值可以通过热力学来计算。

对于本热处理系统，烧结高温区在 1100～1400℃ 之间进行，我们主要考虑下面的氧化反应：

$$Fe+1/2O_2=FeO \tag{8.11}$$

对应于上述方程的吉布斯自由能变化可表示为：

$$\Delta G(FeO)=\Delta G^{\ominus}(FeO)-RT\ln p_{O_2}^{1/2} \tag{8.12}$$

式中，$\Delta G^{\ominus}(\text{FeO})$ 为 FeO 在温度 T 时的标准摩尔生成能（标准态取压力为 0.1MPa）；R 为气体常数；T 为系统的热力学温度；p_{O_2} 为系统中的氧分压。

若要金属铁不发生氧化，则要求：

$$\Delta G(\text{FeO}) = \Delta G^{\ominus}(\text{FeO}) - RT\ln p_{O_2}^{1/2} > 0 \tag{8.13}$$

即：

$$p_{O_2} < \exp\left[2\Delta G^{\ominus}(\text{FeO})/(RT)\right] \tag{8.14}$$

由冶金工业出版社《金属的高温腐蚀》一书中的氧化物标准生成自由能与温度的关系图（$\Delta G^{\ominus}$-T 图，Ellingham Drawing）查得，FeO 在温度 1100℃和 1400℃时的标准摩尔生成能分别为 -155kJ（310/2）和 -175kJ（350/2）左右，即对于上述反应式分别有：

$$\Delta G^{\ominus}(1100℃) \approx -155\text{kJ} \tag{8.15}$$

$$\Delta G^{\ominus}(1400℃) \approx -175\text{kJ} \tag{8.16}$$

代入式（8.14）得 1100℃和 1400℃烧结产生氧化的临界氧分压应大致分别满足：

$$p_{O_2}(1373\text{K}) < 1.6 \times 10^{-12}\text{atm} = 1.6 \times 10^{-7}\text{Pa} \tag{8.17}$$

$$p_{O_2}(1673\text{K}) < 1.2 \times 10^{-11}\text{atm} = 1.2 \times 10^{-6}\text{Pa} \tag{8.18}$$

上述计算数据显示，从热力学角度考虑，在烧结压力下可能有的氧分压似乎足以使产品中的金属铁发生严重的氧化。事实上却是，XRD 分析结果（参见图 8.20）和 SEM 扫描结果并没有发现产品含有铁的氧化物。其原因可能主要有如下两条：①在本系统的环境下，金属铁的氧化速率很小，在 1100～1400℃进行为时 1～3h 的热处理尚不能形成足以让 XRD 和 SEM 探测出来的氧化量，即从动力学出发不能产生实际上的氧化；②有机基体的热分解气相产物对金属铁具有一定的保护作用，金属铁周围的氧压不能简单地以仪表显示的烧结气氛压力与氧在空气中的相对含量作为乘积来判定。一般来说，聚合物分解的气体产物可以是像 CO 和 CO_2 这样一些小分子，它们可以在一定程度上起到保护金属使其免受氧化的作用。

8.3.2 泡沫铁夹层制品及其结合强度

(1) 泡沫铁三明治结构的制备

首先按照上述步骤制备好泡沫铁待用。将 304 不锈钢板进行表面打磨活化预处理，然后将处理后的金属面板贴合到制备好的泡沫铁块体上，形成三明治结构预制体；将处理好的预制体放到真空炉中，在一定温度下进行热处理，实现面板和泡沫体之间的热扩散结合，所得产品的宏观形貌呈以泡沫态多孔金属为芯体、金属面板为壳层的三明治夹层镶板结构［参见图 8.21（a）］。多孔芯体与致密壳层的结合良好，属于冶金结合状态［参见图 8.21（b）］。图 8.21（b）的截面金相 SEM 图像清楚地显示，所得结构的致密壳层与多孔芯体的结合部分没有出现两者之间的界面，而是完全连接成为一个整体结构。

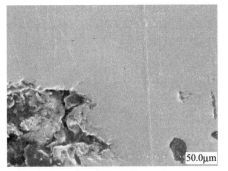

(a) 宏观形貌   (b) 壳芯结合处截面形貌

图 8.21 所得泡沫铁三明治结构

图 8.22 三明治样品的金属面板与多孔芯体的剥离实验装置

(2) 三明治结构的面/芯结合强度

金属面板与多孔芯体的结合强度采用 WDW3020 型万能试验机进行拉伸剥离测试，装置见图 8.22。图中示出了设备配套提供的常规夹具以及与其匹配的一组专用夹具：后者是我们为本三明治样品专门设计制造的。这套专门设计的夹具包括 2 块不锈钢板和 2 个不锈钢棒，不锈钢板和不锈钢棒之间为螺纹连接。样品的金属面板与专用夹具接触面的固定采用 302 改性丙烯酸酯黏结剂（modified acrylate adhesive）。首先，将三明治样品的金属面板通过 302 改性丙烯酸酯黏结剂固定到专用夹具上。不锈钢棒旋入不锈钢板后，再将固定好三明治样品的专用夹具接到万能试验机的常规夹具上，然后进行拉伸剥离试验。由此实验测定其中芯材孔隙率为 93.3% 的试样，得其剥离强度可大于多孔芯体本身的拉伸破坏强度（表观拉伸破坏强度约为 0.12MPa，其中拉伸速率为 0.5mm/min），断口形貌见图 8.23。

(a) 侧面状态   (b) 断面状态

图 8.23 三明治样品的金属面板与多孔芯体的剥离断口形貌

根据本工作能够制备的三明治样品进行试验，目前似乎还没有关于此类剥离试验的标准可循。诚然，应该有必要为这种剥离试验确定标准，因为这对以后的相关研究将会是有利的。

（3）分析与讨论

根据所阅文献，对泡沫金属三明治结构的研究工作基本集中在泡沫铝三明治板。制备泡沫铝三明治板主要采用胶黏法、超声焊接法、激光协助发泡法、扩散焊接法、面板与预制材料轧制-包覆法和粉末复合轧制法等。本工作则是采用了一种不同于上述任何形式的新方法，即金属面板表面处理热扩散法，成功制备出了芯部为泡沫铁的金属三明治结构复合材料，其中的芯体泡沫铁是通过有机泡沫浸浆烧结的方式而形成的。

金属面板与芯体泡沫铁的结合系在真空热处理过程中得以实现。在制备过程中，首先由表面处理后的金属面板和芯部泡沫铁加压贴合形成结合为一体的三明治结构预制体，然后置于真空炉中进行热处理，即在一定温度下实现金属板与泡沫金属体之间的热扩散，最终形成两者之间的冶金结合［参见图8.21（b）］。由于这种结合比较牢固，其结合强度大于多孔芯体本身的拉伸破坏强度。图8.23（a）显示，本泡沫铁三明治结构在面/芯拉伸剥离实验中，破坏首先在芯体泡沫铁内部的某些薄弱地方发生，而不是发生在面/芯的结合处。破坏可以在多处产生，可沿着薄弱区域发展。样品全部断裂后的断口形貌［图8.23（b）］显示，这种断裂破坏的发展并没有导致面/芯两者本身的剥离，至多是在近两者结合处的泡沫体区域。这就充分说明，面/芯两者的结合强度较高，至少要高于芯体泡沫铁本身的拉伸破坏强度。

最后，所得泡沫铁三明治结构的芯部形态与浸浆工艺中所用有机泡沫基体的结构形态也存在着上述的对应关系。如上所述，有机泡沫材料的制造工艺成熟、品种丰富。另外，适合于用于泡沫铁三明治结构壳层的金属板材也相当丰富，厚度和品种具有系列性。因此，在本工艺选用芯部多孔基体和壳层金属面板时，同样具有可供选择性强、较易获得所需结构指标备用体的优点。

（4）工作展望

确实，在本泡沫铁三明治结构的结构和应用方面，值得做更翔实的研究。本工作只是利用热扩散法来获得泡沫铁芯与金属面板之间实现冶金结合的一次尝试，仅包括面/芯结合强度的考察，没有涉及一般的力学性能。因此，我们对很多有意义的问题都没有研究，如密度与应力的关系、烧结前后高温（烧结温度1100～1400℃）对泡沫孔隙尺寸的影响方式以及获取剥离试验的更多实验数据等，这些工作有待于将来完成。

8.3.3 本节工作总结

① 通过有机泡沫基体浸浆干燥后的真空烧结工艺可获得孔隙相互连通的泡沫铁。烧结系统在室温下抽真空至压力小于 5×10^{-2} Pa 的水平，即可保障金属铁在1100～1400℃之间的高温过程中不会发生氧化。

② 基于上述工艺通过金属面板表面处理贴合热扩散的方式可进一步得到泡沫铁夹层结构。这种夹层结构的多孔芯部与金属面板可以形成良好的冶金结合，其剥离强度可大于多孔芯体本身的拉伸破坏强度。

8.4 微孔泡沫钼

作为一种难熔稀有金属，金属钼由于其原子间结合力极高，具有很高的熔点和高温强度，良好的导热、导电、抗腐蚀等性能，近年来被广泛地应用于化工冶金及航空航天等领域，成为国民经济中一种重要的原料和不可替代的战略物资。

金属钼的晶体为体心立方结构。由于原子间的结合力强，因此其力学性能佳，熔点高达 (2620 ± 10)℃。在 1000℃以下还具有良好的抗腐蚀能力，而且不吸氢。所以，金属钼与金属钨一样，也非常适合应用于要求有传导性能的高温场合、陶瓷材料因脆性而不能胜任的高温场合以及其他一些特殊要求的场合，但所适用的温度要低于金属钨（金属钨的熔点为 3410℃左右，是元素周期表的所有金属中最难熔的一种）。金属钼的多孔体或作为多孔基体制作的各种元器件可应用于现代光技术、高温冶炼、电子真空、热控系统、能源业、核技术以及医学等领域。本研究采用型模灌浆干燥成型烧结工艺，制备了孔隙率高于 60％的微孔网状泡沫钼结构，其孔隙主要是由尺度在 $10\mu m$ 以下的微孔组成，并且对其烧结情况进行了 SEM 分析。

8.4.1 泡沫钼的制备方法

（1）坯体的制备

实验所用钼粉尺寸为 300 目，纯度 99.99％。在持续的搅拌下，将 60g 钼粉逐批加入到一种自制的无毒黏结剂中，搅拌均匀，然后将所得料浆充入型腔尺寸为 50mm×50mm×5mm 的型模中，进行充型处理 1h。黏结剂的最佳用量为 1mL/g。高于此值，黏结剂过量，钼粉在黏结剂中容易产生沉淀，而且浆料黏度会降低，使得浆料很难稳定在型模中；低于此值，所得浆料黏度过大，不利于充模过程。为使浆料充分充入到型模中，充模过程可在超声波振荡器中进行；将充模后的整体平放于干燥箱中，于 120℃烘干 4h，可获得形状规则的块状钼坯体。

（2）坯体的烧结

将烘干后的钼块坯体放入真空炉中，按照下述升温制度进行烧结。先在室温下将炉内气压抽真空至 10^{-2}Pa 的水平，再用 30min 的时间升温至 120℃，保温 3h，持续抽真空使压力保持为 10^{-2}Pa 的量级；然后在 130min 内将炉温由 120℃升至 1500℃，接着在 30～50min 内将炉温由 1500℃提高到 1600～1800℃，在该温区保温 4h，完成后关闭加热开关使系统随炉冷却。整个过程保持真空状态，直至炉体冷却至室温，关闭真空泵并出炉取样。采用体积称重法测定了多孔钼块体的孔隙率，并使用扫描电镜观察了烧结所得多孔钼块体的表面结构和颗粒状态。其中 120℃的保温过程能使浆料充分地分解，并且使钼块坯体中的水分挥发出来，使得在温度升高时，不会因为块体内过量产生气体而将钼块坯体撑裂。

8.4.2 泡沫钼的检测与分析

（1）孔隙率的测定和分析

实验制备所得多孔钼块体的宏观形貌如图 8.24 所示。从图中可以看出，经过高温烧结后，多孔钼块体呈现出肉眼看似"致密"的状态。说明经过 10^{-2}Pa 下真空烧结，钼粉在

1600～1800℃下较好地烧结成了一个"致密"的整体。这种致密只是宏观表象，原料为300目的钼颗粒，由于颗粒的堆叠，其内部必然含有大量的微孔结构。

本实验通过质量-体积法测定了其孔隙率。首先利用游标卡尺测定烧结所得多孔钼块体的边长，获得多孔钼块体的表观体积 $V_表$；将获得体积参数后的多孔钼块体放入小型脱水脱气真空室中，升温至80℃，气压保持为 10^{-2} Pa，保温 2h，使得多孔钼中的吸附水充分脱离。利用电子天平测得经过真空脱水后的多孔钼质量 $M_表$。利用所得体积和质量参数计算得到多孔钼表观体密度 $\rho_表 = M_表/V_表$；再利用公式"多孔体孔隙率 $=1-\rho_表/\rho_真$"，计算获得多孔钼块体的孔隙率为 65%。这说明看似密实的块体，内部仍有大量空隙存在。这是由于粉末状的钼颗粒在烧结前是依靠黏结剂的松散结合，并没有真正的

图 8.24　微孔泡沫钼块体的表观形貌

密实，所形成的颗粒堆叠会产生大量的孔隙结构。除此之外，坯体中的有机组分在高温烧结中，会以气体形式挥发出去，因此在最后烧结得到的钼块体中产生一定量的孔隙。

(2) 微观结构观测与分析

经体密度计算发现，烧结后的多孔钼孔隙率高达 65%。可见，该制品含有大量肉眼不可见的微孔，因此我们采用扫描电镜对其微观结构进行了观察（参见图 8.25）。

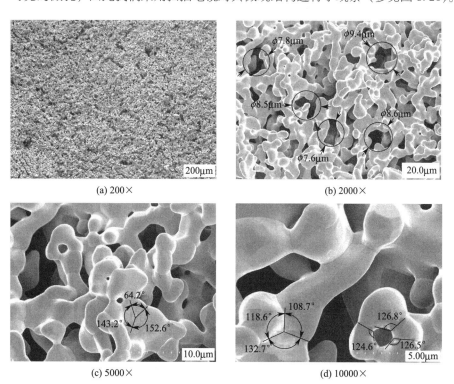

(a) 200×　　　　　(b) 2000×

(c) 5000×　　　　　(d) 10000×

图 8.25　微孔泡沫钼块体扫描电镜图片

从图 8.25（a）的烧结钼块体表面的低倍数放大照片可看出，看似"致密"的金属钼块体其实是含有大量微小孔隙的多孔结构。因为孔隙尺寸较小，从而在肉眼观察下呈致密状态。通过低放大倍数图片还可以看出，多孔钼表面具有一定的金属光泽，说明烧结较好，块体呈金属状态，无其他组成的变化。

放大 2000 倍图片如图 8.25（b）所示。从中可以看出，多孔钼为粉末颗粒结合而成，颗粒间存在大量的微孔孔隙，孔隙形状不均匀，采用最小外切圆的直径作为其孔径尺寸，所测得微孔尺寸如图所标。孔隙尺寸为 $7 \sim 9\mu m$，处于 $10\mu m$ 以下，属于微孔结构。有少数尺寸较大的孔径，但数目较少，推测可能是由于坯体中有机组分的分解所造成。由于数目较少，对整体的孔隙率基本不会造成影响。

通过多孔钼放大倍数 5000 倍和 10000 倍照片可以看出，钼颗粒之间形成了明显的颈部，说明经过 $1600 \sim 1800$℃的烧结，钼颗粒之间形成了较好的结合。从图中还可以明显地观察到，当晶粒尺寸相近时，随着烧结的进行，颗粒之间的界面呈直线状态。当三个颗粒相互接触时，界面之间形成夹角近似为 120° 的稳定结构，如图 8.25（c）中的右下部分与图 8.25（d）中的左下部分所示。

经过精确测量可以发现，其晶界间夹角并不是相等的（120°），而是存在一定的偏差，如图 8.25（c）中 3 个相邻的角度分别为 152.6°、143.2° 和 64.2°，图 8.25（d）中三个相邻的角度为 132.7°、118.6° 和 108.7°。这种现象的产生是由于颗粒尺寸的不同，造成了烧结时不同尺寸钼颗粒的原子扩散速率不同。

在高温烧结过程中，颗粒的颈部连接主要依靠扩散作用而生长，从而在颗粒间形成较强的结合。当在钼颗粒中产生气体扩散时，由于颗粒初始尺寸的不同，根据方程：

$$\ln \frac{p_1}{p_2} = \frac{2\sigma M}{RT}\left(\frac{1}{r_2} - \frac{1}{r_1}\right) \tag{8.19}$$

不同尺寸颗粒的表面蒸气压不同。半径小的颗粒表面蒸气压高，从而使得小尺寸颗粒不断蒸发，并在蒸气压较低的大尺寸颗粒表面凝结。因此，小颗粒逐渐消失，被大颗粒吞并。

将上式代入公式：

$$\Delta G = RT\ln \frac{p_1}{p_2} \tag{8.20}$$

可得到不同尺寸颗粒在烧结时的自由能变化趋势，如下式所示：

$$\Delta G = 2\sigma M\left(\frac{1}{r_2} - \frac{1}{r_1}\right) \tag{8.21}$$

从中可以看出，当 $r_2 > r_1$ 时，$\Delta G < 0$，说明尺寸较大的颗粒具有较小的自由能。由于烧结过程是一个自由能降低的过程，因此这样的机理造成高自由能的小颗粒有被低自由能的大颗粒吞噬的可能。其变化过程如图 8.26 所示。

按照上式关系，大颗粒存在吞噬小颗粒的趋势。当 3 个颗粒间尺寸互不相同时，颗粒之间界面的夹角偏离 120° 角的平均分布，小尺寸颗粒一侧的晶界夹角要小于 120°，这与图 8.25（c）和图 8.25（d）中的观察相符合。在图 8.25（c）中，从其右下部分 3 个颗粒接触中可以看出，夹角为 152.6° 一侧的颗粒尺寸要明显地大于夹角为 64.2° 一侧的颗粒尺寸。图 8.25（d）中 132.7° 一侧的颗粒尺寸也要明显地大于 108.7° 一侧的颗粒尺寸。这就证明了随着烧结的进行，小尺寸的钼颗粒逐渐被大尺寸的钼颗粒所吞噬，其一侧的角度也逐渐地减少。

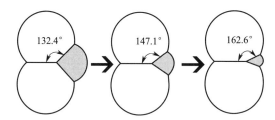

图 8.26 金属粉末烧结时小颗粒被吞噬的过程

通过高放大倍数扫描电镜照片图 8.25（c）和图 8.25（d），还可了解到烧结过程中气孔的变化情况。如图 8.25（d）右下角所示，从图中可以看出，如果将气孔看成为一个颗粒，一个气孔和两个相连的钼颗粒可以组成一个三颗粒体系。通过对颗粒之间界面夹角的测量发现，对于钼颗粒测得夹角都明显大于 120°，说明其生长趋势为气孔周围的钼颗粒逐渐向中心气孔生长，最终使得气孔消失，块体致密化。而且，由于钼颗粒尺寸的不均一性，颗粒在堆叠时，在气孔周围必然存在大小颗粒混杂的情况，这样就造成在气孔减少时，也会伴随大颗粒对小颗粒的吞噬作用。气孔的变化过程如图 8.27 所示。

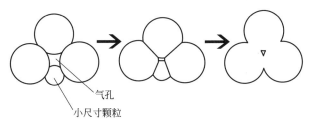

气孔

小尺寸颗粒

图 8.27 气孔的消失过程

气孔的减少与小颗粒被吞噬共同作用，使得金属钼块体随着烧结的进行，逐渐变得密实，也使得颗粒之间的结合强度进一步提高。因而在粉末原料未施加压力压实的条件下，仍能获得具有一定强度的多孔钼块体。这说明大孔隙率的钼块体的制备是可以实现的。

8.4.3 本节工作总结

本节通过灌浆法，以型模为载体，钼粉为原料制备了多孔钼块体。其肉眼观察呈致密状态，有金属光泽。经扫描电镜分析发现，其内部存在大量的微孔结构，孔隙直径为 $7 \sim 9 \mu m$。通过质量-体积法测量得其孔隙率为 65% 左右。通过高放大倍数的扫描电镜分析了钼颗粒的烧结状态，并观察了颗粒堆叠形成的气孔的变化过程。发现钼颗粒在经过 $1600 \sim 1800$℃烧结后，颗粒之间形成了明显的颈部连接并且内部的气孔随着烧结的进行，逐渐被周围的钼颗粒所吞噬，从而使得块体的致密度和强度也随之提高。

8.5 结束语

① 利用挂浆工艺，在 1050℃下真空烧结 3h，成功制备了三维网状的泡沫 304 不锈钢，

制品烧结良好。样品平均孔径约 1.8mm，孔隙率约 93.7%。测试了该泡沫金属在 200～6300Hz 及其加入背腔后在 2500～4000Hz 时的吸声系数，探讨了背腔对样品吸声性能的影响。结果表明，本制品在测试范围的中高频段表现出较好的吸声效果，其第一共振频率为 4000Hz，此时最大吸声系数约 0.7；在 1250～3150Hz 之间，增加样品厚度可明显提高吸声效果；加入背腔可大幅度提高样品的整体吸声效果。将上述泡沫不锈钢在中低频（200～4000Hz）的吸声效果与常用泡沫聚合物吸声材料进行了比较：发现本泡沫不锈钢样品的吸声系数随频率的增大而连续变大，增加样品厚度的影响在低频（200～2000Hz）时更为明显；本泡沫不锈钢样品的吸声效果在低频（200～2000Hz）时不如其他常用的泡沫聚合物吸声材料，但随声频提高而逐步逼近，4000Hz 时可超过部分常用吸声材料。

② 利用前述泡沫不锈钢与穿孔板组成夹合叠层结构，测试其吸声系数，比较泡沫不锈钢样品本身与该叠层结构的吸声效果，探讨穿孔板加入对样品吸声性能的影响。结果显示，加入穿孔板可以提高样品的吸声效果，增大样品的吸声系数；而穿孔板的加入方式以及穿孔参数的不同，都会使样品的共振频率随之改变。

③ 利用改进的金属粉体熔化发泡法，制备了表观体密度大约为 0.78g/cm³ 的胞孔泡沫 304 不锈钢（折算总孔隙率在 90% 左右），主孔为尺度在毫米级的球形孔隙。压缩实验表明，压缩曲线依次包括很短的初始线性变形区、中间相对较长的压缩平台区和最后缓缓上扬的密实化区三个完整的阶段。整条曲线走向平滑，是塑性良好的韧性材质金属多孔材料的典型压缩曲线。研究结果显示，本柱状泡沫不锈钢样品最后被压缩成扁扁的饼子，表明其破坏为典型的塑性失效。

④ 首先采用挂浆法（有机基体浸浆工艺）在 1100～1400℃ 之间烧结获得网状泡沫铁材料；然后，通过该泡沫铁与经表面活化处理的不锈钢面板进行热扩散结合，进一步获得了一种泡沫铁三明治结构。结果显示，该三明治结构的芯部与金属面板为冶金结合，结合状况良好。分析了产品的工艺因素，发现本烧结系统的真空度（即室温下抽真空至系统压力小于 5×10^{-2} Pa 的水平，高温烧结压力最大达到 20～40Pa）可以很好地保障金属铁在该高温热处理过程中不会发生氧化。此外，还探讨了本三明治结构中的面芯结合状态，发现其结合强度高于芯体泡沫铁本身的拉伸破坏强度。

⑤ 研制了一种微孔泡沫钼块体。制备方法是以料浆充模获取毛坯，然后进行高温真空烧结而成。其中料浆由钼粉和自制无毒性有机黏结剂组成，浆料黏度用去离子水调节。本烧结钼块体的孔隙率约为 65%，扫描电镜观测其孔隙主要由 7～9μm 的微孔所组成，孔隙之间相互连通。另外，还观察了钼颗粒的烧结状况，对其烧结过程进行了初步探讨。

泡沫陶瓷性能研究

9.1 引言

泡沫陶瓷具有热导率低、热质量小、比表面积大、硬度高、耐磨损、耐高温、抗腐蚀等优良性能，可应用于环保、能源、化工、生物等多个领域，作为过滤、分离、扩散、隔热、吸声、化工填料、生物陶瓷、化学传感器、催化剂和催化剂载体等元件材料。泡沫陶瓷的制造始于 20 世纪 50 年代末，而较显著的发展和工业应用则始于 20 世纪 70 年代。制备泡沫陶瓷的方法多种多样，其主要制备技术有颗粒堆积烧结法、添加造孔剂法、发泡法、有机泡沫浸渍法、溶胶-凝胶法等。随着制备工艺技术的不断提高以及各种高性能产品的不断出现，泡沫陶瓷材料的应用领域和应用范围不断扩大。作为一种利用物理表面的新型材料，泡沫陶瓷还可用来制造各种吸附材料、保温材料以及轻质结构材料等。本章着眼于环保领域的研究，主要介绍我们研制的轻质泡沫陶瓷及其在吸声和吸附方面的性能。

以石英粉末和沸石粉末为主要原料，用料浆发泡法和粉末烧结法制备了含宏观球状孔隙结构的泡沫陶瓷块体和多孔泡沫瓷球，这种多孔结构拓展了陶瓷材料在界面作用用途中的有效比表面积。通过驻波管采用 1/3 倍频程法测试了所得泡沫陶瓷块体的吸声性能，发现厚度在 15～28mm 之间的样品在 200～4000Hz 这样一个中低频段的总体平均吸声系数可以达到 0.4 以上，在 0.45 左右，表现出良好的吸声效果。测试结果比较显示，本泡沫陶瓷样品的吸声性能可以优于聚酯纤维棉、聚乙烯泡沫等几种常见吸声材料。从环境保护的角度出发，在制备一种低密度多孔陶瓷球的基础上，对其进行不同形式的表面活化改性，重点研究了该改性制品对水体中的毒性 As 离子的吸附能力。结果表明，这些改性制品对 As 离子都具备了良好的吸附性能。首先利用添加造孔剂的粉末烧结法制备了直径约为 5mm、宏观孔隙尺寸在 1mm 左右的多孔泡沫陶瓷球。第一种表面改性方式是通过在该种多孔球表面负载活性氧化铝，制备了可再生利用的活性氧化铝负载多孔陶瓷球；以砷酸二氢钠 $NaH_2AsO_4 \cdot 7H_2O$ 溶液作为 As 源进行吸附实验，分析了该体系对 As 的吸附机制。第二种表面改性方式是利用 NaOH 溶液对所得多孔陶瓷球进行脱硅处理，获得了一种在表层具有较高的铝原子相对含量的多孔陶瓷体，该脱硅体在不负载活性氧化铝的条件下便可以具有较好的吸附活性，对 As 离子和铯离子都有较好的吸附能力。在研制一种类网状泡沫陶瓷块体的基础上，利用固体-液体界面反应，在脱硅陶瓷表面生成含钾的普鲁士蓝类似物（PBA），所得负载多孔体系具有离子交换能力，因而在吸砷实验中表现出良好的吸附性能。制品中类似物与基体的牢固结合以及多孔体系中介质的良好流动和扩散，有望成为该负载体的实践优势。

9.2 泡沫陶瓷吸声性能

众所周知，多孔材料是一类优秀的吸声材料，但金属多孔材料价格昂贵，有机多孔材料又不耐高温，而常用的玻璃棉和岩棉等无机多孔吸声材料质脆并有害于人体健康。本书作者实验室以天然沸石为主要原材料，添加一定量的其他氧化物和助剂，研制了一种具有良好吸声性能的复合氧化物泡沫陶瓷材料，可克服上述吸声材料的不足，符合某些特殊环境下的应用需求。

9.2.1 泡沫陶瓷块体的制备

通过成型模具的调控，可由添加造孔剂的浆料发泡法获得不同形状和尺寸的泡沫陶瓷制品。本工艺所用起泡剂可以是挥发性液体或固体，也可以是混合料反应产生的气体或加入的气体，还可以是可燃烧的粒子。有机泡沫浸浆法只能制备开孔结构，而浆料发泡技术既可制备开孔泡沫体，又能制备闭孔泡沫体。在浆料发泡工艺中，须有表面活性剂以使浆料或溶液内气泡的气-液界面稳定，从而保持其泡沫状态，而表面活性剂的类型和数量则影响着最后所得泡沫陶瓷的密度和孔隙特性。图 9.1 是本书作者实验室通过改进的浆料发泡法制备的多孔复合氧化物陶瓷块体，其截面图像显示了良好的孔隙分布。

(a) 块体制品1宏观形貌   (b) 块体制品2表面形貌   (c) 块体制品2截面形貌(视场宽度: 30 mm)

图 9.1 本书作者实验室所制多孔复合氧化物陶瓷块体

9.2.2 本多孔制品的吸声性能

改变制备工艺参数，可以获得不同孔隙率和不同孔径的复合氧化物陶瓷多孔制品（图 9.2），所得轻质制品可漂浮于水面（图 9.3）。采用驻波管法测试对应样品（表 9.1）的吸声性能。使用简便的 1/3 倍频程法来测量样品的吸声性能，样品紧贴刚性壁而未留空腔。在驻波管中测出声压的极大值和极小值，再通过 Origin 软件的计算得出其吸声系数，实验结果列于表 9.2，对应作出的直观吸声系数曲线见图 9.4。

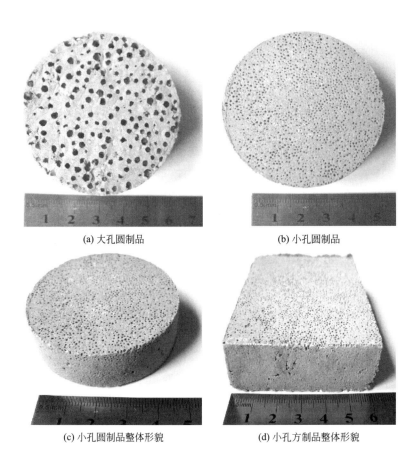

(a) 大孔圆制品　　　　　　　　　(b) 小孔圆制品

(c) 小孔圆制品整体形貌　　　　　(d) 小孔方制品整体形貌

图 9.2　本实验室制备的复合氧化物多孔陶瓷块体示例

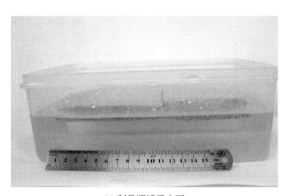

(a) 制品漂浮于水面

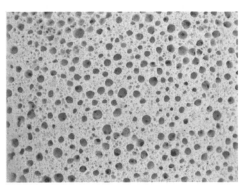

(b)制品截面形貌

图 9.3　轻质泡沫陶瓷块体示例

表 9.1 复合氧化物多孔样品的参数

样品号	体密度/(g/cm³)	孔隙率/%	孔隙尺寸/mm	厚度/mm
1	0.50	70.69	2.78	15
2	0.51	69.95	2.65	20
3	0.53	68.59	2.91	25
4	0.61	64.27	2.85	20
5	0.43	76.05	1.09	20
6	0.68	60.06	1.22	15
7	0.68	59.89	1.30	25
8	0.67	60.37	6.20	28

表 9.2 复合氧化物多孔制品在不同声频下的吸声系数

频率/Hz	样品 1	样品 2	样品 3	样品 4	样品 5	样品 6	样品 7	样品 8
200	0.032	0.034	0.044	0.052	0.047	0.061	0.099	0.073
250	0.034	0.046	0.054	0.061	0.057	0.078	0.13	0.086
315	0.044	0.046	0.069	0.068	0.073	0.10	0.18	0.12
400	0.054	0.067	0.10	0.096	0.097	0.13	0.27	0.17
500	0.071	0.091	0.15	0.12	0.12	0.21	0.37	0.28
630	0.11	0.13	0.26	0.17	0.19	0.33	0.50	0.47
800	0.17	0.23	0.44	0.28	0.28	0.48	0.58	0.71
1000	0.27	0.39	0.68	0.45	0.42	0.50	0.61	0.83
1250	0.45	0.67	0.94	0.64	0.62	0.38	0.67	0.84
1600	0.73	0.93	0.96	0.85	0.84	0.51	0.66	0.75
2000	0.96	0.98	0.81	0.96	0.98	0.44	0.67	0.71
2500	0.99	0.76	0.68	0.88	0.98	0.64	0.68	0.73
3150	0.85	0.66	0.73	0.69	0.86	0.56	0.67	0.86
4000	0.83	0.94	0.91	0.74	0.90	0.62	0.70	0.72
平均值	0.40	0.43	0.49	0.43	0.46	0.36	0.49	0.52
总体平均	0.45							

对以上数据进行分析可知，样品的厚度、孔隙率和孔径对样品吸声性能有很大影响：随着厚度的增加，第一共振频率减小，吸声曲线向低频方向移动；孔隙率较高的样品具有较大的平均吸声系数；小孔径的样品不出现明显的共振频率。

9.2.3 常见吸声材料性能比较

为了从侧面去衡量上述复合氧化物泡沫陶瓷制品的吸声性能，用几种常见吸声材料进行了比较。表 9.3 是几种常见吸声材料的吸声性能测试数据。

表 9.3 几种常见吸声材料的吸声系数

声波频率/Hz	玻璃棉(15mm 厚)	聚酯纤维棉(45mm 厚)	聚乙烯(50mm 厚)
200	0.058	0.13	0.18
250	0.067	0.16	0.33
315	0.073	0.17	0.66
400	0.086	0.23	0.94
500	0.11	0.29	0.69
630	0.12	0.36	0.41
800	0.15	0.45	0.32
1000	0.19	0.58	0.45
1250	0.25	0.68	0.73
1600	0.31	0.79	0.52
2000	0.33	0.83	0.56
2500	0.44	0.84	
3150	0.52	0.88	
4000	0.61	0.64	

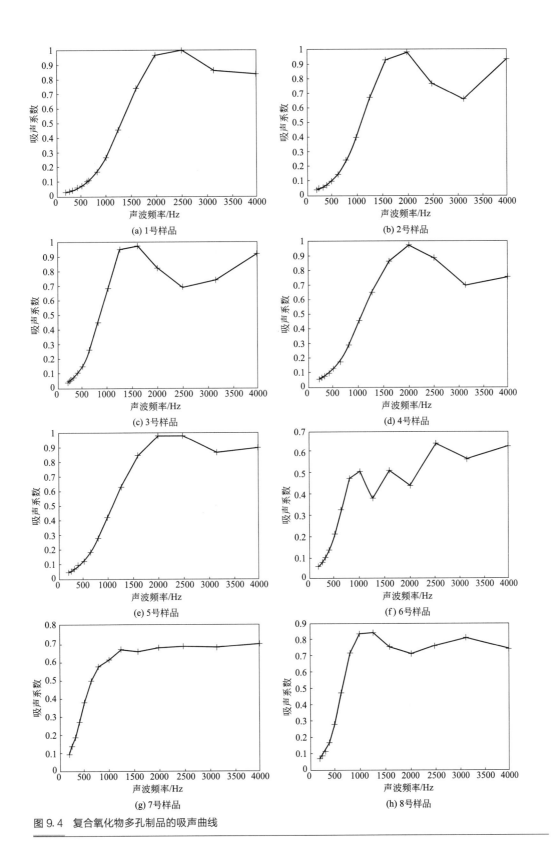

图9.4 复合氧化物多孔制品的吸声曲线

（1）与玻璃棉的比较

玻璃棉吸声材料的形貌见图9.5。从厚度同为15mm的玻璃棉吸声材料样品和上述复合氧化物多孔制品的吸声系数曲线对比图（图9.6）可以看到，后者的吸声性能大大优于前者。复合氧化物多孔制品的最大吸声系数和平均吸声系数都显著地超过玻璃棉。

图9.5 玻璃棉形貌照片

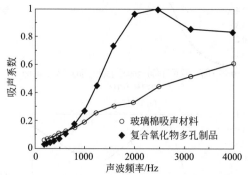

图9.6 玻璃棉与复合氧化物多孔制品的吸声系数曲线对比图

两种样品厚度同为15mm

（2）与聚酯纤维棉的比较

聚酯纤维棉这种吸声材料富有弹性和韧性，因此也可用于吸声填料。在这一对比测试中，复合氧化物多孔样品的厚度为28mm，与之比较所用的聚酯纤维棉样品（图9.7）厚度为44.14mm。吸声系数曲线对比图（图9.8）表明，在声频为500～1600Hz和3150～4000Hz的范围内，复合氧化物多孔制品的吸声系数高于聚酯纤维棉，其余测试频段内略低于聚酯纤维棉。总的来看，两种材料的平均吸声系数相差无几，但考虑到聚酯纤维棉样品的厚度大大超过复合氧化物样品（前者比后者要厚16.14mm之多），因此可以认为，复合氧化物制品的吸声性能要好于聚酯纤维棉。

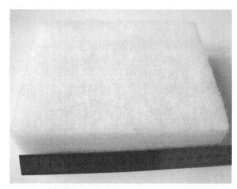

图9.7 聚酯纤维棉形貌照片

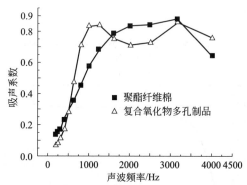

图9.8 聚酯纤维棉与复合氧化物多孔制品的吸声系数曲线对比图

聚酯纤维棉样品厚度为44.14mm，复合氧化物多孔样品厚度为28mm

（3）与陶氏聚乙烯泡沫材料的比较

陶氏聚乙烯泡沫（材料）是陶氏化学公司生产的一种吸声材料（图9.9），主要用来解决中低频（低于 2000Hz 频段）和潮湿环境的吸声问题。对比聚乙烯泡沫样品厚度为 50.48mm，复合氧化物多孔样品的厚度为 28mm。由于陶氏聚乙烯泡沫厚度大，并且内部孔壁为穿孔结构，这使得其在中低频范围内具备良好的吸声性能。吸声系数曲线对比图（图 9.10）显示，在频率低于 500Hz 时陶氏聚乙烯泡沫的吸声性能好于沸石多孔材料，而在 500～2000Hz 范围内则复合氧化物多孔样品的吸声性能更好。鉴于两者的厚度差异，复合氧化物多孔制品在所测频段吸声性能的优势是显而易见的。

图 9.9　陶氏聚乙烯泡沫制品形貌照片

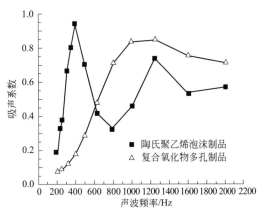

图 9.10　陶氏聚乙烯泡沫制品与复合氧化物多孔制品的吸声系数曲线对比图

陶氏聚乙烯泡沫样品厚度为 50.48mm，复合氧化物多孔样品厚度为 28mm

9.3 泡沫陶瓷表面负载活性层

砷（As）是一种自然界广泛存在的元素，是一种有毒的致癌物质，能够提高皮肤、肺、膀胱、肝脏以及肾的癌变发病率。水体系中的砷主要来源于含砷岩石或是沉积物的渗透、含砷杀虫剂和木材防腐剂的使用以及某些工业领域的排放。在水环境中，砷最常见的氧化态为五价 [As(V)]，另外是三价 [As(III)]。As(V) 为含氧地表水中砷的主要存在形式，As(III) 是缺氧地下水中砷的主要存在形式。在水体典型的 pH 值范围内（pH 为 5～8），As(V) 以阴离子的形式存在（pH≤7 时主要是 $H_2AsO_4^-$，pH≥7 时主要是 $HAsO_4^{2-}$），而 As(III) 以中性分子 H_3AsO_4 的形式存在。鉴于 As(V) 为地表水中砷的主要存在形式，因此本工作选取 As(V) 为研究对象。

含砷污水的处理已经成为环境保护的重点和难点。常用的除砷方法包括混凝沉降法、离子交换法、吸附法、生物法、电凝聚法、膜分离法等。这些方法虽然可获得相应的除砷效果，但是同时存在一定限制：如混凝沉降法除砷技术较为完善，应用较为广泛，但它处理后会产生大量含砷的废渣，造成二次污染；生物法中微生物对周边环境的要求很严格；膜分离法处理成本较高（受砷浓度和 pH 值限制较大）；电凝聚法操作技术条件要求比较高；吸附法是利用吸附剂提供的大比表面积，通过砷污染物与吸附剂间较强的亲和力达到净化除砷的目的。相对来说，吸附法具有简单易行、能回收废水中的砷、吸附材料来源广泛等优势，因而具有良好的应用前景，但粉末吸附剂在使用后不便回收，从而产生二次污染。

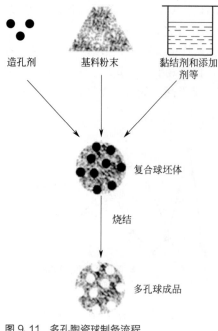

造孔剂　基料粉末　黏结剂和添加剂等

复合球坯体

烧结

多孔球成品

图 9.11　多孔陶瓷球制备流程

可见，水体 As 污染的处理技术虽然很多，但是不同方法各有利弊。其中，活性氧化铝吸附技术由于其具有操作简单，除 As 效果好，处置量大等优点而备受关注。水体 As 污染应急处理时多采用活性氧化铝球吸附技术。在实践中，多应用活性氧化铝实心球在水体中的堆叠体来对污水进行净化，但这种堆叠方式不利于水中的污染物在氧化铝球堆积体内的扩散，而且在吸附时球体内部的氧化铝得不到应用。若采用空心氧化铝球，在堆叠过程中又会造成底部球体的坍塌。泡沫陶瓷制品可解决这些问题，但其沉入水底则不利于水体净化处理。因此，本工作首先考虑了将内部孔隙相互连通且具有足够强度的轻质多孔陶瓷球（以天然沸石为主要原料制造）与表面活性氧化铝结合，制成多孔球表面负载活性氧化铝层，以期同时解决水中污染物在吸附体内部的流体扩散问题以及堆叠强度问题，并且可再生利用。因其可浮于水面，有利于整个水体的处理，且便于打捞回收。

9.3.1　多孔泡沫瓷球的制备

本工作采用混合型陶瓷粉末添加造孔剂的工艺形式，通过改进的成型方式，成功制备了多孔结构的复合氧化物泡沫陶瓷球颗粒。通过添加造孔剂的粉末烧结法制备多孔泡沫陶瓷球，其制备流程参见图 9.11：采用粒度为 $10\sim20\mu m$ 左右的天然斜发沸石 $[Na_8(Al_8Si_{40}O_{96})\cdot39H_2O]$ 粉末和粒度为 $10\mu m$ 左右的石英粉末作为制备多孔陶瓷球的主要基础原料，选用粒度为 1mm 左右的自制造孔剂小球作为造孔剂，将固体粉末、黏结剂（如黏米淀粉加去离子水调制）和造孔剂小球均匀混合，并加入适量添加剂、助剂和辅料，经造粒机搅拌、成球，制得复合球坯体。将所得坯球放入 $100℃$ 烘箱中烘干，取出后放入马弗炉中，升温至 $1000\sim1100℃$ 保温 $1\sim1.5h$，得到宏观孔隙尺寸在 1mm 左右的烧结多孔球体（参见图 9.12）。经测定，其体密度为 $0.4g/cm^3$ 左右，可漂浮于水面 [图 9.13(a)]。如果需要，通过烧结温度和烧结时间的合理调节而控制其体密度，即可容易地制得体密度大于 $1g/cm^3$ 的制品，其将沉入水底 [图 9.13(b)]。烧结温度越高、烧结时间越长，就可得到更充分的烧结，从而获得体密度更高的多孔瓷球。因此，能够随意制得可以悬浮于水中或漂浮于水面的制品，便于回收。

通过改变成孔剂的尺寸和添加量，可以获得不同孔径的多孔瓷球，并且可以在一定范围内调节瓷球的孔隙率。为了增大多孔瓷球的表面积，本实验采用直径为 1mm 的成孔剂小球制造主孔。成孔剂与粉料按堆积体积比 6∶1 混合均匀后，经高温烧结而获得多孔陶瓷球。从图 9.12 中可以看出，多孔瓷球颗粒表面布满了由于造孔剂热分解而形成的孔洞。

(a) 大颗粒制品　　　　　　　　　　(b) 中颗粒制品

(c) 小颗粒制品

图 9.12　多孔陶瓷球制品示例

(a) 体密度低于1g/cm³的制品漂浮于水面　　　(b) 体密度高于1g/cm³的制品沉入水底

图 9.13　不同体密度的多孔瓷球制品示例

图 9.14 是上述烧结前坯球和烧结后多孔球的物相 XRD 分析曲线。经与标准图谱对照可知，未烧结的坯球主要由斜发沸石相和石英相组成，烧结后多孔球中的沸石相基本转变为长石相。这是由于烧结过程中沸石晶格内的结合水在高温下不断挥发，从而使得其晶格发生扭

曲变形。这种物相的转变过程与自然条件下矿物的变化趋势一致：天然沸石具有不稳定性，在一定的地质条件下会转化为比较稳定的长石相。另外，烧结后的 XRD 曲线中在 $2\theta = 20° \sim 30°$ 的部分出现了非晶衍射特征，这说明经过高温烧结后生成了非晶态物质。

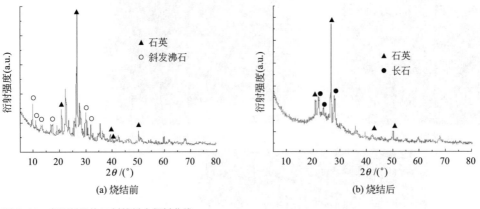

图 9.14　多孔制品的 X 射线粉末衍射曲线

　　烧结后得到的多孔制品的表面显微形貌如图 9.15 所示。从图 9.15(a) 的低倍放大图像可以看出，成品中除了包含由造孔剂形成的球形宏观孔隙，还有烧结过程中由于气体释放所形成的微孔，它们可连通多孔体内部的宏观球孔，这有利于负载过程中溶胶的进入，从而增加活性氧化铝在多孔体中的负载容量；从图 9.15(b) 的高倍放大图像可以看出，成品表面由大量直径约为 20nm 的细小晶粒联结而成。这种结构有利于获得较大的比表面积。结合 X 射线衍射分析结果可知，该细小晶粒的晶相主要为长石相，晶粒之间通过高温烧结形成的非晶态玻璃相而相互联结在一起。

(a) 低倍放大图像

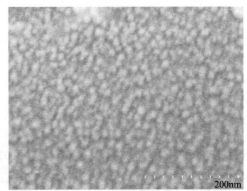

(b) 高倍放大图像

图 9.15　烧结后多孔球的表面扫描电镜图片

　　多孔球表面覆盖的玻璃态物质是由于沸石原料中高硅组分以玻璃态析出而造成的。由于天然沸石中含有大量的 Si、Al 原子和碱土金属原子，非常类似于玻璃的成分，因此当烧结温度足够高时，部分非常细小的沸石粉末会逐渐熔化成玻璃态，这种玻璃态会在陶瓷颗粒的连接处形成颈状结构，在一定程度上有利于陶瓷颗粒间的结合，从而提高制品的强度。在本烧结温度下，既能完整地保留成品的多孔结构，又能产生充足的玻璃态物质来促进陶瓷颗粒之间的黏结。

众所周知，可利用多孔结构来获得大的吸附能力。多孔沸石结构引起相关领域研究者的研究兴趣，但纳米、微米级孔隙的颗粒堆积体的液体渗流性受到很大限制。以天然沸石为原料制备出毫米量级大主孔的泡沫多孔材料，内部保留大量纳米、微米级的次孔，就可大大强化多孔体的表面作用，从而提高其在吸附、催化等利用表面作用方面的性能，获得更好的使用效果。将这种多孔体进行活化改性或用于活性物质的载体，则可使系统的功能得到进一步优化。

9.3.2　表面负载活性氧化铝

选用上述直径为5mm的烧结多孔球为基体，通过溶胶-凝胶法在其上负载活性氧化铝层。溶胶、凝胶成分主要为拟薄水铝石，本实验以硝酸法制备拟薄水铝石溶胶，按 m $(AlOOH):V(H_2O):V(HNO_3)=1g:10mL:0.4mL$ 的配比，制备出白色拟薄水铝石溶胶。将上述多孔球放入去离子水中，超声波清洗30min，除去表面杂质。将烘干后的多孔球浸入拟薄水铝石溶胶中，超声波振动浸渍60min。将浸渍后的多孔球滤出后，在室温下平铺陈化12h，使负载在多孔球表面的溶胶能更好地渗入内部的孔隙中。将上述负载了拟薄水铝石溶胶的多孔球放置于一定的温度下进行热处理，使拟薄水铝石溶胶转变为活性氧化铝 γ-Al_2O_3。

将负载有拟薄水铝石溶胶的多孔球放入马弗炉中，在不同温度下进行热处理，获得的氧化铝层XRD衍射图谱如图9.16所示（分析样品是从泡沫瓷球上仔细刮下的负载氧化铝粉末，因此不会出现石英相和长石相的谱线）。从图中可以看出，随着温度的升高，氧化铝层的晶型从低温下的拟薄水铝石（AlOOH）相逐步变为 γ-Al_2O_3 相。衍射峰的半高宽也逐步变窄，说明晶粒尺寸随着温度的升高逐渐增加。较低温度下虽然可以获得 γ-Al_2O_3 相含量较高的氧化铝层，但是此时氧化铝层和基体表面的结合力较弱，极容易发生氧化铝层的剥离；较高温度则会导致氧化铝晶粒尺寸增大，尺寸过大的晶粒会减少活性中心的数目。考虑到最终活性氧化铝层的活性大小和活性氧化铝层与基体球的结合力等因素，本实验采用450℃为优选热处理温度。

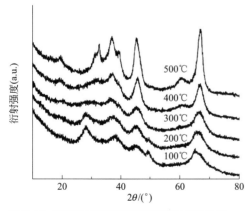

图9.16　不同热处理温度下氧化铝层 XRD 曲线

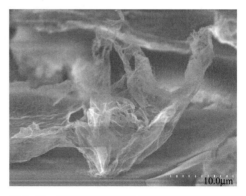

图9.17　负载活性氧化铝的多孔球表面扫描电镜照片

负载活性氧化铝的多孔球表面扫描电镜照片如图 9.17 所示。从图中可以清晰地看到基体表面覆盖的薄层白色网絮状物质，对其成分进行 XRD 分析测定为活性氧化铝 γ-Al₂O₃。与颗粒状或者片状的活性氧化铝相比，网状结构增加了活性氧化铝层与溶液的接触面积，并且提供了更多的活性位点，从而使得该活性氧化铝结构能更好地吸附溶液中的重金属离子。

在图 9.15(a) 中显示的连接多孔球内部宏观球孔的开口通道有利于负载时拟薄水铝石溶胶的进入，从而能增大活性氧化铝在多孔球上的负载量。

9.3.3 负载体系的 As 吸附性能

除某些地区由于天然条件而在自然水质中存在较高的砷含量外，有关企业在生产过程中也可以有较大量的砷离子排放。当砷离子以砷酸根的形式被排放入水体中后，会进入到地下水循环系统并随着地下水不断扩散，从而严重影响了人们的饮水安全。尤其是对直接钻井汲取地下水的不发达地区来说，砷离子的污染更是直接和不可避免的。

(1) As 吸附实验

采用砷酸二氢钠 NaH₂AsO₄ · 7H₂O 溶液作为 As 源，溶液浓度为 1mg/L，pH＝6.4。负载活性氧化铝的多孔球在砷溶液中的投放量为 2g/L。上述实验量的选取仅仅是一次实验尝试。利用原子荧光法（AFS）测定了多孔球负载氧化铝体系在溶液中砷浓度随时间变化的曲线，参见图 9.18，对应的砷吸附率一同示于图中。

从图 9.18 可以看出，砷吸附率开始增加较快，在 120min 后达到最大吸附率 94％ 左右，说明该体系具有很好的吸砷能力和较快的吸附速率：一是由于球体表面所负载的网状活性氧化铝层同时增加了吸附活性位点的数目以及活性层与溶液的接触面积；二是多孔球内部尺度足够大的连通性多孔结构有利于砷溶液在孔隙间的扩散，从而进一步促进了吸附的进行。

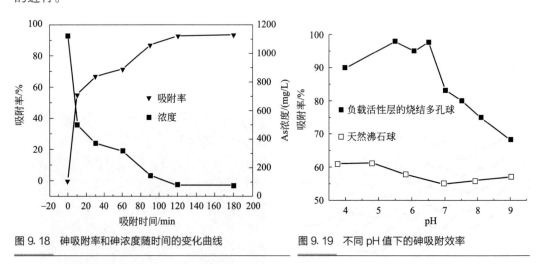

图 9.18　砷吸附率和砷浓度随时间的变化曲线　　图 9.19　不同 pH 值下的砷吸附效率

在上述工作的基础上，进一步测定了不同 pH 值下上述吸附体对 As 离子的吸附率，并与粒度相当的天然沸石球进行了比较，如图 9.19 所示（在 pH 值从 5.5 到 6.5 时的吸附率波动可能是由实验误差和测量精度导致的）。该图的 pH 值有一定的不规则性，这是由于精确制备溶液存在困难，因为我们当时的意图是选择 4、5、6、7、8 和 9 这样有规律的 pH 值进行测试。测试中砷溶液浓度为 1mg/L，负载多孔球和与之粒度相当的天然沸石球的投入量皆为 2g/L。

从图 9.19 中的吸附曲线可以看出，在开始阶段，随着 pH 值由 4 增加至 5，负载活性层的多孔球对砷的吸附率增加到最大值 98% 左右；pH 值超过 6.5 后，吸附量随着 pH 值的增大而明显地减小。这是由于在 pH 值过低时，溶液中含有大量 H^+，与砷酸根结合后形成了砷酸分子，呈电中性，因此很难被表面的铝原子活性位所吸附，不利于吸附的进行。当 pH 值超过 7 后，溶液中 OH^- 含量增加，带负电的 OH^- 与表面 Al 原子活性中心发生结合，降低了活性中心的浓度，从而降低了吸附效率。由此可知，负载活性层的多孔球的最佳吸砷区间为 pH＝5～7。在此区间内，溶液中的砷原子以 $H_2AsO_4^-$ 离子团的形式存在；而活性层与溶液中的 H^+ 作用，在表面形成 $AlOH_2^+$ 活性中心，从而可以通过静电引力吸引溶液中的 $H_2AsO_4^-$ 离子团靠近活性表面而实现吸附。

比较负载活性层的多孔球和天然沸石球的吸砷能力可以发现，在整个 pH 试验区间，天然沸石球对砷酸根离子团的吸附率都较低。虽然天然沸石具有更多的微孔结构，因而有较高的比表面积，但是其吸砷能力远小于活性氧化铝负载的烧结多孔球。这是由于天然沸石中表面活性 Al 的位点数目要远少于 γ-Al_2O_3 负载的多孔球，而且天然沸石中存在的大量微孔结构并不利于砷酸根离子团在其内部的扩散，因此其吸附效率并不理想。

(2) As 吸附机制

相关理论认为，重金属离子在氧化铝表面的吸附主要是通过表面活性中心来实现的，活性中心是通过表面 OH^- 与溶液中的 H^+ 形成水分子脱离氧化铝表面形成的。砷酸根在酸性条件下会与活性氧化铝表面的活性位发生结合，形成 Al-O-As 键：

$$\equiv Al\!-\!OH + H^+ + H_2AsO_4^- \longrightarrow \equiv Al\!-\!H_2AsO_4 + H_2O \tag{9.1}$$

在 pH 值较低时，表面覆盖有 OH^- 基团的活性氧化铝层会吸附溶液中的 H^+，在表面形成正电荷的聚集。在电场力作用下，$H_2AsO_4^-$ 离子团向氧化铝表面移动。当 $H_2AsO_4^-$ 离子团和氧化铝靠近时，两者的电子云发生重叠。在表面 H^+ 的诱导作用下，加之 As-O-Al 要比 Al—OH 更加稳定，因此 Al 原子表面的 OH^- 基团被 $H_2AsO_4^-$ 离子团取代，形成了稳定的配位电子对，从而使得砷酸根离子被牢固地吸附在氧化铝表面。

(3) 活性层的失效和洗脱

将吸附饱和后的活性层负载多孔球放入 NaOH 溶液浸泡 6h 左右，然后放入摇床振荡 1h，取出多孔球，放入烘箱烘干，观察其表面氧化铝层的脱附情况。结果发现，放入负载多孔球的 NaOH 溶液在摇床振荡过程中出现白色浑浊，氧化铝层复溶于氢氧化钠溶液中，形成铝溶胶分散系，多孔球表面的氧化铝层基本被完全洗脱。这样的多孔球又可重新利用。

对于商用 γ-Al_2O_3 球，吸附后需要全部废弃，而且在长时间浸泡后会粉化，使得再次利用更加困难。此外，在砷吸附方面多采用微米级或纳米级的粉末吸附材料，虽然具有很高的比表面积和丰富的孔隙结构，但是多处于研究阶段，在实际应用中很难回收，会给水体造成更大的污染。利用本负载多孔体系，则不但获得了较好的吸砷性能，而且易于回收和可再生利用：多孔球表面的活性氧化铝层使用失效后，可以脱除再负载新的活性层。此外，商用氧化铝球是实心或空心结构，而非多孔结构。相对于多孔结构，实心球不能获得有效的高比表面积，而空心球易于坍塌破坏。可见，本多孔球与现有的氧化铝球产品比较，其具有自身的优势。

9.4 泡沫陶瓷表面脱硅活化

承上一节关于多孔瓷球表面负载的工作，由于活性氧化铝的吸附功能主要是通过其中的活性铝原子起作用，于是又发展了本节对前述多孔球进行表层脱硅处理而获得大量裸露活性铝原子的方法，以期获得良好的吸砷性能。上述烧结多孔球中的 Si/Al 原子比是比较高的。为了能够直接利用其表面的铝原子作为吸附 As 的活性中心，尝试采取表面脱硅的办法来提高铝原子在表面的相对含量。在保持多孔球宏观形态的基础上，去除表面的硅原子，使得更多的铝原子能够暴露在表面，从而使其具有明显的吸附活性。

虽然天然沸石被广泛应用于吸附和催化研究，但是其中的铝原子还未得到充分利用。这是由于天然沸石中的铝原子处于 Si-O-Al 组成的网络结构中，铝原子被氧原子所包围，不能够与溶液中的金属离子或离子团发生直接的接触，因此不具备足够的化学活性。不仅如此，天然沸石中孔隙尺寸十分微小，在水处理过程中，水中的重金属离子在孔道内部很难扩散。虽然通过制备粒径极小的纳米级沸石颗粒可以避免因扩散造成的阻碍，但是这种方法带来了另一个问题，即沸石粉末回收困难。在实际应用中，这些超细粉末投入水体中后，很难再次被回收。

利用天然沸石本身所含有的铝原子作为活性中心来制备活性多孔陶瓷是解决上述问题的一个途径。沸石作为一种天然矿物，其骨架阳离子便是硅原子与铝原子，因此直接利用沸石骨架中的铝原子作为活性中心成为可能。可以采取表面脱硅的办法，在保持多孔陶瓷宏观形态的基础上，去除表面的硅原子，使得铝原子暴露在溶液中，从而使其有了吸附活性。本节即是在采用石英粉末和天然沸石粉末为主要原料制备多孔瓷球的基础上，利用表面脱硅的方式获得有效比表面积较大的活性多孔瓷球制品。

9.4.1 脱硅方法及分析

(1) 表面脱硅

本工作采用脱硅步骤为：将多孔瓷球放入 1mol/L 的 NaOH 溶液中（用量如 50g 多孔瓷球放入 1L 的 NaOH 溶液中），在液温为 60℃时浸泡 10～24h；将浸泡后的多孔球从碱液中滤出，用去离子水冲洗至 pH 为中性，经 100℃烘干后便可获得脱硅球。脱硅后的多孔球表面显微形貌见图 9.20。从图中可以看出，经过脱硅处理后，原烧结后得到的多孔球表面覆盖的玻璃态物质基本消失，裸露出下面的氧化物纳米颗粒。这有利于拓展球体的表面积，使其具有更高的化学活性。由于玻璃态物质被溶蚀到碱液中，氧化物纳米颗粒之间形成了大量的介孔孔隙。可见，脱硅过程不仅去除了球体表面覆盖的玻璃态物质，使得大量的高铝含量的纳米颗粒裸露出来，而且由于脱硅作用在表层形成了大量的小尺度孔隙，进一步提高了多孔球的比表面积。

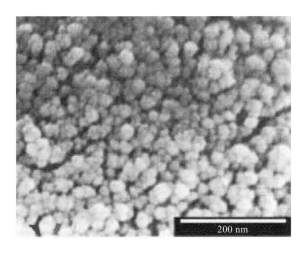

图 9.20　脱硅后多孔陶瓷球表面扫描电镜照片

（2）硅铝原子比分析

利用脱硅滤出的碱液，测定其中的 Si/Al 比，分别通过 ICP 和 EDX 测试测定了多孔瓷球经过不同脱硅时间后滤出的碱液中和瓷球表面的硅铝原子比，如表 9.4 所示。从表中可以看到，在脱硅的开始阶段，滤出液中的 Si/Al 比仅为 0.3，而多孔瓷球表面 Si/Al 比高达 4.0 以上。随着碱处理时间的增加，滤出液中的 Si/Al 比逐渐升高，多孔瓷球表面 Si/Al 比逐渐降低。当碱处理时间增加至 10h 时，滤出液的 Si/Al 比升高至 4 以上，而多孔瓷球表面 Si/Al 比下降到 2 以下。经 10h 脱硅后，多孔瓷球表面的 Si/Al 比降低至 1.7 左右。通过碱处理过程，大大提高了多孔瓷球表面铝原子的相对含量。

表 9.4　碱溶液中和多孔瓷球表面的 Si/Al 比

时间/h	2	4	6	8	10
滤出碱液	0.3	1.3	2.0	3.9	4.1
瓷球表面	4.5	3.8	3.1	2.0	1.8

（3）红外光谱分析

多孔瓷球脱硅前后的红外光谱如图 9.21 所示。在图谱中可以观察到明显的 Si-O-Al 非对称伸缩振动峰（1087cm^{-1}）、Si-O 弯曲振动峰（462cm^{-1}）、O-Si-O 弯曲振动峰（591cm^{-1}）和 Si-O 非对称伸缩振动峰（1216cm^{-1}）。

图 9.21 中 780～800cm^{-1} 的 O-Si-O 对称伸缩振动峰为石英相的特征双峰。由图中 a 曲线未脱硅陶瓷球的红外光谱和 b～d 曲线不同脱硅时间下脱硅陶瓷球的红外光谱比较可知，随着脱硅时间的增加，石英相对应的特征双峰逐渐降低，这说明脱硅过程很大程度上降低了石英相的含量。462cm^{-1} 的 Si-O 弯曲振动峰为非晶玻璃态的特征峰，该特征峰随着脱硅时间的增加

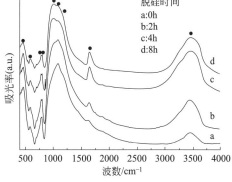

图 9.21　多孔瓷球脱硅前后的红外光谱

逐渐降低，这再次证明了随着脱硅过程的进行，陶瓷表面的玻璃态物质逐渐减少。随着脱硅时间的增加，对应骨架 Si 原子的 Si-O 非对称伸缩振动峰（1216cm^{-1}）也逐渐降低。这种变化说明，除了多孔陶瓷表面的非晶玻璃态和石英相外，陶瓷骨架结构中的 Si 原子也逐渐被溶解到了碱液中。从图 9.21 中可以看到，骨架中 Al 原子对应的 Si-O-Al 非对称伸缩振动峰（1087cm^{-1}）随着脱硅时间的增加逐渐增强，该特征峰相对强度的增加是由于 Al 原子的相对含量增大而引起的。

脱硅过程去除了陶瓷颗粒表面覆盖的玻璃态物质，使得大量高铝含量的物质裸露在溶液中，从而提高了多孔瓷球的比表面积。经 BET 法测定，多孔瓷球的比表面积在未脱硅前仅为 0.85m^2/g，经脱硅处理后，比表面积增加至 7.5m^2/g。通过 N$_2$ 吸附法测定脱硅前后多孔瓷球的孔径变化结果分析可知，由于表面玻璃态的产生，使得未脱硅的多孔瓷球中有大量孔隙被玻璃态物质填充，只有很少量尺寸在 3～4nm 范围内的孔隙分布。这些孔隙是多孔瓷球经高温烧结后自然形成的。未脱硅的瓷球没有明显的介孔结构，经过碱处理脱硅 4h 后生成大量 3～4nm 的孔隙结构，这是由于碱液溶蚀了玻璃态物质所形成的。由于此时脱硅时间还较短，因此在碱液的溶蚀下，只形成了 3～4nm 的微小孔隙。脱硅处理 10h 后，多孔瓷球中尺寸在 3～4nm 的孔隙数目有少量降低，而 5～50nm 的孔隙数目大量增加。这说明随着脱硅时间的增加，孔隙在碱液的进一步腐蚀下逐渐扩大，从而出现了大量 5～50nm 的介孔孔隙。

对所得多孔瓷球在碱液中进行脱硅处理，因高硅组分的溶解得到了高铝原子含量的活性表面，且增加了瓷球表层的孔隙结构以及表面粗糙度，进一步提高了制品的表面积。通过多孔瓷球到脱硅多孔瓷球的改进，获得了一种具有较好发展前景和应用前途的多孔吸附材料。

9.4.2 脱硅机制分析

实验结果表明，在碱液的浸泡过程中，球体表面的硅原子比铝原子更容易溶解到碱液中。这种选择性的腐蚀可能是由于以下原因造成的：经过高温烧结，含硅量相对较高的非晶玻璃态物质富集于表面，并将含铝量相对较高的晶体颗粒覆盖，因此富硅物质会优先受到碱溶液的腐蚀作用而溶解出来。

在脱硅前，陶瓷中的 Al 原子位于 Al、Si 四面体组成的空间网格中；当 Si 原子被侵蚀后，残留在多孔陶瓷表面的 Al 原子仍处在与氧原子构成的三维骨架中，并与氧原子以共价键 O—Al—O 结合，这种类似于氧化铝的结构在多孔陶瓷表面形成了大量的活性位点，从而获得了活性多孔陶瓷球。

在脱硅过程中，多孔球中的非晶相逐渐溶解到 NaOH 溶液中，因而球体表面的结晶度得以提高。通过 EDX 测定了脱硅前后多孔球表面的硅铝原子比，结果分别为 4.8 和 1.8 左右，可见其硅原子的相对含量显著降低，而表面铝原子的相对含量则大大提高。也就是说，在球体的表面，高硅的非晶相显著减少，而富铝的晶体得以占据优势。

许多学者对天然沸石和人工沸石的脱硅过程进行了研究，分析了其脱硅机理。本烧结球的物相已发生重大变化，其脱硅机理也具有不同之处（图 9.22）。天然沸石原料中的 Si/Al 比为 5 左右，经过高温烧结后，高硅含量的玻璃态物质析出，剩余的低硅部分转化为低 Si/Al 比的长石相，Si/Al 比约为 3。经过脱硅处理后，制品表面以及其中晶体颗粒周围的玻璃态物质被溶解到碱液中，从而产生了大量微纳孔隙结构，提高了制品的比表面积。与沸石脱硅过程对比，烧结体存在一个玻璃态的析出过程，高硅组分首先会聚集在晶体颗粒的表面，然后被碱液所腐蚀。而沸石的脱硅过程直接在沸石颗粒中发生，之前并没有发生高硅组分的析出。

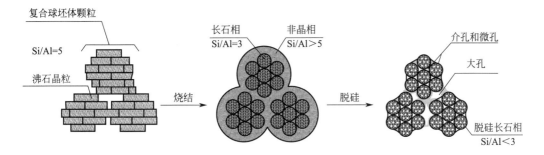

图 9.22　烧结多孔球表面脱硅机理示意图

　　高硅组分的析出有利于脱硅过程的进行。不但表层的高硅组分可以更快地溶解到碱液中，而且高硅组分析出后大大降低了残留在晶体颗粒中的硅含量，使得玻璃态物质被腐蚀殆尽后，脱硅过程可以更进一步地提高晶体颗粒内铝原子的相对含量。

9.4.3　脱硅体系的 As 吸附性能

　　实验系统参数同前，所得不同 pH 值下脱硅多孔球的吸砷曲线如图 9.23 所示。由图可以看出，经脱硅获得的多孔球对砷酸根的吸附率可达 84％以上，因此说明脱硅法确实大大地提高了多孔球的吸附活性。相比氧化铝负载多孔球，其吸砷时所需要的 pH 值较低，这可能是由于在脱硅过程中，多孔球表面吸附了大量的 OH^- 离子团，从而在吸附时需要消耗更多的 H^+。

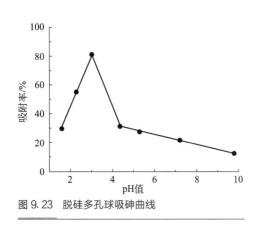

图 9.23　脱硅多孔球吸砷曲线

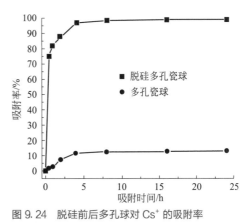

图 9.24　脱硅前后多孔球对 Cs^+ 的吸附率

　　通过脱硅法获得了表面铝含量较高的多孔球，使其在未负载氧化铝的条件下便具有了良好的吸附活性。这说明烧结体本身的铝原子确实起到活性中心的作用。

　　出于对 2011 年日本福岛核电站泄漏事件的防范意识，本工作还尝试了这种脱硅多孔球对 Cs^+ 的吸附实验。在实验中，CsCl 溶液浓度为 $100×10^{-6}$，多孔球投放量为 2g/50mL，pH＝7，并且与未脱硅多孔球进行了对照，如图 9.24 所示。从图中可以看出，吸附 1h 后，脱硅体对 Cs^+ 吸附率便可达 80％以上，吸附 4h 后吸附率可达 96％以上（接近饱和吸附），而未脱硅体对 Cs⁺ 的吸附率仅达 10% 左右。由此可见，脱硅体的吸附能力有了极大提高，这说明脱硅体表面的铝原子在吸附中起到了重要作用。其吸附机理与氧化铝吸附 Cs⁺ 的机理类似：

$$\equiv Al—OH + Cs^+ \longrightarrow \equiv Al—O—Cs + H^+ \tag{9.2}$$

脱硅体表面裸露在溶液中的铝原子与溶液中的 OH⁻ 结合，在表面形成 $\equiv$Al—OH 活性位点，并带有一定的负电性。在电场作用力下，溶液中的 Cs⁺ 逐渐向脱硅体表面移动。当 Cs⁺ 靠近 $\equiv$Al—OH 活性位点后，$\equiv$Al—OH 中的 H⁺ 与溶液中的 Cs⁺ 发生置换。在表面形成 Al—O—Cs 的配位结构，从而实现了对 Cs⁺ 的吸附。

9.5 泡沫陶瓷表面生长活性层

水资源问题是 21 世纪重要的课题之一。水质污染可以强烈地影响到生态系统，而饮水安全更是直接关系到人民群众的生命健康，其中重金属污染是一个主要的因素。

水中毒性重金属离子可以通过吸附的方式予以去除。无毒无害的沸石（zeolite）是一种含水的碱或碱金属的铝硅酸盐矿物，其表面具有静电吸引力，所以可以作为吸附材料。但其作为吸附材料仍面临着体密度大、有效比表面积低（孔隙过小不利于流体介质在其内部的流通）等不足。

考虑到目前对污水中重金属离子的处理中存在的不足，本工作尝试采用无毒无害的天然沸石为主要原材料，通过其负载普鲁士蓝类似物的表面改性，研制便于回收、不产生二次污染并且对正、负多种毒性离子均能够有效吸附的新材料，探讨其吸附性能。

本节采用天然沸石（clinoptilolite）粉末为主要原材料，制备了一种可漂浮于水面的类网状泡沫陶瓷，并在其脱硅后生长了很薄的一层 Al-Fe 型普鲁士蓝类似物（PBA）以用于水体中毒性离子的去除。利用 X 射线衍射（XRD）、红外光谱（IR）以及 X 射线光电子能谱（XPS）等分析方法，详细地探讨了这种 PBA 在本多孔陶瓷制品上的负载形成机制。泡沫陶瓷表面在 NaOH 溶液中脱硅后，利用 K₄[Fe(CN)₆] 溶液作为反应剂进行固/液界面反应，从而在陶瓷表面形成含 K 的 PBA。PBA 负载的泡沫陶瓷可以在 K 和毒性元素之间进行离子交换。在所得多孔陶瓷表面生长出具有较强离子交换功能的普鲁士蓝类似物，将该表面负载普鲁士蓝类似物的多孔样品进行水体中的重金属离子吸附试验，初步研究了负载体系对镉（Cd）、铯（Cs）、砷（As）等有毒离子的吸附效能。结果发现，本负载制品在 Cs 等吸附试验中表现出良好的吸附效果。将普鲁士蓝类似物的高吸附性能和多孔陶瓷有效的高比表面积的优势相结合，大大提高了对重金属离子的吸附性能。

9.5.1 负载普鲁士蓝的研究意义

普鲁士蓝是一种人造合成的配位化合物蓝色染料。人们对普鲁士蓝进行了大量研究，并合成了普鲁士蓝类似物，如 Ni-Fe 普鲁士蓝类似物、Co-Fe 普鲁士蓝类似物、Cu-Fe 普鲁士蓝类似物等。这些普鲁士蓝类似物的晶格结构与普鲁士蓝一样，在其面心立方结构（在其晶格结构中，亚铁离子被 6 个八面体结构氰基团包围，以亚铁离子和氰基团为顶点构成面心立方结构）的晶格中心存在补偿电荷平衡的阳离子。这些阳离子可以是氢离子、碱金属离子或其他金属离子，如 H₂Cu^{II}[Fe(CN)₆]、K₂Cu^{II}[Fe(CN)₆]、K₈[CoFe(CN)₆]₄ 等。它们（H⁺、K⁺）在铁氰基团外，被弱力束缚，可以与其他金属阳离子交换，因此普鲁士蓝或普鲁士蓝类似物具备离子交换功能。

已有不少研究工作报道了利用粉末状普鲁士蓝类似物晶格中的 K 离子与溶液中重金属离子进行交换实现对重金属离子的吸附，但粉末产品的实际应用具有很大的不方便性。通过普鲁士蓝或其类似物薄膜来进行离子交换则是吸附毒性离子的有效方式，但这种方式的应用在实践中也受到了限制，主要原因在于传统的普鲁士蓝薄膜制备是基于电化学沉积法或溶胶-凝胶浸渍法。其中电化学沉积法只能选择导电基体，而不能适应于多孔沸石、硅胶等廉价又具有高比表面积、低密度的基体；溶胶-凝胶法则在制备过程中难以精密控制，使得薄膜出现非均相组织和缺陷，从而影响其吸附性能。除此之外，由于目前没有高效的固定方法，普鲁士蓝多以粉末状存在，吸附金属离子后的粉末不便于回收，会对自然界造成二次污染。因此，本节在前两节所述工作的基础上，尝试以简单而可行的工艺，在我们研制的一种轻质类网状泡沫陶瓷表面牢固而均匀地形成一层普鲁士蓝类似物（Prussian blue analogue, PBA），从而获得没有上述问题的有效吸附产品。

作为基体的泡沫陶瓷以天然沸石为主原料制备而得，其毫米级的宏观连通孔隙可使其内部的介质流动性得以大大增进，有效比表面积大大提高。本工作是对该泡沫陶瓷脱硅后在表面负载 Al-Fe 普鲁士蓝类似物，探讨其负载机制以及对重金属的吸附能力。此类制品可以漂浮于水中，不但增加了吸附系统的水体穿透性，而且便于打捞、回收。铯（Cs）是典型的重金属元素。福岛核电站事件后，从水体中除 Cs 即显示出前所未有的重要性。因此本工作中以 Cs 等元素为有害重金属的模拟物，对其进行吸附试验。

9.5.2 类网状多孔陶瓷的制备

采用挂浆法制备沸石基类网状多孔陶瓷块体制品。以天然斜发沸石粉末 ($Na_8[Al_8Si_{40}O_{96}] \cdot 39H_2O$) 和石英粉末为主要原料，通过聚合物泡沫（有机海绵）浸浆、干燥、烧结等工序，最后获得多孔泡沫陶瓷。首先将天然斜发沸石粉末、石英粉末、辅料、助剂、黏结剂按照一定比例混合制成浆料，利用有机网状泡沫为模板浸渍其中，在有机泡沫孔棱表面形成所需厚度的涂层后放入 100℃ 烘箱干燥。将干燥后的坯体放入马弗炉中，将马弗炉升温至 1273～1473K，恒温烧结一定时间，炉冷到室温后取出，得到表面有玻璃相的多孔网状陶瓷，如图 9.25(a) 所示。测得其体密度在 0.3～0.6g/cm³ 之间，可漂浮于水面，如图 9.25(b) 所示；以 X 射线粉末衍射（XRD）分析其组成主要晶相为长石和石英。

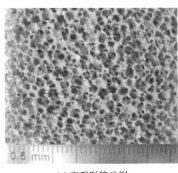

(a) 宏观形貌示例

(b) 漂浮于水面

图 9.25　网状多孔陶瓷制品

对烧结前坯体和烧结后多孔产品的物相进行 XRD 分析可知，未烧结的坯体主要由斜发沸石相和石英相组成，烧结后多孔产品中的沸石相基本转变为长石相。此外，其中的非晶衍射特征说明烧结过程析出了高硅组分的玻璃态相。

9.5.3 表面负载普鲁士蓝类似物

陶瓷表面负载普鲁士蓝需要通过表面脱硅和脱硅表面负载这两大步骤。

（1）陶瓷表面脱硅

为提高陶瓷制品的比表面积，同时为下一步表面负载普鲁士蓝做准备，需要进行脱硅处理以去除表面的玻璃相。在碱性介质中脱硅已被证明是合成保持晶态的梯度金属硅酸盐沸石晶体的一般途径。在本工作中，我们利用表面铝原子作为活性中心来负载普鲁士蓝，因此需要去除陶瓷制品表面的高硅玻璃相，所以要先进行脱硅处理。将块状多孔陶瓷样品（尺寸大约为 30mm×30mm×10mm）浸入 2mol/L 的 NaOH 溶液中，在 333K 条件下浸泡 24~48h。浸泡时间不宜过长，否则影响样品的强度。取出后用去离子水反复冲洗至溶液 pH 接近中性。脱硅前后样品的孔棱/孔壁表面形貌（图 9.26）显示：未经脱硅处理的表面有大量光滑连续的高硅玻璃态物质 [图 9.25 和图 9.26(a)]，这是由于陶瓷中高硅组分以玻璃态析出而造成的；经脱硅处理后，陶瓷表面的玻璃态物质消失，露出大量颗粒结构，内部显现大量微孔，表面粗糙度大幅增加 [图 9.26(b)]。脱硅处理后观察到大量的颗粒状结构显露出来，这种颗粒状结构的出现有利于进一步增加制品的比表面积；同时，高硅相的消失也意味着陶瓷表面 Al/Si 比的大大提高，为下一步在样品表面负载普鲁士蓝奠定了基础，有利于在样品表面负载 Al-Fe 型普鲁士蓝类似物。

(a) 未经脱硅处理　　　　　　　(b) 脱硅处理后

图 9.26　多孔陶瓷样品孔棱/孔壁表面在脱硅前后的形貌扫描电镜图

（2）脱硅陶瓷表面负载

以上述脱硅多孔烧结体为基体，在其表面负载普鲁士蓝类似物（图 9.27）：利用 $K_4[Fe(CN)_6]$ 溶液和盐酸溶液作为反应溶剂，制备普鲁士蓝类似物负载的多孔陶瓷复合体，得到表面负载蓝色物质的多孔制品（图 9.28）。首先将脱硅后的多孔陶瓷产品浸入 0.5mol/L 的亚铁氰化钾 $K_4[Fe(CN)_6]$ 溶液中，其中亚铁氰化钾溶液的用量以正好能覆盖过样品为标准。经超声振荡 30s，使得溶液能够充分浸入多孔样品的孔隙中。利用移液管将 5mL 浓度为 1mol/L 的浓盐酸溶液快速加入到浸泡样品的亚铁氰化钾溶液中，此时可以观察到在脱硅球表面生成大量的蓝色物质。晃动溶液，样品表面的蓝色物质并不发生扩散，说明这些蓝色生成物是与脱硅球表面牢固地结合在一起的。水流冲刷负载样品也未发现脱色现象，进一步说明在多孔陶瓷表面生成的蓝色物质与陶瓷表面有牢固的结合；将反应获得的蓝色多孔制品从溶液中滤出，放到80℃烘箱中烘干，得到表面均匀地附着薄薄的一层蓝色物质的多孔样品（图9.28）。物相XRD分析结果（图9.29）对比表明，负载该蓝色物质的样品除含有原基体长石相的衍射峰外，还出现了较弱的对应于普鲁士蓝的特征结构峰，但有一定的位置偏移，说明该蓝色物质是一种普鲁士蓝的类似物。由于脱硅陶瓷表面只生长了很薄的一层蓝色物质，因此很难说XRD已经确定地找到了其衍射峰。为获得更可靠的证据，我们又采用了红外光谱（IR）分析。

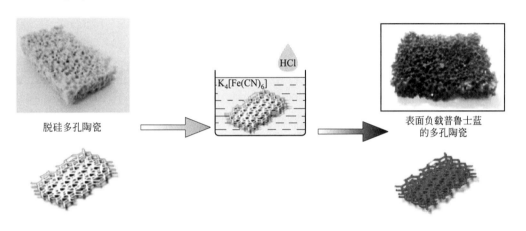

图9.27　本多孔陶瓷样品表面负载普鲁士蓝类似物流程

(a) 宏观形貌　　　　　(b) 漂浮于水面

图9.28　负载普鲁士蓝类似物的多孔陶瓷样品示例

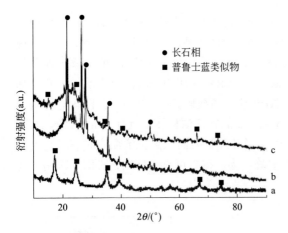

图 9.29　XRD 谱线图

a—普鲁士蓝类似物；b—脱硅多孔集体；c—负载蓝色物质的多孔样品

9.5.4　普鲁士蓝类似物的形成机制

我们尝试了在上述脱硅多孔烧结体制品表面负载普鲁士蓝类似物，下面探讨其负载机制，并考察了其对重金属离子的吸附能力。

为了研究样品表面负载普鲁士蓝类似物的形成机制，将基体更换成未脱硅的多孔陶瓷泡沫，结果发现其表面只有极少量的蓝色物质生成；将基体更换成脱铝的陶瓷泡沫（由烧结陶瓷泡沫在 1mol/L 的盐酸溶液中浸泡 6h 而得），结果发现其表面也并无蓝色物质生成。在脱铝处理过程中，多孔陶瓷表面的铝原子大量地溶解到盐酸溶液中；取出脱铝后的陶瓷样品，向溶液中滴加亚铁氰化钾溶液，结果发现溶液变为蓝色，并有少量蓝色沉淀生成。这说明该蓝色物质（PBA）是以样品表面的铝原子为基础而产生的。

脱硅的多孔陶瓷、普鲁士蓝类似物负载的多孔陶瓷和脱铝液生成的普鲁士蓝类似物的红外（IR）光谱如图 9.30 所示。图中曲线 a 为脱铝液中生成的普鲁士蓝类似物，其衍射峰峰位与标准卡片的普鲁士蓝的特征结构峰几乎完全吻合。通过 JADE 软件计算了该普鲁士蓝类似物的晶格常数（表 9.5），可见其晶格常数为 10.18Å(1Å＝0.1nm)，与普鲁士蓝的晶格常数 10.11Å 相近。这进一步验证了所生成的蓝色物质为普鲁士蓝的类似物。晶格常数的增大可能是由于 Al 原子半径较大引起的。图中曲线 b 为未负载普鲁士蓝类似物的样品的红外光谱，其在 $300\sim1000cm^{-1}$ 之间呈现出多个 Si-O 和 Al-O 的光谱峰位，在 $3000\sim3500cm^{-1}$ 之间呈现一个较宽的由于水分子形成的红外谱峰。曲线 c 为负载普鲁士蓝类似物后的多孔陶瓷表面的红外光谱，从中可以看出在其图谱位置中出现了 3 个与曲线 b 中不同的红外吸收峰，分别位于 $700cm^{-1}$、$1600cm^{-1}$ 和 $2000cm^{-1}$ 左右。这 3 个吸收峰的峰位与曲线 a 中的峰位位置一致，说明经过负载后，在多孔陶瓷表面上生成的蓝色物质也是一种普鲁士蓝的类似物。

表 9.5　本普鲁士蓝类似物的晶格常数

空间群（Fm3m）			面心立方（F-Cubic）		
a	b	c	α	β	γ
10.18	10.18	10.18	90°	90°	90°

根据脱铝液中生成大量普鲁士蓝类似物而未脱硅陶瓷样品上只有很少的蓝色物质生成的实验事实，可以确定脱硅后陶瓷表面的铝原子是这种普鲁士蓝类似物的组成成分之一。但由于脱硅多孔陶瓷表面的普鲁士蓝类似物只是生成了很薄的一层，所以只能在图 9.30 的曲线 c中观测到很弱的普鲁士蓝类似物衍射峰。为了更明显地对脱硅多孔陶瓷表面的普鲁士蓝类似物进行确认，对其进行了进一步的分析和测试。

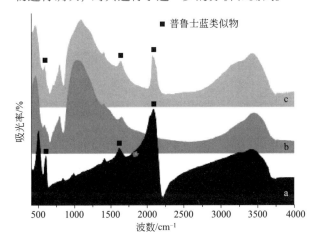

图 9.30　样品的红外光谱

a—脱铝液中生成的普鲁士蓝类似物；b—脱硅的多孔陶瓷；c—普鲁士蓝类似物负载的多孔陶瓷

上述 3 种样品的 X 射线光电子能谱（XPS）如图 9.31 所示。其中曲线 a 为脱铝液中生成的普鲁士蓝类似物的 XPS 曲线，将其作为判断多孔陶瓷表面蓝色负载物是否为普鲁士蓝类似物的特征曲线，其中 708.4eV 和 74.5eV 的谱峰分别对应了 Fe_{2p3} 和 Al_{2p} 的吸收峰。曲线 b 为未负载普鲁士蓝类似物的多孔陶瓷的 XPS 曲线，从中可以看到有明显的 O_{1s}(530eV) 和 Si_{2p}(103eV) 的特征谱峰，这与陶瓷本身的硅酸盐结构相对应。经 3 条曲线对比可知，在曲线 b 的基础上，曲线 c 中出现的新谱峰位置与曲线 a 普鲁士蓝类似物谱峰位置相对应。

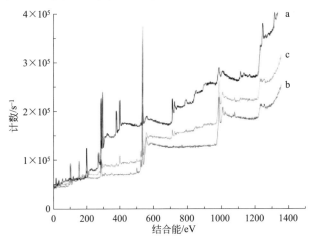

图 9.31　样品的 X 射线光电子能谱

a—脱铝液生成的普鲁士蓝类似物；b—脱硅的多孔陶瓷；c—普鲁士蓝类似物负载的多孔陶瓷

为了确定多孔陶瓷表面生成的普鲁士蓝类似物是由亚铁氰酸根 $[Fe(CN)_6]^{4-}$ 与表面铝原子通过键合产生的，我们对多孔陶瓷表面的蓝色普鲁士蓝类似物进行了 X 射线光电子谱（XPS）局部能谱分析，着重研究了铝原子和铁原子在负载前后的能谱变化。铝原子的 XPS 能谱如图 9.32 所示。其中曲线 a 为负载普鲁士蓝类似物后的 Al_{2p} 电子能谱，其谱峰位置为 74.9eV；曲线 b 为未负载普鲁士蓝类似物多孔陶瓷表面的 Al_{2p} 电子能谱，其谱峰位置为 74.5eV。从 Al_{2p} 电子能谱谱峰位置的变化可以看出，在普鲁士蓝类似物形成后，多孔陶瓷表面的 Al_{2p} 电子能谱发生了微小的右移，这意味着在反应过程中，铝原子和某些物质发生了键合，生成了普鲁士蓝类似物。因此我们又测试了亚铁氰化钾 $K_4[Fe(CN)_6]$ 中的 Fe 原子在反应前后的 Fe_{2p3} 电子能谱，如图 9.33 所示。

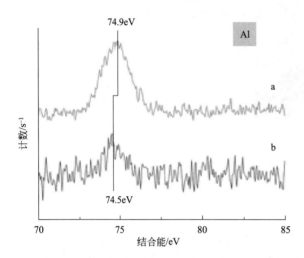

图 9.32　负载普鲁士蓝类似物后（a）、前（b）多孔陶瓷表面的 Al_{2p} 电子能谱

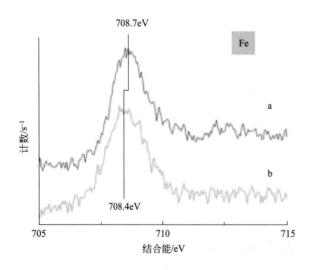

图 9.33　亚铁氰化钾 $K_4[Fe(CN)_6]$（a）和负载普鲁士蓝类似物多孔陶瓷表面（b）的 Fe_{2p3} 电子能谱

图 9.33 曲线 a 为亚铁氰化钾 $K_4[Fe(CN)_6]$ 中的 Fe 原子的电子能谱。可以看出，其峰值为 708.7eV。曲线 b 为经过普鲁士蓝类似物负载后，多孔陶瓷表面 Fe 原子的电子能谱，其峰值为 708.4eV。这种能量的变化说明，经过负载反应后，亚铁氰化钾 $K_4[Fe(CN)_6]$ 中的亚铁氰酸根离子团 $[Fe(CN)_6]^{4-}$ 与表面的铝原子发生了化学反应，生成了普鲁士蓝类似物。

综上所述可知，负载普鲁士蓝后脱硅陶瓷表面 Al_{2p} 电子能谱从原来的 74.5eV 变化为 74.9eV，该微小右移意味着铝原子和某些物质发生了键合；而亚铁氰化钾中的 Fe 原子在负载后的 Fe_{2p3} 电子能谱峰值从原来的 708.7eV 变化为 708.4eV，说明亚铁氰化钾中的亚铁氰酸根离子团 $[Fe(CN)_6]^{4-}$ 与表面的铝原子发生了结合，生成了普鲁士蓝类似物。由于表面层的活性 Al 原子，因而以这样的方式生长的 PBA 能够牢固地结合在脱硅表面上。结合基体的脱硅过程，我们分析、推知了这种含铝普鲁士蓝类似物在基体表面的生成过程，如图 9.34 所示。

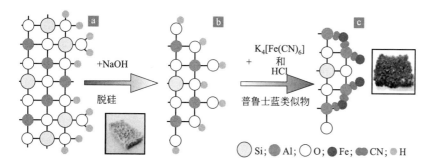

图 9.34　多孔脱硅陶瓷表面负载普鲁士蓝机制
a—超轻多孔陶瓷；b—脱硅多孔陶瓷；c—普鲁士蓝类似物负载多孔陶瓷

首先，通过对超轻多孔陶瓷的脱硅处理，大大提高了其表面的铝原子相对含量，为后续亚铁氰酸根的附着提供了基底。脱硅过程使得基体表面的大量 Al 原子活性位暴露于溶液中，这些 Al 原子与溶液中的 OH^- 结合，形成 Al—OH 键。这种与 Al 原子结合的羟基离子团呈负电性，与亚铁氰酸根离子 $[Fe(CN)_6]^{4-}$ 相同。由于这两者具有电场排斥力，因此在负载过程中需要加入 HCl。随着 HCl 的加入，基体表面的—OH 趋于与 H^+ 结合而脱离表面的 Al 原子，从而使得 $[Fe(CN)_6]^{4-}$ 离子团与裸露的 Al 原子位发生键合，生成蓝色的 Al-Fe 普鲁士蓝类似物。当亚铁氰酸根离子团 $[Fe(CN)_6]^{4-}$ 靠近表面的铝原子活性位点时，亚铁氰酸根 $[Fe(CN)_6]^{4-}$ 中 CN^- 离子团的电子云与铝原子的空白轨道发生配位效应，在多孔陶瓷的表面形成一种含有铁原子和铝原子的配体结构 Al-CN-Fe，从而使得生成的这种普鲁士蓝类似物牢固地附着在脱硅陶瓷的表面。

与其他普鲁士蓝及其类似物生成机理相似，可推测这种普鲁士蓝类似物的生成原理如下：

$$M^{3+} + [Fe(CN)_6]^{4-} + K^+ =\!=\!= KM_{\text{III}}[Fe_{\text{II}}(CN)_6] \tag{9.3}$$

$$M^{2+} + [Fe(CN)_6]^{3-} + K^+ =\!=\!= KM_{\text{II}}[Fe_{\text{III}}(CN)_6] \tag{9.4}$$

若 M 为 Fe^{2+}/Fe^{3+}，则生成物为普鲁士蓝；若 M 为其他离子，则生成物为普鲁士蓝类似物。由于本实验中脱硅后多孔陶瓷样品表面除暴露出大量的 Al^{3+} 外，无其他金属离子，所以可推测此种普鲁士蓝类似物为 Al-Fe 型，结构为 KAl［Fe(CN)₆］。其生成过程为：脱硅后的陶瓷表面出现大量 Al 原子活性位暴露于溶液中，它们为了维持电中性而与溶液中的 OH⁻ 结合；加入 HCl 后，陶瓷表面的 OH⁻ 又脱离表面 Al 原子，而［Fe(CN)₆］⁴⁻ 则与这些裸露的 Al 结合，生成普鲁士蓝类似物：

$$\equiv Al—OH + HCl + [Fe(CN)_6]^{4-} + K^+ \longrightarrow \equiv Al—K[Fe(CN)_6]^{2-} + Cl^- + H_2O \quad (9.5)$$

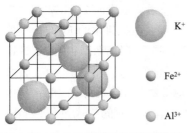

图 9.35 本 Al-Fe 型普鲁士蓝类似物晶格结构

该类普鲁士蓝类似物具有面心立方结构 Al 原子（图 9.35），Fe 原子位于晶格顶点，补偿电荷平衡的 K 离子位于晶格间隙中，可进行阳离子交换。

普鲁士蓝及其类似物的离子交换能力来源于结构中嵌入的钾离子。为获得更好的吸附能力，还可进一步对负载样品进行 K⁺ 负载处理：将样品浸入浓度为 1mol/L 的 KCl 溶液中，密封后置于 80℃烘箱中保温 48h，取出用去离子水冲洗干净，烘干后便得到富含 K⁺ 的普鲁士蓝类似物负载多孔陶瓷样品。

9.5.5 负载体系的吸附性能

选取 Cd 离子、Cs 离子、As 离子为代表进行静态吸附实验，考察负载普鲁士蓝类似物的本轻质多孔陶瓷块体制品对水体中重金属离子的吸附性能。

（1）实验方法

吸附实验分别采用 CdCl₂ 为 Cd 源，CsCl 为 Cs 源，H₂NaAsO₄ 为 As(Ⅴ) 源，将 CdCl₂、CsCl、H₂NaAsO₄ 试剂各取适量，溶于去离子水中配制重金属离子质量浓度各为 100mg/L 的溶液 50mL（我们对 PBA 在陶瓷表面覆盖量的调控研究工作还未开展，此用量只是一次实验尝试）。将 2.0g 吸附剂投至各溶液中，在 0h、0.5h、2h、4h、8h、16h、24h 等时间点各取经吸附的溶液适量，利用 SPECTRO ARCOS 电感耦合等离子体光谱仪（ICP-OES）测定不同时间吸附后残余液的 Cd²⁺、Cs⁺、As(Ⅴ) 离子浓度。将所得残余液的离子浓度进行计算，得出吸附率。

（2）Cs 吸附性能

放射性废弃物随着核工业的发展而大量产生，其中¹³⁷Cs 是高放废液中寿命较长的高释热裂变产物，所占放射性份额较大，因此要把高放废液变为中低放废液，去除废液中¹³⁷Cs 是十分关键的一步。铯污染的传统治理方法包括溶剂萃取、化学沉降、离子交换等。萃取剂受辐射后不稳定；化学沉降法沉降不完全。离子交换剂具有选择性好、耐高温和抗辐射等优点，是从高放废液中分离¹³⁷Cs 的重要手段。常见的离子交换剂包括沸石、杂多酸盐、多价金属磷酸盐、金属亚铁氰化物及铁氰化物、复合离子交换剂等。此外，利用碳纳米管、硅胶、石墨等新型材料除铯也越来越成为研究热点。这些材料抗辐射性能有待考量，且制备过程复杂。

福岛核电站事件后，水体除铯（Cs）受到高度重视。在本工作中，我们考察了负载普鲁士蓝类似物超轻多孔陶瓷对水体中 Cs 离子的吸附能力。得出的吸附曲线见图 9.36，可见负载样品对 Cs 离子具有很好的吸附效果。样品吸附率（被吸附 Cs 离子的百分数，由 CsCl 溶液的浓度变化来计算）在 0.5h 可达 78% 左右，到 4h 吸附率即可达 90% 左右，大约 8h 以后即基本达到吸附平衡，吸附率可达 98%～99%。这是由于 Cs^+ 与样品表面的 K^+ 发生了离子交换反应：

$$\equiv Al—K[Fe(CN)_6] + Cs^+ \longrightarrow \equiv Al—Cs[Fe(CN)_6] + K^+ \tag{9.6}$$

（3）Cd 吸附性能

重金属污染是一个严峻的环境问题，其中镉在水体中的吸收净化是一个重要方面。镉是一种主要工业和环境毒物，也是一种半衰期很长的毒物。传统的镉污染处理方法包括沉淀法、氧化还原法及铁氧体法，但这些方法只适宜处理高浓度含镉废水，且对化学试剂的消耗量很大，容易造成化学试剂对环境的二次污染。后来的镉处理工作将重心转向离子交换法、活性炭吸附法、生物吸附法等，但这些方法的工作效率有限，而且使用的吸附剂多为粉末状，因此回收困难，也会造成对环境的二次污染。在本工作中，我们考察了负载普鲁士蓝类似物超轻多孔陶瓷对水体中 Cd 离子的吸附能力，得出的吸附曲线见图 9.37。

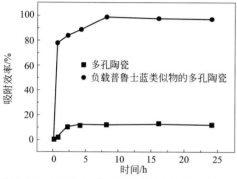

图 9.36　负载普鲁士蓝类似物多孔陶瓷的 Cs 离子吸附曲线

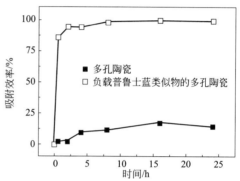

图 9.37　负载普鲁士蓝类似物多孔陶瓷的 Cd 离子吸附曲线

（4）As 吸附性能

砷是一种在地壳中广泛分布的元素，它是一种能够提高人体癌变发病率的致癌物质。水体系中砷的 2 种常见氧化态分别为三价 [As(Ⅲ)] 和五价 [As(Ⅴ)]，其中 As(Ⅴ) 为含氧地表水中砷的主要存在形式。本部分选择 As(Ⅴ) 为研究对象。目前常用的除砷方法包括混凝沉降、生物法、吸附法、膜分离法等。这些方法虽然可获得相应的除砷效果，但同时存在一定限制：混凝沉降法除砷会产生大量含砷的废渣，生物法中微生物对周边环境的要求很严格，膜分离法处理成本较高。在本工作中，我

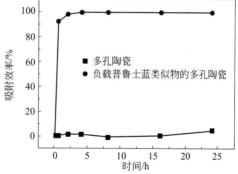

图 9.38　负载普鲁士蓝类似物多孔陶瓷的 As（Ⅴ）离子吸附曲线

们考察了负载普鲁士蓝类似物超轻多孔陶瓷对水体中 As(Ⅴ) 离子的吸附能力，得出的吸附曲线见图 9.38。

（5）分析和讨论

对经普鲁士蓝类似物负载的多孔样品与未经负载的样品，进行了上述 3 种重金属离子在不同时间条件下的吸附测试。其中 Cd 离子、Cs 离子和交换 K 离子具有相似的斯托克斯半径

和相同的电性，因而可以进行离子交换，表现出相似的吸附特点；而 As(V) 在水溶液中以砷酸根离子的形态存在，表现为负电性，因此其吸附机制和吸附特点都具有一定差异。下面进行相应的分析。

由上述吸附曲线可见，未经负载的多孔样品对 Cd 离子、Cs 离子均具备一定吸附能力，但吸附性能不高，随时间的增加吸附率未见明显增加，Cd^{2+} 最大吸附率仅为 17.6%；Cs^+ 最大吸附率仅为 12.7%。这是因为以天然沸石为主要原料烧制成的陶瓷样品中的铝氧四面体带负电，由附近带正电的阳离子如 K^+、Na^+、Ca^{2+}、Mg^{2+} 等金属离子来补偿平衡，由于上述阳离子处于晶格间隙中，因此可以与周围水溶液里的阳离子发生交换作用，因而具有吸附功能。由于沸石原料在高温烧结后晶格发生了变形，而且很大一部分碱金属离子参与到了玻璃态物质的形成中，因此所得多孔陶瓷制品的吸附能力有限。经普鲁士蓝类似物负载的多孔样品在投放时间仅为 0.5h 时就对 Cd 离子、Cs 离子表现出较强的吸附性能，对 Cd 离子吸附率超过 80%，对 Cs 离子吸附率接近 80%。随着时间的增加，对 2 种离子的吸附率均缓慢上升，对 Cd 离子和 Cs 离子的吸附率在 16h 时都达到最大值（99%左右）。这是因为普鲁士蓝类似物的晶格填隙中存在 K 离子，大大增加了与 Cd 离子和 Cs 离子的交换概率，因此表现出较强吸附性能。

由 As(V) 吸附曲线可见，未经负载的样品对 As 溶液中的离子吸附率几乎为 0（其中，$t=8h$ 处出现负吸附率，是由于测量误差，导致测得的残余液浓度略高于初始浓度），这是因为陶瓷样品中补偿电荷平衡的为阳离子，而 As(V) 在溶液中以 $H_2AsO_4^-$（$pH\leqslant 7$）和 $HAsO_4^{2-}$（$pH\geqslant 7$）形式存在，无法与阳离子进行离子交换，因此样品无法去除 As(V)；经普鲁士蓝类似物负载的样品吸附率在 0.5h 可达 90%左右，大约 8h 即基本达到吸附平衡，吸附率可达 99%左右。这是由于 $H_2AsO_4^-$ 与样品表面的亚铁氰酸根离子团 $K[Fe(CN)_6]^{3-}$ 发生离子交换反应：

$$\equiv Al—K[Fe(CN)_6] + 3H_2AsO_4^- \longrightarrow \equiv Al—(H_2AsO_4^-)_3 + K^+ + [Fe(CN)_6]^{4-} \quad (9.7)$$

9.6 结束语

① 以天然沸石粉末和石英粉末为主要原料，通过添加造孔剂的料浆发泡法制备了宏观球孔在毫米级尺度可调的泡沫陶瓷块体，样品厚度在 15~28mm 之间。采用驻波管的 1/3 倍频程法测试了所得样品的吸声性能，结果显示其吸声效果良好：在中低频段 200~4000Hz 范围的总体平均吸声系数超过 0.4；在 1000~4000Hz 区间表现更是优秀，不少声频下的吸声系数超过 0.9。平行对比的测试结果还表明，本泡沫陶瓷样品的吸声性能优于聚酯纤维棉、陶氏聚乙烯泡沫等几种常见吸声材料。

② 以天然斜发沸石粉末和石英粉末为主要的基础原料，添加造孔剂的粉末烧结法制备了宏观孔隙尺寸在 1mm 左右的多孔泡沫陶瓷球颗粒，采用挂浆工艺制备了类网状的泡沫陶瓷块体。本工作研制的该类制品具有大量的宏孔结构，不同于以往微孔结构的吸附材料，宏孔的出现有利于流体介质在吸附材料中的流动，也有利于被吸附离子在吸附材料表面的扩散。本工作通过高温烧结法来制备多孔陶瓷制品，制备过程中高硅组分玻璃态物质的析出不但有利于陶瓷颗粒之间的结合，而且有利于多孔陶瓷脱硅过程的进行。通过烧结，使得高硅组分在脱硅之前便分布于制品表层，从而使其在脱硅过程中可以更快地溶解到碱液中。并

且，高硅组分的析出大大降低了残留在内部的硅含量，使得玻璃态物质被腐蚀殆尽后，脱硅过程可以更进一步提高多孔瓷球中铝原子的相对含量。通过脱硅处理，多孔陶瓷在获得活性表面的同时，获得了更大的比表面积。

③ 在上述多孔陶瓷球表面负载活性氧化铝后，其对水体中砷酸根离子的吸附能力得到了很大提高。吸附 As 后的活性氧化铝层可通过 NaOH 溶液的浸泡而得以脱除，从而使得多孔陶瓷球可以重复利用。较高的活性氧化铝利用率和多孔陶瓷球载体的可重复利用性，使得这一多孔活性系统在废水处理方面拥有广阔的应用前景。

④ 利用碱液对上述多孔陶瓷球进行脱硅处理，获得了一种表层具有较高铝原子相对含量的多孔陶瓷体。这种制品可以直接利用本身原有的铝原子产生活性位点，实现对重金属离子的吸附。实验结果已经表明，该脱硅后的多孔陶瓷体在不另外负载活性物质的条件下，便可以对 As 和 Cs 具有较好的吸附活性。由于制品具有较小的体密度，可以漂浮于水面，因此在水处理过程中便于回收。

⑤ 本工作所得普鲁士蓝类似物负载多孔陶瓷制品具有优良的特点，其表面的含钾普鲁士蓝类似物具有离子交换能力。首先，该类似物是以基体表面原有的铝原子为基础而形成的，因此和基体的结合十分牢固，从而保证了吸附体系在进行水处理的应用中不会对水质造成二次污染。其次，本普鲁士蓝类似物负载制品具有大量的宏孔结构，有利于流体介质在吸附材料中的流动以及待吸附离子在吸附材料表面的扩散。另外，由于制品具有较小的体密度，可以漂浮于水面，因此在水处理过程中便于回收。

⑥ 本工作所制备负载普鲁士蓝类似物的多孔陶瓷基体具有网络状的孔隙结构，因此大大提高了其作为吸附剂的比表面积，有望获得较高的吸附性能。由于产品主要原材料为天然沸石，本身无害于环境，加之体密度低，可漂浮于水面而便于回收，因此具有广阔的应用前景。在本多孔陶瓷表面成功负载的蓝色 Al-Fe 型普鲁士蓝类似物，可有效地吸附污水中存在的重金属离子。实验结果表明，样品负载后大大提高了对水体中 Cd^{2+}、Cs^+、$As(V)$ 的吸附性能。

第10章

二氧化钛光活性膜研究

10.1 引言

自从 1972 年报道了二氧化钛（TiO₂）电极上光电解水现象后，半导体光催化研究引起了国际化学、物理学和材料学等领域科学家的广泛关注。此现象的发现意味着 TiO_2 可把太阳能这一丰富的清洁能源转化为电能，由此给予人们用 TiO_2 制造太阳能电池的希望。1977 年研究者又发现 TiO_2 能够分解水中的氰化物，1983 年则发现 TiO_2 敏化体系中卤化有机物（如三氯乙烯、二氯甲烷等）的光致矿化现象，这些都为 TiO_2 在环境保护方面的应用提供了可能。

二氧化钛不仅具有很宽的价带能级和很高的光催化活性，而且具有性质稳定、耐化学腐蚀和光腐蚀等突出优点，成为最有发展潜力的光催化剂之一，在诸如废水处理、空气净化、石油污染物的清除、抗菌、超级亲水抗雾等有机物降解方面均得到广泛应用。尽管二氧化钛是一种优良的光催化剂，但由于粉体微粒催化剂在实际应用中存在光吸收利用率低、在悬浮相中难以分离回收且易凝聚、气-固相光催化过程中催化剂易被气流带走等缺点，在实际污染治理时使得该项技术的应用受到限制。固定催化剂的负载化技术是解决这一难题的有效途径，也是调变活性组分和催化体系设计的理想形式。因此，目前一般都是制备负载化的二氧化钛光催化剂，即在载体上制备二氧化钛膜层。

二氧化钛（TiO₂）的光活性可应用于环保和能源等领域。本章介绍我们在 TiO_2 薄膜及其光活性方面开展的一些工作。首先我们研制了一种具有微纳孔隙结构的锐钛矿相二氧化钛光催化膜，该膜层首先由常规的溶胶-凝胶法制备，然后采用离子注入的工艺方式将金属离子轰击膜层而造孔。这些微纳孔隙拓展出所得膜层的内部表面，增加了可利用的活性场所，从而有利于产品在介质吸附和介质净化等方面的作用。光催化降解甲基橙溶液的实验结果表明，无论是在紫外光下还是在可见光下，所得多孔膜层的光催化效果均优于未通过造孔的二氧化钛膜层。对甲基橙溶液吸光度与光催化时间的关系曲线进行线性拟合，发现多孔膜和未造孔的常规膜在紫外光下的催化反应速率常数分别为 $4.8×10^{-3}\text{min}^{-1}$ 和 $1.2×10^{-3}\text{min}^{-1}$。用溶胶-凝胶法合成掺杂 Fe^{3+} 的 TiO_2，掺杂膜在 450℃ 处理后不会对 TiO_2 结构产生明显影响，但可大大提高 TiO_2 在紫外光照射下对污染物的分解效率，并且大大拓展了 TiO_2 对可见光的响应范围。采用水热法在高孔隙率开口泡沫钛表面生长了一层定向排列的二氧化钛纳米线，经实验验证，利用该多孔复合结构作为电极可有效地电解甲基橙溶液。纳米线直径约为 20nm，长度可达 $2\mu m$。纳米线排列均匀，具有良好的方向性。以上述多孔复合结构为阳极，开孔泡沫镍为阴极，组装出一个流动废水处理装置，考察其净化模拟废水的工作效能。实验结果显示，在合适的流速下，电解过程中阳极只要低电压就可使 $20mg/L$ 的甲基橙溶液获得 90% 以上的降解率。将该负载多孔体组装成染料敏化太阳能电池，通过研究其光反射性能可知，该负载多孔体具有较高的光吸收能力；通过对其组装的电池 I-V 曲线和转化效率的测定，可知该负载多孔体作为电极组装的电池具有一定的光转化能力。通过阳极氧化法在网状泡沫钛镍合金的孔隙表面生长二氧化钛纳米管结构。结果发现，电压不变而延长氧化时间，纳米管层的厚度增大；氧化时间不变而提高电压，纳米管之间的分界越明显。此外，以泡沫金属为载体，研制了一种多沟道结构的二氧化钛光催化膜，并考察了该多孔结构体系的光催化活性。这些沟道在多孔载体的基础上进一步增大了所得光催化膜的表面积，从而提高了多孔金属负载二氧化钛薄膜系统的光催化降解效率。还以天然沸石粉末作为基本原料制得了体密度小于 $1g/cm^3$ 而可以漂浮于水面的轻质网状多孔陶瓷基体，采用溶胶-凝胶法在该基体表面负载 TiO_2 薄膜。如此，可将 TiO_2 薄膜的光催化性能与轻质多孔陶瓷的低密度、高比表面积等优势结合起来，可大幅提高体系的整体催化效果。

10.2 多孔结构的 TiO_2 薄膜

光催化剂在载体上的负载方法主要有气相法、溶胶-凝胶法、粉体烧结法、偶联黏结法、离子交换法、液相沉积法、水解沉积法、掺杂法、直接浸涂热分解法和交联法等，其中溶胶-凝胶法可多次重复以增加二氧化钛的膜厚，所得负载二氧化钛膜层具有较高的光催化活性和较好的牢固性且分布均匀。该法工艺简单、条件温和、工艺可调控，适用于复杂形状载体上的负载，是目前最常用的方法。负载二氧化钛光催化剂的活性主要取决于二氧化钛催化膜层的表面状态，包括表面积和表面粗糙度等因素，而表面状态与催化剂的吸附作用和吸光效率有着密切关系。由于催化过程是一个界面过程，因此，增大二氧化钛膜层的比表面积无疑能够提高其光催化效率。研究发现，如果制得的二氧化钛膜层表面较粗糙，比表面积较大，则催化活性就较大。本部分即在溶胶-凝胶法所得常规负载二氧化钛膜层的基础上，通过离子轰击的方式获得了一种具有微纳孔隙结构的多孔膜层，由此增加了膜层的比表面积；分析了这些孔隙的形成机制，测试并比较了常规膜和多孔膜的光催化性能。甲基橙溶液为废水模型的光催化实验显示，多孔膜的光催化性能明显好于原来的无孔膜结构。

10.2.1 多孔 TiO_2 膜层的制备

（1）TiO_2 结构简介

二氧化钛主要有金红石相（四方晶系）、锐钛矿相（四方晶系）和板钛矿相（正交晶系）三种晶体结构。其中金红石相最为常见，是高温相；锐钛矿相为低温相；后者一般在 $500\sim600°C$ 即向前者转化。两相都具有光催化的效果，但锐钛矿相的光催化效果更好。在这两个相中，每个 Ti^{4+} 均被 6 个 O^{2-} 所组成的八面体所包围，两相中的八面体都是不规则的，其中锐钛矿相畸变明显，对称性较低。金红石相的每个八面体与邻近的 10 个八面体相接，锐钛矿相的每个八面体与邻近的 8 个八面体相邻，其结构见图 10.1。

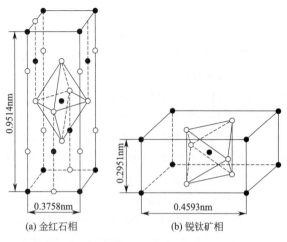

(a) 金红石相   (b) 锐钛矿相

图 10.1 二氧化钛的结构

● Ti；○ O

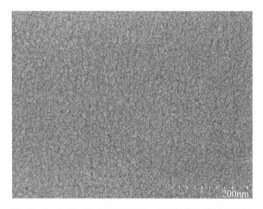

图 10.2 常规溶胶-凝胶法所得二氧化钛膜层的表面形貌

● Ti；○○

（2）常规 TiO_2 膜层的制备

采用钛酸四丁酯［$Ti(OBu)_4$］（分析纯）为钛源，先将钛酸四丁酯［$Ti(OBu)_4$］（分析纯）、乙醇 EtOH（分析纯）、乙酰丙酮 Hacac（分析纯：作为抑制剂，以延缓钛酸四丁酯的强烈水解）、去离子水、硝酸 HNO_3（分析纯：作用一是抑制水解，二是使胶体离子带上正电荷，从而阻止胶粒凝聚）按体积比为 25：77：3.8：2.5：1 混合制成溶胶。具体操作步骤为：将全部用量的乙酰丙酮和全部用量的钛酸四丁酯先后缓慢滴入乙醇（所用乙醇体积为总体乙醇体积的 2/3）中配制成 A 溶液，将全部用量的去离子水和全部用量的硝酸先后滴入乙醇（所用乙醇体积为总体乙醇体积的 1/3）中配成 B 溶液，然后将 B 溶液缓慢滴入 A 溶液中。滴入过程均在磁力搅拌下完成。所得溶胶陈化 48h 后，浸入洁净的载玻片，载玻片在溶胶中浸泡 5min 后由自制提拉机以 5mm/s 的速度垂直于液面拉出，然后置于干燥箱中在 60℃下干燥 30min。将干燥好的涂胶玻璃片放入马弗炉内，以 1.5℃/min 的速度升温到 450℃，保温 30min 后自然冷却，得到涂覆一层 TiO_2 的膜层。重复上述过程 5 次，得到具有一定厚度的 TiO_2 膜层。最后获得的常规溶胶-凝胶工艺所制二氧化钛膜层具有平整的表面结构，其形态见图 10.2。该图显示，所得二氧化钛膜层为纳米结构，整个膜层分布均匀。膜层的 XRD 分析结果表明，该二氧化钛膜层结构为锐钛矿相（参见图 10.3）。

（3）多孔结构 TiO_2 膜层的制备

选择溶胶-凝胶法所得二氧化钛膜层，采用 MEVVA10 离子注入机，以常规的离子注入方法，将 Fe 离子在电场中加速后对其轰击获得多孔膜层。该过程选用的参数为：离子加速电压 40kV，束流 1mA，机内真空 $1×10^{-3}Pa$，离子从加速电场中引出后到载膜样品的自由飞行距离为 500mm，轰击剂量 $1×10^{16}/cm^2$。Fe 离子的分布比例为：Fe^+ 约占 25%，Fe^{2+} 约占 68%，Fe^{3+} 约占 7%。所得多孔膜层的 XRD 分析表明，Fe 离子轰击后的二氧化钛膜层的相结构未发生任何变化，即所得多孔二氧化钛膜层仍为锐钛矿相结构（参见图 10.3）。通过高速 Fe 离子的轰击作用，在受击二氧化钛膜层上产生大量尺寸为数纳米和零点几微米的孔隙（参见图 10.4）。由于图 10.4 的膜层具有多孔结构，意味着其表面积和表面活性场所要多于图 10.2 中的致密膜层。

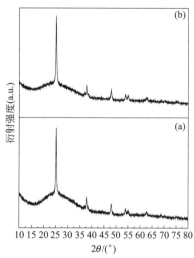

图 10.3 二氧化钛膜层的 XRD 图谱

（注：图中峰线为锐钛矿特征谱）

（a）离子轰击前的致密膜层；（b）离子轰击后形成的多孔膜层

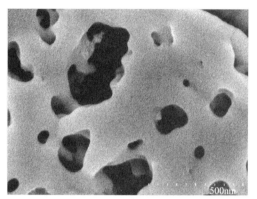

图 10.4 具有微纳孔隙结构的二氧化钛膜层显微形貌

10.2.2 膜层孔隙结构的形成机制分析

（1）能量损失

在上述离子注入机的真空腔（即离子获得加速后的飞行空间）中，气体分子的平均自由程为：

$$\bar{\lambda}=\frac{kT}{\sqrt{2}\pi d^2 p} \tag{10.1}$$

式中，k 是玻耳兹曼常数，取 $k=1.38×10^{-23}$ J/K；T 是腔内热力学温度，$T=298K$；d 是空气分子直径，取 $d=3.5×10^{-10}$ m；p 是实验压力（即真空腔内残余气体压力），$p=1×10^{-3}$ Pa。将数据代入上式得：

$$\bar{\lambda}=\frac{(1.38×10^{-23})×298}{\sqrt{2}\pi(3.5×10^{-10})^2×(1×10^{-3})}≈7.56(m) \tag{10.2}$$

另外，根据大学物理中的热学知识，还可直接推出离子与气体分子可能发生的平均碰撞频率为：

$$\bar{z}=\sqrt{2}\pi\left(\frac{d_1+d_2}{2}\right)^2(u_1+\bar{u}_2)n \tag{10.3}$$

式中，d_1 和 d_2 分别是离子和气体分子的直径；u_1 是离子的速率；$\bar{u}_2$ 是气体分子的平均速率；n 是单位体积内气体分子的个数。

对于式(10.3) 中的离子速率 u_1，考虑分布比例最大的二价 Fe 离子的速率：

$$u_1 = \sqrt{\frac{2qV}{m}} \tag{10.4}$$

式中，q 是离子荷电量，二价 Fe 离子的荷电量为 $q = 2e = 2 \times 1.6 \times 10^{-19}\text{C}$；$V$ 是离子加速电压，$V = 40\text{kV}$；m 为离子质量，取 Fe 离子质量 $m = 55.85/(6.02 \times 10^{23})\text{g} = 9.28 \times 10^{-26}\text{kg}$。代入数据得：

$$u_1 = \sqrt{\frac{2 \times (2 \times 1.6 \times 10^{-19}) \times (40 \times 10^3)}{9.28 \times 10^{-26}}} \approx 5.25 \times 10^5 (\text{m/s}) \tag{10.5}$$

对于式(10.3) 中气体分子的平均速率 $\bar{u}_2$，由气体分子运动理论有：

$$\bar{u}_2 = \sqrt{\frac{8RT}{\pi M}} \tag{10.6}$$

式中，R 是气体常数，取 $R = 8.314\text{J}/(\text{mol} \cdot \text{K})$；$M$ 是气体分子的摩尔质量，取 $M \approx 29\text{g/mol}$。代入数据得：

$$\bar{u}_2 = \sqrt{\frac{8 \times 8.314 \times 298}{0.029\pi}} \approx 466.4 (\text{m/s}) \tag{10.7}$$

对于式(10.3) 中的单位体积内气体分子个数 n，有：

$$n = p/(kT) \tag{10.8}$$

式中，p 和 T 分别是气体压力和热力学温度，取真空腔内压力 $p = 1 \times 10^{-3}\text{Pa}$ 和 $T = 298\text{K}$，代入数据得：

$$n = 1 \times 10^{-3}/[(1.38 \times 10^{-23}) \times 298] \approx 2.43 \times 10^{17} (\text{m}^{-3}) \tag{10.9}$$

取 Fe 离子直径（最大值）为 $d_1 = 2 \times 9.2 \times 10^{-11}\text{m}$，取空气分子直径 $d_2 = 3.5 \times 10^{-10}\text{m}$，将式(10.5)、式(10.7) 和式(10.9) 的结果一并代入式(10.3)，得离子与气体分子的碰撞频率为：

$$\bar{z} = \sqrt{2}\pi\left(\frac{2 \times 9.2 \times 10^{-11} + 3.5 \times 10^{-10}}{2}\right)^2 (5.25 \times 10^5 + 466.4) \times (2.43 \times 10^{17}) \approx 4.08 \times 10^4 (\text{s}^{-1})$$
$$\tag{10.10}$$

离子从加速场引出后，自由飞行（忽略重力影响）到达样品表面所需时间为：

$$t = L/u_1 \tag{10.11}$$

式中，L 是离子自由飞行的距离；u_1 是离子自由飞行的速率。已知实验中的离子自由飞行的距离 $L = 0.5\text{m}$，又由式(10.5) 对上述二价 Fe 离子取 $u_1 = 5.25 \times 10^5\text{m/s}$，代入上式得：

$$t = 0.5/(5.25 \times 10^5) \approx 9.52 \times 10^{-7} (\text{s}) \tag{10.12}$$

由上式和式(10.10) 的结果相乘，得出离子自由飞行过程中与气体分子的碰撞次数为：

$$N = \bar{z}t \approx (4.08 \times 10^4) \times (9.52 \times 10^{-7}) \approx 0.039 (\text{次}) \tag{10.13}$$

根据上述计算可知：由于入射离子在真空腔中的行程即腔长为 0.5m，远小于式(10.2) 结果的腔内残余空气分子平均自由程 7.56m；式(10.13) 的计算结果则更直接地表明，离子在整个自由飞行过程中与气体分子的碰撞次数约为 0.039 次，远不足 1 次。因此，可以认为，离子到达载膜样品表面之前没有与气体分子发生碰撞而产生能量损失，离子基本保持了在加速场中获得的动能，即每个二价 Fe 离子到达样品表面时的动能为：

$$E_0(\text{Fe}) = qV = 2e \times 40000\text{V} = 80000\text{eV} = 1.28 \times 10^{-14}\text{J} \tag{10.14}$$

取 Fe 离子的质量为 $m(\text{Fe}) = 55.85 \times (1.66 \times 10^{-27})\text{kg} = 9.26 \times 10^{-26}\text{kg}$，即得出对应的离子速率为：

$$v = \sqrt{2E(\text{Fe})/m(\text{Fe})} = \sqrt{2 \times (1.28 \times 10^{-14})/(9.26 \times 10^{-26})} = 5.26 \times 10^5 \text{(m/s)} \tag{10.15}$$

（2）能量关系

二氧化钛锐钛矿相的生成热 $\Delta H_{f,298}^{\ominus} = -912\text{kJ/mol}$，绝对熵 $S_{298}^{\ominus} = 49.92\text{kJ/mol}$。在锐钛矿相的 TiO_2 结构中，Ti 原子处于 6 个 O 原子构成的八面体间隙中，每个八面体结构单元包含 1 个 Ti 原子和 2 个 O 原子，同时每个八面体结构单元包含 6 个 Ti—O 键和 10 个 O—O 键。假定 6 个 Ti—O 键的键能近似相等，10 个 O—O 键的键能也近似相等，则可根据有关文献计算出二氧化钛锐钛矿相晶体内部每个 Ti 原子和每个 O 原子的束缚能，计算过程如下。

对于离解反应：

$$TiO_2(s) \longrightarrow Ti(g) + O_2(g) \tag{10.16}$$

得出热力学标准状态（25℃，101.325kPa）下 1mol 晶体中的键能为：

$$\text{BDE}[TiO_2(s)] \approx \Delta H_f^{\ominus}[\text{Ti}(g)] + \Delta H_f^{\ominus}[O_2(g)] - \Delta H_f^{\ominus}[TiO_2(s)] \tag{10.17}$$

式中，$\Delta H_f^{\ominus}[\text{Ti}(g)]$、$\Delta H_f^{\ominus}[O_2(g)]$ 和 $\Delta H_f^{\ominus}[TiO_2(s)]$ 分别为 $\text{Ti}(g)$、$O_2(g)$ 和 $TiO_2(s)$ 在热力学标准状态下的摩尔生成热。其中 $\Delta H_f^{\ominus}[O_2(g)] = 0$，因此上式可进一步简化为：

$$\text{BDE}[TiO_2(s)] \approx \Delta H_f^{\ominus}[\text{Ti}(g)] - \Delta H_f^{\ominus}[TiO_2(s)] \tag{10.18}$$

通过上文可知，1mol 的 TiO_2 中包含有 6mol 的 Ti—O 键和 10mol 的 O—O 键。因此有：

$$\text{BDE}[TiO_2(s)] = 6\text{BDE}(\text{Ti—O}) + 10\text{BDE}(\text{O—O}) \tag{10.19}$$

式中，$\text{BDE}(\text{Ti—O})$ 和 $\text{BDE}(\text{O—O})$ 分别为 Ti—O 键和 O—O 键的摩尔键能。因此有：

$$\text{BDE}(\text{Ti—O}) \approx \{\text{BDE}[TiO_2(s)] - 10\text{BDE}(\text{O—O})\}/6 \tag{10.20}$$

所以，二氧化钛锐钛矿相晶体内部每个 Ti 原子和每个 O 原子的束缚能分别为：

$$E_b(\text{Ti}) = 6\text{BDE}(\text{Ti—O})/(6.02 \times 10^{23}) \tag{10.21}$$

$$E_b(\text{O}) = \{\text{BDE}[TiO_2(s)] - 6\text{BDE}(\text{Ti—O})\}/[10 \times (6.02 \times 10^{23})] \tag{10.22}$$

如果将 Fe 离子与晶体中 Ti 原子和 O 原子的碰撞近似看成是弹性碰撞，则由能量守恒和动量守恒原理结合式(10.14) 的结果，可得到对心碰撞时 Fe 离子传递给 Ti 原子和 O 原子的最大能量分别近似为：

$$E(\text{Ti}) \approx [(4 \times 55.85 \times 47.88) \times (1.28 \times 10^{-14})]/(55.85 + 47.88)^2 \approx 1.27 \times 10^{-14} \text{(J)} \tag{10.23}$$

$$E(\text{O}) \approx [(4 \times 55.85 \times 16.00) \times (1.28 \times 10^{-14})]/(55.85 + 16.00)^2 \approx 8.86 \times 10^{-15} \text{(J)} \tag{10.24}$$

通过上述计算结果对比表明，Fe 离子轰击样品后，表层的 Ti 原子和 O 原子获得的最大能量均远远大于其对应的表面原子束缚能 $E_b(\text{Ti})/2$ 和 $E_b(\text{O})/2$，甚至也远远大于其对应的晶内原子束缚能 $E_b(\text{Ti})$ 和 $E_b(\text{O})$。因此，受击样品膜层中的 Ti 原子和 O 原子将发生级联碰撞，并导致膜层的溅射。

（3）孔隙的形成

荷能离子与固体作用产生的主要物理化学现象有入射离子注入、入射离子引起的反弹注入、入射离子背散射、二次离子发射、二次电子和光子发射、材料溅射、辐照损伤、化学变化、材料加热等。具有一定能量的离子进入固体后，将通过 3 个途径产生能量损失：①与固体原子的电子发生相互作用而造成的"电子阻止损失"（非弹性能量损失）；②与固体原子的原子核发生碰撞而造成的"核阻止损失"（弹性能量损失）；③与固体原子交换电荷而造成的"电荷交换损失"（通常只占总能量损失的几个百分点）。其中高能快速离子一般以电子阻止为主要作用机理，而低能慢速离子一般以核阻止为主要作用机理。

固体中的电子速率近似为：

$$v_0 \approx c/137 = 3.00 \times 10^8/137 \approx 2.19 \times 10^6 \, (\text{m/s}) \tag{10.25}$$

对于本工作中的荷能 Fe 离子，由式(10.15) 知其入射速度：

$$v(\approx 5.26 \times 10^5 \, \text{m/s}) < v_0 (\approx 2.19 \times 10^6 \, \text{m/s}) \tag{10.26}$$

这就是说，该入射离子符合慢速的低能条件，因此其电子能量损失小，主要是核能量损失，即入射离子将与固体中的原子发生碰撞。

多数情况下，离子束与固体的相互作用可视为单个离子发生的作用。入射离子与固体原子发生弹性碰撞，当其质量较大而能量较低（小于 100keV）时，溅射是主要的。本工作中的入射 Fe 离子能量为 80keV，因此在本二氧化钛膜层中也将主要是产生溅射。

入射离子与固体原子的弹性碰撞溅射有 3 种方式（参见图 10.5）：第一种是单次撞击溅射，此时反冲原子通过碰撞获得足够的能量而发生溅射，但不足以产生反冲级联；第二种是线性级联碰撞，此时反冲原子通过碰撞获得足够的能量而产生反冲级联，但反冲原子密度比较低，运动原子之间的碰撞概率非常小；第三种是钉扎（spike）方式即致密级联碰撞，此时反冲原子的密度很高，以致钉扎区域内的所有原子都在运动。

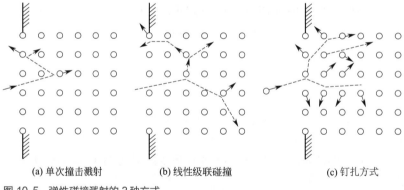

(a) 单次撞击溅射　　　　(b) 线性级联碰撞　　　　　　(c) 钉扎方式

图 10.5　弹性碰撞溅射的 3 种方式

在钉扎方式的情况下，入射离子将能量传递给固体原子，所有反冲原子都获得足够的能量并产生二次或高次反冲原子，其中一部分可克服位垒到达表面并逸出。低能离子轰击多元固体时，在发射的许多二次离子中存在多原子组成的带电集团，如氧化物对应的离子簇。本工作中的入射离子是慢速的低能 Fe 离子，而所得二氧化钛膜层为二元固体，并在受到离子轰击后产生孔洞。因此可以认为，本膜层是在低能 Fe 离子的轰击下产生钉扎溅射，放出氧化物离子簇而最后形成了纳米和亚微米的孔隙。

本工作采用的离子束轰击范围是一个圆面。在稳定的辐照条件下，许许多多的离子流各自定域地打击到辐照范围内膜层的不同位置上，从而在这些位置上连续地产生钉扎溅射。随着膜层中的离子簇不断地从内部发射出来，溅射区即不断地向纵深发展，最后在这些定域的位置上形成孔隙。

10.2.3　TiO$_2$膜层的光催化实验

（1）实验方法和结果

选用甲基橙溶液作为废水模型。这是由于甲基橙（methyl orange）是一种难降解的有机物，在染料成分中具有代表性。甲基橙具有染料类化合物的典型结构——偶氮和蒽醌式结构，与其他典型染料相比属于较难降解之列。光催化实验分为紫外光催化和可见光催化两部分，分别采用1000W高压汞灯和125W高压钠灯作为紫外光和可见光的光源。在紫外光的光催化实验中，将1000W高压汞灯发出的光通过滤波片获得波长为365nm的紫外光。溶液的吸光度由WFJ7200型分光光度计进行测量分析，使用样品的形状和大小、光催化和分析测试的平行实验条件均对应相同。

二氧化钛膜层的光催化降解甲基橙溶液的对比实验结果见图10.6。图中显示的是溶液吸光度a与光催化时间t的关系曲线，其中图10.6(a)对照了紫外光下常规致密膜层与多孔膜层的不同光催化效果，图10.6(b)对照了可见光下这两种膜层的不同光催化效果。图中吸光度随时间的下降越快，说明降解效率越高，亦即光催化效果越好。溶液的吸光度越小，即说明溶液中剩下的甲基橙含量越少，或者说是甲基橙的降解比例越高。光催化降解甲基橙溶液的实验结果表明，无论是在紫外光下还是在可见光下，所得多孔膜层的光催化效果均优于未造孔的二氧化钛膜层。

（2）分析与讨论

较高的光催化效果同比表面积增大有关。XRD分析结果表明，原致密二氧化钛膜层与多孔二氧化钛膜层具有同样的相结构，可见两者的其他条件没有改变，只是孔结构增大了膜层的比表面积。这归因于高速粒子的轰击作用，即具有一定动能的高速离子态粒子轰击二氧化钛膜层后产生了大量的微纳孔隙，这些孔隙增加了体系的总体表面积。

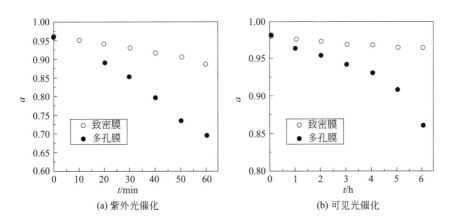

(a) 紫外光催化　　　　　　(b) 可见光催化

图10.6　甲基橙溶液吸光度a与二氧化钛膜层光催化时间t的关系曲线

本工作提供的具有微纳孔隙结构的高比表面二氧化钛膜层是由纳米粒子组成（参见图10.2），呈孔隙尺度在纳米和亚微米级范围的多孔结构（参见图10.4），且分布比较均匀。其首先由常规的溶胶-凝胶法制备，然后采用离子注入的方式，将具有一定动能的高速离子态粒子轰击二氧化钛膜层。通过这些高速粒子的轰击作用，在受击膜层上产生大量的微纳孔隙，这些孔隙拓展出所得光催化膜的内部表面，从而增加了体系的总体表面积。相对来说，未用本造孔方法而由其他条件完全相同的常规溶胶-凝胶工艺所得的二氧化钛膜层，具有比较"平整"的膜层结构，当然也具有更少的总体表面积（对照图 10.2 和图 10.4）。

多孔结构的二氧化钛膜层只是比常规二氧化钛膜层具有更多的表面积，即更多的表面作用场所，而没有改变光催化物质（即锐钛矿相二氧化钛）的相结构，即没有改变活性物质本身的固有光催化效能。因此，不但在紫外光下多孔膜层的光催化效果会优于未通过造孔的二氧化钛膜层，而且在可见光下多孔膜层的光催化效果也会优于未通过造孔的二氧化钛膜层（参见图 10.6）。本实验中的甲基橙降解可视为一级反应，经甲基橙溶液吸光度与光催化时间的关系曲线线性拟合，计算得出紫外光下多孔膜的反应速率常数在 $4.8 \times 10^{-3} min^{-1}$ 左右，而常规膜的反应速率常数在 $1.2 \times 10^{-3} min^{-1}$ 左右。这就是说，对于在紫外光下的甲基橙分解，多孔膜的光催化降解效率接近于常规膜的 4 倍。

可见，通过常规的离子注入方式，离子轰击由溶胶-凝胶法制得的二氧化钛膜层，可以得到具有大量微纳孔隙结构的多孔膜层，原膜层保持光催化性能良好的锐钛矿相结构。这些微纳孔隙增加了所得二氧化钛光催化膜的活性表面，从而提高了多孔膜层的光催化效果。

10.2.4　Fe 掺杂改性 TiO₂ 光催化膜

二氧化钛是一种具有半导体性质的光催化剂，可利用低能量的紫外光照射，进行有机污染物光催化的分解反应。虽然关于 TiO_2 光催化的研究已经进行了 30 多年，但是高效实用的 TiO_2 光催化产品的开发应用仍然面临巨大困难。TiO_2 实现工业化的主要障碍有两个：第一，TiO_2 光催化剂的光量子效率低，通常低于 10%，因此总反应速率比较慢，难以处理流量大、浓度高的工业废水；第二，对太阳光的利用效率低。TiO_2 的禁带宽度为 3~4eV，对应的吸收波长大致为紫外区 350~400nm，而这部分紫外线只占到达地面上的太阳光能的 4%~6%，太阳能利用率很低。

针对上述问题，很多国内外的科研机构从制备方法、掺杂物质、染料敏化等方面对 TiO_2 进行改性。为提高 TiO_2 的活性，常常采用结构改性的方式。TiO_2 的改性大致有以下几种目的：有效分离电子-空穴对，增加光催化效率；增加它的可激发光源的波长范围；提高它的比表面积等。针对这些目的，所施用的手段有：在二氧化钛中掺杂某些半导体，以使其有更高的反应活性；将金属原子负载在二氧化钛上捕捉电子，从而促进电子与空穴对的分离；将金属离子注入二氧化钛体内或在其表面添加金属离子，以改善其能级结构而优化其光响应。当然，选择合适的载体负载二氧化钛以提高其比表面积，用染料敏化为二氧化钛提供额外电子以促进其表面的氧化还原反应等，都可以提高 TiO_2 的作用效率。本部分即是通过掺杂过渡族金属离子的方式，对 TiO_2 膜层进行改性。

10.2.4.1　膜层制备及性能测试

为使二氧化钛镀膜液可以均匀地附着在玻璃基材上，所用玻璃基材需严格清洗。本实验中采取如下步骤进行清洗：①在 1% 盐酸溶液中浸泡 30min；②用去离子水清洗，然后放入超声波清洗器进行超声清洗 10min；③用乙醇冲洗两次；④放入干燥箱烘干，备用。

本工作通过溶胶-凝胶法制备 TiO_2 薄膜。采用钛酸四丁酯为钛源，将钛酸四丁酯、乙醇、乙酰丙酮、去离子水、硝酸按体积比为 25∶77∶3.8∶2.5∶1 混合。在制备溶胶时，按照实验设计加入不同量的 $Fe(NO_3)_3 \cdot 9H_2O$ 来获得掺 Fe 的薄膜。将得到的溶胶陈化 48h 后，把洗好的载玻片放入其中，静置 5min 后用自制的提拉机以 5mm/s 的速度将玻璃片垂直于液面拉出，然后把玻璃片放入干燥箱在 60℃ 下干燥 30min。将干燥好的玻璃片放入马弗炉中以 15℃/min 的速率升温到 450℃，在 450℃ 的条件下保温 30min 后自然冷却，得到覆膜一层的 TiO_2 薄膜。重复上述过程 5 次，便得到具有一定厚度的 TiO_2 薄膜。

在本研究中，掺 Fe 对 TiO_2 薄膜在紫外光和可见光波段的吸收都可能具有影响，因此光催化实验分为紫外光光催化和可见光光催化两部分，分别采用 1000W 高压汞灯和 125W 高压钠灯作为紫外光和可见光的催化光源并选用甲基橙溶液为降解的反应物。

10.2.4.2 掺 Fe 对膜层结构的影响

（1）X 射线衍射（XRD）分析

对掺 Fe 的 TiO_2 进行 XRD 分析。其中 Fe 掺杂量为 0.5%（摩尔比）。如图 10.7 所示，最强峰为 $2\theta = 25.3°$，对应锐钛矿相 TiO_2 的（101）晶面，同纯 TiO_2 相比，所有衍射峰位位置相同，说明没有其他相生成。其主要原因可能是，由于 Ti^{4+} 与 Fe^{3+} 半径大小相差不大，（$Ti^{4+} = 0.68Å$、$Fe^{3+} = 0.64Å$），使得 Fe^{3+} 很容易以置换型固溶体进入 TiO_2 晶格或取代 Ti^{4+} 的晶格位置，形成 Fe-Ti 的固溶体。

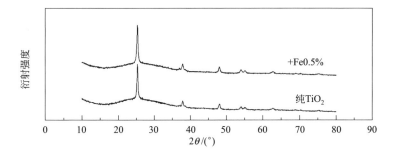

图 10.7　Fe 掺杂 0.5% TiO_2 薄膜的 XRD 图谱

为了能了解 TiO_2 晶格参数是否会因为杂质离子的掺入而有所影响，选择（101）和（200）的结晶面计算各掺杂量下 a、c 轴的晶格参数，使用以下公式计算：

$$d_{(hkl)} = \lambda / (2\sin\theta) \tag{10.27}$$

$$1/d_{(hkl)}^2 = (h^2 + k^2)/a^2 + l^2/c^2 \tag{10.28}$$

式中，$d_{(hkl)}$ 为晶面（hkl）的距离；λ 为 X 射线的波长；θ 为晶面（hkl）的衍射角；h、k、l 为晶面指数；a、b、c 为晶格参数（对于锐钛矿，$a = b \neq c$）。

计算结果如表 10.1 所示。从表中可看出掺杂后 TiO_2 的晶格参数 a、c 的理论值并没太大的变化，进一步验证 Fe 离子的加入没有改变 TiO_2 的晶型。

表 10.1　Fe 掺杂 TiO₂ 的晶格参数

掺 Fe 量（摩尔比）	晶相	$a=b/Å$	$c/Å$
0.5%	锐钛矿相	0.3782	0.9505
TiO₂ 理论值	锐钛矿相	0.38	0.95

（2）场发射扫描电镜（FESEM）分析

从图 10.8 的 SEM 照片可以看出，掺 Fe 薄膜的表面开裂比较严重，这是由于溶胶在形成 TiO₂ 时，表面急剧收缩才导致表面的撕裂。这些裂纹在一定程度上扩大了 TiO₂ 的比表面积，增加反应接触面，对光催化有一定的促进作用。

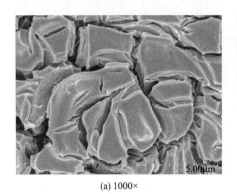
(a) 1000×

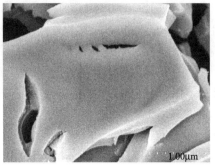
(b) 50000×

图 10.8　Fe 掺杂薄膜 SEM 照片

（3）X 射线光电子能谱（XPS）

添加过渡金属离子会导致二氧化钛的晶格产生缺陷，造成的缺陷可能会影响二氧化钛进行光催化反应，所以用 XPS 探讨表面元素的状态。图 10.9 为掺 Fe 量为 0.5% 的全谱图。

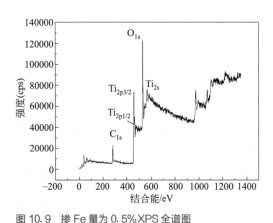
图 10.9　掺 Fe 量为 0.5%XPS 全谱图

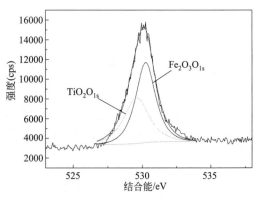
图 10.10　Fe/TiO₂ 薄膜的 O₁ₛ XPS 谱

图 10.9 全谱图上显示了 C_{1s}、O_{1s}、Ti_{2s}、$Ti_{2p1/2}$ 与 $Ti_{2p3/2}$ 的峰强，接近 1000eV 处的为 O 的俄歇峰。Fe 没有明显的峰。由文献得知四价钛离子的 $Ti_{2p1/2}$ 与 $Ti_{2p3/2}$ 的束缚能分别为

464.2eV 与 458.5eV，本样品中 $Ti_{2p1/2}$ 与 $Ti_{2p3/2}$ 对应的束缚能分别为 465eV 和 458.8eV，所以可以得知本样品中与氧结合的钛价数为 4 价。

因为 Fe 没有产生明显的峰，为了判断掺入铁元素的价态，利用基于 Gauss-Lorentzian 峰型的非线性最小二乘法对 O（氧）的窄谱做了拟合，由图 10.10 可知 Fe/TiO_2 中的 O 峰是由 Fe 的氧化物和 TiO_2 中的氧的峰位叠加产生的。可以分解成两个子峰，分别对应 Ti 和 Fe 结合的氧，说明 Fe 离子可能以间隙原子形式进入氧原子空隙。

10.2.4.3　掺 Fe 对光催化性能的影响

由掺 Fe 的 TiO_2 膜与未掺杂的 TiO_2 的紫外-可见透射光谱对比图（图 10.11）可以看到，由于 Fe 的掺入，在大于 350nm 的区域光透过率明显下降；在小于 350nm 的区域透过率没有什么变化。产生上述现象的原因可能是：Fe^{3+} 的掺入导致了 TiO_2 内部的晶格缺陷，从而加大了对光的吸收作用。

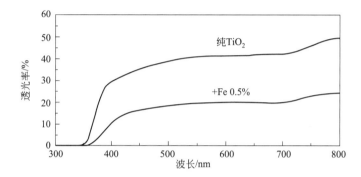

图 10.11　掺 Fe 的 TiO_2 膜与未掺杂的 TiO_2 膜的紫外-可见透射光谱对比图

TiO_2 光催化降解甲基橙的过程可以用一级反应动力学来拟合，根据一级反应动力学方程，微分速率方程可表述如下：

$$dc/dt = kc \tag{10.29}$$

根据朗伯-比尔定律，溶液的光密度与浓度存在以下定量关系：

$$OD = \varepsilon bc \tag{10.30}$$

式中，OD 是溶液的光密度；ε 是摩尔吸收系数，是吸光物质的特征常数，甲基橙在 465nm 处 $\varepsilon = (2.11 \pm 2.06) \times 10^4 L/(mol \cdot cm)$；$b$ 是溶液层的厚度；c 是溶液的浓度。由式（10.29）和式（10.30）可推得：

$$OD = c_0 e^{-kt} \tag{10.31}$$

所以测到一组光催化数据时，可用此指数函数对其曲线拟合。反应速率常数 k 则可以反映出光催化的效率。

将掺 Fe 的 TiO_2 薄膜（Fe 的摩尔分数为 0.5%），在紫外光下对甲基橙溶液进行降解，每 10min 测一次甲基橙溶液的吸光度，以此来判断降解效果。图 10.12 是拟合 TiO_2 薄膜光催化降解甲基橙的曲线。

从图 10.12 可看出，掺 Fe 可获得比纯 TiO_2 更好的降解效果。Fe 的掺入一般有两个用途：一个是掺入杂质能级，扩大 TiO_2 的响应范围；另外一个就是俘获载流子。此处为紫外光照射，所以 Fe 的作用主要是后者。这时由于掺入少量的 Fe 离子后，增加了俘获载流子的数量，使得载流子的寿命延长，提高了光生载流子的分离效果，为载流子的传递创造了条件，因而活性提高。如果活性过高的话，光生载流子在杂质离子上多次俘获后容易失活，这时候杂质离子反而成为电子和空穴的复合中心，不利于载流子向表面转移，从而降低光催化效率。

由于在可见光下 TiO_2 的光催化降解效率比较低，所以测样间隔延长至 1h。

从图 10.13 可以看出，掺 Fe 在很大程度上提高了光催化效率。这说明 Fe 的掺入极大地拓展了 TiO_2 的响应波段。在 TiO_2 中掺入三价铁离子，可以在 415nm 产生一个新的从三价铁离子 d 轨道到 TiO_2 导带的跃迁，其吸收边缘可达 550nm。光致生成的 Fe^{3+} 则和表面羟基、表面吸附水等生成一系列活性氧化物，从而引发一系列光催化降解反应。

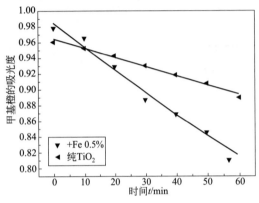

图 10.12　掺 Fe 的 TiO_2 薄膜紫外光下甲基橙的吸光度　　图 10.13　掺 Fe 的 TiO_2 薄膜在可见光下甲基橙的吸光度

10.3 泡沫钛生长 TiO_2 纳米线

电化学氧化法已经被认为是降解有机污染物的一种非常有效的方法。作为一种环境友好的污染物处理方法，电化学氧化法使用的设备体积小，不产生二次污染且有机污染物能够被彻底矿化，因而受到人们的高度关注。在电化学氧化系统中，通过有机物在阳极表面的直接氧化或阳极表面生成羟基自由基的氧化等途径，使有机污染物得到降解，甚至彻底矿化。不锈钢电极由于其成本低而得到较多使用，但由于废水组成复杂，废水中的某些成分易造成不锈钢电极的腐蚀，特别是处理酸性废水和含氯离子废水时，不锈钢电极的使用寿命会受到影响。为了保护上述阳极不受腐蚀，TiO_2 修饰电极也得到了广泛的关注和研究。TiO_2 修饰电极不仅能有效地将废水中的有机物降解为 H_2O、CO_2、PO_4^{3-}、SO_4^{2-}、卤素离子等无机小分子，达到完全无机化的目的，而且具有较好的抗腐蚀能力。TiO_2 作为一种多功能物质已有很多研究，研究者们已用溶胶-凝胶法，特别是水热法成功地制备出二氧化钛纳米线。例如，二氧化钛纳米线阵列可通过金属钛基板与 H_2O_2 溶液反应获得，接着通过热处理使纳米线转化为锐钛矿；二氧化钛纳米阵列也可通过在 NaOH 溶液中水热氧化金属钛基板之后退火而获得；自由的 TiO_2 纳米线则可通过在 NaOH 水溶液中对 TiO_2 粒子进行水热反应处理而得以合成。根据已报道的工作，由定向一维纳米线构成的二氧化钛纳米阵列薄膜一般都是生长在致密的金属钛基板上，而生长在多孔结构的泡沫钛上的工作则鲜有研究。

甲基橙是一种难降解的有机物，其水溶液具有染料废水的典型特征，研究其降解性能对其他染料体系的电催化氧化降解具有普遍的参考价值。很多研究是通过光催化法研究了二氧化钛在甲基橙分解方面的应用，取得了较好进展。但该类研究所用紫外光源能量耗费较高，紫外灯功率大多为 300W 左右。因此，本工作选用电化学氧化法来分解甲基橙溶液。实验通过浸浆烧结法制备具有良好介质流通性的开孔泡沫钛，利用其本身的特性对其进行了表面改性：通过水热法在其表面生长出纳米结构的二氧化钛，在所得泡沫钛上制备出 TiO_2 纳米线。将这种开孔泡沫钛负载 TiO_2 纳米线的多孔复合结构作为阳极，泡沫镍作为阴极，制备了串联水处理装置，研究了该电极组在不同阳极氧化电压下对甲基橙溶液的分解率。此外，还将该负载复合结构尝试用于组装太阳能电池，并初步探讨其光转化性能。

10.3.1 泡沫钛基体的制备

实验通过挂浆法和高温真空烧结法制备了多孔钛镍合金，制备流程如图 10.14 所示。利用 Ti 和 Ni 的金属粉末作为初始原料，颗粒尺寸为 400 目。将两种金属粉末按照质量比为 (95～98)：(5～2) 混合均匀，加入一定量的黏合剂后，便可制得黑色的金属浆料。将开孔聚合物网状泡沫作为骨架材料浸入到金属浆料中，混合搅拌 30min，使得浆料均匀地负载在聚合物泡沫表面。将挂浆后的聚合物泡沫缓慢从浆料中拉出，并在水平的操作台上给予其一定的挤压，去除多余的金属浆料。将该聚合物泡沫放入烘箱中，100℃保温 2～4h（或在 80℃保温 12h 以上），便可获得多孔金属复合基体。将该基体放入真空炉中，升温至 1200℃，保持在 2×10^{-3}Pa 的真空度下，经真空烧结 2h 并炉冷至室温后，便可获得高度多孔的网状泡沫钛（图 10.15），孔隙率约为 88%，平均孔隙尺寸在 1.5mm 左右。该泡沫体为通孔结构，孔道连通性好，因此水溶液便于从中流过。

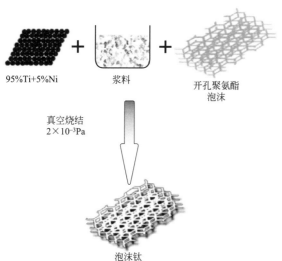

图 10.14 泡沫钛的制备流程

图 10.15 开孔泡沫钛制品宏观的形貌示例

所得泡沫钛的 XRD 曲线显示，经过真空烧结后，泡沫合金的主晶相为纯钛相。经进一步分析后得知，烧结制品中还存在少量 NiTi$_2$ 合金相，但并未发现金属 Ni 衍射峰，说明经过烧结过程后，金属 Ni 的存在形式由单质转变为 NiTi$_2$ 合金相。由于配料中含有少量起促进烧结作用的金属镍，因此在泡沫钛的衍射峰中出现了衍射强度较低的 NiTi$_2$ 衍射峰。这种合金相的生成有利于 Ti 金属粉末颗粒间的结合，从而能在较低温度实现 Ti 合金的烧结；所得泡沫钛制品具有明显的金属光泽。

10.3.2　TiO$_2$ 纳米线的生长

在金属钛表面制备 TiO$_2$ 薄膜可以采用溶胶-凝胶法、水热法和阳极氧化法等。本实验通过水热法（水热是在密闭条件下加热）在泡沫钛表面制备了 TiO$_2$ 纳米线结构，制备流程为：将上文中烧结获得的泡沫钛放入 HNO$_3$：HF：H$_2$O 为 2：1：3 的抛光液进行表面抛光处理。将抛光后的多孔金属用去离子水冲洗干净后，放入 30% 的 H$_2$O$_2$ 溶液中，置于 80℃ 烘箱中静置保温 16～18h 进行氧化处理，便可在其表面生长出 TiO$_2$ 纳米线。为了获得稳定的 TiO$_2$ 纳米线结构，将制备的纳米线负载泡沫钛在 400～500℃ 进行为时 6h 的烧结热处理；处理过程是在马弗炉中进行，以期将所得纳米线转变为更稳定的 TiO$_2$ 的物相。经热处理后，TiO$_2$ 纳米线转变为稳定的金红石相。最后所得二氧化钛纳米线的扫描电镜图片如图 10.16 所示。

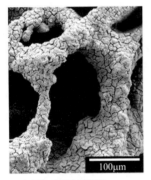 

(a) 多孔系统宏观形貌　　(b) 二氧化钛纳米线低倍放大形貌　(c) 二氧化钛纳米线高倍放大形貌

图 10.16　泡沫钛表面生长的二氧化钛纳米线

从图 10.16(a) 中可以看出，经过水热反应后，泡沫钛表面形成了大量纳米线结构，纳米线的生长量较大，基本覆盖了多孔体的全部表面。经观测，纳米线的长度约为 2μm，纳米线的底部存在一个二氧化钛颗粒密集层，二氧化钛纳米线以该密集层为基础，向溶液中生长。由更高放大倍数的扫描电镜照片图 10.16(c) 可知，该纳米线直径约为 20nm。大量纳米线的生成提高了表面的粗糙度，从而提高了该多孔体系的光吸收能力；并且由于纳米线产生的量子效应，更有利于电子在二氧化钛导带中的传播。从而避免了由于二氧化钛颗粒间界面效应而引起的不利于电子传递的现象。

图 10.16(a) 和（b）膜层中出现的微裂纹是由于纳米线生长在多孔基体样品的崎岖表面，烧结后在冷却过程中膜层收缩所致。通过水底快速冲击实验并接着用超声振荡来检测该

烧结层的结合性，发现该膜层经 0.25MPa 压力水冲击 15min，接着在水中超声振荡 15min 后，不发生从泡沫钛基体表面的剥离，表现出良好的结合力。

图 10.16 显示，经过长时间的水热反应后，泡沫钛表面被排列有序的纳米线层所覆盖。经进一步观测知道，纳米结构层的厚度约为 2.5μm，纳米结构层的底部为一层致密的二氧化钛薄层，厚度约为 0.5μm。纳米线长度约为 2μm，直径约为 20nm。纳米线的长度可随反应时间增加而增加，因此可由反应时间来控制。所得多孔系统的 XRD 衍射曲线如图 10.17 所示。由图中曲线 a 可知，生长二氧化钛纳米线后未经后期热处理的复合多孔系统的主晶相仍为纯钛相，没有发现二氧化钛的衍射峰，说明生成的二氧化钛属于非晶相。经后期 300℃的热处理仍看不出相态的变化，经后期 400～500℃为时 6h 的热处理后出现了明显的金红石相衍射峰（图 10.17c）。由于表面纳米层较薄，因此衍射峰强度较低。生长有纳米线的泡沫钛镍合金经 300℃热处理后，并未出现金红石或者锐钛矿衍射峰，说明通过水热反应在表面得到的二氧化钛纳米线在达到一定温度后，没有经过锐钛矿相，而是直接转化为金红石相。这可能是由于纳米线的特殊一维结构限制了二氧化钛向锐钛矿相的转变。

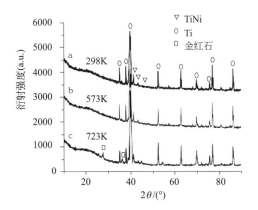

图 10.17　泡沫钛镍合金负载二氧化钛纳米
　　　　　线的 XRD 衍射曲线

a—未经热处理　b—300℃热处理　c—500℃热处理

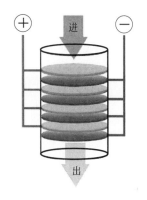

图 10.18　串联水处理装置示意图

● 泡沫镍
● 生长 TiO2 纳米线的泡沫钛泡沫镍

10.3.3　复合结构用于甲基橙溶液的电解

将生长 TiO_2 的泡沫钛多孔系统作为阳极与泡沫镍组成串联水处理装置电解甲基橙溶液，电极串联水处理装置如图 10.18 所示。阳极为生长 TiO_2 的泡沫钛多孔圆板（直径 20mm、厚 2mm），采用相同直径和厚度的泡沫镍圆板为阴极。多层圆板在管道中交叉叠加，各层之间间隔为 1mm。

将浓度为 20mg/L 的甲基橙溶液由电极顶端以 200mL/min 的速度引入串联装置上方，接通电路，甲基橙在串联装置中逐步分解，最终从下方流出。本实验测定了在不同阳极电压下，甲基橙溶液在通过上述处理系统后吸光率的变化曲线，如图 10.19 所示，吸光率由分光光度计测得。

从图 10.19 中曲线的变化趋势可以看出，在低电压区，随着电压的增加，甲基橙溶液脱色率快速增加。当阳极电压达到 20V 时，甲基橙溶液脱色率便可达 85％以上。随着电压的进一步增加，甲基橙的脱色率不断升高，电极的发热量也不断地增大，大量能量被消耗在发热上。当电压升高到 50V 时，滤出液的温度已达 80℃。经实验测定，30V 是一个较理想的处理电压，该条件下甲基橙脱色率可达 93％左右，而且滤液温度可保持在 40℃以下。

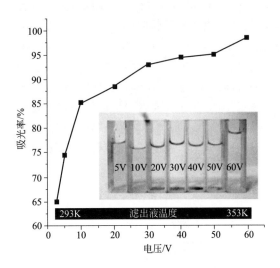

图 10.19　不同阳极电压下甲基橙溶液的吸光率

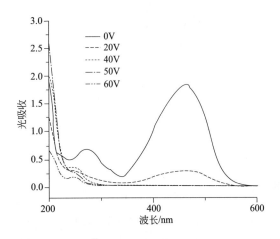

图 10.20　不同阳极电压下处理后的甲基橙
　　　　　溶液的紫外-可见吸收光谱图

在实际晶体包括本二氧化钛中，存在着许多点缺陷，如准自由电子和电子空穴等。这种准自由电子可在基质中自由迁移，借助于纳米线丰富的表面以及二氧化钛层与金属钛基体之间的界面，很容易在以本多孔复合体为阳极的电场作用下快速地从泡沫钛表面的二氧化钛中迁移出来。因此，这些电子与电子空穴复合的机会将大幅减少，产生更高的电子空穴浓度，从而可以在没有紫外光照射的情况下获得二氧化钛的活性。

本工作记录了浓度为 60mg/L 的甲基橙溶液经过不同电压电解处理后水样的紫外-可见吸收光谱图，如图 10.20 所示。图中 0V 吸收曲线为未经过电解的甲基橙溶液的紫外-可见光谱图，其在 470nm 左右有一明显的特征吸收峰，在 270nm 附近可同时观察到一个苯环的特征吸收峰。随着降解电压的不断增大，甲基橙的特征吸收峰逐渐减弱。当阳极电压达到 40V 时，吸收曲线已经趋于平坦，表明溶液中的绝大部分甲基橙已被降解。同时在 270nm 附近的苯环特征吸收峰也逐渐减弱，说明甲基橙分子结构中的共轭生色体基团也被破坏。

TiO_2 电极对甲基橙溶液的脱色降解机理如图 10.21 所示，其氧化方式主要是间接氧化，即在电极表面生成氧化能力很强的羟基自由基，进攻甲基橙分子中的偶氮键，通过破坏甲基橙的共轭生色团达到脱色的目的。

具有有序纳米结构的二氧化钛薄膜提供了高比表面积和有利于电荷分析的综合优势，这对于水体或大气中有机污染物的高效催化降解是十分关键的。由于电极的开孔泡沫结构和表面 TiO_2 纳米线的存在，进一步增加了电极和甲基橙溶液的接触面积，从而在表面生成大量的自由基，使得甲基橙溶液在一次性流过电极后，便能取得较好的脱色效果。表面二氧化钛层的存在也大大减小了电子和空穴的复合概率，提高了空穴利用率。有文献认为，二氧化钛纳米线优异的催化活性归因于可控纳米结构形态为物质反应增加了有效的空间。反应效率的提高，也有二氧化钛薄膜中带隙减小、表面羟基基团密度增大的贡献。

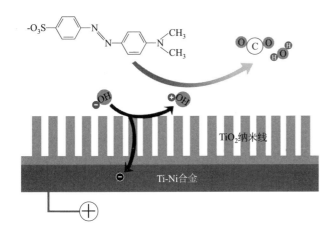

图 10.21　负载二氧化钛纳米线泡沫钛电极对甲基橙的脱色降解机理

10.3.4　复合结构用于太阳能电池

在努力发展清洁能源的大趋势下，太阳能电池的研究受到极大重视。自发明染料敏化太阳能电池以来，各国的研究者在纳米二氧化钛的制备、新型染料的制备和高效电解液的配制等方面进行了大量研究，现已将染料敏化太阳能电池的发光效率提高到了百分之十几以上，染料敏化太阳能电池的单色光发光效率提高到了百分之三十几以上。但是自染料敏化太阳能电池发明以来，其结构并未发生较大的变化，其基本结构仍是以二氧化钛纳米颗粒为基础的三明治结构，如图 10.22 所示。在两层导电玻璃间为一层纳米结构的二氧化钛，产生电流的主要单位为负载了有机染料的二氧化钛纳米结构。一般通过丝网印刷的方法把二氧化钛浆料粘接在导电玻璃上。为了增加导电性，一般在导电玻璃上会额外沉积一层 Pt 层。

在上文中已经提到，我们利用挂浆法制备多孔钛镍合金，并通过水热法在其表面生长出纳米结构的二氧化钛。本部分我们将该纳米二氧化钛负载多孔钛镍合金的复合结构组装成染料敏化太阳能电池，并对其性能进行初步探讨。

10.3.4.1　多孔钛镍合金基体分析

经真空烧结后制备得到的多孔钛镍合金的宏观形貌如图 10.23 所示，其表面扫描电镜照片如图 10.24 所示。通过多孔钛镍合金的低分辨率扫描电镜照片 [图 10.24(a)] 可以看出，经过高温真空烧结后，钛合金表面已无明显的颗粒结构，表面比较平滑。说明经过烧结后，金属粉末之间已充分地结合在一起。多孔钛镍合金表面的高放大倍数扫描电镜照片见图 10.24(b)。从中可以看出，烧结后的钛镍合金出现了分相现象。其中一相为表面粗糙的岛状结构，由大量直径约为 $1\mu m$ 的小颗粒所组成，如图 10.24(b) 中区域 1 所示，该岛状颗粒周围被较平滑的第二相所围绕。通过 EDX 分析测定了这两种不同物相中钛原子和镍原子的相对含量，所选的面扫描区域如图 10.24(b) 中带数字的方框所示。经扫描可知，区域 1 中 Ni 原子的原子分数为 32%，而区域 2 内，Ni 原子的原子分数仅为 5%。以上结果说明，分相现象的出现是由于在烧结过程中 Ni 原子的富集造成的。高 Ni 含量的组分发生富集，形成岛状结构。对比 XRD 的测试结果，对该岛状物相进行了分析，其结果列于表 10.2 中。

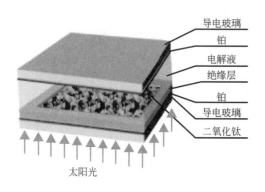

图 10.22　染料敏化太阳能电池结构示意图

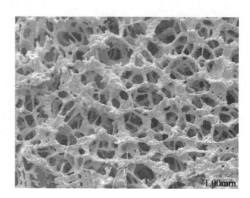

图 10.23　多孔钛镍合金样品的光学显微照片

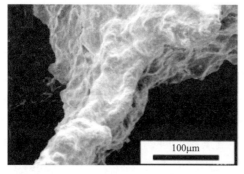

(a) 放大500倍

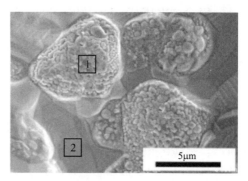

(b) 放大10000倍

图 10.24　不同放大倍数的多孔钛镍合金扫描电镜照片

表 10.2　多孔钛镍合金 XRD 和 EDX 分析结果比较

XRD 分析 Ni 原子的理论相对含量		EDX 测试 Ni 原子的实际相对含量	
烧结相			
Ti	NiTi$_2$	1 区	2 区
0~5%	33.3%	约 5%	约 32%

从表10.2中可以看出，烧结后岛状分相中的 Ni 原子相对含量和 $NiTi_2$ 合金相的 Ni 原子相对含量基本相同，因此可确定该岛状分相为 $NiTi_2$ 相，而岛状相的周围部分可能是由掺杂少量 Ni 原子的金属 Ti 构成的。由于我们制备该多孔钛镍合金所采用的原料为 Ni 原子含量 5% 的金属混合粉末，所以烧结后在金属 Ti 内肯定会有 Ni 原子的残留，而且由于扩散作用，岛状分相内的 Ni 原子也会向周围区域扩散。考虑到以上因素，图10.24(b) 中区域1内 Ni 含量大约为 5%，可以认为是合理的 Ni 原子残留量。

10.3.4.2　负载二氧化钛纳米结构分析

在多孔钛镍合金表面形成的二氧化钛结构扫描电镜照片如图10.25所示。从图10.25(a) 中可以看出，经过水热反应后，多孔钛镍合金表面形成一个鳞片状的氧化物层。这些"鳞片"为纳米线结构［图10.25(b) 和 (c)］，它们的生长量较大，基本覆盖了多孔钛镍合金的全部表面。该氧化物层存在的大量裂缝［图10.25(a)］可能是在烘干过程中所形成的开裂。从图10.25(b) 可以看出，纳米线的长度约为 $2\mu m$，底部存在一个明显的二氧化钛颗粒密集层，二氧化钛纳米线以该密集层为基础，向溶液中生长。由更高放大倍数的扫描电镜照片图10.25(c) 可知，该纳米线直径约为 20nm。相互靠近的纳米线顶部相互粘接到一起，形成了大量类似三角锥形的结构。大量纳米线的生成提高了表面的粗糙度，从而提高了多孔钛镍合金的光吸收能力；并且由于纳米线产生的量子效应，更有利于电子在二氧化钛导带中的传输，从而避免了由于二氧化钛颗粒间界面效应而引起的不利于电子传递的现象。上述纳米线经过 400℃ 热处理后，二氧化钛转变为稳定的金红石相。

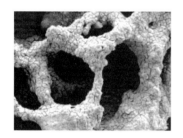
(a) 放大300倍

(b) 放大30000倍

(c) 放大300000倍

图 10.25　不同放大倍数氧化处理后的多孔钛镍合金表面 SEM 照片

10.3.4.3　电池的制备

染料敏化太阳能电池多以纳米级的二氧化钛颗粒为基础。虽然纳米二氧化钛颗粒在粘接到玻璃电极后，会因颗粒的堆叠产生一定的孔隙结构。但是，从大尺寸的角度来看，导电玻璃表面所粘接的二氧化钛颗粒层仍是一种平面结构。因此，我们希望利用所制备的多孔钛镍合金材料来制备一种具有大尺度立体结构的染料敏化电池，使得入射光线可以在其内部产生多次反射，提高光线的利用率。通过上述二氧化钛纳米线负载多孔钛镍合金，我们制备了一种新型染料敏化太阳能电池，其结构如图10.26所示。

在图10.26中，电池底层为支持层，主要作用是为支撑整个电池结构。由于在电池中不使用导电玻璃，因此该支持层的存在是必不可少的。在支撑层之上，为阳极导电层，本实验中采用反光率较高的铝箔作为阳极导电层。高反光率的铝箔可以使得由多孔体中透过的光线被二次反射入多孔体中，再次参与光电转换过程，从而提高光能的利用率。阳极导电层之上为该电池的主要部分——负载有 N719 有机染料的二氧化钛纳米线负载多孔钛镍合金，被固定在密封框中。为了防止多孔钛镍合金与底部阳极直接接触而短路，在多孔钛镍合金和阳极之间添加一层厚约 $50\mu m$ 的支撑框。在注入电解液后，采用一块超薄玻璃将该电池进行最后密封。

10.3.4.4　电池的性能研究

（1）染料敏化太阳能电池的基本原理

染料敏化太阳能电池的基本原理为：负载在二氧化钛颗粒表面的染料分子吸收太阳光线的能量后，其电子跃迁至能量较高的能级。由于该染料负载在二氧化钛颗粒表面，因此染料中能级较高的电子在发生回落时，可以进入二氧化钛颗粒内的导带中，进而通过二氧化钛颗粒底部的导电玻璃层传递出去。阳极导电玻璃则通过离子导电液维持整个电池的正常持续运转，如图 10.27 所示。图中电解液为 I_3^-/I^- 体系，I_3^- 在阳极被还原为 I^-，经扩散作用，I^- 运动至负极，补充有机染料中缺失的电子。

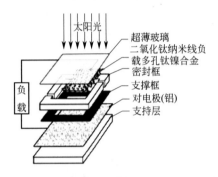

图 10.26　二氧化钛纳米线负载多孔钛镍合金染料敏化太阳能电池

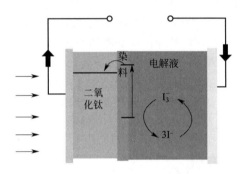

图 10.27　染料敏化太阳能电池的电子转化过程

（2）光反射性能

为了研究该电池的光学性能，我们测试了该电池简化结构的光反射性能，对其光吸收能力进行初步估计。测定光反射系数所采用的试样如图 10.28 所示，该结构可被认为是没有添加电解液的半敞开电池。由于该电池的阳极为不透明铝箔，其本身并不透光，无法直接对该电池的光吸收系数进行测试，而且由于高反光率的阳极电极可以为电池提供大量的二次入射光线，因此只对二氧化钛纳米线负载多孔钛镍合金进行光吸收系数测试是不全面的。

我们通过对该电池在敞开状态下进行光反射率测定来对其光吸收能力进行研究，结果如图 10.29 所示，其中曲线 a 为相同的电池结构下，表面未生长二氧化钛纳米线的多孔钛镍合金电池的光反射率。同时可以看出，在未生长二氧化钛纳米线的情况下，多孔钛镍合金电池的反射率可低至 20% 以下，这是由于多孔钛镍合金的特殊多孔结构使得入射光线在多孔体内多次反射，造成了多次吸收，从而大大降低了反射率。

二氧化钛纳米线负载多孔钛镍合金电池的反射率如图 10.29 中曲线 b 所示，其反射率可降低至 9% 以下，说明在多孔结构的基础上，表面的纳米线结构进一步地降低了光线的反射率。入射光线在多孔体内的多次反射可以使得二氧化钛纳米线表面负载的有机染料具有更高的概率以将光能转变为电能。

（3）本电池的 I-V 特性

本染料敏化太阳能电池的 I-V 曲线如图 10.30 所示。实验采用 I_2/KI 的乙腈溶液作为电

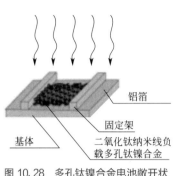

图 10.28 多孔钛镍合金电池敞开状
态下的结构

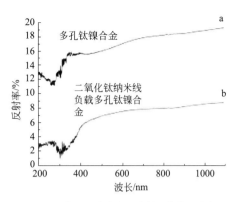

图 10.29 多孔钛镍合金电池敞开状态下的光反
射率

解液，N719 染料作为光吸收材料。图 10.30 中的下部曲线为未生长纳米线的多孔钛镍合金染料敏化太阳能电池的 $I\text{-}V$ 曲线，其基本没有光转化能力。这是由于没有二氧化钛纳米线的生成，有机染料在光照下被激发的电子不能传递给阴极，从而不能在光照的条件下形成回路。二氧化钛纳米线负载多孔钛镍合金染料敏化太阳能电池的 $I\text{-}V$ 曲线如图 10.30 中的上部曲线所示，其转化效率 η 可按照下式计算得出：

$$\eta = i_{ph} V_{oc} f_f / I_s \qquad (10.32)$$

式中，i_{ph} 为短路电流；V_{oc} 为开路电压；f_f 为填充因子；I_s 为入射光功率。

由上部曲线可以看出，在二氧化钛纳米线结构出现后，其光转化效率得到了很大提升。通过对 $I\text{-}V$ 曲线和转化效率的测定可知，生长有二氧化钛纳米线的多孔钛镍合金具有了一定的光转化能力，但其转化率仍然不高，说明这种电池的性能还需进一步提高。对于这种较低的转换效率，我们提出了几种可以用来提高效率的方法：①高温二次退火，降低多孔钛镍合金的电阻率；②改用 Li 离子电解液，增加电解液电导率；③对表面的纳米层进行修饰，降低电子复合概率；④对二氧化钛纳米线进行掺杂修饰，减小二氧化钛能级间隔。

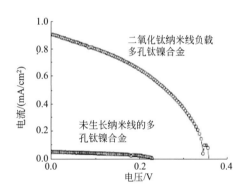

图 10.30 多孔钛镍合金染料敏化电池 $I\text{-}V$ 曲线

10.4 泡沫钛生长 TiO_2 纳米管

TiO_2 稳定性高、催化活性高，容易制备成纳米粒子、纳米线、纳米棒等纳米结构，目前作为宽禁带阳极广泛应用于染料敏化太阳能电池中（DSSCs）。宽禁带半导体氧化物 TiO_2 纳米结构成为"三明治"结构 DSSCs 中的关键部分。由于 TiO_2 具有较宽的带隙，对太阳光的利用率较低，通常采用适量金属阳离子对 TiO_2 进行掺杂改性来提高它的光活性。与其纳米颗粒相比，TiO_2 纳米管具有比表面积更大、吸附性能更好、催化活性更高等优点，因此 TiO_2 纳米管成为近年来研究的热点。但是，以颗粒形式存在的 TiO_2 纳米管使用后较难回收，因此宜将

TiO_2 纳米管固定在某种基底上。本实验是以多孔钛合金为基底生长 TiO_2 纳米管。TiO_2 纳米管的制备方法主要有模板合成法、溶胶-凝胶法、水热合成法和阳极氧化法等，其中阳极氧化法由于其具有可控性、重复性好以及过程简单等优点而受到广泛关注。

本节我们主要研究了泡沫钛孔隙表面生长二氧化钛纳米管的制备方法及二氧化钛纳米管的生长机理。在通过挂浆法制备多孔钛合金的基础上，根据该多孔基体本身的特性对其进行了表面改性，利用阳极氧化法在其表面生长出了纳米结构的二氧化钛空心管阵列。借助于扫描电镜的观测和分析，对该二氧化钛纳米管的生长机理进行了表征和研究，同时考察了阳极氧化电压和时间对二氧化钛纳米管结构形貌的影响。

10.4.1　泡沫钛基体的制备

实验通过挂浆法和高温真空烧结法制备了 Ti 和 Ni 原子比为 95∶5 左右的多孔钛镍合金，样品为三维网状结构的泡沫体，如图 10.31 所示。通过基体孔径规格的选取以及挂浆厚度的调节，本工作最终得到的多孔钛镍合金制品的孔隙直径在 1~3mm 之间，体密度在 0.270~0.725g/cm³ 之间。当然也可以改变初始工艺条件而得到不在上述范围内的制品参数。

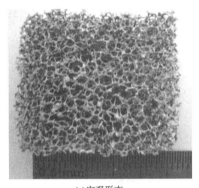
(a)宏观形态

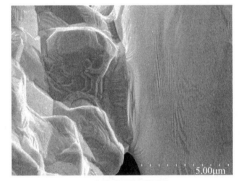
(b)孔棱表面显微图像

图 10.31　多孔钛镍合金形貌

所得多孔钛镍合金的 XRD 曲线如图 10.32 所示。其中曲线 a 为烧结前 Ti 粉末和 Ni 粉末机械混合物的 XRD 曲线。从中可以看出存在明显的 Ti 金属单质和 Ni 金属单质的衍射峰。曲线 b 为真空烧结后多孔钛镍合金的 XRD 曲线。与标准卡片对比后可知，曲线 b 中含有多个明显的金属 Ti 衍射峰。说明经过真空烧结后，泡沫合金的主晶相为纯钛相。经进一步分析后得知，烧结后多孔钛镍合金中还存在少量 $NiTi_2$ 合金相，但并未发现金属 Ni 衍射峰，说明经过烧结过程后，金属 Ni 的存在形式由单质转变为 $NiTi_2$ 合金相。

10.4.2　TiO_2 纳米管的制备

已有许多学者在制备二氧化钛纳米管方面做出了大量研究，其中包括模板法、水热法、溶胶-凝胶法和阳极氧化法等。阳极氧化法通过钛片在含 F⁻ 溶液中的电化学反应获得纳米管结构，该方法可以获得排列有规律的二氧化钛纳米管。本工作也选用阳极氧化法在多孔钛镍合金表面制备二氧化钛纳米管结构，试验装置如图 10.33 所示。

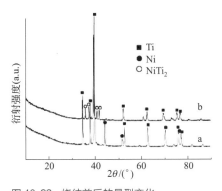

图 10.32　烧结前后的晶型变化
a—烧结前的粉末　b—烧结后的多孔制品

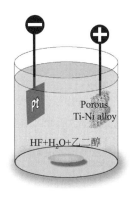

图 10.33　多孔钛镍合金阳极氧化试验

　　试验采用多孔钛镍合金为阳极，铂电极为阴极，溶液组成为"乙二醇：氟化氢：去离子水（体积比）＝100：1：3"。在阳极氧化过程中，为了保证溶液的均一性，需采用磁子缓慢搅拌。阳极氧化电压为 40～60V，氧化时间为 1～6h。阳极氧化前使用抛光液对多孔钛镍合金进行抛光，抛光液组成为"HNO_3：HF：H_2O（体积比）＝2：1：3"。研究了不同阳极氧化电压和氧化时间下二氧化钛纳米管的生长情况。在 50V 电压下，阳极氧化 1h 后二氧化钛纳米管的扫描电镜照片如图 10.34 所示。

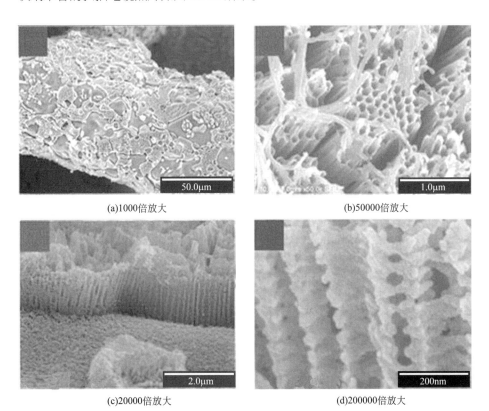

(a)1000倍放大　　　　　　　　　　　(b)50000倍放大

(c)20000倍放大　　　　　　　　　　　(d)200000倍放大

图 10.34　阳极氧化 1h 后多孔钛镍合金表面的扫描电镜照片

由阳极氧化时间为1h的扫描电镜照片图10.34(a)可知，在多孔钛镍合金表面，只有局部范围内出现了纳米管结构。由图10.34(c)可知，纳米管长度约为1.5μm，管壁较薄，在20nm左右。由高放大倍数照片图10.34(d)可以看出，二氧化钛纳米管呈竹节状的不完整结构，这可能是由于在生长过程中，溶液中F^-的溶蚀作用和电压源的波动所造成的。由图10.34(b)还可以看出，二氧化钛纳米管顶端有大量纤维状结构。在阳极氧化中，表面纤维束的形成很难避免，这可能是纳米管顶部逐渐溶解到电解液中造成的。该纤维结构可以在纳米管生长结束后，采用HF溶液清洗的方法予以去除。

随着阳极氧化时间增加至2h，纳米管在多孔钛镍合金表面的生长范围逐渐增加，但仍没有覆盖全部的合金表面［图10.35(a)］。合金表面这种不均匀的阳极氧化情况可能是由于其表面的不均匀造成的。由于合金表面凹凸不平，表面凸起的部分在通电状态下具有较高的电场强度，因此有利于F^-在其周围的聚集，从而使得在凸起部分首先生长出二氧化钛纳米管。随着二氧化钛纳米管在凸起部分不断生长，其电场强度逐渐降低，继而其他位置的二氧化钛纳米管也开始生长。图10.35还显示，纳米管表面被大量颗粒物所覆盖，纳米管厚度也相应增加。纳米管厚度增加的原因可能是：在溶液中F^-的腐蚀作用下，二氧化钛纳米管大量溶解到溶液中，从而造成了溶液中Ti^{4+}离子浓度逐渐增加。随着阳极氧化时间的增加，纳米管顶端的须状物也在溶蚀作用下逐渐减少［图10.35(b)］。

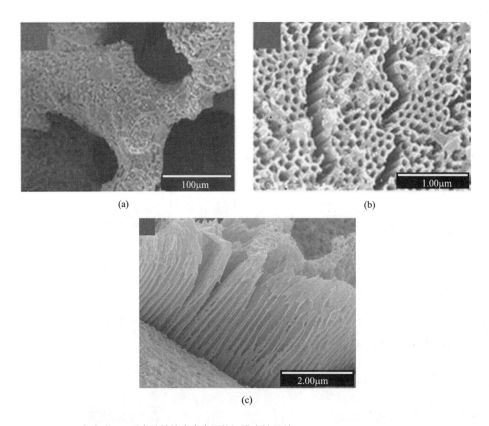

(a)

(b)

(c)

图10.35　阳极氧化2h后多孔钛镍合金表面的扫描电镜照片

阳极氧化6h后多孔钛镍合金孔隙表面扫描电镜照片如图10.36所示。由图10.36(a)可看出，经 6h 阳极氧化后，合金的表面基本被纳米管所覆盖。由图 10.36(c) 可以看出，纳米管顶部出现了明显的破损现象，纳米管的长度也减小到 300nm 左右。这是由于在阳极氧化反应中，纳米管的生长和溶解是一个动态过程：当反应时间过长时，纳米管溶解现象明显，管长度减小。从不同阳极氧化时间下二氧化钛纳米管的扫描电镜图片还可以看出，在阳极氧化时间为 1h 时，可以在单根纳米管上观察到明显的竹节状结构 [图 10.34(d)]。这说明在该阳极氧化时间下，纳米管主要是轴向生长，管壁较薄，管结构还不完整。随着阳极氧化时间增加至 2h，已经不能在纳米管上观察到明显的竹节状不完整结构 [图 10.35(c)]，说明随着阳极氧化时间的增加，纳米管的厚度逐渐增加，管结构趋于完整。

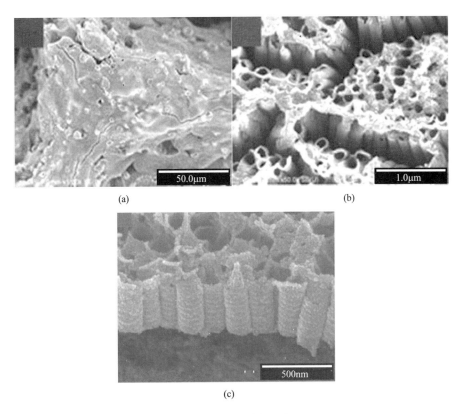

图 10.36　阳极氧化 6h 后多孔钛镍合金表面的扫描电镜照片

　　在以往关于阳极氧化法制备二氧化钛纳米管的研究中，多使用钛金属片作为阳极，阳极氧化电压一般只需 5V 左右。对于多孔钛镍合金来说，阳极氧化电压需增大 10 倍左右。多孔钛镍合金阳极氧化电压增加的原因可能是：一方面，对于多孔钛镍合金来说，其孔隙结构比较复杂，在一定程度上给离子的扩散增加了阻力，并且改变了 F^- 和 Ti^{++} 在金属表面的分布情况；另一方面，相比较纯钛片电极，多孔钛镍合金电极的电阻较大，因此需要更高的电压以生成二氧化钛纳米管。

　　在阳极氧化时间皆为 2h 时，不同阳极氧化电压下纳米管的生长情况如图 10.37 所示。图 10.37(a) 表明，当阳极氧化电压为 40V 时，泡沫钛镍合金表面形成的是一种多孔结构，类似于模板法制备纳米线时使用的模板材料，孔洞直径约为 50nm。其断面的扫描电镜图片如图

10.37(b) 所示，从中可以看出，这种多孔结构下面已经生长出大量的纳米管结构。但是，由于阳极氧化电压过低，使得表面的多孔结构很难溶解，从而使得纳米管难以暴露出来。

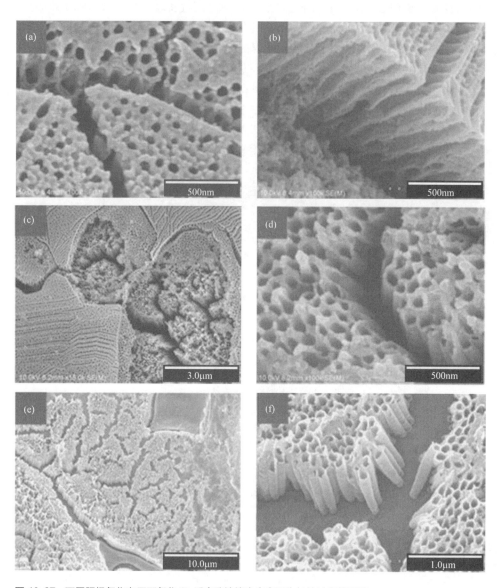

图 10.37 不同阳极氧化电压下氧化 2h 后多孔钛镍合金表面生长的纳米管形貌
(a)、(b) 40V   (c)、(d) 50V   (e)、(f) 60V

在 50V 阳极氧化电压下，二氧化钛纳米管的扫描电镜照片如图 10.37(c) 所示。从中也可以观察到覆盖在纳米管表面的多孔结构。由于阳极氧化电压的增加，该多孔覆盖层已部分溶解，从而暴露出下层的纳米管结构，如图 10.37(d) 所示，纳米管直径约为 60～80nm。

在 60V 阳极氧化电压下，纳米管的电镜照片如图 10.37(e)、(f) 所示。从图可以看出，此时表面的多孔结构已基本不存在，只残留有少量絮状物。纳米管直径约为 100nm，单根纳米管的独立性较好，与其周围的纳米管存在明显界限。

10.4.3 TiO₂ 纳米管生长机理

对阳极氧化法制备二氧化钛纳米管的生长机理进行的研究还没有给出明确的结果，这是由于其反应机理复杂，其中包含大量的化学反应和电场作用，因此较难获得统一的认识。现在公认的比较合理的解释是：二氧化钛纳米管是由二氧化钛的生长和溶液中 F^- 对二氧化钛溶蚀这两个竞争过程形成的，如以下方程所示：

$$Ti+4H_2O \Longrightarrow TiO_2+8H^++O_2+8e \tag{10.33}$$

$$TiO_2+6F^-+4H^+ \Longrightarrow TiF_6{}^{2-}+2H_2O \tag{10.34}$$

本实验中，除生成纳米管外，在阳极氧化的开始阶段，还在纳米管顶端产生了大量多孔层。因此，多孔钛镍合金表面二氧化钛纳米管的生长是在表层的多孔层下进行的，其生长过程可能如图 10.38 所示，其中负离子代表 F^- 与 OH^-，正离子代表 H^+。

图 10.38　二氧化钛纳米管生长机理

在阳极氧化的开始阶段，在乙二醇中少量水分子的作用下，多孔钛镍合金表面生成了一层致密的二氧化钛阻挡层。该二氧化钛层很快在 F^- 的作用下发生溶蚀，在泡沫金属表面形成多孔状态的氧化物层（图 10.38A）。随着阳极氧化电压或阳极氧化时间的增加，纳米多孔层结构在式(10.33) 和式(10.34) 的竞争作用下，不断地向金属内部生长，从而生成了纳米管（图 10.38B）。

纳米管的生成，使得管底部电场强度相对较高，F^- 在底部聚集，进一步使纳米管向金属内延伸。由于此时 OH^- 也在电场的作用下向管底部聚集，因此在管底部又产生了 F^- 腐蚀和 TiO_2 生长这两个相互竞争的过程，使得纳米管的长度不断增加。同时在电场作用下，管内的 H^+ 因为阳极电场的斥力作用而向管顶部扩散，使得在管内部形成了一种类似于双电层的结构（图 10.38B）。底部 F^- 含量较大，从而不断地促进氧化层的溶蚀，产生纳米管；而顶部的 H^+ 含量较高，与溶液中的 F^- 共同作用促进了顶层多孔层的溶蚀，顶部多孔结构逐渐消失（图 10.38C），并且纳米管的管径在该溶蚀作用下也逐渐变大。当顶部多孔结构溶蚀殆尽后，H^+ 聚集区域逐渐下移，纳米管在该溶蚀作用下逐渐变短（图 10.38D）。

10.5　多孔材料负载 TiO₂ 薄膜

染料废液等含有机污染物的废水大量排放会造成严重的环境污染，研究能够有效处理有机污染物的方法十分必要。随着 TiO_2 等半导体物质能够催化降解有机物的发现，使得人工降解含有机污染物的污水成为可能。目前，以纳米 TiO_2 为代表的半导体光催化材料因其易得、稳定且氧化性强，可在不同程度上降解和去除有机物，因而受到很大关注。

直接使用 TiO_2 粉末进行光催化降解不便于使用后的分离和回收，利用载体的制膜技术可望解决这一问题。已有的负载方法虽有一定效果，但一般来说载体结构性能不够理想，负载系统大多比表面较小，催化活性偏低。因此，目前二氧化钛光催化氧化污水处理技术向工业化应用的关键点仍然集中在固定 TiO_2 纳米结构的载体选择和有效的固定技术方面。

10.5.1　泡沫金属负载 TiO_2 薄膜

工业污水和生活污水的大量产生使得水质受到严重污染。为达到净化水的目的，人们积极探索降解水中有机污染物的方法，其中光催化氧化法被证明是一种有效的降解方式。该法将光照和催化剂结合在一起，利用半导体光催化剂可有效地将污染物转化为无机小分子而达到完全无机化的目的。目前所研究的光催化剂大都属于宽禁带的 n 型半导体氧化物或硫化物，如 TiO_2、ZnO、CdS、WO_3、SnO_2、ZnS、Fe_2O_3 等十几种。本部分工作以泡沫镍为载体，采用溶胶-凝胶法研制了一种多沟道结构的 TiO_2 光催化膜。该膜层表面结构呈两类区域：一类是由纳米 TiO_2 颗粒结成的平整区，该平整区是一个连续性的整体结构；另一类是"镶嵌"在平整区上的"沟道"。这些"沟道"是相互孤立地存在，尺度为微米级。整个表面即为具有许多"沟道"的二氧化钛薄膜。研究发现，该体系对水体中有机毒性物质的降解净化效果好于常规的二氧化钛光催化系统。

10.5.1.1　TiO_2 光催化膜的负载

尽管二氧化钛是一种优良的光催化剂，但由于粉体微粒催化剂在实际应用中存在光吸收利用率低、在悬浮相中难以分离回收且易凝聚、气-固相光催化过程中催化剂易被气流带走等缺点，在实际污染治理时使得该项技术的实际应用受到限制，从而制约了二氧化钛光催化剂的产业化。固定催化剂的负载化技术是解决这一难题的有效途径，也是调变活性组分和催化体系设计的理想形式。良好的二氧化钛光催化剂载体应具有较高的比表面积，具有一定的强度和耐冲击性能，其中研究较多的载体材料主要是玻璃、陶瓷、吸附剂等。20 世纪 90 年代末以后开始报道金属类载体的工作，其具有较优的强度、耐冲击、化学稳定性和安装性等综合性能。

光催化剂在载体上的负载方法主要有气相法、溶胶-凝胶法、粉体烧结法、偶联黏结法、离子交换法、液相沉积法、水解沉积法、掺杂法、直接浸涂热分解法和交联法等，其中溶胶-凝胶法可多次重复以增加二氧化钛的膜厚，所得负载二氧化钛膜具有较高的光催化活性和较好的牢固性且分布均匀。该法工艺简单、条件温和、工艺可调控且适用于复杂形状载体上的负载，是目前最常用的方法。本工作即采用这一方法。该法的反应机理是醇盐在水中水解生成含有金属氢氧化物粒子的溶胶液，并随着缩聚反应的进行变成整体的凝胶：

$$nTi(OR)_4 + 4nH_2O \longrightarrow nTi(OH)_4 + 4nROH \tag{10.35}$$

生成的 $Ti(OH)_4$ 发生聚合反应而形成 $Ti—O—Ti$ 键接的 TiO_2 固体：

$$nTi(OH)_4 \longrightarrow nTiO_2 + 2nH_2O \tag{10.36}$$

在溶胶-凝胶法中最常用的是钛酸四丁酯 $[Ti(OBu)_4]$，实际的水解和聚合方式可随反应条件而变化。

（1）常规二氧化钛溶胶的配制

采用钛酸四丁酯 $[Ti(OBu)_4]$（化学纯）为原料，量取一定量的钛酸四丁酯，在搅拌条件下加入乙酰丙酮（分析纯：作为抑制剂，以延缓钛酸四丁酯的强烈水解）。待混合均匀后，再在搅拌条件下加入无水乙醇（分析纯，所用乙醇体积为总体乙醇体积的 2/3）。将所需量的硝酸（分析纯）、去离子水和无水乙醇（所用乙醇体积为总体乙醇体积的 1/3）混合

（注：混合次序为"硝酸＋去离子水＋无水乙醇"）并搅拌均匀，在强烈搅拌下，缓慢滴加到上述溶液中，可得到稳定的二氧化钛溶胶。上述物质的物质的量之比为：$Ti(OBu)_4$：$EtOH$：H_2O：HNO_3：乙酰丙酮＝1：18：2：0.2：0.5。加入硝酸的作用一是抑制水解，二是使胶体离子带上正电荷，从而阻止胶粒凝聚。用此法制备的溶胶非常稳定，室温下可以在避光条件下密闭稳定放置一年左右。

（2）带"沟道"二氧化钛溶胶的配制

称取一定量的无毒性有机物，加入适量的溶解剂，以玻璃棒搅拌，制成均匀的糊糊状乳浊液。将此乳浊液与二氧化钛溶胶以体积比1：1混合并搅拌均匀，用此混合液代替常规二氧化钛溶胶浸泡多孔镍基体，然后进行涂覆和热处理。

（3）负载和热处理

将大小为25cm×60cm的多孔泡沫镍板（厚度为2～3mm）置于丙酮中超声清洗10min，再由乙醇超声清洗10min，最后由去离子水超声清洗5min，吹干备用。将清洗好的泡沫镍载体在上述配制好的溶胶液中水平放置，浸泡5min，然后利用台式匀胶机采用旋转涂层法镀膜。将涂好二氧化钛薄膜的样品放入马弗炉中，先用30min升温至100℃，再经200min升温至450℃，并在该温度下恒温30min，然后自然冷却至室温。

可重复上述步骤若干次，以获得所需厚度的膜层。在本实验中的重复次数为3次。

（4）结果与分析

通过上述光催化剂的负载和热处理操作，得到泡沫镍负载二氧化钛薄膜的多孔结构光催化体系（见图10.39），对应的二氧化钛膜层呈均匀分布的纳米颗粒结构（图10.40）。其中常规的溶胶-凝胶工艺所得二氧化钛光催化膜具有"平整"的表面结构（图10.41），而具有本书特点的溶胶-凝胶工艺所得二氧化钛光催化膜则相应为带"沟道"的表面结构（图10.42，放大倍数与图10.41相同）。

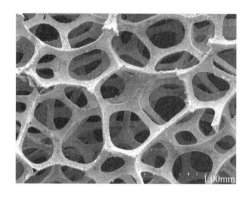

图 10.39　所得二氧化钛光催化体系的多孔结构宏观形貌

图 10.40　二氧化钛光催化膜的纳米结构表面显微形貌

二氧化钛有锐钛矿、金红石和板钛矿3种晶型，其中锐钛矿具有最好的光催化性质。通过X射线衍射法（XRD）测定纳米TiO_2晶型，发现上述二氧化钛薄膜均为锐钛矿相，加入的无毒性有机物对薄膜表面的相结构没有影响。锐钛矿相的TiO_2是一种n型半导体，其带隙能为3.2eV，相当于波长为387.5nm的光子能量。当TiO_2受到波长≤387.5nm的光子照射时，其价带上的电子就会吸收光子能量而跃迁到导带上，并产生光生电子-电子空穴对。

所产生的电子空穴将吸附在 TiO_2 颗粒表面的 OH^- 和 H_2O 氧化为羟基自由基（—OH），光生电子则与表面吸附的氧分子反应，最终也可生成羟基自由基。羟基自由基具有极强的氧化性，其标准电极电位为 +2.80V（相对氢标），仅次于 TiO_2 的光生空穴电位（+2.90V）和氟电位（+2.87V），因此能使许多结构稳定，甚至很难被微生物分解的有机分子发生氧化降解反应，最终分解为 H_2O 和 CO_2 等简单无机物。

图 10.41　常规二氧化钛光催化膜的表面显微形貌

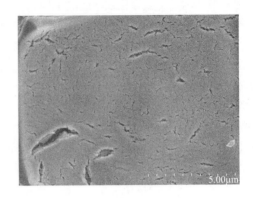

图 10.42　与图 10.41 同放大倍数的具有"沟道"结构的二氧化钛薄膜显微形貌

10.5.1.2　光催化降解实测检验

（1）光催化降解实验方法

以上述方法所得的泡沫镍负载二氧化钛光催化膜为实验对象，进行光催化降解甲基橙溶液的对比实验。本实验选用甲基橙作为废水模型，是由于甲基橙具有染料类化合物的典型结构——偶氮和蒽醌式结构，其光催化降解速率与其他典型染料相比属于较难降解之列。

在本光催化降解实验中，甲基橙的初始浓度均为 10mg/L。泡沫镍负载二氧化钛薄膜的试样大小为 25mm×60mm×2.6mm，所用甲基橙溶液的体积为 150mL，盛于 500mL 烧杯中。实验在自行设计的常温光催化装置上进行，光源为 15W 的紫外石英杀菌灯，其主波长为 253.7nm。试样距灯管中心约 10cm，取向水平平行于灯管，甲基橙溶液液面没过试样的上表面约 1cm。光照每隔 20min 采样一次，取试样上表面上方的溶液到分光光度计中进行分析。根据甲基橙标准曲线，计算出反应物浓度，进而计算出降解率，最后绘制出降解率与时间的关系。

（2）结果与讨论

通过泡沫镍负载二氧化钛薄膜试样的光催化降解实验，得到如图 10.43 所示的降解率与时间的关系曲线。该曲线显示，具有沟道结构的二氧化钛光催化膜的光催化降解率曲线，总是居于常规溶胶-凝胶工艺制得二氧化钛光催化膜的上方。这说明，具有此工作特点的二氧化钛光催化膜的光催化降解能力，大于常规溶胶-凝胶工艺所得的二氧化钛光催化膜。

负载二氧化钛光催化剂的活性主要取决于二氧化钛催化膜的表面状态，包括表面积和表面粗糙度等因素，而表面状态与催化剂的吸附作用和吸光效率有着密切关系。有文献研究发现，如果制得的二氧化钛薄膜表面较粗糙，比表面积较大，则催化活性就较大。图 10.41 显示了具有沟道结构的二氧化钛膜层呈现的沟道"镶嵌"形态，意味着其具有比图 10.39 产品更大的比表面积和更多的表面活性中心。因此，在二氧化钛膜层物质结构一致的基础上，前者的光催化降解效率会高于后者，从而表现出图10.43的催化结果，即具有此特点的二氧化钛光催化体系的光催化降解效率高于对应的常规二氧化钛光催化体系。

本实验采用的无毒性有机物可以被安全使用。在二氧化钛溶胶-凝胶负载后的热处理过程中，有机物烧失，从而在所形成的二氧化钛薄膜中留下大量沟道（图10.42），起到造沟道的作用。实验表明，所得二氧化钛膜层表面的沟道尺度在微米级，不会影响膜层对载体的附着以及使用强度。

此外，具有本实验特点的二氧化钛光催化膜可负载于多孔态的泡沫镍上，因为载体具有较大的比表面积，因而在非多孔载体的基础上进一步扩大膜层的光催化场所。多孔载体为三维网络结构，孔隙尺寸和孔隙率可调，连通性好，有利于含污流体在其间的流动。

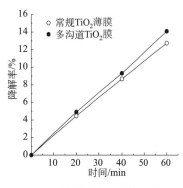

图10.43 光催化降解甲基橙溶液的
降解率曲线

10.5.2 泡沫陶瓷负载 TiO_2 薄膜

本部分工作以天然沸石粉末作为基本原料，利用泡沫塑料浸渍法制得了宏观孔隙在毫米级尺度的网状多孔陶瓷基体。通过控制浆料涂覆过程和烧结条件，获得了体密度小于 $1g/cm^3$ 而漂浮于水面的轻质陶瓷制品。采用溶胶-凝胶法在该多孔陶瓷表面负载 TiO_2 薄膜，将 TiO_2 薄膜的光催化性能与轻质多孔陶瓷的低密度、高比表面积等优势结合起来以提高体系的整体催化效果。对甲基橙溶液的光催化降解研究表明，负载过程中二氧化钛溶胶膜层从室温以 $1.5℃/min$ 的速度升温至 $400℃$，保温 $30min$ 所得到的复合体具有优良的光催化性能。将本制品用于浓度为 $20mg/L$ 的甲基橙溶液的紫外照射处理，降解率可以达到 99% 以上。

（1）泡沫陶瓷基体的制备

以天然斜发沸石粉末和石英粉末为基础原料，与辅料、助剂、黏结剂按照一定比例混合制成浆料，采用泡沫塑料（有机海绵）浸浆工艺制备沸石基多孔陶瓷。通过 $1273\sim1473K$ 的烧结，得到了体密度为 $0.3\sim0.6g/cm^3$ 的轻质多孔网状泡沫陶瓷 ［图10.44（a）］。产物的宏观孔棱/孔壁上存在细小孔洞 ［见图10.44（b）中的 a，b 标记］，增加了结构的比表面积，有利于用于活性物质的载体。样品可漂浮于水面（图10.45）。通过浸浆过程和烧结条件等制备工艺参数的调节，也可以获得体密度在 $0.6\sim1.6g/cm^3$ 之间的多孔制品，从而按需要实现悬浮于水中或沉入水底的目标。

沸石是无毒无害的环境友好材料，主要用途是作为离子交换、分子筛以及催化剂载体等。其作为催化剂载体面临着有效比表面积低、透光性差等不足，而且还有体密度大、不易回收而造成二次污染等问题。因此，本工作以天然沸石为主原料制备具有毫米级宏观孔隙的轻质多孔结构块体，从而可以提高其有效比表面积。制品可以漂浮于水中，这不但增加了催化系统的水体穿透性和透光性，而且便于打捞、回收。可见，此工作的结果可以克服原有载体的一些缺点，改进载体的综合性能以提高负载系统的催化效率。

（2）TiO_2 膜层的负载

本工作通过应用最为广泛的溶胶-凝胶法在上述轻质多孔载体上制备 TiO_2 薄膜。以钛酸四丁酯为钛源，将其与无水乙醇（分析纯）、乙酰丙酮（分析纯）、去离子水、硝酸（分析纯）按体积比为 25∶77∶3.8∶2.5∶1 混合。将乙酰丙酮、钛酸四丁酯先后缓慢滴入 2/3 的乙醇中配制成 A 溶液；将去离子水、硝酸先后滴入剩余 1/3 的乙醇中配成 B 溶液。将 B 溶液缓慢滴入 A 溶液中。上述过程均在磁力搅拌（TL78-1 型磁力加热搅拌器）下进行。将得到的混合液陈化 48h，得到待用的 TiO_2 溶胶。

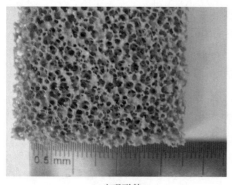

(a)宏观形貌

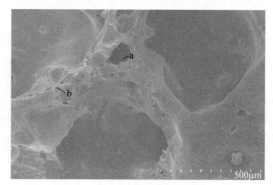

(b)孔棱/孔壁上的细孔

图 10.44　轻质多孔陶瓷制品

(a)轻质(体密度小于1g/cm³)样品漂浮于水面

(b)重质(体密度大于1g/cm³)样品沉于水底

图 10.45　不同体密度的多孔陶瓷制品

　　将多孔载体浸渍在上述 TiO_2 溶胶中，超声振荡 20min，取出样品，在烘箱中 60℃ 干燥 1h，得到表面负载 TiO_2 凝胶的多孔样品。重复上述操作三次，在样品孔隙表面均匀负载上一层 TiO_2 凝胶。将上述样品放入电热箱中，室温下分别以 6℃/min（工艺Ⅰ）、3℃/min（工艺Ⅱ）、1.5℃/min（工艺Ⅲ）的速度升温至 400℃，保温 30min。炉冷后取出样品，得到不同烧结工艺条件下的负载 TiO_2 样品。

　　将工艺Ⅰ、Ⅱ、Ⅲ制得的样品进行 X 射线粉末衍射 XRD 分析，结果如图 10.46 所示（其中石英相是载体表层物质）。从图 10.46(a) 中可以看出：工艺Ⅰ制得样品中有锐钛矿相、金红石相和板钛矿相，这 3 种 TiO_2 相的峰强相差不大，其中板钛矿相为中间相；工艺

Ⅱ较工艺Ⅰ延长了升温时间（工艺Ⅰ的升温时间大约为1h，工艺Ⅱ的升温时间大约为2h）。由衍射谱线［图10.46(b)］可观察到，$2\theta＝27°$处出现了峰强凸显的尖锐的金红石相衍射峰，说明这一时间的延长有利于板钛矿相向金红石相的转变。工艺Ⅲ的升温时间更长（大约4h）［图10.46(c)］，金红石相的最强峰（$2\theta＝27°$）更加突出和尖锐，而板钛矿相和锐钛矿相的衍射相对较弱，说明最易生成的板钛矿相大多转变成金红石相。可见，本实验能够在400℃这一较低的温度下即完成了转变到金红石相的整个过程。完成相转变过程后，样品中同时含有锐钛矿相与金红石相，这种锐钛矿相/金红石相共存的晶格结构可提高光催化性能。

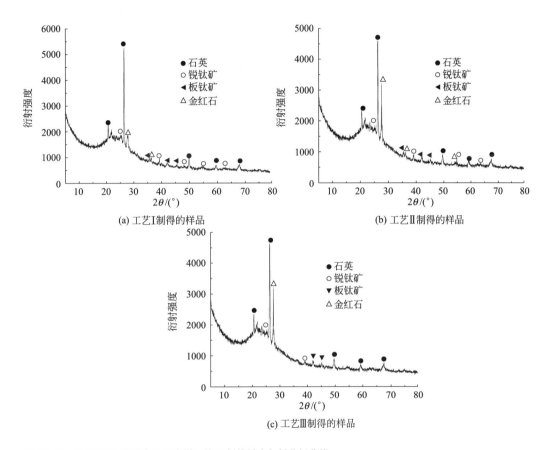

图 10.46　负载 TiO_2 薄膜多孔陶瓷样品的 X 射线粉末衍射分析曲线

根据上述 XRD 分析结果（参见图10.46）的数据，我们对负载 TiO_2 的不同相组成晶粒尺寸进行了计算。晶粒尺寸采用如下 Debye-Scherrer 公式计算：

$$D_{hkl}＝k\lambda/(\beta\cos\theta) \tag{10.37}$$

式中，D_{hkl} 为沿垂直于晶面（hkl）方向的晶粒尺寸；k 为 Scherrer 常数（通常为 0.89）；λ 为入射 X 射线波长（Cu 的特征谱线波长为：$K_{\alpha1}$1.54056Å，$K_{\alpha2}$ 1.54439Å，$K_{\beta1}$ 1.39222Å；对于 Cu 靶，K_α 波长取 $K_{\alpha1}$ 与 $K_{\alpha2}$ 的加权平均值为 1.54184Å。）；θ 为布拉格衍射角，(°)；β 为衍射峰的半高峰宽，rad。

利用式(10.37) 计算时需要注意：①量取 XRD 图线中的半高峰宽可以放大图形以便更精确地读数，此外要把读出的读数化为弧度再代入公式计算；②粗略计算时，K_α 波长取 $K_{\alpha1}$

与 K_{a2} 的加权平均值为 1.54184Å；③计算晶粒尺寸时，一般采用低角度的衍射线，如果晶粒尺寸较大，可用较高衍射角的衍射线来代替；此式适用范围为 1～100nm，所以特别适合纳米材料的晶粒尺寸计算；④由于材料中的晶粒大小并不完全一样，故所得实为不同大小晶粒的平均值；又由于晶粒不是球形，在不同方向其厚度是不同的，即由不同衍射线求得的 D 值是不同的。一般求取数个不同方向（即不同衍射峰）的晶粒厚度，据此可以估计晶粒的外形。计算它们的平均值，所得为不同方向厚度的平均值 D，即为晶粒大小。

通过 Debye-Scherrer 公式对图 10.46 的 XRD 分析结果算得：工艺Ⅰ、Ⅱ、Ⅲ制得的负载薄膜中锐钛矿相的晶粒尺寸分别约为 192.6nm、150.3nm、122.8nm，依次递减；板钛矿相的晶粒尺寸分别约为 240.7nm、193.9nm、139.4nm，是整体上更明显的依次递减；而金红石相的晶粒尺寸分别约为 215.8nm、291.3nm、546.4nm，是更大幅度的依次递增。这一结果与上述的 TiO_2 晶型转变一致，即开始在较低温度下生成的板钛矿相随着热处理时间的延长而不断转化为金红石相，于是其含量减少、晶粒消耗变小；而金红石相的含量增多，晶粒生长变大。

对于 TiO_2 薄膜的固定需要进行热处理。在确定热处理温度问题上要考虑最佳催化性能的需要时应满足两点，即晶相和晶粒尺寸。前文提到，锐钛矿相以及锐钛矿相和金红石相混合相的催化性能相对较高。已有研究者的工作表明，当烧结温度高于 250℃时，非晶 TiO_2 开始向锐钛矿相转变，温度达到 350℃可达到全部晶化，在 200～400℃之间晶粒大小比较稳定；随着热处理温度的进一步上升，高于 400℃时晶粒急剧增大，高于 500℃时样品中开始发生锐钛矿相向金红石相的结构相变。根据以上分析，可确定实验热处理温度。

不同烧结工艺条件下负载 TiO_2 的多孔样品表面形貌如图 10.47 所示。从图中可以观察到，随着 TiO_2 薄膜制备热处理过程中升温速率的降低，升温时间的逐渐延长（分别大约为 1h、2h、4h），膜层由比较完整的状态逐渐转化为小块分割的状态。通过高速水流的冲刷实验，发现这些 TiO_2 膜层与基体具有良好的结合，没有任何脱落现象。由于完整光滑的薄膜会对光线有较好的反射作用，而小块状的 TiO_2 不仅可以增加薄膜的比表面积，而且还可以起到陷光作用而减少光线的反射。对于表面光滑连续的 TiO_2 薄膜，光子大多数会被反射出去；而表面粗糙的薄膜，则会增加光线在凹陷处的反射次数，从而增加光子进入薄膜内部的概率，进而提高降解效率。

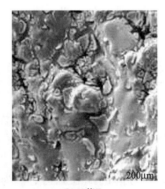

(a)工艺Ⅰ   (b)工艺Ⅱ   (c)工艺Ⅲ

图 10.47　不同烧结工艺条件负载 TiO_2 薄膜的表面形貌

（3）甲基橙溶液的降解脱色

甲基橙具有染料类化合物的典型结构（偶氮和蒽醌式结构）。与其他典型染料相比，甲基橙属于较难降解之列。因此，本实验采用浓度为 20mg/L 的甲基橙溶液作为染料污染的废水模型。光催化降解光源采用 500W 紫外固化灯，波长 365nm。由 UV-9100 紫外分光光度计测量溶液吸光度，调节波长为 463nm（甲基橙最大吸收波长）。

首先测试了工艺 I、II、III 制得样品在不同降解时间条件下的脱色率。配制浓度为 20mg/L 的甲基橙溶液，分别量取 50mL 置于 3 个烧杯中，称取经工艺 I、II、III 制备的样品各 1.0g 投入上述甲基橙溶液中。在紫外灯照条件下分别测量 5min、10min、15min、20min、25min、30min 时三个烧杯中溶液的吸光度，得到的降解率曲线见图 10.48。由图可见，三种样品的降解曲线趋势相同，开始均近似为线性关系。在最初光照的 5min，降解率已经可以达到 30%～40%，之后随反应时间的增加而缓慢提高。其主要原因是溶液中的甲基橙浓度快速减小，同时 TiO₂ 薄膜表面由于中间产物的吸附而减少了活性部位，

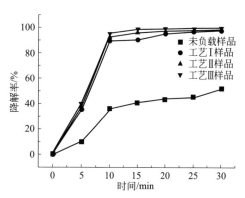

图 10.48　不同时间条件下负载 TiO₂ 多孔陶瓷样品对甲基橙脱色实验的降解率曲线

所以降解效率降低。30min 后三个样品对甲基橙光降解率均可达 95% 以上，降解液几乎透明。进一步比较可发现，工艺 III 制得的样品降解效率略高于另外两种样品，最大降解率可达 99.56%。这是由于其混晶结构、高比表面积和陷光作用的共同作用，实验结果与理论相符。

由 TiO₂ 的光催化机理可知，晶格结构是影响 TiO₂ 光催化活性的主要原因之一，禁带越宽的结构具有更高的催化活性。锐钛矿的禁带宽度为 3.45eV，锐钛矿和金红石的混合相的禁带宽度为 3.40eV，金红石的禁带宽度为 3.30eV。因此，锐钛矿可以表现出较强的催化活性。然而，纯锐钛矿的催化性能却不是最高的。在锐钛矿晶体表面再形成一层金红石结晶，或在锐钛矿晶体内部进行掺杂，都可以促进内部光生电子与电子空穴的分离，由此进一步提高锐钛矿的催化活性。除晶格结构和晶粒尺寸外，TiO₂ 薄膜的有效表面积等因素也会对催化性能造成影响。在多相催化中，催化剂的有效表面积越大，则可以出现的表面活性中心就越多，因此体系的活性也就越高。

10.6　结束语

① 通过常规的离子注入方式，将 Fe 离子轰击由溶胶-凝胶法制得的二氧化钛膜层，可以得到具有大量微纳孔隙结构的多孔膜层，原膜层保持光催化性能良好的锐钛矿相结构。这些微纳孔隙增加了所得二氧化钛光催化膜的活性表面，从而提高了多孔膜层的光催化效果。本工作的实验结果显示，在紫外光下，此多孔 TiO₂ 膜对甲基橙分解的光催化效率可达到致密 TiO₂ 膜的 4 倍左右。另外，用溶胶-凝胶法制备掺杂 Fe³⁺ 的 TiO₂ 薄膜，掺 Fe 量为 0.5%（摩尔比），TiO₂ 的相结构不发生变化，但催化效果在紫外光、可见光下都得到明显提高。

② 通过浸浆烧结和水热反应成功制备了开孔泡沫钛负载二氧化钛纳米线的多孔电极。首先将泡沫钛置于 100℃ 的 H₂O₂ 水溶液中保持 16h，取出洗净后在 100℃ 干燥 6h，即可在

泡沫钛表面得到一层长度约 $2\mu m$、直径在 20nm 左右的二氧化钛纳米线。X 射线衍射 (XRD) 分析表明，经 500℃ 为时 4h 的热处理，二氧化钛纳米线生成金红石相。通过将该多孔电极与泡沫镍组成串联水处理装置，证明了该泡沫钛负载 TiO_2 纳米线的多孔复合电极在阳极电压大于 30V 时，甲基橙溶液只需一次性流经该装置便可使甲基橙的脱色率达 93% 左右。这是由于在泡沫金属表面负载有大量二氧化钛纳米线，因此大大增加了阳极电极的反应面积，从而获得了较好的甲基橙分解率。实验证明，二氧化钛纳米线负载泡沫钛阳极可在保持水流通过的同时对水流中的有机物进行分解且有机物分解率高，有较好的应用前景。

③ 利用上述泡沫钛负载二氧化钛纳米线的复合结构制备了一种新型的染料敏化太阳能电池，实现了初步的光电转换。由于钛镍合金本身电阻较高以及电解液效率较低等问题的影响，光转化效率很低，但利用二次退火减小多孔合金电阻以及改用锂离子电解液等方式，可进一步改进和提高该电池的光性能。可见，这种多孔二氧化钛纳米结构在太阳能电池的制备方面具有巨大的应用前景，但光电转换效率仍需提升。

④ 本工作采用阳极氧化法在泡沫钛合金表面生长的二氧化钛纳米管结构具有规则的排列：在保持电压不变的情况下，纳米管的厚度随着氧化时间的增加而逐渐增加；在本实验研究参数范围内，在保持氧化时间不变的情况下，泡沫合金表面的多孔结构随着电压的提高而逐渐消失。单根纳米管的独立性越来越好，与周围的纳米管的界限越来越明显。

⑤ 提供了一种具有多沟道结构的高比表面二氧化钛光催化膜及其制备方法。制备方法采用溶胶-凝胶工艺，选用无毒性有机物作为造沟道成分，选用多孔材料泡沫镍作为二氧化钛膜的载体。所得二氧化钛光催化膜由纳米粒子组成，呈多沟道结构，沟道尺度在微米级范围且分布比较均匀。这些沟道不影响膜层对载体的附着以及使用强度，并且增加了光催化体系的比表面积和光催化膜的活性中心，从而提高了光催化效率。与常规溶胶-凝胶工艺所得二氧化钛光催化膜相比，具有沟道结构的二氧化钛光催化膜具有较强的光催化能力。多孔泡沫镍和沟道结构二氧化钛光催化膜的结合，可以提高二氧化钛光催化体系的光催化降解效果。

⑥ 采用不同的热处理工艺方式，通过溶胶-凝胶法在一种轻质网状多孔陶瓷表面负载二氧化钛，制备了不同 TiO_2 相组成结构的样品。测试结果表明，通过二氧化钛溶胶膜层从室温以 1.5℃/min 的速度升温至 400℃，保温 30min 而得到的以锐钛矿相和金红石相为主的样品，可获得较高的比表面积和良好的催化降解性能。对于 50mL 浓度为 20mg/L 的甲基橙溶液，用 1.0g 负载样品，在处理时间为 30min 时降解率可超过 99%。此多孔载体密度低，其 TiO_2 薄膜负载制品可悬浮于溶液表面，增加光吸收率。此外，该负载多孔制品还存在表面微孔、比表面积大，且其孔隙贯通结构可实现水体缓慢穿流；其载体与活性物质的结合良好，可较好地适应于水质净化。本实验样品制作工艺稳定，具有工业可行性。

附录

本书作者实验室研制的部分多孔产品示例

(a) 圆块样品及其截面形貌

(b) 可漂浮于水面的颗粒样品

附图 1　硬质多孔陶瓷制品示例
　　　　用于隔热、吸附、结构体

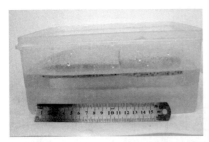
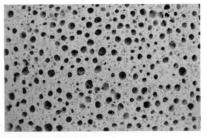

(a)可漂浮于水面的方块样品及其截面形貌

(b)可漂浮于水面的空心球样品

附图2　轻质多孔陶瓷制品示例
　　　　用于隔热、吸附、吸声、轻质结构

(a) 不同孔隙结构的泡沫钛

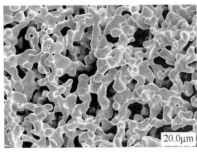

(b) 微孔泡沫钼(左)及泡沫钨(右)的微观形态

附图3　难熔泡沫金属制品示例
　　　　用于高温环境

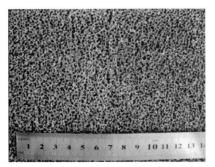

(a) 网状孔隙结构的泡沫铁

(b) 泡沫不锈钢芯体(左)及泡沫铁芯体(右)三明治结构(不锈钢面板)

附图 4　黑色泡沫金属及其三明治结构制品示例

(a) 空心瓷球金属复合芯体三明治结构(不锈钢面板)

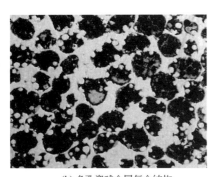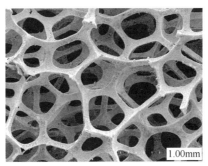

(b) 多孔瓷球金属复合结构　　　　(c) 泡沫镍负载二氧化钛薄膜

附图 5　多孔复合体制品示例

(a)泡沫陶瓷及其表面负载普鲁士蓝类似物(用于重金属离子吸附)

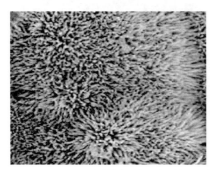 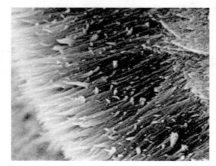

(b)泡沫钛合金表面生长的TiO_2纳米线阵列(用于高效催化和电极过程)

附图6　多孔材料表面改性制品示例

参考文献（按发表时间序）

[1]   Davis C J, Shu Z. Journal of Materials Science, 1983, 8: 1899.

[2]   中国金属学会，中国有色金属学会. 金属材料物理性能手册. 北京: 冶金工业出版社, 1987.

[3]   王广厚. 粒子同固体相互作用物理学. 北京: 科学出版社, 1988.

[4]   Langlois S, Coeurent F. Journal of Applied Electrochemistry, 1989, 19: 43.

[5]   Montillet A, Comiti J, Legrand J. Journal of Materials Science, 1992, 27: 4460.

[6]   Fahmi A, Minot C, Silvi B, et al. Phys. Rev. B. , 1993, 47: 11.

[7]   马立群，何德坪. 材料研究学报, 1994, 8: 11.

[8]   韩风麟. 金属手册: 第七卷粉末冶金. 赖和怡[译]. 北京: 机械工业出版社, 1994.

[9]   Ametov V A, Pestryakov A N. Zh Priki Khim, 1994, 67: 306.

[10] Linsebigler A L, Lu G, Yates J. Chem. Rev. , 1995, 95: 735.

[11] Hirschfeld D A, Li T K, Liu D M. Key Engineering Materials, 1996, 115: 65.

[12] Antsiferov V N, Makarov A M. Zh Priki Khim, 1996, 69: 855.

[13] Nettleship I. Key Engineering Materials, 1996, 122: 305.

[14] 汤慧萍，张正德. 稀有金属材料与工程, 1997, 26: 1.

[15] 刘长松，朱震刚，韩福生. 材料研究学报, 1997, 11: 1153.

[16] 赵曾典，张勇. 机械工程材料, 1997, 21: 32.

[17] Baumeister J, Banhart J, Weber M. Materials & Design, 1997, 18: 217.

[18] Antsiferov V N, Maakarov A M. Zh Priki Khim, 1997, 70: 105.

[19] Simone A E, Gibson L J. Mater Sci Eng A, 1997, 229: 55.

[20] 韩福生，朱震刚，石纯义，王月. 物理学报, 1998, 47: 1161.

[21] 许庆彦，陈玉勇，李庆春. 宇航材料工艺, 1998, 28: 39.

[22] 钱志屏. 泡沫塑料. 北京: 中国石化出版社, 1998.

[23] 李保山，牛玉舒，翟秀静，等. 材料工程, 1998, 12: 43.

[24] 申泮文，车云霞. 无机化学丛书: 第8卷钛分族. 北京: 科学出版社, 1998.

[25] 闻荻江，陈再新. 玻璃钢/复合材料, 1998, 2: 49.

[26] 黄培云. 粉末冶金原理. 北京: 冶金工业出版社, 1998.

[27] Carlos A, Leoóny L. Advances in Colloid and Interface Science, 1998, 76: 341.

[28] Montanaro L, Jorand Y, Fantozzi G, et al. Journal of the European Ceramic Society, 1998, 18: 1339.

[29] 王政红，陈派明. 材料开发与应用, 1998, 13: 30.

[30] 朱震刚. 物理, 1999, 28: 84.

[31] Wang X L, Lu T J. Acoustical Society of America, 1999, 106: 756.

[32] Liu P S, Li T F, Fu C. Materials Science and Engineering A, 1999, 268: 208.

[33] 陈锋，张爱文，何德坪. 材料研究学报, 1999, 13(6): 591-595.

[34] 刘培生，梁开明，顾守仁，等. 稀有金属, 2000, 24: 440.

[35] 张玉龙，李长德. 泡沫塑料入门. 杭州: 浙江科学技术出版社, 2000.

[36] 王芳，王录才. 铸造设备研究, 2000, 1: 48.

[37] 李月琴，吴基球. 陶瓷工程, 2000, 12: 44.

[38] 丁祥全，张继周，宝志琴，等. 无机材料学报, 2000, 15: 493.

[39] 朱小龙，苏雪筠. 中国陶瓷, 2000, 36: 36.

[40] Park C, Nutt S R. Materials Science and Engineering A, 2000, 288: 111.

[41] Liu P S, Liang K M. Materials Science and Technology, 2000, 16: 575.

[42] 余欢，方立高，严青松. 热加工工艺, 2001, 1: 36.

[43] 王德庆，石子源. 大连铁道学院学报, 2001, 22: 79.

[44] Liu P S, Liang K M. Journal of Materials Science, 2001, 36: 5059.

[45] 鲁淑群，石建民，许莉，等. 过滤与分离, 2001, 11: 19.

[46] 钱军民，李旭祥. 橡胶工业, 2001, 48: 463.

[47] Banhart J. Progress in Materials Science, 2001, 46: 559.

[48] Zhang G J, Yang J F, Ohji T. J. Am. Ceram. Soc. , 2001, 84: 1395.

[49] Korngold E, Belayev N, Aronov L. Desalination, 2001, 141: 81.

[50] Fukasawa T, Deng Z Y, Ando M. Journal of Materials Science, 2001, 36: 2523.

[51] Yamamura S, Shiota H, Murakami K, Nakajima H. Materials Science and Engineering A, 2001, 318: 137.

[52] Colombo P, Gambaryan-Roisman T, Scheffler M, et al. J. Am. Ceram. Soc. , 2001, 84: 2265.

[53] Tkachev A G, Tkacheva O N, Guzii V A. Glass and Ceramics, 2001, 58: 394.

[54] Flautre B, Descamps M, Delecourt C, et al. Journal of Materials Science: Materials in Medicine, 2001, 12: 679.

[55] Seeliger H W. Advanced Engineering Materials, 2002, 4: 753.

[56] Khan S U M, Al-Shahry M, Ingler W B. Science, 2002, 297: 2243.

[57] 张三慧. 大学物理. 北京: 清华大学出版社, 2002.

[58] 田莳. 材料物理性能. 北京: 北京航空航天大学出版社, 2002.

[59] 吴舜英, 徐敬一. 泡沫塑料成型. 北京: 化学工业出版社, 2002.

[60] 范云鸽, 李燕鸿, 马建标. 高分子学报, 2002, 2: 173.

[61] 吴庆祝, 刘永先, 李福功, 等. 陶瓷, 2002, 2: 12.

[62] 刘培生, 黄林国. 功能材料, 2002, 33: 5.

[63] 孙悦, 刘福生, 高占鹏, 张清福. 高压物理学报, 2002, 16: 119.

[64] 戴长松, 王殿龙, 胡信国, 等. 材料科学与工艺, 2002, 10: 399.

[65] 张宇民, 刘殿魁, 韩杰才, 赫晓东. 兵器材料科学与工程, 2002, 25: 62.

[66] 陈龙武, 盛闻超, 甘礼华. 功能材料, 2002, 33: 246.

[67] Degischer H P, Kriszt B. Handbook of Cellular Metals: Production, Processing, Applications. Weinheim Wiley-VCH, 2002.

[68] Turnbull M M, Landee C P. Science, 2002, 298: 1723.

[69] Lu S Y, Hamerton I. Progress in Polymer Science, 2002, 27: 1661.

[70] Vogt U, Herzog A, Graule T, et al. Key Engineering Materials, 2002, 206~213: 1941.

[71] Li J P, Li S H, Groot K D, et al. Key Engineering Materials, 2002, 218~220: 51.

[72] Zhang Q H, Gao L, Zheng S, et al. Acta Chim Sin. , 2002, 60: 1439.

[73] Colombo P. Key Engineering Materials, 2002, 206~213: 1913.

[74] Segurado J, Parteder E, Plankensteiner A F, Bohm H J. Materials Science and Engineering A, 2002, 333: 270.

[75] She J H, Ohji T. Mater Chem Phy, 2003, 80: 610.

[76] Han F S, Seiffert G, Zhao Y Y, Gibbs B. Applied Physics, 2003, 36: 294.

[77] 刘培生, 田民波, 译. 多孔固体结构与性能. 北京: 清华大学出版社, 2003.

[78] 罗洪杰, 姚广春, 张晓明, 魏莉. 轻金属, 2003, 9: 51.

[79] 朱永法, 李巍, 何侯, 尚静. 高等学校化学学报, 2003, 24: 465.

[80] 戴长松, 王殿龙, 胡信国, 等. 中国有色金属学报, 2003, 13: 1-14.

[81] 盛胜我. 声学技术, 2003, 22: 52.

[82] 陈祥, 李言祥. 材料导报, 2003, 17: 5-8.

[83] 丁时锋, 唐超群, 李清香. 工业水处理, 2003, 23: 46.

[84] 张智慧, 李楠. 材料导报, 2003, 17: 30.

[85] 刘凡新, 崔作林, 张志琨. 感光科学与光化学, 2003, 2: 120.

[86] 任刚, 许如清, 韩立, 陈皓明. 物理, 2003, 32: 36.

[87] Maire E, Fazekas A, Salvo L, et al. Composites Science and Technology, 2003, 63: 2431.

[88] 马大猷. 现代声学理论. 北京: 科学出版社, 2004.

[89] 李言祥, 刘源, 张华伟. 特种铸造及有色合金, 2004, 1: 9.

[90] 杨思一, 吕广庶. 新技术新工艺, 2004, 8: 50.

[91] 凤仪, 郑海务, 朱震刚, 等. 中国有色金属学报, 2004, 14: 33.

[92] Liu P S. Materials Science and Engineering A, 2004, 384: 352.

[93] 左孝青, 孙加林. 材料科学与工程学报, 2004, 22: 452.

[94] 刘智信, 李东风. 金属功能材料, 2004, 11: 35.

[95] 王祖鸼, 张凤宝, 张前程. 化学工业与工程, 2004, 21: 248.

[96] 罗洪杰, 姚广春, 张晓明, 等. 中国有色金属学报, 2004, 14: 1377.

[97] 尹波, 刘应, 王玉霞. 中国塑料, 2004, 18: 12.

[98] Carp O, Huisman C L, Reller A. Progress in Solid State Chemistry, 2004, 32: 33.

[99] Fujibayashi S, Neo M, Kim H M, et al. Biomaterials, 2004, 25: 443.

[100] Zhao C Y, Lu T J, Hodsona H P, Jackson J D. Materials Science and Engineering A, 2004, 367: 123.

[101] Dunand D C. Advanced Engineering Materials, 2004, 6: 369.

[102] Eaves D. Handbook of Polymer Foams. UK RAPRA Technology Limited, 2004.

[103] 左孝青, 周芸[译]. 多孔金属手册: 产品及应用. 北京: 化学工业出版社, 2005.

[104] 刘培生, 马晓明[编著]. 多孔材料检测方法. 北京: 冶金工业出版社, 2005.

[105] 戴长松, 张亮, 王殿龙, 胡信国. 稀有金属材料与工程, 2005, 34: 337.

[106] 刘源, 李言祥, 张华伟, 万疆. 特种铸造及有色合金, 2005, 25: 1.

[107] 王青春, 范子杰, 桂良进, 等. 材料研究学报, 2005, 19: 601.

[108] 陈文革, 张强. 粉末冶金工业, 2005, 15: 38.

[109] 周向阳, 龙波, 刘宏专, 李劼. 材料导报, 2005, 19: 61.

[110] 张茂林, 安太成, 胡晓洪, 等. 环境科学学报, 2005, 25: 259.

[111] 张伟进, 贺蕴秋, 漆强. 功能材料, 2005, 10: 1590.

[112] Pollien A, Conde Y, Pambaguian L, Mortensen A. Materials Science and Engineering A, 2005, 404: 9.

[113] Salimon A, Brechet Y, Ashby M F, Greer A L. Journal of Materials Science, 2005, 40: 5793.

[114] Takemoto M, Fujibayashi S, Neo M, et al. Biomaterials, 2005, 26: 6014.

[115] Scheffler M, Colombo P. Cellular Ceramics. Weinheim: Wiley-VCH, 2005.

[116] Tu H J, Yao G C, Wang X L, et al. Journal of Functional Materials, 2006, 12: 2014.

[117] Lefebvre L P, Gauthier M, Patry M. International Journal of Powder Metallurgy, 2006, 42: 49.

[118] Cookson E J, Floyd D E, Shih A J. International Journal of Mechanical Sciences, 2006, 48: 1314.

[119] van Santen R A. Nature, 2006, 444: 46.

[120] 贾莉蓓, 郝刚领, 韩福生. 铸造, 2006, 55: 242.

[121] 刘培生. 材料研究学报, 2006, 20: 64.

[122] 张华伟. 金属-气体共晶定向凝固的理论与实验研究[博士学位论文]. 清华大学机械系, 2006.

[123] 丁书强, 曾宇平, 江东亮. 无机材料学报, 2006, 21: 1397.

[124] 王坤, 鲁雪生, 顾安忠. 低温技术, 2006, 34: 165.

[125] 应明. 生物骨科材料与临床研究, 2006, 3: 1.

[126] 李虎, 虞奇峰, 张波, 等. 稀有金属材料与工程, 2006, 35: 154.

[127] 毛春升. 世界有色金属, 2006, 4: 17.

[128] 孟文哲, 杨思一. 新技术新工艺, 2006, 10: 59.

[129] 周向阳, 龙波, 李劼. 粉末冶金技术, 2006, 24: 445.

[130] 尉海军, 姚广春, 王晓林, 等. 功能材料, 2006, 12: 2014.

[131] 罗渝然. 化学键能数据手册. 北京: 科学出版社, 2006.

[132] 王晓明, 史承明. 工业建筑, 2006, 36: 104.

[133] 周向阳, 龙波, 李劼, 刘宏专. 中国有色金属学报, 2006, 16: 1615.

[134] 朱黎冉, 魏芸, 李忠全, 李秀莲. 粉末冶金工业, 2006, 16: 26.

[135] 顾文琪, 马向国, 李文萍. 聚焦离子束微纳米加工技术. 北京: 北京工业大学出版社, 2006.

[136] 廖际常. 稀有金属快报, 2006, 25: 41.

[137] 王录才, 曾松岩, 王芳. 机械工程材料, 2006, 30: 56.

[138] 刘培生. 中国有色金属学报, 2006, 16: 567.

[139] 孟祥鍂, 王德庆, 郭昭君, 薛微微. 材料热处理学报, 2006, 27: 5-9.

[140] 苑改红, 王宪成. 机械工程师, 2006, 6: 17.

[141] 吴玉韬, 翁小龙, 邓江龙. 真空科学与技术学报, 2006, 26: 372.

[142] 王殿龙, 戴长松, 姜兆华, 孙德智. 材料工程, 2006, S1: 268.

[143] 潘仲麟, 翟国庆. 噪声控制技术. 北京: 化学工业出版社, 2006.

[144] 曾令可, 王慧, 罗民华等. 多孔功能陶瓷制备与应用. 北京: 化学工业出版社, 2006.

[145] 刘培生, 李言祥, 王习术(译). 泡沫金属设计指南. 北京: 冶金工业出版社, 2006.

[146] Tjisse H, Willem H, Riemsdijk V. Journal of Colloid Interface Science, 2006, 301: 18.

[147] Bakan H I. Scripta Materialia, 2006, 55: 203.

[148] Yu H, Li B, Yao G C, et al. Transactions of Nonferrous Metals Society of China, 2006, 16: S1383.

[149] Wang L C, Wang F, Wu J G, You X H. Transactions of Nonferrous Metals Society of China, 2006, 16: S1446.

[150] Xie G Q, Zhang W, Louzguine-Luzgin D V, et al. Scripta Materialia, 2006, 55: 687.

[151] Cookson E J, Floyd D E, Shih A J. International Journal of Mechanical Sciences, 2006, 48: 1314.

[152] 王晓林. 声学学报, 2007, 32: 116.

[153] 刘红, 解茂昭, 李科, 王德庆. 过程工程学报, 2007, 7: 889.

[154] 曾令可, 胡动力, 税安泽, 等. 中国陶瓷, 2007, 43: 3.

[155] 陈红辉, 朱爱平, 夏健康, 等. 电镀与环保, 2007, 27: 11.

[156] 王宏伟, 李庆芬, 李智伟, 等. 铸造技术, 2007, 28: 1257.

[157] 汤慧萍, 朱纪磊, 王建永, 等. 中国有色金属学报, 2007, 17: 1943.

[158] 刘伟伟, 黄可, 何思渊, 何德坪. 机械工程材料, 2007, 31: 72.

[159] 刘培生. 稀有金属材料与工程, 2007, 36: 535.

[160] 朱纪磊, 汤慧萍, 葛渊, 等. 功能材料, 2007, 38: 3723.

[161] Wan J, Li Y X, Liu Y. Journal of Materials Science, 2007, 42: 6446.

[162] Lee S T. Polymeric Foams: Science and Technology. Taylor & Francis Group, 2007.

[163] Wang X L. Journal of the Acoustical Society of America, 2007, 122: 2626.

[164] Liu P S. Chapter 3: Porous Materials. Materials Science Research Horizon. NOVA Science, 2007.

[165] Yu H J, Yao G C, Wang X L, et al. Transactions of Nonferrous Metals Society of China, 2007, 17: 93.

[166] Dukhan N, Chen K C. Experimental Thermal and Fluid Science, 2007, 32: 624.

[167] Jiang D L, Zhang S Q, Zhao H J. Environmental Science & Technology, 2007, 41: 303.

[168] Sahni S, Reddy S B, Murty B S. Materials Science and Engineering A, 2007, 452: 758.

[169] Wu Y Q, Du J, Choy K L, Hench L L. Materials Science and Engineering A, 2007, 454: 148.

[170] Vabre A, Legoupil S, Buyens F, et al. Nuclear Instruments & Methods in Physics Research A, 2007, 576: 169.

[171] Schwingel D, Seeliger H W. Acta Astronautica, 2007, 61: 326.

[172] Mohan D, Pittman J C U. Journal of Hazardous Materials, 2007, 142: 1.

[173] Azzi W E, Roberts W L, Rabiei A. Materials & Design, 2007, 28: 569.

[174] Weeden S H, Schmidt R H. Journal of Arthroplasty, 2007, 22: 151.

[175] Brothers A H, Dunand D C. MRS Bulletin, 2007, 32: 639.

[176] Yu H, Yao G, Wang X, Liu Y, Li H. Applied Acoustics, 2007, 68: 1502.

[177] Demetriou M D, Hanan J C, Veazey C, et al. Advanced Materials, 2007, 19: 1957.

[178] Ko Y H, Son H T, Cho J I. Advances in Nanomaterials and Processing, 2007, 124~126: 1825.

[179] Nakajima H. Progress in Materials Science, 2007, 52: 1091.

[180] Chen W S, Qiu X J. Applied Acoustics, 2008, 27: 118.

[181] Welldon K J, Atkins G J, Howie D W, et al. Journal of Biomedical materials Research A, 2008, 84: 691.

[182] Krishna B V, Xue W C, Bose S, Bandyopadhyay A. JOM, 2008, 60: 45.

[183] Polizzotto M L, Kocar B D, Benner S G, et al. Nature, 2008, 454: 505.

[184] Lefebvre L P, Banhart J, Dunand D C. Advanced Engineering Materials, 2008, 10: 775.

[185] Banhart J, Seeliger H W. Advanced Engineering Materials, 2008, 10: 793.

[186] Lima R S, Marple B R. Materials & Design, 2008, 29: 1845.

[187] 何琳, 朱海潮, 邱小军, 杜功焕. 声学理论与工程应用. 北京: 科学出版社, 2008.

[188] 张敏, 陈长军, 姚广春. 材料导报, 2008, 22: 85.

[189] 项苹, 程和法, 莫立娥, 曹玲玲. 金属功能材料, 2008, 15: 12.

[190] 孙俊赛, 陈庆华, 韩长菊. 中国陶瓷, 2008, 44: 24.

[191] 张明华, 谌河水, 赵恒义. 轻金属材料, 2008, 2: 55.

[192] 刘学斌, 马蓦, 王秀锋, 等. 稀有金属材料与工程, 2008, 37: 277.

[193] 施国栋, 何德坪, 张勇明, 何思渊. 机械工程材料, 2008, 32: 13.

[194] 刘浩, 韩常玉, 董丽松. 高分子通报, 2008, 3: 29.

[195] 苗怀有, 刘利民, 杨江春, 等. 特种铸造及有色合金, 2008, 28: 773.

[196] 辛锋先, 卢天健, 陈常青. 声学学报, 2008, 33: 340.

[197] 高芝, 潘晓亮, 谢世坤. 材料科学与工程学报, 2008, 26: 966.

[198] 翟钢军, 任凤章, 马战红, 李锋军. 中国陶瓷, 2008, 44: 48.

[199] 曾令可, 胡动力, 税安泽, 等. 中国陶瓷, 2008, 44: 7.

[200] 胡海, 肖文浚, 施建伟, 等. 稀有金属材料与工程, 2008, 37: 143.

[201] 李士同, 朱瑞富, 雷廷权, 等. 材料热处理学报, 2009, 30: 93.

[202] 奚正平, 汤慧萍等. 烧结金属多孔材料. 北京: 冶金工业出版社, 2009.

[203] 欧阳德刚, 蒋杨虎, 王海清, 等. 工业炉, 2009, 31: 8.

[204] 俞悟周, 蔺磊, 王佐民. 材料研究学报, 2009, 23: 32.

[205] 陈军超, 任凤章, 马战红, 等. 中国陶瓷, 2009, 45: 8.

[206] 郝召兵, 秦静欣, 伍向阳. 地球物理学进展, 2009, 24: 375.

[207] 刘伟伟, 何思渊, 黄可, 等. 材料研究学报, 2009, 23: 171.

[208] 刘培生. 材料研究学报, 2009, 23: 415.

[209] 何思渊, 龚晓路, 何德坪. 材料研究学报, 2009, 23: 380.

[210] 刘琴, 李胜, 龚浏澄. 塑料科技, 2009, 37: 50.

[211] 袁文文, 陈祥, 刘源, 李言祥. 稀有金属材料与工程, 2009, 38: 306.

[212] 刘培生, 周茂奇, 刘安东, 侯兴刚. 稀有金属材料与工程, 2009, 38: 250.

[213] Mi GF, Li HY, Liu XY, Wang KF. J. Iron Steel Res. Int. 2009, 16: 92.

[214] Liu P S. Mater. Sci. Eng. A, 2009, 507: 190.

[215] Saadatfar M, Garcia-Moreno F, Hutzler S, et al. Colloids and Surfaces A, 2009, 344: 107.

[216] Calvo S, Beugre D, Crine M, et al. Chemical Engineering and Processing, 2009, 48: 1030.

[217] Cuevas F G, Montes J M, Cintas J, Urban P. Journal of Porous Materials, 2009, 16: 675.

[218] Allard J F, Atalla N. Propagation of Sound in Porous Media. Elsevier Science, 2009.

[219] Fetoui M, Albouchi F, Rigollet F, Ben Nasrallah S. Journal of Porous Media, 2009, 12: 939.

[220] Kohl M, Habijan T, Bram M, et al. Advanced Engineering Materials, 2009, 11: 959.

[221] Kaariainen M L, Kaariainen T O, Cameron D C. Thin solid films, 2009, 517: 6666.

[222] 李海斌, 张晓宏. 电力科学与工程, 2009, 25: 40.

[223] 张宇鹏, 赵四勇, 马骁, 张新平. 中国有色金属学报, 2009, 19: 2167.

[224] 易勇, 陈杰平, 乔印虎, 刘可. 机械设计与制造, 2010, 4: 207.

[225] 袁文文, 李言祥, 陈祥. 中国有色金属学报, 2010, 21: 138.

[226] 刘培生. 晶体点缺陷. 北京: 科学出版社, 2010.

[227] 张艳, 汤慧萍, 李增峰, 向长淑. 稀有金属材料与工程, 2010, 39: 476.

[228] Liu P S. Materials Science and Engineering A, 2010, 527: 7961.

[229] 刘兴男, 李言祥, 陈祥, 刘源. 机械工程学报, 2010, 46: 47.

[230] 寇东鹏, 虞吉林. 金属学报, 2010, 46: 104.

[231] 王关晴, 黄曙江, 丁宁, 等. 中国电机工程学报, 2010, 30: 73.

[232] 石锦芸, 孟金来. 环境工程, 2010, 28: 87.

[233] 王志华, 敬霖, 赵隆茂. 固体力学学报, 2010, 31: 346.

[234] 刘培生, 周茂奇, 陈一鸣, 英金川. 功能材料, 2010, 41: 552.

[235] Wang H, Yang D H, He S Y, He D P. Journal of Materials Science & Technology, 2010, 26: 423.

[236] Liu P S. Materials and Design, 2010, 31: 2264.

[237] Meneghini R M, Meyer C, Buckley C A, et al. Journal of Arthroplasty, 2010, 25: 337.

[238] Nabavi A, Khaki J V. Surface and Interface Analysis, 2010, 42: 275.

[239] Srinath G, Vadiraj A, Balachandran G, et al. Transactions of the Indian Institute of Metals, 2010, 63: 765.

[240] Aly M S. Materials & Design, 2010, 31: 2237.

[241] Ye B, Dunand D C. Materials Science and Engineering A, 2010, 528: 691.

[242] Lu Y, He Y. J. Iron Steel Res. Int. , 2010, 17: 126.

[243] Chevillotte F, Perrot C, Panneton R. Journal of the Acoustical Society of America, 2010, 128: 1766.

[244] Liu P S. Materials & Design, 2010, 31: 2264.

[245] 孙富贵, 陈花玲, 吴九汇. 振动工程学报, 2010, 23: 502.

[246] Resnina N, Belyaev S, Voronkov A, et al. Materials Science and Engineering A, 2010, 527: 6364.

[247] Colombo P, Degischer H P. Materials Science and Technology, 2010, 26: 1145.

[248] Wen C E, Xiong J Y, Li Y C, Hodgson P D. Physica Scripta, 2010, T139: 014070.

[249] Levine B R, Fabi D W. Materialwissenschaft und Werkstofftechnik, 2010, 41: 1002.

[250] Liu PS. Philosophical Magazine Letters, 2010, 90: 447.

[251] 付全荣, 张铱钸, 段滋华, 李煜. 化工机械, 2010, 37: 805.

[252] 黄晓莉, 武高辉, 张强, 等. 稀有金属材料与工程, 2010, 39: 731.

[253] 石锦芸, 孟金来. 科技信息, 2010, 17: 21.

[254] 龚为佳, 沈卫东, 王培文, 邵锦萍. 内燃机与动力装置, 2010, 2: 29.

[255] Liu P S. Materials Science and Engineering A, 2010, 527: 7961.

[256] 王玺涵, 李述军, 贾明途, 等. 材料研究学报, 2010, 24: 378.

[257] 康立新, 温冰涛, 王洪彬, 马建. 临床骨科杂志, 2011, 14: 25.

[258] 王志峰, 赵维民, 许甫宁, 等. 中国铸造装备与技术, 2011, 1: 1-7.

[259] 段翠云, 崔光, 刘培生. 金属功能材料, 2011, 18: 60.

[260] 余青青, 储成林, 林萍华, 等. 稀有金属材料与工程, 2011, 40: 201.

[261] 刘国胜, 冯捷, 郝建薇, 等. 中国塑料, 2011, 25: 5.

[262] 于化江, 熊亮, 熊中琼, 张国庆. 化工进展, 2011, 30: 1972.

[263] 徐鲲濠, 孙阳, 黄勇, 孙加林. 稀有金属材料与工程, 2011, 40: 345.

[264] 梁李斯, 姚广春, 穆永亮, 华中胜. 中国有色金属学报, 2011, 21: 2132.

[265] Liu P S. Materials and Design, 2011, 32: 3493.

[266] Wang X F, Wei X, Han F S, Wang X L. Materials Science and Technology, 2011, 27(4): 800-804.

[267] 王勇, 崔正, 董明哲, 等. 中国塑料, 2011, 25: 6.

[268] 李言祥. 特种铸造及有色合金, 2011, 31: 1097.

[269] 张效玉, 苏冰洋, 蒋玥. 现代铸铁, 2011, 2: 48.

[270] 许小强, 杨汝平, 熊春晓. 宇航材料工艺, 2011, 2: 17.

[271] 马忠雷, 张广成. 工程塑料应用, 2011, 39: 96.

[272] 范雪柳, 陈祥, 刘兴男, 李言祥. 中国有色金属学报, 2011, 21: 1320.

[273] Liu P S, Du H Y. Materials & Design, 2011,32: 4786.

[274] Zhao C Y, Wu Z G. Solar Energy Materials and Solar Cells, 2011, 95: 636.

[275] http://baike. baidu. com/view/2205. htm, 2011-08.

[276] Zhao Y L,Gao Q A,Tang T, et al. Materials Letters, 2011, 65: 1045.

[277] Bai M, Chung J N. International Journal of Thermal Sciences, 2011, 50: 869.

[278] Sadeghi E, Hsieh S, Bahrami M. Journal of Physics D-Applied Physics, 2011, 44: 125406.

[279] Kashef S, Asgari A, Hilditch T B, et al. Materials Science and Engineering A, 2011, 528: 1602.

[280] 李广忠, 张文彦, 张健, 等. 稀有金属材料与工程, 2011, 40: 1510

[281] Tuncer N, Arslan G, Maire E, Salvo L. Materials Science and Engineering A, 2011, 528: 7368.

[282] Tang H P, Wang J Z, Zhu J L, et al. Powder Technology, 2012, 217: 383.

[283] Duan C Y, Cui G, Xu X B,Liu P S. Applied Acoustics, 2012, 73: 865.

[284] 段翠云, 崔光, 刘培生. 稀有金属材料与工程, 2012, 41: 223.

[285] 刘培生, 陈祥, 李言祥. 泡沫金属. 长沙:长沙中南出版社, 2012.

[286] 刘培生, 夏凤金, 崔光. 材料工程, 2012, 3: 93.

[287] Betts C. Materials Science and Technology, 2012, 28: 129.

[288] Wang L B, See K Y, Ling Y, Koh W J. Journal of Materials in Civil Engineering, 2012, 24: 488.

[289] Zhang C H, Li J Q, Hu, Z, et al. Materials & Design,2012, 41: 319.

[290] Xia Y F, Zeng Y P, Jiang D L. Materials & Design,2012, 33: 98.

[291] Liu P S, Xia F J, Chen Y M, Cui G. Materials Letters, 2012, 72: 5-8.

[292] 刘培生, 田民波, 朱永法[译]. 固体缺陷. 北京: 北京大学出版社, 2012.

[293] 魏勇, 陈建清, 杨东辉, 等. 材料导报, 2012, 26: 109.

[294] 刘培生, 罗军, 陈一鸣. 稀有金属材料与工程, 2012, 41: 50.

[295] 胡海波, 刘会群, 王杰恩, 等. 材料导报, 2012, 26: 262.

[296] 陈勇军, 李斌, 刘岚, 等. 塑料科技, 2012, 40: 103.

[297] 李鹏, 刘斌. 热加工工艺, 2013, 42: 50.

[298] Liu P S, Du H Y. Materials and Design, 2013, 51: 193.

[299] Xie F X, He X B, Cao S L, Qu X H. Journal of Materials Processing Technology, 2013, 213: 838.

[300] Han C Y, Li H Y, Pu H P, et al. Chemical Engineering Journal, 2013, 217: 1-9.

[301] Chauhan I, Chattopadhyay S, Mohanty P. Materials Express, 2013, 3: 343.

[302] Sun J, Wu J M. Science of Advanced Materials, 2013, 5: 549.

[303] Varvara S, Popa M, Bostan R, Damian G. Journal of Environmental Protection and Ecology, 2013, 14: 1506.

[304] Ansone L, Klavins M, Viksna A. Environ. Geochem. Health. , 2013, 35: 633.

[305] Pattinson S W, Windle A H, Koziol K. Materials Letters, 2013, 93: 404.

[306] Nugent P, Belmabkhout Y, Burd S D, et al. Nature, 2013, 495: 80.

[307] 刘培生. 多孔材料引论. 2版. 北京: 清华大学出版社, 2013.

[308] 谢香云, 左孝青, 王应武, 等. 稀有金属材料与工程, 2013, 42: 1649.

[309] 韩福生. 航天器环境工程, 2013, 30: 570.

[310] Cui G, Liu P S. Acta Chim. Sinica, 2013, 71: 947.

[311] Kato K, Yamamoto A, Ochiai S, et al. Materials Science & Engineering C, 2013, 33: 2736.

[312] Wang DJ, Huang Y J, Wu L Z, Shen J. Materials & Design, 2013, 44: 69.

[313] Navacerrada M A, Fernandez P, Diaz C, Pedrero A. Applied Acoustics, 2013, 74: 496.

[314] Iniguez J, Raposo V, Flores A G, et al. Key Engineering Materials, 2013, 543: 125.

[315] 刘朴, 王玮, 鲁静, 罗洪杰. 有色矿冶, 2013, 29: 32.

[316] 张力, 曹书豪, 段可, 翁杰. 热加工工艺, 2013, 42: 84.

[317] Navacerrada M A, Fernandez P, Diaz C, Pedrero A. Appl. Acoust. , 2013, 74: 496.

[318] Lefebvre L P, Baril E. Advanced Engineering Materials, 2013, 15: 159.

[319] Nakas G I, Dericioglu A F, Bor S. Materials Science and Engineering A, 2013, 582: 140.

[320] Ji K J, Zhao H H, Huang Z G, Dai Z D. Materials Letters, 2014, 122: 244.

[321] Liu P S, Chen G F. Porous Materials: Processing and applications. Elsevier Science, 2014.

[322] 胡松, 左孝青, 谢香云, 等. 中国有色金属学报, 2014, 24: 2798.

[323] 黄粒, 杨东辉, 王辉, 等. 中国有色金属学报, 2014, 24(3): 718-723.

[324] 杨春艳; 卢淼; 刘培生. 陶瓷学报, 2014, 35: 132.

[325] 霍晓敏, 孙柳霞, 乔军, 王德庆. 材料科学与工艺, 2014, 22: 54.

[326] 郑树凯, 吴国浩, 张俊英, 等. 材料工程, 2014, 42: 70.

[327] 丁雨田, 张增明, 胡勇, 等. 人工晶体学报, 2014, 43: 592

[328] 胡中芸, 杨东辉, 李军, 等. 材料导报, 2014, 28: 79.

[329] 刘超, 杨海林, 李婧, 阮建明. 中国有色金属学报, 2014, 24: 752.

[330] 孙智博, 尹贻东, 范乃英, 等. 功能材料, 2014, 45: 99.

[331] Kootenaei A H S, Towfighi J, Khodadadi A, Mortazavi Y. Applied Surface Science, 2014, 298: 26.

[332] Preethi T, Abarna B, Rajarajeswari G R. Applied Surface Science, 2014, 317: 90.

[333] Kaya A C, Fleck C. Materials Science and Engineering A, 2014, 615: 447.

[334] Oliva D, Hongisto V. Applied Acoustics, 2014, 74: 1473.

[335] Karhu M, Lindroos T, Uosukainen S. Applied Acoustics, 2014, 85: 150.

[336] Liu S F, Xi Z P, Tang H P, et al. J. Iron Steel Res. Int. , 2014, 21: 793.

[337] 卢淼, 姚欣宇, 刘培生, 徐新邦. 稀有金属, 2015, 39: 49.

[338] 孙进兴, 刘培生. 陶瓷学报, 2015, 36: 347.

[339] 刘培生, 顷淮斌. 材料研究学报, 2015, 29: 346.

[340] Liu X N, Li Y X, Chen X. J. Mater. Res. , 2015, 30: 1002.

[341] Liu P S, Cui G. Journal of Materials Research, 2015, 30: 3510.

[342] 张平, 莫尊理, 张春, 等. 材料工程, 2015, 43: 72.

[343] Frackowiak S, Ludwiczak J, Leluk K, et al. Materials & Design, 2015, 65: 749.

[344] Falkowska A, Seweryn A. Materials Science, 2015, 51: 200.

[345] Chen G R, Chang Y R, Liu X, et al. Separation and Purification Technology, 2015, 143: 146.

[346] Ab Razak N H, Praveena S M, Hashim Z. Reviews on Environmental Health, 2015, 30: 1-7.

[347] Liu P S, Hou H L, Qing H B, et al. The Chinese Journal of Nonferrous Metals, 2015, 25: 1025.

[348] Mondal D P, Jain H, Das S, Jha A K. Materials & Design, 2015, 88: 430.

[349] Liu P S, Qing H B, Hou H L. Materials & Design, 2015, 85: 275.

[350] Montseny E, Casenave C. Journal of Vibration and Control, 2015, 21: 1012.

[351] Sun P, Guo Z C. Transactions of Nonferrous Metals Society of China, 2015, 25: 2230.

[352] 卢淼, 孟泊宁, 刘培生, 徐新邦. 稀有金属材料与工程, 2015, 44: 3083.

[353] 梁李斯, 武姣娜, 刘漫博, 等. 有色金属, 2016, 2: 53.

[354] 陶丽琴, 赵义侠, 康卫民, 等. 硅酸盐学报, 2016, 44: 89.

[355] 孙进兴, 刘培生, 陈斌. 陶瓷学报, 2016, 37: 383.

[356] Liu P S, Cui G, Guo Y J. Materials Letters, 2016, 182: 273.

[357] Sun J X, Duan C Y, Liu P S. Multidiscipline Modeling in Materials and Structures, 2016, 12: 737.

[358] 孙进兴，陈斌，刘培生．无机材料学报，2016，31：860.

[359] 刘培生，徐新邦，孙进兴，崔光．中国有色金属学报，2017，27：2560.

[360] 王锋，曾宇平．现代技术陶瓷，2017，38：412.

[361] 崔光，孙进兴，刘培生．稀有金属材料与工程，2017，46：847.

[362] Liu S F, Li A, Ren Y J, et al. J. Iron Steel Res. Int. , 2017, 24: 556.

[363] 郭宜娇，孙进兴，刘培生，崔光．功能材料，2017，48：03183.

[364] 卢军，杨东辉，陈伟萍，等．热加工工艺，2017，46：9-11.

[365] Cheng W, Duan C Y, Liu P S, Lu M. Trans. Nonferrous Met. Soc. China, 2017, 27: 1989.

[366] Liu P S, Cui G, Guo Y J, et al. Journal of Iron and Steel Research, International, 2017, 24: 661.

[367] Chen B, Liu P S, Chen J H. Multidiscipline Modeling in Materials and Structures, 2018, 14: 735.

[368] Liu P S, Xu X B, Cheng W, Chen J H. Transactions of Nonferrous Metals Society of China, 2018, 28: 1334.